大学生数学竞赛指导全书

(数学类)

主　　编　肖水晶
副主编　余国松

科学出版社
北　京

内 容 简 介

本书紧扣大学生数学竞赛大纲，依据全国大学生数学竞赛(数学类)的内容要求，为竞赛指导编写而成. 全书共 7 章，主要涵盖了数学分析、高等代数、解析几何等本科数学基础核心课程的基本内容，包括极限与连续、微分、积分、级数、多项式和线性代数、线性空间与线性变换、解析几何. 书中例题多选自历届全国大学生数学竞赛真题. 本书思路清晰，深入浅出，富有启发性与可读性.

本书既可作为高等院校大学生数学竞赛数学专业类的培训教材，也可作为数学专业学生学习提高的教材，同时也可作为大学教师的教学参考书.

图书在版编目（CIP）数据

大学生数学竞赛指导全书：数学类／肖水晶主编. —北京：科学出版社，2020.2

ISBN 978-7-03-063280-7

Ⅰ. ①大… Ⅱ. ①肖… Ⅲ. ①高等数学-高等学校-教学参考资料 Ⅳ. ①O13

中国版本图书馆 CIP 数据核字（2019）第 247764 号

责任编辑：胡海霞 李香叶／责任校对：杨聪敏
责任印制：张 伟／封面设计：华路天然工作室

科学出版社 出版
北京东黄城根北街 16 号
邮政编码：100717
http://www.sciencep.com

北京中科印刷有限公司 印刷

科学出版社发行 各地新华书店经销

*

2020 年 2 月第 一 版 开本：720 × 1000 1/16
2023 年 9 月第八次印刷 印张：17
字数：342 000

定价：59.00 元

（如有印装质量问题，我社负责调换）

前　言

全国大学生数学竞赛(The Chinese Mathematics Competitions, CMC)作为一项面向本科生的全国性高水平学科竞赛，为青年学子提供了一个展示数学基本功和数学思维能力的舞台，为发现、培养和选拔优秀数学人才，进一步促进高等院校数学课程建设的改革和发展积累了调研素材，对高校人才培养、大学生的创新创业能力的培养有着重要的意义. 目前针对大学生数学(数学专业类)竞赛的辅导教材很少，有必要编写一本适合数学专业学生参加数学竞赛的教材.

多年来，笔者所在的南昌大学十分重视大学生数学竞赛活动的开展，形成了一支稳定有经验的数学竞赛指导团队，并在江西省与全国历届大学生数学竞赛中取得佳绩. 本书正是集指导团队全体教师多年来的教学与竞赛经验而编写而成的. 全书共 7 章，包括极限与连续、微分、积分、级数、多项式和线性代数、线性空间与线性变换以及解析几何. 每章由常用结论、典型例题、竞赛训练题与参考答案四部分组成，其中典型例题、竞赛训练题中涵盖了许多经典的历届全国大学生数学竞赛真题. 本书将竞赛的主要知识点、解题方法与技巧融于典型例题中，使读者在理论与实践相结合的情形下完成数学竞赛知识的学习与理解，并学会融会贯通.

本书既可作为高等院校大学生数学竞赛数学专业类的培训教材，也可作为数学专业学生学习的提高教材，还可作为大学数学教师的教学参考书.

本书由肖水晶和余国松主持编写，肖水晶编写了第 1 章，朱咏前编写了第 2 章，刘凯编写了第 3 章，余国松编写了第 4 章，司华斌编写了第 5 章，陶永芊编写了第 6 章，付海平编写了第 7 章.

本书的编写与出版得到南昌大学教务处的大力支持，对此表示感谢. 还要感谢课堂上那些踊跃提问的同学，他们智慧的火花点亮了我们写作的方向. 本书的出版得到了科学出版社胡海霞编辑的鼎力支持，在此表示衷心感谢.

由于编者水平有限，不妥之处在所难免，恳请读者提出宝贵意见.

编　者

2019 年 5 月于南昌大学

前言

目　　录

第 1 章　极限与连续

1.1　常 用 结 论

结论 1.1　(1) 若数列$\{x_n\}_{n=1}^{\infty}$收敛，则算术平均值数列$\left\{\dfrac{x_1+x_2+\cdots+x_n}{n}\right\}_{n=1}^{\infty}$也收敛，并且

$$\lim_{n\to\infty}\frac{x_1+x_2+\cdots+x_n}{n}=\lim_{n\to\infty}x_n.$$

(2) 若$\lim\limits_{n\to\infty}x_n=+\infty$，则$\lim\limits_{n\to\infty}\dfrac{x_1+x_2+\cdots+x_n}{n}=+\infty$.

结论 1.2　若数列$\{x_n\}_{n=1}^{\infty}$收敛,并且$x_n>0(n=1,2,\cdots)$,则$\lim\limits_{n\to\infty}\sqrt[n]{x_1x_2\cdots x_n}=\lim\limits_{n\to\infty}x_n$.

结论 1.3　若$x_n>0(n=1,2,\cdots)$，并且$\lim\limits_{n\to\infty}\dfrac{x_{n+1}}{x_n}$存在，则$\lim\limits_{n\to\infty}\sqrt[n]{x_n}=\lim\limits_{n\to\infty}\dfrac{x_{n+1}}{x_n}$.

结论 1.4 (Stolz 定理)

1.4.1　$\left(\text{数列的}\dfrac{\infty}{\infty}\text{型 Stolz 定理}\right)$　若

(1) $y_{n+1}>y_n(n=1,2,\cdots)$；

(2) $\lim\limits_{n\to\infty}y_n=+\infty$；

(3) $\lim\limits_{n\to\infty}\dfrac{x_{n+1}-x_n}{y_{n+1}-y_n}=A$，

则$\lim\limits_{n\to\infty}\dfrac{x_n}{y_n}=A$(其中$A$为有限数，$+\infty$或$-\infty$).

注　要注意，虽然记为$\dfrac{\infty}{\infty}$型，但这里并不要求分子$\lim\limits_{n\to\infty}x_n=\infty$.

1.4.2　$\left(\text{数列的}\dfrac{0}{0}\text{型 Stolz 定理}\right)$　若

(1) $\lim\limits_{n\to\infty}x_n=0$；

(2) $y_{n+1} < y_n (n = 1, 2, \cdots)$；

(3) $\lim\limits_{n \to \infty} y_n = 0$；

(4) $\lim\limits_{n \to \infty} \dfrac{x_{n+1} - x_n}{y_{n+1} - y_n} = A$，

则 $\lim\limits_{n \to \infty} \dfrac{x_n}{y_n} = A$ (其中 A 为有限数，$+\infty$ 或 $-\infty$).

1.4.3 $\left(\text{函数的}\dfrac{\infty}{\infty}\text{型 Stolz 定理}\right)$ $T > 0$ 为常数，如果

(1) $g(x+T) > g(x), \forall x \geqslant a$；

(2) $\lim\limits_{x \to +\infty} g(x) = +\infty$，且 $\forall b > a, f, g$ 在 $[a, b]$ 上有界；

(3) $\lim\limits_{x \to +\infty} \dfrac{f(x+T) - f(x)}{g(x+T) - g(x)} = A$，

则 $\lim\limits_{x \to +\infty} \dfrac{f(x)}{g(x)} = A$ (其中 A 为有限数，$+\infty$ 或 $-\infty$).

1.4.4 $\left(\text{函数的}\dfrac{0}{0}\text{型 Stolz 定理}\right)$ $T > 0$ 为常数，如果

(1) $0 < g(x) < g(x+T), \forall x \geqslant a$；

(2) $\lim\limits_{x \to +\infty} f(x) = \lim\limits_{x \to +\infty} g(x) = 0$；

(3) $\lim\limits_{x \to +\infty} \dfrac{f(x+T) - f(x)}{g(x+T) - g(x)} = A$，

则 $\lim\limits_{x \to +\infty} \dfrac{f(x)}{g(x)} = A$ (其中 A 为有限数，$+\infty$ 或 $-\infty$).

结论 1.5 (Stirling 近似公式)

$$n! = \sqrt{2n\pi}\left(\frac{n}{\mathrm{e}}\right)^n \mathrm{e}^{\alpha_n}，\text{其中}\quad \frac{1}{12n+1} < \alpha_n < \frac{1}{12n}.$$

结论 1.6 若函数 $f(x)$ 在区间 I 上满足 Lipschitz 条件，即对于任意 $x, y \in I$，有

$$|f(x) - f(y)| \leqslant L|x - y|,$$

则函数 $f(x)$ 在区间 I 上(一致)连续，其中 L 是常数.

结论 1.7 设数列 $\{a_n\}_{n=1}^{\infty}$ 有界，且 $\lim\limits_{n \to \infty}(a_{n+1} - a_n) = 0$，$m = \liminf\limits_{n \to \infty} a_n$，$M = \limsup\limits_{n \to \infty} a_n$，则对于任意 $\alpha \in [m, M]$，存在 $\{a_n\}_{n=1}^{\infty}$ 的子列 $\{a_{n_k}\}_{k=1}^{\infty}$，使得 $\lim\limits_{k \to \infty} a_{n_k} = \alpha$，即 $\{a_n\}_{n=1}^{\infty}$ 的极限点填满区间 $[m, M]$.

结论 1.8 (L'Hospital 法则)

1.8.1　L'Hospital 法则一　若函数 $f(x)$ 与 $\varphi(x)$ 满足下列条件:

(1) 在 a 的某去心邻域 $\mathring{U}(a)$ 内可导，且 $\varphi'(x)\neq 0$；

(2) $\lim\limits_{x\to a} f(x)=0$ 与 $\lim\limits_{x\to a}\varphi(x)=0$；

(3) $\lim\limits_{x\to a}\dfrac{f'(x)}{\varphi'(x)}=l$，

则

$$\lim_{x\to a}\frac{f(x)}{\varphi(x)}=\lim_{x\to a}\frac{f'(x)}{\varphi'(x)}=l.$$

1.8.2　L'Hospital 法则二　若函数 $f(x)$ 与 $\varphi(x)$ 满足下列条件:

(1) 存在 $A>0$，$f(x)$ 与 $\varphi(x)$ 在 $(-\infty,-A)$ 与 $(A,+\infty)$ 内可导，且 $\varphi'(x)\neq 0$；

(2) $\lim\limits_{x\to\infty} f(x)=0$ 与 $\lim\limits_{x\to\infty}\varphi(x)=0$；

(3) $\lim\limits_{x\to\infty}\dfrac{f'(x)}{\varphi'(x)}=l$，

则

$$\lim_{x\to\infty}\frac{f(x)}{\varphi(x)}=\lim_{x\to\infty}\frac{f'(x)}{\varphi'(x)}=l.$$

1.8.3　L'Hospital 法则三　若函数 $f(x)$ 与 $\varphi(x)$ 满足下列条件:

(1) 在 a 的某去心邻域 $\mathring{U}(a)$ 内可导，且 $\varphi'(x)\neq 0$；

(2) $\lim\limits_{x\to a} f(x)=\infty$ 与 $\lim\limits_{x\to a}\varphi(x)=\infty$；

(3) $\lim\limits_{x\to a}\dfrac{f'(x)}{\varphi'(x)}=l$，

则

$$\lim_{x\to a}\frac{f(x)}{\varphi(x)}=\lim_{x\to a}\frac{f'(x)}{\varphi'(x)}=l.$$

注　当分母趋于无穷大时，L'Hospital 法则对分子没有约束.

1.2　典 型 例 题

例 1.1　设 a,b 为互素的正整数，对于正整数 k，记 $N(k)$ 为方程

$$ax+by=k,\quad x\geqslant 0,\ y\geqslant 0$$

的整数解的个数，求极限 $\lim\limits_{k\to\infty}\dfrac{N(k)}{k}$.

解　由于a,b互素，故存在整数g,h，使得

$$ag+bh=k.$$

于是，$x=g+bt,\ y=h-at,\ t=0,\pm1,\pm2,\cdots$给出$ax+by=k$的全部解. 设$t$为满足$\dfrac{h}{a}\geqslant t\geqslant -\dfrac{g}{b}$的整数，记

$$\lambda(b,g)=\begin{cases}0, & b\text{ 整除 }g,\\ 1, & b\text{ 不整除 }g,\end{cases}$$

则t有$\left[\dfrac{h}{a}\right]-\left[\dfrac{-g}{b}\right]-\lambda(b,g)+1$个值，因此$N(k)=\left[\dfrac{h}{a}\right]-\left[\dfrac{-g}{b}\right]-\lambda(b,g)+1$，从而

$$\left|N(k)-\frac{h}{a}-\frac{g}{b}\right|\leqslant 1+1+1+1=4.$$

由$ag+bh=k$，有$\left|\dfrac{N(k)}{k}-\dfrac{1}{ab}\right|\leqslant\dfrac{4}{k}$，于是可得$\lim\limits_{k\to\infty}\dfrac{N(k)}{k}=\dfrac{1}{ab}$.

例 1.2 (2014 国际大学生数学竞赛试题)　对于一个正整数x，记它的第n个十进制数字为$d_n(x)$，即$d_n(x)\in\{0,1,\cdots,9\}$，并且$x=\sum\limits_{n=1}^{\infty}d_n(x)10^{n-1}$. 假设对于某个正整数构成的数列$\{a_n\}_{n=1}^{\infty}$，数列$\{d_n(a_n)\}_{n=1}^{\infty}$中只有有限个零，证明：有无限个正整数没有出现在数列$\{a_n\}_{n=1}^{\infty}$.

证明　由条件可知，存在n_0，对于任意$n\geqslant n_0$，有$d_n(a_n)\neq 0$. 注意到，$a_n=\sum\limits_{k=1}^{\infty}d_k(a_n)\ 10^{k-1}$，所以$a_n\geqslant 10^{n-1}$. 因此，任意$m>n$，有$a_m\geqslant 10^m>10^n$，即对于任意$n\geqslant n_0$，有$a_{n+1},a_{n+2},\cdots>10^n$. 于是，仅有$n$个元素，即$a_1,a_2,\cdots,a_n$可能会出现在区间$[1,10^n]$中. 从而，在区间$[1,10^n]$中至少有$10^n-n$个整数不会出现在数列$\{a_n\}_{n=1}^{\infty}$中. 由$\lim\limits_{n\to\infty}(10^n-n)=+\infty$知，有无限个正整数不会出现在数列$\{a_n\}_{n=1}^{\infty}$中.

例 1.3　证明：$\lim\limits_{n\to\infty}\left(\dfrac{1^p+2^p+\cdots+n^p}{n^p}-\dfrac{n}{p+1}\right)=\dfrac{1}{2}$，其中$p$为自然数.

证明　令$x_n=(p+1)\left(1^p+2^p+\cdots+n^p\right)-n^{p+1}$，$y_n=(p+1)n^p$，则$y_{n+1}>y_n$，$y_n\to\infty\ (n\to\infty)$，并且

$$\frac{x_{n+1}-x_n}{y_{n+1}-y_n}=\frac{(p+1)(n+1)^p+\left[n^{p+1}-(n+1)^{p+1}\right]}{(p+1)\left[(n+1)^p-n^p\right]}$$

$$=\frac{\frac{p(p+1)}{2}n^{p-1}+\cdots}{p(p+1)n^{p-1}+\cdots}\to\frac{1}{2}\quad(n\to\infty),$$

所以

$$\lim_{n\to\infty}\frac{x_n}{y_n}=\frac{1}{2}.$$

例 1.4　证明：$\lim\limits_{n\to\infty}n\sin(2\pi en!)=2\pi.$

证明　因为 $e=1+1+\frac{1}{2!}+\cdots+\frac{1}{k!}+\frac{\theta_k}{k!(k+1)}$, $0<\theta_k<1$，所以

$$\begin{aligned}\lim_{n\to\infty}n\sin(2\pi en!)&=\lim_{n\to\infty}n\sin\left[2\pi n!\left(1+1+\frac{1}{2!}+\cdots+\frac{1}{(n+1)!}+\frac{\theta_{n+1}}{(n+1)!(n+1)}\right)\right]\\&=\lim_{n\to\infty}n\sin\left[2\pi\left(\frac{1}{n+1}+\frac{\theta_{n+1}}{(n+1)^2}\right)\right]\\&=\lim_{n\to\infty}n\left[2\pi\left(\frac{1}{n+1}+\frac{\theta_{n+1}}{(n+1)^2}\right)\right]\\&=2\pi.\end{aligned}$$

例 1.5　求极限 $\lim\limits_{n\to\infty}\frac{1}{n}\sum\limits_{j=1}^{n}\sum\limits_{k=1}^{n}\frac{j}{j^2+k^2}.$

解　用分点 $\left\{\left(\frac{j}{n},\frac{k}{n}\right)\middle|0\leqslant j,k\leqslant n\right\}$ 把单位正方形 $[0,1]\times[0,1]$ 分成 n^2 个小块，则函数 $\frac{x}{x^2+y^2}$ 在这个分割下的一个 Riemann 和为

$$\sum_{1\leqslant j,k\leqslant n}\frac{\frac{j}{n}}{\left(\frac{j}{n}\right)^2+\left(\frac{k}{n}\right)^2}\cdot\frac{1}{n^2}=\frac{1}{n}\sum_{1\leqslant j,k\leqslant n}\frac{j}{j^2+k^2}.$$

而

$$\lim_{n\to\infty}\sum_{1\leqslant j,k\leqslant n}\frac{\frac{j}{n}}{\left(\frac{j}{n}\right)^2+\left(\frac{k}{n}\right)^2}\cdot\frac{1}{n^2}=\iint\limits_{[0,1]\times[0,1]}\frac{x}{x^2+y^2}\mathrm{d}x\mathrm{d}y,$$

于是

$$\lim_{n\to\infty}\frac{1}{n}\sum_{j=1}^{n}\sum_{k=1}^{n}\frac{j}{j^2+k^2}=\iint\limits_{[0,1]\times[0,1]}\frac{x}{x^2+y^2}\mathrm{d}x\mathrm{d}y$$
$$=\int_0^{\frac{\pi}{4}}\mathrm{d}\theta\int_0^{\sec\theta}\cos\theta\mathrm{d}r+\int_{\frac{\pi}{4}}^{\frac{\pi}{2}}\mathrm{d}\theta\int_0^{\sec\theta}\cos\theta\mathrm{d}r$$
$$=\int_0^{\frac{\pi}{4}}\mathrm{d}\theta+\int_{\frac{\pi}{4}}^{\frac{\pi}{2}}\cot\theta\mathrm{d}\theta=\frac{\pi}{4}+\frac{\ln 2}{2}.$$

例 1.6 (1995 国际大学生数学竞赛试题) 求极限 $\lim\limits_{n\to\infty}\dfrac{\ln^2 n}{n}\sum\limits_{k=2}^{n-2}\dfrac{1}{\ln n\cdot\ln(n-k)}$.

解 令 $A_n=\dfrac{\ln^2 n}{n}\sum\limits_{k=2}^{n-2}\dfrac{1}{\ln n\cdot\ln(n-k)}$. 易知

$$A_n=\frac{\ln^2 n}{n}\sum_{k=2}^{n-2}\frac{1}{\ln n\cdot\ln(n-k)}\geqslant\frac{\ln^2 n}{n}\cdot\frac{n-3}{\ln^2 n}=1-\frac{3}{n}.$$

取 M 满足 $2\leqslant M<\dfrac{n}{2}$，因为 $\dfrac{1}{\ln n\cdot\ln(n-k)}$ 在区间 $\left[2,\dfrac{n}{2}\right]$ 上单调递减并且关于 $\dfrac{n}{2}$ 对称，所以

$$A_n=\frac{\ln^2 n}{n}\left(\sum_{k=2}^{M}+\sum_{k=M+1}^{n-M-1}+\sum_{k=n-M}^{n-2}\right)\frac{1}{\ln k\cdot\ln(n-k)}$$
$$\leqslant\frac{\ln^2 n}{n}\left[2\cdot\frac{M-1}{\ln 2\cdot\ln(n-2)}+\frac{n-2M-1}{\ln M\cdot\ln(n-M)}\right]$$
$$\leqslant\frac{2}{\ln 2}\cdot\frac{M\ln n}{n}+\left(1-\frac{2M}{n}\right)\frac{\ln n}{\ln M}+O\left(\frac{1}{\ln n}\right).$$

选取 $M=\left[\dfrac{n}{\ln^2 n}\right]+1$，我们得到

$$A_n\leqslant\left(1-\frac{2}{n\ln^2 n}\right)\frac{\ln n}{\ln n-2\ln\ln n}+O\left(\frac{1}{\ln n}\right)\leqslant 1+O\left(\frac{\ln\ln n}{\ln n}\right).$$

于是

$$\lim_{n\to\infty}\frac{\ln^2 n}{n}\sum_{k=2}^{n-2}\frac{1}{\ln n\cdot\ln(n-k)}=1.$$

例 1.7 设函数 $f(x)$，$g(x)$ 在 0 的某个邻域内有定义，$g(x)>0$，$\lim\limits_{x\to 0}\dfrac{f(x)}{g(x)}=1$. 如果 $\forall\varepsilon>0,\exists N(\varepsilon)>0$，当 $n>N(\varepsilon)$ 时，对 $m=1,2,\cdots,n$，有 $0<|a_{mn}|<\varepsilon$，证明：$\lim\limits_{n\to\infty}\sum\limits_{m=1}^{n}f(a_{mn})=\lim\limits_{n\to\infty}\sum\limits_{m=1}^{n}g(a_{mn})$ 当右式极限存在时成立.

证明　设 $\lim\limits_{n\to\infty}\sum\limits_{m=1}^{n}g(a_{mn})=A$, 则存在 $M>0$，使得 $0<\sum\limits_{m=1}^{n}g(a_{mn})\leqslant M$，并且任意 $\varepsilon>0$，存在 $N_1>0$，使得当 $n>N_1$ 时，有 $\left|\sum\limits_{m=1}^{n}g(a_{mn})-A\right|<\dfrac{\varepsilon}{2}$.

由已知条件 $\lim\limits_{x\to 0}\dfrac{f(x)}{g(x)}=1$, 对上面的 $\varepsilon>0$, 存在 $\delta>0$, 当 $|x|<\delta$ 时, 有 $\left|\dfrac{f(x)}{g(x)}-1\right|<\dfrac{\varepsilon}{2M}$. 所以对此 $\delta>0$，存在 $N_2>0$，当 $n>N_2$ 时，对 $m=1,2,\cdots,n$，有 $|a_{mn}|<\delta$，从而 $\left|\dfrac{f(a_{mn})}{g(a_{mn})}-1\right|<\dfrac{\varepsilon}{2M}$.

取 $N=\max\{N_1,N_2\}$, 则当 $n>N$ 时，有

$$\begin{aligned}\left|\sum_{m=1}^{n}f(a_{mn})-A\right|&=\left|\sum_{m=1}^{n}\left(\left(\frac{f(a_{mn})}{g(a_{mn})}-1\right)+1\right)g(a_{mn})-A\right|\\&\leqslant\sum_{m=1}^{n}\left(\left|\frac{f(a_{mn})}{g(a_{mn})}-1\right|g(a_{mn})+\left|g(a_{mn})-A\right|\right)\\&\leqslant\frac{\varepsilon}{2M}\sum_{m=1}^{n}g(a_{mn})+\frac{\varepsilon}{2}\\&\leqslant\frac{\varepsilon}{2M}\cdot M+\frac{\varepsilon}{2}=\varepsilon.\end{aligned}$$

例 1.8　求极限 $\lim\limits_{n\to\infty}\sum\limits_{k=1}^{n}\left(\sqrt[3]{1+\dfrac{k}{n^2}}-1\right)$.

解　设 $x=\dfrac{k}{n^2}$，因为 $\lim\limits_{x\to 0}\dfrac{\sqrt[3]{1+x}-1}{\dfrac{x}{3}}=1$，并且当 $k=1,2,\cdots,n$ 时，有 $\dfrac{k}{n^2}\leqslant\dfrac{1}{n}\to 0(n\to\infty)$，所以

$$\lim_{n\to\infty}\sum_{k=1}^{n}\left(\sqrt[3]{1+\frac{k}{n^2}}-1\right)=\lim_{n\to\infty}\sum_{k=1}^{n}\frac{k}{3n^2}=\frac{1}{6}\lim_{n\to\infty}\frac{n(n+1)}{n^2}=\frac{1}{6}.$$

例 1.9　求极限 $\lim\limits_{n\to\infty}\prod\limits_{k=1}^{n}\left(1+\dfrac{k}{n^2}\right)$.

解　设 $y=\prod\limits_{k=1}^{n}\left(1+\dfrac{k}{n^2}\right)$，$\ln y=\sum\limits_{k=1}^{n}\ln\left(1+\dfrac{k}{n^2}\right)$. 因为 $\lim\limits_{x\to 0}\dfrac{\ln(1+x)}{x}=1$，且 $k=1,2,\cdots,n$ 时，有 $\dfrac{k}{n^2}\leqslant\dfrac{1}{n}\to 0(n\to\infty)$，所以

$$\lim_{n\to\infty}\sum_{k=1}^{n}\ln\left(1+\frac{k}{n^2}\right)=\lim_{n\to\infty}\sum_{k=1}^{n}\frac{k}{n^2}=\frac{1}{2}\lim_{n\to\infty}\frac{n(n+1)}{n^2}=\frac{1}{2}.$$

因此，$\lim\limits_{n\to\infty}\prod\limits_{k=1}^{n}\left(1+\dfrac{k}{n^2}\right)=\mathrm{e}^{\frac{1}{2}}.$

例 1.10　求极限 $\lim\limits_{n\to\infty}\dfrac{n}{2^n}\sum\limits_{k=1}^{n}\dfrac{2^k}{k}.$

解　对于 $n\geqslant 3$, 有

$$\frac{n}{2^n}\sum_{k=1}^{n}\frac{2^k}{k}=\frac{n}{2^n}\sum_{k=0}^{n-1}\frac{2^{n-k}}{n-k}=\sum_{k=0}^{n-1}\frac{1}{2^k}\cdot\frac{n}{n-k}=\sum_{k=0}^{n-1}\frac{1}{2^k}\left(1+\frac{k}{n-k}\right)=\sum_{k=0}^{n-1}\frac{1}{2^k}+\sum_{k=1}^{n-1}\frac{k}{2^k(n-k)},$$

所以

$$\begin{aligned}\left|\frac{n}{2^n}\sum_{k=1}^{n}\frac{2^k}{k}-\sum_{k=0}^{n-1}\frac{1}{2^k}\right|&=\left|\sum_{k=1}^{n-1}\frac{k}{2^k(n-k)}\right|=\sum_{k=1}^{n-1}\frac{k}{2^k(n-k)}\\&\leqslant\frac{1}{2(n-1)}+\sum_{k=2}^{n-1}\frac{k}{(k^2-k)(n-k)}\\&=\frac{1}{2(n-1)}+\sum_{k=2}^{n-1}\frac{1}{(k-1)(n-k)}\\&=\frac{1}{2(n-1)}+\frac{1}{n-1}\sum_{k=2}^{n-1}\left(\frac{1}{k-1}+\frac{1}{n-k}\right)\\&=\frac{1}{2(n-1)}+\frac{2}{n-1}\sum_{k=2}^{n-1}\frac{1}{k-1}\\&\leqslant\frac{1}{2(n-1)}+\frac{2}{n-1}(\ln n+\gamma+\varepsilon_n).\end{aligned}$$

而 $\lim\limits_{n\to\infty}\left(\dfrac{1}{2(n-1)}+\dfrac{2}{(n-1)}(\ln n+\gamma+\varepsilon_n)\right)=0$，因此，

$$\lim_{n\to\infty}\frac{n}{2^n}\sum_{k=1}^{n}\frac{2^k}{k}=\lim_{n\to\infty}\sum_{k=0}^{n-1}\frac{1}{2^k}=2.$$

例 1.11 (2014 国际大学生数学竞赛试题)　考虑数列 $\{a_n\}$: 1, 1, 2, 1, 2, 3, 1, 2, 3, 4, 1, 2, 3, 4, 5, ⋯，找出所有的实数对 (α,β)，使得 $\lim\limits_{n\to\infty}\dfrac{\sum\limits_{k=1}^{n}a_k}{n^\alpha}=\beta.$

解　令 $N_n=\mathrm{C}_{n+1}^2=\dfrac{n(n+1)}{2}$，则数 n 在数列中第一次出现的项是 a_{N_n}．考虑下面子列的极限

$$b_{N_n}=\frac{\sum\limits_{k=1}^{N_n}a_k}{(N_n)^{\alpha}}=\frac{\sum\limits_{k=1}^{n}(1+2+\cdots+k)}{\left(\frac{n(n+1)}{2}\right)^{\alpha}}=\frac{\sum\limits_{k=1}^{n}\frac{k(k+1)}{2}}{\left(\frac{n(n+1)}{2}\right)^{\alpha}}=\frac{\frac{n(n+1)(n+2)}{6}}{\left(\frac{n(n+1)}{2}\right)^{\alpha}}=\frac{\frac{1}{6}n^3\left(1+\frac{1}{n}\right)\left(1+\frac{2}{n}\right)}{\left(\frac{1}{2}\right)^{\alpha}n^{2\alpha}\left(1+\frac{1}{n}\right)^{\alpha}}.$$

可以看出，$\lim\limits_{n\to\infty}b_{N_n}$ 为正数等价于 $\alpha=\frac{3}{2}$. 此时，$\lim\limits_{n\to\infty}b_{N_n}=\beta=\frac{\sqrt{2}}{3}$. 因此，实数对 $\left(\frac{3}{2},\frac{\sqrt{2}}{3}\right)$ 是唯一的候选解.

下面证明 $(\alpha,\beta)=\left(\frac{3}{2},\frac{\sqrt{2}}{3}\right)$ 对于原数列也是收敛的. 令 N 为 $[N_n+1,N_{n+1}]$ 中的一个正整数，即 $N=N_n+m$，其中 $1\leqslant m\leqslant n+1$，则

$$b_N=\frac{\frac{n(n+1)(n+2)}{6}+\frac{m(m+1)}{2}}{\left(\frac{n(n+1)}{2}+m\right)^{\frac{3}{2}}}.$$

而

$$\frac{\frac{n(n+1)(n+2)}{6}}{\left(\frac{n(n+1)}{2}+n+1\right)^{\frac{3}{2}}}\leqslant b_N\leqslant\frac{\frac{n(n+1)(n+2)}{6}+\frac{(n+1)(n+2)}{2}}{\left(\frac{n(n+1)}{2}\right)^{\frac{3}{2}}},$$

并且上式左右两边均收敛于 $\frac{\sqrt{2}}{3}$，因此，b_N 的极限也等于 $\frac{\sqrt{2}}{3}$.

例 1.12 (1997 国际大学生数学竞赛试题)　设 $\{a_n\}_{n=1}^{\infty}$ 是一个正实数列，并且满足 $\lim\limits_{n\to\infty}a_n=0$. 求 $\lim\limits_{n\to\infty}\frac{1}{n}\sum\limits_{k=1}^{\infty}\ln\left(\frac{k}{n}+a_n\right)$.

解　容易知道

$$-1=\int_0^1\ln x\mathrm{d}x=\lim_{n\to\infty}\frac{1}{n}\sum_{k=1}^{n}\ln\left(\frac{k}{n}\right).$$

所以

$$\frac{1}{n}\sum_{k=1}^{n}\ln\left(\frac{k}{n}+a_n\right)\geqslant\frac{1}{n}\sum_{k=1}^{n}\ln\left(\frac{k}{n}\right)\to-1\quad(n\to\infty).$$

对于给定的 $\varepsilon>0$，存在 n_0，使得任意 $n\geqslant n_0$，有 $0<a_n<\varepsilon$. 于是

$$\frac{1}{n}\sum_{k=1}^{n}\ln\left(\frac{k}{n}+a_n\right)\leqslant\frac{1}{n}\sum_{k=1}^{n}\ln\left(\frac{k}{n}+\varepsilon\right).$$

因为 $\lim\limits_{n\to\infty}\frac{1}{n}\sum\limits_{k=1}^{n}\ln\left(\frac{k}{n}+\varepsilon\right)=\int_0^1\ln(x+\varepsilon)\mathrm{d}x=\int_0^{1+\varepsilon}\ln x\mathrm{d}x$，所以当 $\varepsilon\to 0$ 时，有

$$\lim_{n\to\infty}\frac{1}{n}\sum_{k=1}^{\infty}\ln\left(\frac{k}{n}+a_n\right)=-1.$$

例 1.13 证明：$\lim\limits_{n\to\infty}\left[\frac{3\cdot 7\cdot\cdots\cdot(4n-1)}{5\cdot 9\cdot\cdots\cdot(4n+1)}\right]^2(4n+3)=3\frac{\int_0^{\frac{\pi}{2}}\sin^{\frac{3}{2}}x\mathrm{d}x}{\int_0^{\frac{\pi}{2}}\sin^{\frac{1}{2}}x\mathrm{d}x}$.

证明 设 $I_y=\int_0^{\frac{\pi}{2}}\sin^y x\mathrm{d}x\ (y\geqslant 0)$. 当 $y>2$ 时，

$$\begin{aligned}I_y&=-\int_0^{\frac{\pi}{2}}\sin^{y-1}t\mathrm{d}\cos t=\int_0^{\frac{\pi}{2}}(y-1)\sin^{y-2}t\cos^2 t\mathrm{d}t\\&=(y-1)I_{y-2}-(y-1)I_y.\end{aligned}$$

因此，$I_y=\frac{y-1}{y}I_{y-2}$. 于是，当 $x\geqslant 0, n\in\mathbf{N}$ 时，

$$I_{2n+x}=\frac{2n-1+x}{2n+x}\cdot\frac{2n-3+x}{2n-2+x}\cdot\cdots\cdot\frac{1+x}{2+x}\cdot I_x,$$

$$I_{2n+x+1}=\frac{2n+x}{2n+1+x}\cdot\frac{2n-2+x}{2n-1+x}\cdot\cdots\cdot\frac{2+x}{3+x}\cdot I_{1+x}.$$

由 $I_{2n+1+x}\leqslant I_{2n+x}\leqslant I_{2n-1+x}$，我们有

$$1\leqslant\frac{I_{2n+x}}{I_{2n+1+x}}\leqslant\frac{I_{2n-1+x}}{I_{2n+1+x}}=\frac{2n+1+x}{2n+x}.$$

两边取极限，整理后即得

$$\lim_{n\to\infty}\left[\frac{(1+x)\cdot(3+x)\cdot\cdots\cdot(2n-1+x)}{(2+x)\cdot(4+x)\cdot\cdots\cdot(2n+x)}\right]^2(2n+1+x)=(1+x)\frac{I_{1+x}}{I_x}.$$

令 $x=\frac{1}{2}$，整理后即得 $\lim\limits_{n\to\infty}\left[\frac{3\cdot 7\cdot\cdots\cdot(4n-1)}{5\cdot 9\cdot\cdots\cdot(4n+1)}\right]^2(4n+3)=3\frac{\int_0^{\frac{\pi}{2}}\sin^{\frac{3}{2}}x\mathrm{d}x}{\int_0^{\frac{\pi}{2}}\sin^{\frac{1}{2}}x\mathrm{d}x}$.

注 此题的证明方法与 Wallis 公式的经典证明方法完全一样，只是将 Wallis 公式中离散参数改成了连续参数.

例 1.14　证明：$\lim\limits_{n\to\infty}\dfrac{1+n+\dfrac{n^2}{2!}+\cdots+\dfrac{n^n}{n!}}{e^n}=\dfrac{1}{2}.$

证明　由带有积分余项的 Taylor 展开式可知

$$e^n=1+n+\frac{n^2}{2!}+\cdots+\frac{n^n}{n!}+\frac{1}{n!}\int_0^n e^x(n-x)^n dx.$$

因此原问题等价于证明

$$\lim_{n\to\infty}\frac{e^{-n}}{n!}\int_0^n e^x(n-x)^n dx=\frac{1}{2}.$$

又利用 Stirling 公式

$$n!=\sqrt{2n\pi}\left(\frac{n}{e}\right)^n e^{\alpha_n},\quad 其中\quad \frac{1}{12n+1}<\alpha_n<\frac{1}{12n},$$

可以知道，原问题等价于

$$\lim_{n\to\infty}\sqrt{n}\int_0^1 [e^x(1-x)]^n dx=\sqrt{\frac{\pi}{2}}.$$

首先，注意到 $e^{\frac{x^2}{2}}\geqslant(1-x)e^x\ (x\geqslant 0)$，于是

$$\limsup_{n\to\infty}\int_0^1\sqrt{n}(1-x)^n e^{nx}dx\leqslant\limsup_{n\to\infty}\int_0^1\sqrt{n}e^{\frac{nx^2}{2}}dx=\int_0^{+\infty}e^{-\frac{t^2}{2}}dt=\frac{\sqrt{\pi}}{2}.$$

其次，对任意 $\alpha>1$，考虑辅助函数

$$f(x)=(1-x)e^x-e^{-\frac{\alpha x^2}{2}},\quad x\geqslant 0.$$

因为

$$f'(x)=xe^x(\alpha e^{-\frac{\alpha x^2+x}{2}}-1),$$

而 $\lim\limits_{x\to 0^+}(\alpha e^{-\frac{\alpha x^2+x}{2}}-1)=\alpha-1>0$，故存在 $x_\alpha\in(0,1)$，使得当 $x\in(0,x_\alpha)$ 时，有

$$\alpha e^{-\frac{\alpha x^2+x}{2}}-1>0.$$

因此，函数 $f(x)$ 在区间 $[0,x_\alpha]$ 上单调递增，故 $(1-x)e^x\geqslant e^{-\frac{\alpha x^2}{2}}\ (x\in[0,x_\alpha])$。从而

$$\begin{aligned}\liminf_{n\to\infty}\int_0^1\sqrt{n}(1-x)^n e^{nx}dx&\geqslant\liminf_{n\to\infty}\int_0^1\sqrt{n}e^{-\frac{n\alpha x^2}{2}}dx\\&=\int_0^{+\infty}e^{-\frac{\alpha x^2}{2}}dx=\sqrt{\frac{\pi}{2\alpha}}.\end{aligned}$$

由 α 的任意性可知

$$\liminf_{n\to\infty}\int_0^1 \sqrt{n}(1-x)^n \mathrm{e}^{nx}\mathrm{d}x \geqslant \sqrt{\frac{\pi}{2}}.$$

综上所述，我们可得

$$\lim_{n\to\infty}\int_0^1 [\mathrm{e}^x(1-x)]^n \mathrm{d}x = \sqrt{\frac{\pi}{2}}.$$

注 利用这里提供的方法可以证明 Euler-Gauss 公式.

例 1.15 (1994 国际大学生数学竞赛试题) (1) 设 $f(x)$ 是区间 $[0,b]$ 上的连续函数，$g(x)$ 是区间 $(-\infty,+\infty)$ 上的以 b 为周期的周期函数. 证明：当 $n\to\infty$ 时，$\int_0^b f(x)g(nx)\mathrm{d}x$ 存在极限，并且

$$\lim_{n\to\infty}\int_0^b f(x)g(nx)\mathrm{d}x = \frac{1}{b}\int_0^b f(x)\mathrm{d}x\cdot\int_0^b g(x)\mathrm{d}x.$$

(2) 求极限 $\lim\limits_{n\to\infty}\int_0^{\pi}\dfrac{\sin x}{1+3\cos^2(nx)}\mathrm{d}x.$

解 (1) 令 $\|g\|_1 = \int_0^b |g(x)|\mathrm{d}x$，

$$\omega(f,t) = \sup\{|f(x)-f(y)|:\ x,y\in[0,b],\ |x-y|\leqslant t\}.$$

由函数 $f(x)$ 的一致连续性，我们知道

$$\lim_{t\to 0}\omega(f,t) = 0.$$

利用函数 $g(x)$ 的周期性，我们可以得到

$$\begin{aligned}
\int_0^b f(x)g(nx)\mathrm{d}x &= \sum_{k=1}^n \int_{\frac{b(k-1)}{n}}^{\frac{bk}{n}} f(x)g(nx)\mathrm{d}x \\
&= \sum_{k=1}^n f\left(\frac{bk}{n}\right)\int_{\frac{b(k-1)}{n}}^{\frac{bk}{n}} g(nx)\mathrm{d}x + \sum_{k=1}^n \int_{\frac{b(k-1)}{n}}^{\frac{bk}{n}}\left[f(x)-f\left(\frac{bk}{n}\right)\right]g(nx)\mathrm{d}x \\
&= \frac{1}{n}\sum_{k=1}^n f\left(\frac{bk}{n}\right)\int_0^b g(x)\mathrm{d}x + O\left(\omega\left(f,\frac{b}{n}\right)\|g\|_1\right) \\
&= \frac{1}{b}\sum_{k=1}^n \int_{\frac{b(k-1)}{n}}^{\frac{bk}{n}} f(x)\mathrm{d}x\int_0^b g(x)\mathrm{d}x \\
&\quad + \frac{1}{b}\sum_{k=1}^n\left(\frac{b}{n}f\left(\frac{bk}{n}\right) - \int_{\frac{b(k-1)}{n}}^{\frac{bk}{n}} f(x)\mathrm{d}x\right)\int_0^b g(x)\mathrm{d}x + O\left(\omega\left(f,\frac{b}{n}\right)\|g\|_1\right) \\
&= \frac{1}{b}\int_0^b f(x)\mathrm{d}x\int_0^b g(x)\mathrm{d}x + O\left(\omega\left(f,\frac{b}{n}\right)\|g\|_1\right).
\end{aligned}$$

(2) 令 $b=\pi$, $f(x)=\sin x$, $g(x)=(1+3\cos^2 x)^{-1}$. 由(1)以及

$$\int_0^{\pi} \sin x\mathrm{d}x=2, \quad \int_0^{\pi} (1+3\cos^2 x)^{-1}\mathrm{d}x=\frac{\pi}{2},$$

我们得到

$$\lim_{n\to\infty}\int_0^{\pi} \frac{\sin x}{1+3\cos^2(nx)}\mathrm{d}x=1.$$

例 1.16 数列 $\{x_n\}_{n=0}^{\infty}$ 满足条件 $x_0=1$, $x_1=1$, $x_{n+1}=\dfrac{x_n+nx_{n-1}}{n+1}(n\geqslant 1)$，求数列 $\{x_n\}_{n=0}^{\infty}$ 的极限.

解 由已知条件可知

$$x_{n+1}-x_n=-\frac{n}{n+1}(x_n-x_{n-1}), \quad n\geqslant 1,$$

所以

$$x_{n+1}-x_n=(-1)^n\frac{1}{n+1}(x_1-x_0)=\frac{(-1)^n}{n+1}, \quad n\geqslant 1.$$

上式对于 $n=0$ 时显然成立. 因此，对于 $n\geqslant 1$，有

$$x_n=\sum_{k=0}^{n-1}(x_{k+1}-x_k)=\sum_{k=0}^{n-1}\frac{(-1)^k}{k+1},$$

于是

$$\lim_{n\to\infty}x_n=\lim_{n\to\infty}\sum_{k=0}^{n-1}\frac{(-1)^k}{k+1}=\sum_{n=0}^{\infty}\frac{(-1)^n}{n+1}=\ln 2.$$

例 1.17 (2001 国际大学生数学竞赛试题) 令 $a_0=\sqrt{2}$, $b_0=2$, $a_{n+1}=\sqrt{2-\sqrt{4-a_n^2}}$, $b_{n+1}=\dfrac{2b_n}{2+\sqrt{4+b_n^2}}$.

(1) 证明：数列 $\{a_n\}_{n=0}^{\infty}$, $\{b_n\}_{n=0}^{\infty}$ 单调递减并且收敛于 0.

(2) 证明：数列 $\{2^n a_n\}_{n=0}^{\infty}$ 单调递增，$\{2^n b_n\}_{n=0}^{\infty}$ 单调递减，并且两者收敛于同一极限.

(3) 证明：存在 $c>0$，使得对于任意自然数 n，有 $0<b_n-a_n<\dfrac{c}{8^n}$.

证明 (1) 易知 $a_1=\sqrt{2-\sqrt{2}}<\sqrt{2}$. 因为 $f(x)=\sqrt{2-\sqrt{4-x^2}}$ 在区间 $[0,2]$ 上单调递增，所以由 $a_0>a_1$，知 $a_1>a_2$. 通过简单的归纳，我们可以得到数列 $\{a_n\}_{n=0}^{\infty}$ 的单调性. 显然，0 是数列 $\{a_n\}_{n=0}^{\infty}$ 的下界，所以 $\lim\limits_{n\to\infty}a_{n+1}=\sqrt{2-\sqrt{4-(\lim\limits_{n\to\infty}a_n)^2}}$,

即有

$$\lim_{n\to\infty} a_n = 0.$$

同样的方法，注意到 $g(x)=\dfrac{2x}{2+\sqrt{4+x^2}}=\dfrac{2}{\dfrac{2}{x}+\sqrt{1+\dfrac{4}{x^2}}}$，我们可以证明数列 $\{b_n\}_{n=0}^{\infty}$ 单调递减，并且 0 是 $\{b_n\}_{n=0}^{\infty}$ 的下界，由 $\lim\limits_{n\to\infty} b_{n+1}=\dfrac{2\lim\limits_{n\to\infty} b_n}{2+\sqrt{4+(\lim\limits_{n\to\infty} b_n)^2}}$，即有

$$\lim_{n\to\infty} b_n = 0.$$

(2) 通过简单的处理，我们可以证明 $2f(x)>x,\ \forall x\in(0,2)$．这表明数列 $\{2^n a_n\}_{n=0}^{\infty}$ 是严格单调递增的；而不等式 $2g(x)<x\left(\forall x\in(0,2)\right)$ 表明数列 $\{2^n b_n\}_{n=0}^{\infty}$ 是严格单调递减的.

通过简单的归纳，我们可以知道 $b_n>0$ 且 $a_n{}^2=\dfrac{4b_n^2}{4+b_n^2},\ \forall n\in\mathbf{N}_+$．所以

$$4^n a_n^2 = \frac{4\cdot 4^n b_n^2}{4+b_n^2} < 4^n b_n^2 .$$

这表明数列 $\{2^n a_n\}_{n=0}^{\infty}$ 有上界，数列 $\{2^n b_n\}_{n=0}^{\infty}$ 有下界，从而两者都存在极限，并且

$$\lim_{n\to\infty} 4^n a_n^2 = \lim_{n\to\infty}\frac{4\cdot 4^n b_n^2}{4+b_n{}^2} = \lim_{n\to\infty} 4^n b_n^2 .$$

因此，数列 $\{2^n a_n\}_{n=0}^{\infty}$ 与数列 $\{2^n b_n\}_{n=0}^{\infty}$ 的极限相同.

(3) 由

$$0<2^n b_n-2^n a_n=\frac{4^n b_n^2-\dfrac{4^{n+1}b_n^2}{4+b_n^2}}{2^n b_n+2^n a_n}=\frac{\left(2^n b_n\right)^4}{4+b_n{}^2}\cdot\frac{1}{4^n}\cdot\frac{1}{2^n(b_n+a_n)}<\frac{1}{4^n}(2^n b_n)^3$$
$$<\frac{1}{4^n}(2b_1)^3$$

可以知道，存在 $c=8b_1{}^3>0$，使得任意自然数 n，有

$$0<b_n-a_n<\frac{c}{8^n}.$$

例 1.18 (2010 国际大学生数学竞赛试题)　(1) 一个实数列 $\{x_n\}_{n=1}^{\infty}$ 满足

$$x_{n+1}=x_n\cos x_n,\quad n\geqslant 1,$$

则这个数列是否对于所有的初值都收敛?

(2) 一个实数列$\{y_n\}_{n=1}^{\infty}$满足

$$y_{n+1}=y_n\sin x_n,\quad n\geqslant 1,$$

则这个数列是否对于所有的初值都收敛?

解　(1) 否. 例如, $x_1=\pi$, 我们有$x_n=(-1)^{n-1}\pi$, 而数列$\{x_n\}_{n=1}^{\infty}$发散.

(2) 是. 注意到数列$\{y_n\}_{n=1}^{\infty}$是单调递减的, 因而收敛到某个数$a\geqslant 0$. 如果$a=0$, 则$\lim\limits_{n\to\infty}y_n=0$. 如果$a>0$, 则$a=\lim\limits_{n\to\infty}|y_{n+1}|=\lim\limits_{n\to\infty}|y_n\sin y_n|=a\sin a$, 所以$\sin a=\pm 1$, 即$a=\left(k+\dfrac{1}{2}\right)\pi$, 其中$k$是某个非负整数.

因为数列$\{y_n\}_{n=1}^{\infty}$是单调递减的, 所以存在n_0, 对于任意$n>n_0$, 有

$$\left(k+\frac{1}{2}\right)\pi\leqslant|y_n|<(k+1)\pi,$$

从而$y_{n_0+1},y_{n_0+2},\cdots$在$\left[\left(k+\dfrac{1}{2}\right)\pi,(k+1)\pi\right)\cup\left(-(k+1)\pi,-\left(k+\dfrac{1}{2}\right)\pi\right]$中, 而$\sin x$在$\left[\left(k+\dfrac{1}{2}\right)\pi,(k+1)\right)\cup\left(-(k+1)\pi,-\left(k+\dfrac{1}{2}\right)\pi\right]$中的一个区间的取值为正, 另一个区间的取值为负. 记$\sin x$取值为正的区间为I_+, 取值为负的区间为I_-. 如果$y_n\in I_-$, 则$y_{n+1}=y_n\sin y_n\in I_+$; 如果$y_n\in I_+$, 则$y_{n+1}=y_n\sin y_n\in I_+$. 所以, 我们总有$y_{n+1}\in I_+$. 因此, $y_{n_0+2},y_{n_0+3},\cdots\in I_+$, 即它们的符号相同. 而$|y_n|$收敛, 这表明$y_n$收敛.

例 1.19 (2011 国际大学生数学竞赛试题)　设数列$\{a_n\}_{n=0}^{\infty}$满足$\dfrac{1}{2}<a_n<1\,(n\geqslant 0)$, 数列$\{x_n\}_{n=0}^{\infty}$由

$$x_0=a_0,\quad x_{n+1}=\frac{a_{n+1}+x_n}{1+a_{n+1}x_n}\quad(n\geqslant 0)$$

给出, 则$\lim\limits_{n\to\infty}x_n$的值可能是什么? 这样的一个数列会发散吗?

解　下面我们用归纳法证明$0<1-x_n<\dfrac{1}{2^{n+1}}$. 当$n=0$时, 由$\dfrac{1}{2}<x_0=a_0<1$, 可知结论成立.

假设结论对于n成立, 我们考虑$n+1$. 由条件, 有

$$1-x_{n+1}=1-\frac{a_{n+1}+x_n}{1+a_{n+1}x_n}=\frac{1-a_{n+1}}{1+a_{n+1}x_n}(1-x_n).$$

又由 $0<\dfrac{1-a_{n+1}}{1+a_{n+1}x_n}<\dfrac{1-\frac{1}{2}}{1+0}=\dfrac{1}{2}$，我们得到

$$0<1-x_{n+1}<\frac{1}{2}(1-x_n)<\frac{1}{2}\cdot\frac{1}{2^{n+1}}=\frac{1}{2^{n+2}},$$

即结论对于 $n+1$ 也成立.

于是有 $\lim\limits_{n\to\infty}x_n=1$.

例 1.20 (第七届全国大学生数学竞赛预赛试题)　数列 $\{a_n\}_{n=1}^{\infty}$ 满足 $a_{n+1}=a_n+\dfrac{n}{a_n}$, $a_1>0$. 证明：$\lim\limits_{n\to\infty}n(a_n-n)$ 存在.

证明　$a_2=a_1+\dfrac{1}{a_1}\geqslant 2$. 若 $a_n\geqslant n$，则

$$a_{n+1}-(n+1)=a_n+\frac{n}{a_n}-n-1=\left(1-\frac{1}{a_n}\right)(a_n-n)\geqslant 0,$$

故 $a_n\geqslant n$，$\forall n\geqslant 2$，且 a_n-n 单调递减.

令 $b_n=n(a_n-n)$，则

$$\begin{aligned}
b_{n+1}&=(n+1)(a_{n+1}-n-1)\\
&=(n+1)\left(a_n+\frac{n}{a_n}-n-1\right)\\
&=(a_n-n)(n+1)\left(1-\frac{1}{a_n}\right)\\
&=\left(1+\frac{1}{n}\right)\left(1-\frac{1}{a_n}\right)b_n\\
&=\left(1+\frac{a_n-n}{na_n}-\frac{1}{na_n}\right)b_n\\
&=(1+R_n)b_n,
\end{aligned}$$

其中 $R_n=\dfrac{a_n-n}{na_n}-\dfrac{1}{na_n}$. 于是 $b_n=b_2\prod\limits_{k=2}^{n-1}(1+R_k)$. 而

$$|R_n|\leqslant\left|\frac{a_n-n}{na_n}\right|+\frac{1}{na_n}\leqslant\frac{1+|a_2-2|}{n^2},\quad n\geqslant 2.$$

由 $\lim\limits_{n\to\infty}\prod\limits_{k=2}^{n-2}(1+R_k)$ 存在，可知 $\lim\limits_{n\to\infty}n(a_n-n)$ 存在.

例 1.21 (2010 国际大学生数学竞赛试题)　设数列 $\{x_n\}_{n=1}^{\infty}$ 由 $x_1=\sqrt{5}$, $x_{n+1}=$

$x_n-2\ (n\geqslant 1)$ 给出，求 $\lim\limits_{n\to\infty}\dfrac{x_1x_2\cdots x_n}{x_{n+1}}$.

解　令 $y_n=x_n^2$, 则 $y_{n+1}=(y_n-2)^2$，即 $y_{n+1}-4=y_n(y_n-4)$.

因为 $y_2=9>5$, 有 $y_3=(y_2-2)^2>5$，由归纳法可得 $y_n>5,\ \forall n\geqslant 2$. 所以

$$y_{n+1}-y_n=y_n^2-5y_n+4>4,\ \forall n\geqslant 2,$$

从而

$$y_n\to\infty\quad(n\to\infty).$$

由 $y_{n+1}-4=y_n(y_n-4)$，我们有

$$\begin{aligned}\left(\frac{x_1x_2\cdots x_n}{x_{n+1}}\right)^2&=\frac{y_1y_2\cdots y_n}{y_{n+1}}=\frac{y_{n+1}-4}{y_{n+1}}\cdot\frac{y_1y_2\cdots y_n}{y_{n+1}-4}\\&=\frac{y_{n+1}-4}{y_{n+1}}\cdot\frac{y_1y_2\cdots y_{n-1}}{y_n-4}\\&\cdots\\&=\frac{y_{n+1}-4}{y_{n+1}}\cdot\frac{1}{y_1-4}\\&=\frac{y_{n+1}-4}{y_{n+1}}\to 1\quad(n\to\infty).\end{aligned}$$

于是，$\lim\limits_{n\to\infty}\dfrac{x_1x_2\cdots x_n}{x_{n+1}}=1$.

例 1.22 (2003 国际大学生数学竞赛试题)　(1) 设 $\{a_n\}_{n=1}^{\infty}$ 是一个实数列，并且 $a_1=1$，$a_{n+1}>\dfrac{3}{2}a_n\ (\forall n\geqslant 1)$，证明：$\dfrac{a_n}{\left(\dfrac{3}{2}\right)^{n-1}}$ 存在极限或趋于无穷大.

(2) 证明：任意 $\alpha>1$，存在一个数列 $\{a_n\}_{n=1}^{\infty}$，满足 $a_1=1$，$a_{n+1}>\dfrac{3}{2}a_n\quad(\forall n\geqslant 1)$，并且 $\lim\limits_{n\to\infty}\dfrac{a_n}{\left(\dfrac{3}{2}\right)^{n-1}}=\alpha$.

证明　(1) 令 $b_n=\dfrac{a_n}{\left(\dfrac{3}{2}\right)^{n-1}}$，则 $a_{n+1}>\dfrac{3}{2}a_n$ 等价于 $b_{n+1}>b_n$，因而数列 $\{b_n\}_{n=1}^{\infty}$ 是严格单调递增的. 每一个单调递增的数列或者存在极限，或者趋于无穷大.

(2) 任意 $\alpha>1$，存在一个数列 $1=b_1<b_2<\cdots$，并且收敛于 α (例如，$b_n=$

$\alpha-(\alpha-1)\cdot\frac{1}{n}\Big)$. 令 $a_n=\left(\frac{3}{2}\right)^{n-1}b_n$，即可得到所需的数列 $\{a_n\}_{n=1}^{\infty}$.

例 1.23　设数列 $\{x_n\}_{n=1}^{\infty}$ 满足条件 $0\leqslant x_{m+n}\leqslant x_m+x_n\ (m,n=1,2,\cdots)$. 证明：$\lim\limits_{n\to\infty}\frac{x_n}{n}$ 存在.

证明　由于 $x_n\leqslant x_{n-1}+x_1\leqslant x_{n-2}+2x_1\leqslant\cdots\leqslant nx_1$，故 $0\leqslant\frac{x_n}{n}\leqslant x_1$，从而数列 $\{x_n\}$ 有界. 令 $\liminf\limits_{n\to\infty}\frac{x_n}{n}=a$，则 $0\leqslant a\leqslant x_1$，并且任意 $\varepsilon>0$，存在 $N>1$，使得 $\frac{x_N}{N}<a+\varepsilon$. 对于任意 $n>N$，n 可表示为 $n=qN+r$，其中 $q\in\mathbf{N}$, $r\in\mathbf{N}$, $0\leqslant r<N$. 我们可以得到

$$x_n=x_{qN+r}\leqslant x_{(q-1)N}+x_N+x_r\leqslant x_{(q-2)N}+2x_N+x_r\leqslant\cdots\leqslant qx_N+rx_1\leqslant qx_N+Nx_1.$$

从而

$$\frac{x_n}{n}\leqslant\frac{qx_N}{n}+\frac{Nx_1}{n}\leqslant\frac{x_N}{N}+\frac{Nx_1}{n}<a+\varepsilon+\frac{Nx_1}{n}.$$

由此可知，$\limsup\limits_{n\to\infty}\frac{x_n}{n}\leqslant a+\varepsilon$. 由 ε 的任意性，即有 $\limsup\limits_{n\to\infty}\frac{x_n}{n}\leqslant a$. 于是

$$\liminf_{n\to\infty}\frac{x_n}{n}=\limsup_{n\to\infty}\frac{x_n}{n}=a.$$

因此，$\lim\limits_{n\to\infty}\frac{x_n}{n}$ 存在.

例 1.24 (第二届全国大学生数学竞赛预赛试题)　设 $0<\varepsilon<1$，$x_0=a$，$x_{n+1}=a+\varepsilon\sin x_n\ (n=0,1,2,\cdots)$，证明：$\xi=\lim\limits_{n\to\infty}x_n$ 存在，且 ξ 为方程 $x-\varepsilon\sin x=a$ 的唯一根.

证明　注意到 $|(\sin x)'|=|\cos x|\leqslant 1$，由微分中值定理，我们有

$$|\sin x-\sin y|\leqslant|x-y|,\ \forall x,y\in\mathbf{R},$$

所以

$$|x_{n+2}-x_{n+1}|=|\varepsilon(\sin x_{n+1}-\sin x_n)|\leqslant\varepsilon|x_{n+1}-x_n|,\quad n=0,1,2,\cdots.$$

从而可得

$$|x_{n+1}-x_n|\leqslant\varepsilon|x_1-x_0|,\quad n=0,1,2,\cdots.$$

于是，级数 $\sum\limits_{n=0}^{\infty}(x_{n+1}-x_n)$ 绝对收敛，从而

$$\xi=\lim_{n\to\infty}x_n=\lim_{n\to\infty}\left(\sum_{k=0}^{n-1}(x_{k+1}-x_k)+x_0\right)=x_0+\sum_{n=0}^{\infty}(x_{n+1}-x_n)$$

存在. 对于迭代式 $x_{n+1}=a+\varepsilon\sin x_n$，两边取极限，即得 ξ 为 $x-\varepsilon\sin x=a$ 的根. 进一步

$$|\xi-\eta|=\varepsilon|\sin\xi-\sin\eta|\leqslant\varepsilon|\xi-\eta|.$$

由 ε 的任意性，可得 $|\xi-\eta|=0$，即 $\xi=\eta$.

例 1.25 (第四届全国大学生数学竞赛决赛试题)　设函数 $f(x)$ 满足条件:

(1) $-\infty<a\leqslant f(x)\leqslant b<+\infty,\ a\leqslant x\leqslant b$;

(2) 对于任意不同的 $x,y\in[a,b]$ 有 $|f(x)-f(y)|<L|x-y|$，其中 L 是大于 0 小于 1 的常数.

设 $x_1\in[a,b]$，令 $x_{n+1}=\dfrac{1}{2}(x_n+f(x_n)),\ n=1,2,\cdots$. 证明: $\lim\limits_{n\to\infty}x_n=x$ 存在，且 $f(x)=x$.

证明　由已知条件 $x_1\in[a,b]$，$f(x)\in[a,b]$，$x_2=\dfrac{1}{2}(x_1+f(x_1))\in[a,b]$，$\cdots$，继续下去，对于任意 $n\geqslant1$，有 $a\leqslant x_n\leqslant b$，所以 x_n 对于任意 $n\geqslant1$ 有意义. 由条件(2)，有

$$\begin{aligned}|x_3-x_2|&=\frac{1}{2}|(x_2-x_1)+(f(x_2)-f(x_1))|\\&\leqslant\frac{1}{2}(|x_2-x_1|+|f(x_2)-f(x_1)|)\\&\leqslant\frac{1}{2}(|x_2-x_1|+L|x_2-x_1|)\\&=\frac{1}{2}(1+L)|x_2-x_1|,\\|x_4-x_3|&=\frac{1}{2}|(x_3-x_2)+(f(x_3)-f(x_2))|\\&\leqslant\frac{1}{2}(1+L)|x_3-x_2|\\&\leqslant\frac{1}{2^2}(1+L)^2|x_2-x_1|,\end{aligned}$$

继续下去，得

$$|x_{n+1}-x_n|\leqslant\frac{1}{2^{n-1}}(1+L)^{n-1}|x_2-x_1|,\quad\forall n\geqslant3.$$

由于 $\sum\limits_{n=1}^{\infty}\dfrac{1}{2^{n-1}}(1+L)^{n-1}$ 收敛，从而 $\sum\limits_{k=1}^{\infty}|x_{k+1}-x_k|$ 收敛，当然 $\sum\limits_{k=1}^{\infty}(x_{k+1}-x_k)$ 也收敛. 故其前 n 项部分和 $\sum\limits_{k=1}^{n}(x_{k+1}-x_k)=x_{n+1}-x_1$，当 $n\to\infty$ 时极限存在，即 $\lim\limits_{n\to\infty}x_n$ 存在.

记 $\lim\limits_{n\to\infty} x_n = \lambda,\ a \leqslant \lambda \leqslant b$．由条件(2)可知，$f(x)$ 是连续的．在 $x_{n+1} = \frac{1}{2}(x_n + f(x_n))$ 中令 $n \to \infty$，得 $\lambda = \frac{1}{2}(\lambda + f(\lambda))$，即 $f(\lambda) = \lambda$．

例 1.26 (第五届全国大学生数学竞赛预赛试题) 设函数 $f(x)$ 在区间 $[0,a]$ 上有二阶连续导数，$f'(0)=1$，$f''(0) \neq 0$，且 $0 < f(x) < x,\ x \in (0,a)$．令

$$x_{n+1} = f(x_n),\quad x_1 \in (0,a).$$

(1) 证明数列 $\{x_n\}_{n=1}^{\infty}$ 收敛，并求其极限；

(2) 数列 $\{nx_n\}_{n=1}^{\infty}$ 是否收敛？若不收敛，则说明理由；若收敛，则求其极限．

解 (1) 由条件 $0 < x_2 = f(x_1) < x_1$，由归纳法可证得 $0 < x_{n+1} < x_n$，于是 $\{x_n\}_{n=1}^{\infty}$ 存在极限，设为 x_0．由函数 $f(x)$ 的连续性及 $x_{n+1} = f(x_n)$ 得 $x_0 = f(x_0)$．又因为当 $x>0$ 时，$f(x) < x$，所以只有 $x_0 = 0$，即 $\lim\limits_{n\to\infty} x_n = 0$．

(2) 由 Stolz 定理和 L'Hospital 法则，

$$\begin{aligned}\lim_{n\to\infty} nx_n &= \lim_{n\to\infty}\frac{n}{\frac{1}{x_n}} = \lim_{n\to\infty}\frac{1}{\frac{1}{x_{n+1}}-\frac{1}{x_n}} = \lim_{n\to\infty}\frac{x_{n+1}x_n}{x_n - x_{n+1}}\\ &= \lim_{n\to\infty}\frac{x_n f(x_n)}{x_n - f(x_n)} = \lim_{x\to 0}\frac{xf(x)}{x-f(x)} = \lim_{x\to 0}\frac{f(x)+xf'(x)}{1-f'(x)}\\ &= \lim_{x\to 0}\frac{2f'(x)+xf''(x)}{-f''(x)} = -\frac{2}{f''(0)}.\end{aligned}$$

例 1.27 (1996 国际大学生数学竞赛试题) 设 $f:[0,1]\to[0,1]$ 是一个连续函数，证明：数列 $x_{n+1} = f(x_n)$ 收敛当且仅当 $\lim\limits_{n\to\infty}(x_{n+1}-x_n)=0$．

证明 如果数列 $x_{n+1} = f(x_n)$，显然 $\lim\limits_{n\to\infty}(x_{n+1}-x_n)=0$．

现在假设 $\lim\limits_{n\to\infty}(x_{n+1}-x_n)=0$，而数列 $x_{n+1} = f(x_n)$ 发散．则存在两个聚点 K,L，且 $K<L$，而区间 (K,L) 中的点都在数列 x_n 中．从而存在 $x\in(K,L)$，使得 $f(x)\neq x$．令 $\varepsilon = \frac{|f(x)-x|}{2} > 0$，则由函数 f 的连续性，存在 $\delta > 0$，使得对任意 $y \in (x-\delta, x+\delta) \subset (K,L)$，有 $|f(y)-y| > \varepsilon$．

另外，对于充分大的 n，我们有 $|x_{n+1}-x_n| < 2\delta$ 以及 $|f(x_n)-x_n| = |x_{n+1}-x_n| < \varepsilon$．因此，数列 $x_{n+1} = f(x_n)$ 不可能落入区间 $(x-\delta, x+\delta)$ 中，也不可能横跨这个区间．则所有的聚点或者不超过 $x-\delta$ (这与 L 是一个聚点矛盾)，或者至少是 $x+\delta$ (这与 K 是一个聚点矛盾)．

例 1.28 (2000 国际大学生数学竞赛试题)　设 $f:\mathbf{R}\to(0,+\infty)$ 是一个单调递增的可微函数, 并且 $\lim\limits_{x\to+\infty} f(x)=\infty$, $f'(x)$ 有界. 令 $F(x)=\int_0^x f(t)\mathrm{d}t$, $a_0=1$, $a_{n+1}=a_n+\dfrac{1}{f(a_n)}$, $b_n=F^{-1}(n)$. 证明: $\lim\limits_{n\to\infty}(a_n-b_n)=0$.

证明　由条件可知, $F(x)$ 是单调递增的, 且 $\lim\limits_{n\to\infty} b_n=\infty$. 由 Lagrange 中值定理, 对于任意自然数 k , 存在 $\xi\in(a_k,a_{k+1})$, 使得

$$F(a_{k+1})-F(a_k)=f(\xi)(a_{k+1}-a_k)=\frac{f(\xi)}{f(a_k)}.$$

由函数 $f(x)$ 的单调性, 有

$$f(a_k)\leqslant f(\xi)\leqslant f(a_{k+1}),$$

因此

$$1\leqslant F(a_{k+1})-F(a_k)\leqslant\frac{f(a_{k+1})}{f(a_k)}=1+\frac{f(a_{k+1})-f(a_k)}{f(a_k)}.$$

对 $k=0,1,2,\cdots$ 的上式求和, 由 $F(b_n)=n$, 我们有

$$F(b_n)<n+F(a_0)\leqslant F(a_n)\leqslant F(b_n)+F(a_0)+\sum_{k=0}^{n-1}\frac{f(a_{k+1})-f(a_k)}{f(a_k)},$$

从而, $a_n>b_n$ 并且 $\lim\limits_{n\to\infty} a_n=\infty$.

令 ε 表示任意的正数, 选取整数 K_ε , 使得 $f(a_{K_\varepsilon})>\dfrac{2}{\varepsilon}$. 如果 n 充分大, 则有

$$\begin{aligned}
&F(a_0)+\sum_{k=0}^{n-1}\frac{f(a_{k+1})-f(a_k)}{f(a_k)}\\
&=\left(F(a_0)+\sum_{k=0}^{K_\varepsilon-1}\frac{f(a_{k+1})-f(a_k)}{f(a_k)}\right)+\sum_{k=K_\varepsilon}^{n-1}\frac{f(a_{k+1})-f(a_k)}{f(a_k)}\\
&<\frac{\varepsilon}{2}f(a_n)+\frac{1}{f(a_{K_\varepsilon})}\sum_{k=K_\varepsilon}^{n-1}\big(f(a_{k+1})-f(a_k)\big)\\
&<\frac{\varepsilon}{2}f(a_n)+\frac{\varepsilon}{2}\big(f(a_n)-f(a_{K_\varepsilon})\big)\\
&<\varepsilon f(a_n).
\end{aligned}$$

因此, 对于任意正数 ε , 如果 n 充分大, 我们有

$$F(a_n)-F(b_n)<\varepsilon f(a_n),$$

再由 Lagrange 中值定理, 存在 $\xi\in(b_n,a_n)$, 使得

$$F(a_n)-F(b_n)=f(\xi)(a_n-b_n)>f(b_n)(a_n-b_n).$$

于是

$$f(b_n)(a_n-b_n)<\varepsilon f(a_n).$$

令 B 表示 $f'(x)$ 的上界，在上式中应用 $f(a_n)<f(b_n)+B(a_n-b_n)$，有

$$f(b_n)(a_n-b_n)<\varepsilon\big(f(b_n)+B(a_n-b_n)\big),$$

即

$$\big(f(b_n)-\varepsilon B\big)(a_n-b_n)<\varepsilon f(b_n).$$

由 $\lim\limits_{n\to\infty}f(b_n)=\infty$，当 n 充分大时，

$$a_n-b_n<\varepsilon\cdot\frac{f(b_n)}{f(b_n)-\varepsilon B}<2\varepsilon.$$

因此，对任意正数 ε，如果 n 充分大，我们证明了 $0<a_n-b_n<2\varepsilon$，即有

$$\lim_{n\to\infty}(a_n-b_n)=0.$$

例 1.29 (第六届全国大学生数学竞赛预赛试题)　设 $\alpha\in(0,1)$，$\{a_n\}_{n=1}^{\infty}$ 是正数列且满足 $\liminf\limits_{n\to\infty}n^{\alpha}\left(\dfrac{a_n}{a_{n+1}}-1\right)=\lambda\in(0,+\infty)$. 证明：$\lim\limits_{n\to\infty}n^k a_n=0$，其中 $k>0$.

证明　由条件可知，从某项开始 $\{a_n\}_{n=1}^{\infty}$ 单调递减. 因此

$$\lim_{n\to\infty}a_n=a\geqslant 0.$$

若 $a>0$，则当 n 充分大时，

$$\frac{a_n-a_{n+1}}{\frac{1}{n^{\alpha}}}=n^{\alpha}\left(\frac{a_n}{a_{n+1}}-1\right)a_{n+1}=\frac{\lambda a}{2}>0.$$

因为 $\sum\limits_{n=1}^{\infty}\dfrac{1}{n^{\alpha}}$ 发散，所以 $\sum\limits_{n=1}^{\infty}(a_n-a_{n+1})$ 也发散，这与此级数显然收敛到 a_1-a 相矛盾，故应有 $a=0$.

令 $b_n=n^k a_n$，则有

$$n^{\alpha}\left(\frac{b_n}{b_{n+1}}-1\right)=\left(\frac{n}{n+1}\right)^k\left[n^{\alpha}\left(\frac{a_n}{a_{n+1}}-1\right)-n^{\alpha}\left(\left(1+\frac{1}{n}\right)^k-1\right)\right].$$

因为 $\left(1+\dfrac{1}{n}\right)^k-1\sim\dfrac{k}{n}(n\to\infty)$，所以由上式及条件可得

$$\liminf_{n\to\infty}n^{\alpha}\left(\frac{b_n}{b_{n+1}}-1\right)=\lambda\quad(n\to\infty).$$

因此由前面所证，可得 $\lim\limits_{n\to\infty}b_n=0$，即 $\lim\limits_{n\to\infty}n^k a_n=0$.

例 1.30 (第二届全国大学生数学竞赛决赛试题)　设 $\sum_{n=1}^{\infty} na_n$ 收敛，$t_n = a_{n+1} + 2a_{n+2} + \cdots + ka_{n+k} + \cdots$，证明：$\lim_{n\to\infty} t_n = 0$.

证明　因为 $\sum_{n=1}^{\infty} na_n$ 收敛，所以对于任意 $\varepsilon > 0$，存在 $N \in \mathbf{N}$，使得任意 $n > N$，有

$$-\varepsilon < R_n = \sum_{k=n}^{\infty} ka_k < \varepsilon,$$

则对于任意 $n > N$ 以及 $m > 1$，有

$$\begin{aligned}\sum_{k=1}^{m} ka_{n+k} &= \sum_{k=1}^{m} \frac{k}{n+k}(R_{k+n} - R_{k+n+1}) \\ &= \sum_{k=1}^{m} \frac{k}{n+k} R_{k+n} - \sum_{k=2}^{m+1} \frac{k-1}{n+k-1} R_{k+n} \\ &= \frac{1}{n+1} R_{n+1} - \frac{m}{n+m} R_{m+n+1} + \sum_{k=2}^{m}\left(\frac{k}{n+k} - \frac{k-1}{n+k-1}\right) R_{k+n}.\end{aligned}$$

于是，我们有

$$\left|\sum_{k=1}^{m} ka_{n+k}\right| \leqslant \left(\frac{1}{n+1} + \frac{m}{n+m}\right)\varepsilon + \sum_{k=2}^{m}\left(\frac{k}{n+k} - \frac{k-1}{n+k-1}\right)\varepsilon = \frac{2m}{n+m}\cdot\varepsilon < 2\varepsilon.$$

所以，$|t_n| \leqslant 2\varepsilon$，即 $\lim_{n\to\infty} t_n = 0$.

例 1.31 (第三届全国大学生数学竞赛预赛试题)　对于任意实数 α，证明：存在取值于 $\{-1,1\}$ 的数列 $\{a_n\}_{n=1}^{\infty}$ 满足

$$\lim_{n\to\infty}\left(\sum_{k=1}^{n}\sqrt{n+a_k} - n^{\frac{3}{2}}\right) = \alpha.$$

证明　由 Taylor 展开式，对于任意 $x \in \left[-\frac{1}{2}, \frac{1}{2}\right]$，存在 $\xi \in \left[-\frac{1}{2}, \frac{1}{2}\right]$，使得

$$\sqrt{1+x} = 1 + \frac{x}{2} - \frac{x^2}{8(1+\xi)^{\frac{3}{2}}},$$

从而

$$\left|\sqrt{1+x} - \left(1 + \frac{x}{2}\right)\right| \leqslant x^2,\quad \forall x \in \left[-\frac{1}{2}, \frac{1}{2}\right].$$

当 $n \geqslant 2$ 时，不管我们如何选取仅取值于 $\{-1,1\}$ 的数列 $\{a_n\}_{n=1}^{\infty}$，均有

$$
\begin{aligned}
&\sum_{k=1}^{n}\left|\sqrt{n+a_k}-n^{\frac{3}{2}}-\sum_{k=2}^{n}\frac{a_k}{2\sqrt{n}}\right| \\
&=\sqrt{n}\sum_{k=1}^{n}\left|\sqrt{1+\frac{a_k}{n}}-\sum_{k=1}^{n}\left(1+\frac{a_k}{2n}\right)\right| \\
&\leqslant \sqrt{n}\sum_{k=1}^{n}\left(\frac{a_k}{n}\right)^2 \\
&\leqslant \sqrt{n}\sum_{k=1}^{n}\frac{1}{n^2}\leqslant\frac{1}{\sqrt{n}}.
\end{aligned}
$$

可以有很多种方法选取仅取值于 $\{-1,1\}$ 的数列 $\{a_n\}_{n=1}^{\infty}$，使得

$$\lim_{n\to\infty}\sum_{k=1}^{n}\frac{a_k}{2\sqrt{n}}=\alpha,$$

此时，有 $\lim\limits_{n\to\infty}\left(\sum\limits_{k=1}^{n}\sqrt{n+a_k}-n^{\frac{3}{2}}\right)=\alpha$. 例如，取 $a_1=1$，并且

$$
a_{n+1}=\begin{cases}1, & \sum\limits_{k=1}^{n}a_k<2\alpha\sqrt{n}, \\ -1, & \sum\limits_{k=1}^{n}a_k\geqslant 2\alpha\sqrt{n}.\end{cases}
$$

记 $y_n=\frac{1}{\sqrt{n}}\sum\limits_{k=1}^{n}a_k$，$n=1,2,\cdots$，我们有 $-\sqrt{n}\leqslant y_n\leqslant\sqrt{n}$.

若 $y_n>2\alpha$，我们得到

$$y_{n+1}-y_n=\frac{y_n\sqrt{n}-1}{\sqrt{n+1}}-y_n=-\frac{\sqrt{n+1}+\sqrt{n}+y_n}{\sqrt{n+1}\left(\sqrt{n+1}+\sqrt{n}\right)}.$$

这时，$-\frac{2}{\sqrt{n+1}}\leqslant y_{n+1}-y_n<0$.

若 $y_n\leqslant 2\alpha$，我们得到

$$y_{n+1}-y_n=\frac{y_n\sqrt{n}+1}{\sqrt{n+1}}-y_n=\frac{\sqrt{n+1}+\sqrt{n}-y_n}{\sqrt{n+1}\left(\sqrt{n+1}+\sqrt{n}\right)}.$$

这时，$0<y_{n+1}-y_n<\frac{2}{\sqrt{n+1}}$.

于是，当 $y_{n+1}-2\alpha$ 和 $y_n-2\alpha$ 同号时，有

$$|y_{n+1}-2\alpha|\leqslant|y_n-2\alpha|.$$

而当 $y_{n+1}-2\alpha$ 和 $y_n-2\alpha$ 异号时，有

$$|y_{n+1}-2\alpha| \leqslant |y_{n+1}-y_n| \leqslant \frac{2}{\sqrt{n+1}},$$

即 $|y_{n+1}-2\alpha| \leqslant \max\left\{|y_n-2\alpha|, \frac{2}{\sqrt{n+1}}\right\}$.

注意到，对任意 $N>0$，总有 $m \geqslant N$，使得 $y_{m+1}-2\alpha$ 和 $y_m-2\alpha$ 异号，所以

$$|y_k-2\alpha| \leqslant \frac{2}{\sqrt{n+1}} \leqslant \frac{2}{\sqrt{N+1}}, \quad \forall k=m+1, m+2, \cdots.$$

因此，$\lim\limits_{n\to\infty} y_n = 2\alpha$.

例 1.32　证明：若 $x_n>0\,(n=1,2,\cdots)$，并且 $\left(\limsup\limits_{n\to\infty} x_n\right)\cdot\left(\limsup\limits_{n\to\infty}\frac{1}{x_n}\right)=1$，则数列 $\{x_n\}_{n=1}^{\infty}$ 收敛.

证明　由已知条件可知

$$0<\limsup_{n\to\infty} x_n<\infty, \quad 0<\limsup_{n\to\infty}\frac{1}{x_n}<+\infty.$$

因为

$$1=\left(\limsup_{n\to\infty} x_n\right)\cdot\left(\limsup_{n\to\infty}\frac{1}{x_n}\right)=\left(\liminf_{n\to\infty} x_n\right)\cdot\left(\limsup_{n\to\infty}\frac{1}{x_n}\right)\leqslant\limsup_{n\to\infty}\left(x_n\cdot\frac{1}{x_n}\right)=1,$$

所以

$$\left(\liminf_{n\to\infty} x_n\right)\cdot\left(\limsup_{n\to\infty}\frac{1}{x_n}\right)=1,$$

从而有

$$\left(\liminf_{n\to\infty} x_n\right)\cdot\left(\limsup_{n\to\infty}\frac{1}{x_n}\right)=\left(\limsup_{n\to\infty} x_n\right)\cdot\left(\limsup_{n\to\infty}\frac{1}{x_n}\right)=1,$$

因此，$0<\liminf\limits_{n\to\infty} x_n=\limsup\limits_{n\to\infty} x_n<+\infty$，即数列 $\{x_n\}_{n=1}^{\infty}$ 收敛.

例 1.33 (第一届全国大学生数学竞赛决赛试题)　设函数 $f(x)$ 在区间 $(-1,1)$ 上有定义，在 $x=0$ 处可导，且 $f(0)=0$，证明：$\lim\limits_{n\to\infty}\sum\limits_{k=1}^{n} f\left(\frac{k}{n^2}\right)=\frac{f'(0)}{2}$.

证明　由 $f(x)=f(x)-f(0)=f'(0)x+o(x)$，当 $1\leqslant k\leqslant n$ 时，有

$$f\left(\frac{k}{n^2}\right)=f'(0)\cdot\frac{k}{n^2}+o\left(\frac{k}{n^2}\right).$$

因此，

$$\sum_{k=1}^{n} f\left(\frac{k}{n^2}\right) = f'(0)\sum_{k=1}^{n}\frac{k}{n^2} + o(1).$$

于是

$$\lim_{n\to\infty}\sum_{k=1}^{n} f\left(\frac{k}{n^2}\right) = f'(0)\lim_{n\to\infty}\sum_{k=1}^{n}\frac{k}{n^2} = f'(0)\lim_{n\to\infty}\frac{n(n+1)}{2n^2} = \frac{f'(0)}{2}.$$

例 1.34 (第二届全国大学生数学竞赛预赛试题) 设函数 $f(x)$ 在区间 $[0,1]$ 上 Riemann 可积，在 $x=1$ 可导，$f(1)=0$ ，$f'(1)=a$ ，证明：$\lim\limits_{n\to\infty} n^2\int_0^1 x^n f(x)\mathrm{d}x = -a.$

证明 记 $M = \sup\limits_{n\to\infty} |f(x)| < +\infty$ ，由 Taylor 展开式

$$f(x) = f(1) + f'(1)(x-1) + r(x) = a(x-1) + r(x).$$

因为 $r(x) = o(x-1)$ ，所以，对于任意 $\varepsilon > 0$ ，存在 $\delta \in (0,1)$ ，使得当 $\delta < x \leqslant 1$ 时，有

$$|r(x)| \leqslant \varepsilon(1-x).$$

于是，我们有

$$\int_0^1 x^n f(x)\mathrm{d}x = \int_0^\delta x^n f(x)\mathrm{d}x + \int_\delta^1 ax^n(x-1)\mathrm{d}x + \int_0^1 x^n r(x)\mathrm{d}x.$$

记 $R_1 = \int_0^\delta x^n f(x)\mathrm{d}x,\ R_2 = \int_\delta^1 ax^n(x-1)\mathrm{d}x,\ R_3 = \int_0^1 x^n r(x)\mathrm{d}x$ ，注意到

$$|R_1| \leqslant M\int_0^\delta x^n\mathrm{d}x = M\cdot\frac{\delta^{n+1}}{n+1},$$

$$R_2 = \frac{-a}{(n+1)(n+2)} + a\left(\frac{\delta^{n+1}}{n+1} - \frac{\delta^{n+2}}{n+2}\right),$$

$$|R_3| \leqslant \int_\delta^1 |r(x)|\,\mathrm{d}x \leqslant \varepsilon\int_\delta^1 x^n(1-x)\mathrm{d}x \leqslant \varepsilon\int_0^1 x^n(1-x)\mathrm{d}x = \frac{\varepsilon}{(n+1)(n+2)},$$

我们有

$$\lim_{n\to\infty}|n^2R_1| = 0,$$

$$\lim_{n\to\infty}|n^2R_2 + a| = 0,$$

$$\limsup_{n\to\infty}|n^2R_3| \leqslant \varepsilon,$$

所以，$\limsup\limits_{n\to\infty}\left|n^2\int_0^1 x^n f(x)\mathrm{d}x + a\right| \leqslant \varepsilon.$

由 ε 的任意性，即得 $\lim\limits_{n\to\infty} n^2\int_0^1 x^n f(x)\mathrm{d}x = -a.$

例 1.35 (第六届全国大学生数学竞赛预赛试题)　设函数 $f(x)$ 是区间 $[0,1]$ 上的非负的严格单调增加的连续函数.

(1) 证明：对于任意 $n\in\mathbf{N}$，存在唯一的 $x_n\in[0,1]$，使得 $(f(x_n))^n=\int_0^1(f(x))^n\mathrm{d}x$.

(2) 证明：$\lim\limits_{n\to\infty}x_n=1$.

证明　(1) $(f(0))^n\leqslant\int_0^1 (f(x))^n\mathrm{d}x\leqslant(f(1))^n$，由连续函数的介值性，得到 x_n 的存在性. 由于函数 $f(x)$ 是严格单调的，所以 x_n 是唯一的.

(2) 对于任意小的 $\varepsilon>0$，由函数 $f(x)$ 的非负性和单调性，

$$(f(x_n))^n\geqslant\int_{1-\varepsilon}^1 (f(1-\varepsilon))^n\mathrm{d}x=\varepsilon(f(1-\varepsilon))^n,$$

故

$$f(x_n)\geqslant\sqrt[n]{\varepsilon}f(1-\varepsilon),$$

从而

$$\liminf_{n\to\infty}f(x_n)\geqslant f(1-\varepsilon).$$

由函数 $f(x)$ 的单调性知，$\liminf\limits_{n\to\infty}x_n\geqslant1-\varepsilon$. 由 ε 的任意性知，$\lim\limits_{n\to\infty}x_n=1$.

例 1.36 (2004 国际大学生数学竞赛试题)　设 $S_n=\left\{\sum\limits_{k=1}^n x_k\,\middle|\,n\geqslant2,\ 0\leqslant x_1,x_2,\cdots,x_n\leqslant\dfrac{\pi}{2},\ \sum\limits_{k=1}^n\sin x_k=1\right\}$.

(1) 证明：S_n 是一个区间；

(2) 这里 l_n 表示 S_n 的长度，求 $\lim\limits_{n\to\infty}l_n$.

解　(1) 我们考虑等价问题

$$Y=\{y=(y_1,y_2,\cdots,y_n)\,|\,0\leqslant y_1,y_2,\cdots,y_n\leqslant1,\ y_1+y_2+\cdots+y_n=1\}\subset\mathbf{R}^n.$$

令 $f(y)=\arcsin y_1+\arcsin y_2+\cdots+\arcsin y_n$，则 $f(Y)=S_n$.

因为 Y 是 $\mathbf{R}^n$ 的一个连通子集，并且 f 是连续的，所以 $f(Y)$ 也是连通的，而 $\mathbf{R}$ 的连通子集是区间，因此 S_n 是区间.

(2) 下面证明

$$n\arcsin\frac{1}{n}\leqslant x_1+x_2+\cdots+x_n\leqslant\frac{\pi}{2}.$$

因为 $\sin x$ 的图像在 $x\in\left[0,\dfrac{\pi}{2}\right]$ 是下凹的，所以 $(0,0)$ 和 $\left(\dfrac{\pi}{2},1\right)$ 连接的弦在 $\sin x$ 的图

像的下方，因此

$$\frac{2\pi}{x} \leqslant \sin x, \quad \forall x \in \left[0, \frac{\pi}{2}\right].$$

从而

$$\frac{2}{\pi}(x_1 + x_2 + \cdots + x_n) \leqslant \sin x_1 + \sin x_2 + \cdots + \sin x_n = 1.$$

当 $x_1 = \frac{\pi}{2}$，$x_2 = \cdots = x_n = 0$ 时，上式中的等式成立.

又由 Jensen 不等式，任意 $x_i \in \left[0, \frac{\pi}{2}\right]$ 以及 $0 \leqslant \frac{x_1 + x_2 + \cdots + x_n}{n} < \frac{\pi}{2}$，有

$$\frac{1}{n} = \frac{\sin x_1 + \sin x_2 + \cdots + \sin x_n}{n} \leqslant \sin \frac{x_1 + x_2 + \cdots + x_n}{n},$$

当 $x_1 = x_2 = \cdots = x_n = \arcsin \frac{1}{n}$ 时，上式中的等式成立.

于是，我们可以得到 $S_n = \left[n \arcsin \frac{1}{n}, \frac{\pi}{2}\right]$. 因此，$l_n = \frac{\pi}{2} - n \arcsin \frac{1}{n}$，从而有

$$\lim_{n \to \infty} l_n = \frac{\pi}{2} - \lim_{n \to \infty} n \arcsin \frac{1}{n} = \frac{\pi}{2} - 1.$$

例 1.37 (第一届全国大学生数学竞赛决赛试题) 设函数 $f(x)$ 在区间 $[a,b]$ 上连续，由积分中值公式得

$$\int_0^x f(t)\mathrm{d}t = (x-a)f(\xi) \quad (a \leqslant \xi \leqslant x \leqslant b),$$

若导数 $f'_+(a)$ 存在且非零，求 $\lim\limits_{x \to a^+} \frac{\xi - a}{x - a}$.

解

$$\begin{aligned}
\lim_{x \to a^+} \frac{\xi - a}{x - a} &= \lim_{x \to a^+} \frac{\xi - a}{f(\xi) - f(a)} \cdot \frac{f(\xi) - f(a)}{x - a} \\
&= \frac{1}{f'_+(a)} \lim_{x \to a^+} \frac{f(\xi) - f(a)}{x - a} \\
&= \frac{1}{f'_+(a)} \lim_{x \to a^+} \frac{\int_a^x f(t)\mathrm{d}t - (x-a)f(a)}{(x-a)^2} \\
&= \frac{1}{f'_+(a)} \lim_{x \to a^+} \frac{f(x) - f(a)}{2(x-a)} \quad \text{(L'Hospital 法则)} \\
&= \frac{1}{2}.
\end{aligned}$$

例 1.38 (2001 国际大学生数学竞赛试题)　求极限 $\lim\limits_{t\to1^-}(1-t)\sum\limits_{n=1}^{\infty}\dfrac{t^n}{1+t^n}$.

解　$$\lim_{t\to1^-}(1-t)\sum_{n=1}^{\infty}\frac{t^n}{1+t^n}=\lim_{t\to1^-}\frac{1-t}{-\ln t}\cdot(-\ln t)\sum_{n=1}^{\infty}\frac{t^n}{1+t^n}=\lim_{t\to1^-}(-\ln t)\sum_{n=1}^{\infty}\frac{1}{1+\mathrm{e}^{-n\ln t}}$$
$$=\lim_{h\to0^-}h\sum_{n=1}^{\infty}\frac{1}{1+\mathrm{e}^{nh}}=\int_0^{+\infty}\frac{\mathrm{d}x}{1+\mathrm{e}^x}=\ln2.$$

例 1.39 (2003 国际大学生数学竞赛试题)　求极限 $\lim\limits_{x\to0^+}\displaystyle\int_x^{2x}\frac{\sin^m t}{t^n}\mathrm{d}t$ $(m,n\in\mathbf{N})$.

解　因为 $\dfrac{\sin t}{t}$ 在区间 $(0,\pi)$ 上单调递减，并且 $\lim\limits_{t\to0^+}\dfrac{\sin t}{t}=1$，所以对任意 $x\in\left(0,\dfrac{\pi}{2}\right)$ 以及 $t\in[x,2x]$，我们有
$$\frac{\sin 2x}{2x}\leqslant\frac{\sin t}{t}<1.$$
因此，
$$\left(\frac{\sin 2x}{2x}\right)^m\int_0^{2x}\frac{t^m}{t^n}\mathrm{d}t\leqslant\int_x^{2x}\frac{\sin^m t}{t^n}\mathrm{d}t<\int_x^{2x}\frac{t^m}{t^n}\mathrm{d}t.$$
而 $\displaystyle\int_x^{2x}\frac{t^m}{t^n}\mathrm{d}t=x^{m-n+1}\int_1^2u^{m-n}\mathrm{d}u$，$\left(\dfrac{\sin 2x}{2x}\right)^m$ 趋于1.

如果 $m-n+1<0$，则 x^{m-n+1} 趋于无穷大；如果 $m-n+1>0$，则 x^{m-n+1} 趋于 0；如果 $m-n+1=0$，则 $x^{m-n+1}\displaystyle\int_1^2u^{m-n}\mathrm{d}u=\int_1^2u^{-1}\mathrm{d}u=\ln2$.

因此，
$$\lim_{x\to0^+}\int_x^{2x}\frac{\sin^m t}{t^n}\mathrm{d}t=\begin{cases}0, & m\geqslant n,\\ \ln2, & n-m=1,\\ +\infty, & n-m>1.\end{cases}$$

例 1.40　设 $f(x)$ 是 $\mathbf{R}$ 上有界连续可微的函数，并且满足
$$|f(x)-f'(x)|\leqslant1\quad(-\infty<x<+\infty),$$
证明：$|f(x)|\leqslant1\quad(-\infty<x<+\infty)$.

证明　因为 $(\mathrm{e}^{-x}f(x))'=-\mathrm{e}^{-x}f(x)+\mathrm{e}^{-x}f'(x)$，所以
$$\left|\int_x^{+\infty}(\mathrm{e}^{-t}f(t))'\mathrm{d}x\right|\leqslant\int_x^{+\infty}\mathrm{e}^{-t}|f'(t)-f(t)|\mathrm{d}t\leqslant\int_x^{+\infty}\mathrm{e}^{-t}\mathrm{d}t=\mathrm{e}^{-x}.$$
由 $f(x)$ 有界，所以存在 $M>0$，使得 $|\mathrm{e}^{-x}f(x)|\leqslant\mathrm{e}^{-x}M$. 而 $\lim\limits_{x\to+\infty}\mathrm{e}^{-x}M=0$，所以

$$\lim_{x\to+\infty} e^{-x} f(x)=0\ ,$$

从而

$$\left|\int_x^{+\infty}(e^{-t}f(t))'dx\right|=\left|e^{-t}f(t)\Big|_x^{+\infty}\right|=e^{-x}\,|\,f(x)\,|.$$

于是，$e^{-x}\,|\,f(x)|\leqslant e^{-x}$，即有$|\,f(x)|\leqslant 1\quad(-\infty<x<+\infty)$.

例 1.41 (2005 国际大学生数学竞赛试题) 设 $f:(0,\infty)\to\mathbf{R}$ 是一个二次连续可微的函数，并且对于任意 x，满足

$$\left|f''(x)+2xf'(x)+(x^2+1)f(x)\right|\leqslant 1.$$

证明：$\lim\limits_{x\to\infty} f(x)=0$.

证明 对分式 $\dfrac{f(x)e^{\frac{x^2}{2}}}{e^{\frac{x^2}{2}}}$ 应用两次 L'Hospital 法则(注意，如果分母趋于无穷大的时候，L'Hospital 法则对分子没有约束).

$$\begin{aligned}\lim_{x\to\infty} f(x)&=\lim_{x\to\infty}\frac{f(x)e^{\frac{x^2}{2}}}{e^{\frac{x^2}{2}}}=\lim_{x\to\infty}\frac{(f'(x)+xf(x))e^{\frac{x^2}{2}}}{xe^{\frac{x^2}{2}}}\\&=\lim_{x\to\infty}\frac{(f''(x)+2xf'(x)+(x^2+1)f(x))e^{\frac{x^2}{2}}}{(x^2+1)e^{\frac{x^2}{2}}}\\&=\lim_{x\to\infty}\frac{f''(x)+2xf'(x)+(x^2+1)f(x)}{x^2+1}=0.\end{aligned}$$

例 1.42 (Cauchy 定理) 若函数 $f(x)$ 定义在区间 $(a,+\infty)$ 上，并且在每一个有限区间 (a,b) 内都是有界的，则

(1) $\lim\limits_{x\to+\infty}\dfrac{f(x)}{x}=\lim\limits_{x\to+\infty}\left[f(x+1)-f(x)\right]$；

(2) $\lim\limits_{x\to+\infty}\left[f(x)\right]^{\frac{1}{x}}=\lim\limits_{x\to+\infty}\dfrac{f(x+1)}{f(x)}\ (f(x)\geqslant c>0)$，

假定等式右端的极限都存在.

证明 (1) 记 $\lim\limits_{x\to+\infty}\left[f(x+1)-f(x)\right]=A$，则任意 $\varepsilon>0$，存在 $X_0>a$，使得对任意 $x>X_0$，有 $|\,f(x+1)-f(x)-A\,|<\dfrac{\varepsilon}{3}$. 现在设 $x>X_0+1$，于是，恰好有一个正整数 n (依赖于 x)，满足 $n\leqslant x-X_0<n+1$. 令 $\tau=x-X_0-n$，则 $0<\tau<1$, $x=X_0+\tau+n$. 我们有

$$\frac{f(x)}{x}-A=\frac{n}{x}\left[\frac{f(x)-f(X_0+\tau)}{n}-A\right]+\frac{f(X_0+\tau)}{x}-\frac{X_0+\tau}{x}A.$$

显然

$$\begin{aligned}\left|\frac{n}{x}\left[\frac{f(x)-f(X_0+\tau)}{n}-A\right]\right| &\leqslant \left|\frac{f(X_0+\tau+n)-f(X_0+\tau)}{n}-A\right| \\ &\leqslant \frac{1}{n}\left|\sum_{k=1}^{n}[f(X_0+\tau+k)-f(X_0+\tau+k-1)-A]\right| \\ &\leqslant \frac{1}{n}\sum_{k=1}^{n}|f(X_0+\tau+k)-f(X_0+\tau+k-1)-A| \\ &<\frac{1}{n}\cdot\frac{n\varepsilon}{3}=\frac{\varepsilon}{3}.\end{aligned}$$

由已知条件，$f(x)$ 在 $X_0 \leqslant x < X_0+1$ 上有界，故存在 X_1，使得任意 $x>X_1$，有

$$\left|\frac{f(X_0+\tau)}{x}\right|<\frac{\varepsilon}{3}\quad(0\leqslant\tau<1).$$

另外，存在 X_2，使得对任意 $x>X_2$，有 $\left|\frac{(X_0+1)A}{x}\right|<\frac{\varepsilon}{3}$．令 $X=\max\{X_0+1,X_1,X_2\}$，于是，当 $x>X$ 时，必有

$$\left|\frac{f(x)}{x}-A\right|<\frac{\varepsilon}{3}+\frac{\varepsilon}{3}+\frac{\varepsilon}{3}=\varepsilon,$$

即 $\lim\limits_{x\to+\infty}\frac{f(x)}{x}=A.$

(2) 由已知条件，$f(x)\geqslant c>0$，记 $\lim\limits_{x\to+\infty}\frac{f(x+1)}{f(x)}=A'$，显然 $A'\geqslant 0$．下面证明 $A'>0$．事实上，若 $A'=0$，则存在 $X_0>0$，使得对任意 $x\geqslant X_0$，必有 $0<\frac{f(x+1)}{f(x)}<\frac{1}{2}$，于是

$$0<\frac{f(X_0+n)}{f(X_0)}=\frac{f(X_0+n)}{f(X_0+n-1)}\cdot\frac{f(X_0+n-1)}{f(X_0+n-2)}\cdots\cdots\frac{f(X_0+1)}{f(X_0)}<\left(\frac{1}{2}\right)^n,$$

由此可知，$\lim\limits_{n\to\infty}f(X_0+n)=0$，与 $f(x)\geqslant c>0$ 矛盾.

由于 $f(x)\geqslant c>0$，并且 $f(x)$ 在每个有限区间 (a,b) 内都有界，故函数 $\ln f(x)$ 在每个有限区间 (a,b) 内也有界，并且

$$\lim_{x\to+\infty}[\ln f(x+1)-\ln f(x)]=\lim_{x\to+\infty}\ln\frac{f(x+1)}{f(x)}=\ln A'.$$

由(1)知 $\lim\limits_{x\to+\infty}\frac{\ln f(x)}{x}=\ln A'$．故有 $\lim\limits_{x\to+\infty}[f(x)]^{\frac{1}{x}}=A'.$

例 1.43 证明：若函数 $f(x)$ 定义在 $(a,+\infty)$ 上，在任意有限区间 (a,b) 内有界，并且 $\lim\limits_{x\to+\infty}\dfrac{f(x+1)-f(x)}{x^n}=A$，其中 A 为有限数，$+\infty$ 或 $-\infty$，则 $\lim\limits_{x\to+\infty}\dfrac{f(x)}{x^{n+1}}=\dfrac{A}{n+1}$.

证明 令 $g(x)=x^{n+1}$，则 $g(x)$ 满足函数的 Stolz 定理，所以

$$
\begin{aligned}
\lim_{x\to+\infty}\frac{f(x)}{x^{n+1}}&=\lim_{x\to+\infty}\frac{f(x+1)-f(x)}{(x+1)^{n+1}-x^{n+1}}\\
&=\lim_{x\to+\infty}\frac{f(x+1)-f(x)}{(n+1)x^n+\dfrac{1}{2}(n+1)nx^{n-1}+\cdots+1}\\
&=\lim_{x\to+\infty}\left(\frac{f(x+1)-f(x)}{x^n}\cdot\frac{1}{(n+1)+\dfrac{1}{2}(n+1)n\cdot\dfrac{1}{x}+\cdots+\dfrac{1}{x^n}}\right)\\
&=\frac{A}{n+1}.
\end{aligned}
$$

例 1.44 (第三届全国大学生数学竞赛预赛试题) 设函数 $F(x)$ 是 $[0,+\infty)$ 上的单调递减函数，$\lim\limits_{x\to+\infty}F(x)=0$，并且 $\lim\limits_{x\to+\infty}\displaystyle\int_0^{+\infty}F(t)\sin\frac{t}{n}\mathrm{d}t=0$，证明：

(1) $\lim\limits_{x\to+\infty}xF(x)=0$；

(2) $\lim\limits_{x\to0}\displaystyle\int_0^{+\infty}F(t)\sin(xt)\mathrm{d}t=0$.

证明 对任意 $x\in\mathbf{R}$，由无穷积分的 Dirichlet 判别法可得 $\displaystyle\int_0^{+\infty}F(t)\sin(xt)\mathrm{d}t$ 收敛. 记 $f(x)=\displaystyle\int_0^{+\infty}F(t)\sin(xt)\mathrm{d}t$，$\forall x\in\mathbf{R}$. 由于 $F(x)$ 单调递减，有

$$
\begin{aligned}
&\int_{2k\pi}^{2k\pi+2\pi}F(nt)\sin t\mathrm{d}t\\
&=\int_0^{\pi}\big(F(2nk\pi+nt)-F(2nk\pi-nt)\big)\sin t\mathrm{d}t\geqslant 0,\quad \forall k=0,1,2,\cdots.
\end{aligned}
$$

从而

$$
\begin{aligned}
f\left(\frac{1}{n}\right)&=\int_0^{+\infty}F(t)\sin\frac{t}{n}\mathrm{d}t\\
&=\int_0^{+\infty}nF(nt)\sin t\mathrm{d}t\\
&=\sum_{k=1}^{+\infty}\int_{2k\pi}^{2k\pi+2\pi}nF(nt)\sin t\mathrm{d}t\\
&\geqslant\int_0^{2\pi}nF(nt)\sin t\mathrm{d}t
\end{aligned}
$$

$$
\begin{aligned}
&=\int_0^{\pi} n\big(F(nt)-F(2n\pi-nt)\big)\sin t\mathrm{d}t\\
&\geqslant\int_0^{\frac{\pi}{2}} n\big(F(nt)-F(2n\pi-nt)\big)\sin t\mathrm{d}t\\
&\geqslant n\left(F\left(n\cdot\frac{\pi}{2}\right)-F\left(\frac{3n\pi}{2}\right)\right)\int_0^{\frac{\pi}{2}}\sin t\mathrm{d}t\\
&=nF\left(\frac{n\pi}{2}\right)-F\left(\frac{3n\pi}{2}\right)\geqslant 0.
\end{aligned}
$$

结合 $f\left(\frac{1}{n}\right)\to 0\quad(n\to\infty)$，得

$$
\lim_{n\to\infty} n\left[F\left(\frac{n\pi}{2}\right)-F\left(\frac{3n\pi}{2}\right)\right]=0.
$$

所以，对于任意 $\delta>0$，存在 $N>0$，使得对于任意 $n>N$，有

$$
n\left|F\left(\frac{n\pi}{2}\right)-F\left(\frac{3n\pi}{2}\right)\right|\leqslant\delta.
$$

从而，对于任意 $m>0,\ n>N$，有

$$
\begin{aligned}
0&\leqslant nF\left(\frac{n\pi}{2}\right)\\
&\leqslant\sum_{k=0}^{m} n\left|F\left(\frac{3^k n\pi}{2}\right)-F\left(\frac{3^{k+1}n\pi}{2}\right)\right|+nF\left(\frac{3^{m+1}n\pi}{2}\right)\\
&\leqslant\sum_{k=0}^{m}\frac{\delta}{3^k}+nF\left(\frac{3^{m+1}n\pi}{2}\right)\\
&\leqslant\frac{3\delta}{2}+nF\left(\frac{3^{m+1}n\pi}{2}\right).
\end{aligned}
$$

令 $m\to\infty$，由 $\lim\limits_{x\to+\infty}F(x)=0$ 得到

$$
0\leqslant nF\left(\frac{n\pi}{2}\right)\leqslant\frac{3\delta}{2},\quad\forall n>N,
$$

所以

$$
\lim_{n\to\infty} nF\left(\frac{n\pi}{2}\right)=0.
$$

进一步利用单调性，当 $x>\frac{\pi}{2}$ 时，有

$$0 \leqslant xF(x) \leqslant \pi\left[\frac{2x}{\pi}\right]F\left(\left[\frac{2x}{\pi}\right]\cdot\frac{\pi}{2}\right),$$

其中$[s]$表示实数s的整数部分，于是可得

$$\lim_{x\to+\infty} xF(x)=0.$$

又知$xF(x)$在$[0,+\infty)$上有界，设上界为$M\geqslant 0$.

对于任意$\varepsilon\in(0,\pi)$，当$x>0$时，我们有

$$\begin{aligned}0 \leqslant f(x) &= \int_0^{+\infty}\frac{1}{x}F\left(\frac{t}{x}\right)\sin t\mathrm{d}t\\ &\leqslant \int_0^{\pi}\frac{t}{x}F\left(\frac{t}{x}\right)\frac{\sin t}{t}\mathrm{d}t\\ &\leqslant \frac{\varepsilon}{x}F\left(\frac{\varepsilon}{x}\right)\int_{\varepsilon}^{\pi}\frac{\sin t}{t}\mathrm{d}t+M\varepsilon,\end{aligned}$$

于是

$$0\leqslant \limsup_{x\to0^+} f(x)\leqslant M\varepsilon.$$

由$\varepsilon\in(0,\pi)$的任意性,可得$\lim\limits_{x\to0^+} f(x)=0$. 由于$f(x)$是奇函数，从而有

$$\lim_{x\to0} f(x)=0.$$

例 1.45 (第六届全国大学生数学竞赛决赛三四年级组试题) 设函数$f(x)=\begin{cases}x\sin\dfrac{1}{x}, & x\neq 0,\\ 0, & x=0.\end{cases}$ 求最大常数α，使满足$\sup\limits_{x\neq y}\dfrac{|f(x)-f(y)|}{|x-y|^{\alpha}}<+\infty.$

解 α的最大值为$\dfrac{1}{2}$. 若$\alpha>\dfrac{1}{2}$，取$x_n=(n\pi)^{-1}$, $y_n=\left(\left(n+\dfrac{1}{2}\right)\pi\right)^{-1}$. 则

$$\frac{|f(x_n)-f(y_n)|}{|x_n-y_n|^{\alpha}}=2^{\alpha}\pi^{\alpha-1}n^{2\alpha-1}\left(1+\frac{1}{2n}\right)^{\alpha-1}\to\infty\quad(n\to\infty).$$

下面证明$\sup\limits_{x\neq y}\dfrac{|f(x)-f(y)|}{|x-y|^{\alpha}}<+\infty.$

由于$f(x)$为偶函数，不妨设$0\leqslant x<y$. 令$z=\sup\{u\leqslant y\,|\,f(u)=f(x)\}$,则$z^{-1}\leqslant y^{-1}+2\pi$. 于是

$$\begin{aligned}|f(x)-f(y)|&=|f(z)-f(y)|\\ &\leqslant\int_z^y|f'(t)|\mathrm{d}t\\ &\leqslant|x-y|^{\frac{1}{2}}\left(\int_z^y\left(\sin\frac{1}{t}-\frac{1}{t}\cos\frac{1}{t}\right)^2\mathrm{d}t\right)^{\frac{1}{2}}\end{aligned}$$

$$\xlongequal{s=t-1} |x-y|^{\frac{1}{2}}\left(\int_{y-1}^{z-1}\left(\frac{\sin s}{s}-\cos s\right)^2 \mathrm{d}s\right)^{\frac{1}{2}}$$

$$\leqslant |x-y|^{\frac{1}{2}}\left(\int_{y-1}^{z-1} 4\mathrm{d}s\right)^{\frac{1}{2}}$$

$$=\sqrt{8\pi}\,|x-y|^{\frac{1}{2}}.$$

例 1.46 (第七届全国大学生数学竞赛决赛一二年级组试题)　设 $a(x)$, $f(x)$ 为实数域上的连续函数，且对任意的实数 x，有 $a(x)>0$. 已知 $\int_0^{+\infty} a(x)\mathrm{d}x=+\infty$, $\lim\limits_{x\to+\infty}\frac{f(x)}{a(x)}=0$, $y'(x)+a(x)y(x)=f(x)$, $x\in\mathbf{R}$. 证明：$\lim\limits_{x\to+\infty} y(x)=0$.

证明　令 $F(x)=\int_0^x a(t)\mathrm{d}t$，则由 $y'(x)+a(x)y(x)=f(x)$，有

$$y(x)=C\mathrm{e}^{-F(x)}+\int_0^x f(t)\mathrm{e}^{F(t)-F(x)}\mathrm{d}t.$$

由 $\lim\limits_{x\to+\infty}\frac{f(x)}{a(x)}=0$，所以对于 $\forall\varepsilon>0$, $\exists x_0$, $\forall t\geqslant x_0$，有 $|f(t)|\leqslant\varepsilon a(t)$.

$$\int_0^x f(t)\mathrm{e}^{F(t)-F(x)}\mathrm{d}t=\mathrm{e}^{-F(x)}\int_0^x f(t)\mathrm{e}^{F(t)}\mathrm{d}t$$
$$=\mathrm{e}^{-F(x)}\left(\int_0^{x_0} f(t)\mathrm{e}^{F(t)}\mathrm{d}t+\int_{x_0}^x f(t)\mathrm{e}^{F(t)}\mathrm{d}t\right).$$

注意到

$$\left|\mathrm{e}^{-F(x)}\int_{x_0}^x f(t)\mathrm{e}^{F(t)}\mathrm{d}t\right|\leqslant \mathrm{e}^{-F(x)}\int_{x_0}^x \varepsilon a(t)\mathrm{e}^{F(t)}\mathrm{d}t$$
$$=\varepsilon\mathrm{e}^{-F(x)}\mathrm{e}^{F(t)}\Big|_{t=x_0}^x$$
$$=\varepsilon\left(1-\mathrm{e}^{-F(x)+F(x_0)}\right)$$
$$<\varepsilon.$$

故

$$\limsup_{x\to+\infty}|y(x)|\leqslant\lim_{x\to+\infty}C\mathrm{e}^{-F(x)}+\lim_{x\to+\infty}\mathrm{e}^{-F(x)}\int_0^{x_0}|f(t)|\,\mathrm{e}^{F(t)}\mathrm{d}t+\varepsilon=\varepsilon.$$

由 ε 的任意性知，$\lim\limits_{x\to+\infty}|y(x)|=0$.

例 1.47 (1995 国际大学生数学竞赛试题)　设 $f(x)$ 是 $(0,+\infty)$ 上的二阶连续可微的函数，并且满足

$$\lim_{x\to 0^+} f'(x) = -\infty, \quad \lim_{x\to 0^+} f''(x) = +\infty.$$

证明：$\lim\limits_{x\to 0^+} \dfrac{f(x)}{f'(x)} = 0.$

证明 由已知条件 $\lim\limits_{x\to 0^+} f'(x) = -\infty$ 以及 $\lim\limits_{x\to 0^+} f''(x) = +\infty$ 可知，存在一个区间 $(0,r)$，使得对任意 $x\in(0,r)$，有 $f'(x)<0$ 并且 $f''(x)>0$.

因此，函数 $f(x)$ 在区间 $(0,r)$ 上单调递减，而函数 $f'(x)$ 在区间 $(0,r)$ 上单调递增. 由中值定理，对于任意 $0<x<x_0<r$，存在 $\xi\in(x,x_0)$，有

$$f(x)-f(x_0) = f'(\xi)(x-x_0) > 0,$$

考虑到 $f'(x)$ 单调递增，所以

$$f'(x) < f'(\xi) < 0,$$

从而

$$x - x_0 < \frac{f'(\xi)}{f'(x)}(x-x_0) = \frac{f(x)-f(x_0)}{f'(x)} < 0.$$

令 $x\to 0^+$，我们有

$$-x_0 < \liminf_{x\to 0^+} \frac{f(x)}{f'(x)} \leqslant \limsup_{x\to 0^+} \frac{f(x)}{f'(x)} \leqslant 0.$$

上式对所有的 $x_0\in(0,r)$ 成立.于是，$\lim\limits_{x\to 0^+} \dfrac{f(x)}{f'(x)}$ 存在，且 $\lim\limits_{x\to 0^+} \dfrac{f(x)}{f'(x)} = 0.$

例 1.48 (2001 国际大学生数学竞赛试题) 假设可微函数 $a,b,f,g:\mathbf{R}\to\mathbf{R}$ 满足

$$f(x)\geqslant 0,\ f'(x)\geqslant 0,\ g(x)>0,\ g'(x)>0,\ \forall x\in\mathbf{R},$$

$$\lim_{x\to\infty} a(x) = A>0, \quad \lim_{x\to\infty} b(x) = B>0, \quad \lim_{x\to\infty} f(x) = \lim_{x\to\infty} g(x) = \infty,$$

且

$$\frac{f'(x)}{g'(x)} + a(x)\cdot\frac{f(x)}{g(x)} = b(x).$$

证明：$\lim\limits_{x\to\infty} \dfrac{f(x)}{g(x)} = \dfrac{B}{A+1}.$

证明 设 $0<\varepsilon<A$ 是一个任意正实数，如果 x 充分大，则有

$$f(x)>0, \quad g(x)>0, \quad |a(x)-A|<\varepsilon, \quad |b(x)-B|<\varepsilon,$$

并且

$$\begin{aligned} B-\varepsilon < b(x) &= \frac{f'(x)}{g'(x)} + a(x)\cdot\frac{f(x)}{g(x)} \\ &< \frac{f'(x)}{g'(x)} + (A+\varepsilon)\cdot\frac{f(x)}{g(x)} \end{aligned}$$

$$
\begin{aligned}
&=\frac{f'(x)g(x)+(A+\varepsilon)f(x)g'(x)}{g(x)g'(x)}\\
&<(A+\varepsilon)\cdot\frac{f'(x)g(x)+f(x)g'(x)}{g(x)g'(x)}\\
&=\frac{(A+\varepsilon)(A+1)}{A}\cdot\frac{f'(x)(g(x))^{A}+A\cdot f(x)\cdot(g(x))^{A-1}\cdot g'(x)}{(A+1)(g(x))^{A}\cdot g'(x)}\\
&=\frac{(A+\varepsilon)(A+1)}{A}\cdot\frac{\left(f(x)\cdot(g(x))^{A}\right)'}{\left((g(x))^{A+1}\right)'},
\end{aligned}
$$

因此，

$$\frac{\left(f(x)(g(x))^{A}\right)'}{\left((g(x))^{A+1}\right)'}>\frac{A(B-\varepsilon)}{(A+\varepsilon)(A+1)}.$$

由于 x 充分大，类似的方法，我们可以得到

$$\frac{\left(f(x)(g(x))^{A}\right)'}{\left((g(x))^{A+1}\right)'}<\frac{A(B+\varepsilon)}{(A-\varepsilon)(A+1)},$$

由 ε 的任意性，我们有

$$\lim_{x\to\infty}\frac{\left(f(x)(g(x))^{A}\right)'}{\left((g(x))^{A+1}\right)'}=\frac{AB}{A(A+1)}=\frac{B}{A+1},$$

由 L'Hospital 法则知

$$\lim_{x\to\infty}\frac{f(x)}{g(x)}=\lim_{x\to\infty}\frac{f(x)\cdot(g(x))^{A}}{(g(x))^{A+1}}=\lim_{x\to\infty}\frac{\left(f(x)(g(x))^{A}\right)'}{\left((g(x))^{A+1}\right)'}=\frac{B}{A+1}.$$

例 1.49 (2015 国际大学生数学竞赛试题)　求极限 $\lim\limits_{A\to+\infty}\dfrac{1}{A}\displaystyle\int_1^A A^{\frac{1}{x}}\mathrm{d}x$.

解　令

$$f(A,x)=A^{\frac{1}{x}},\quad g(A,x)=\frac{1}{x}A^{\frac{1}{x}},\quad F(A)=\int_1^A f(A,x)\mathrm{d}x,$$

以及

$$G(A)=\int_1^A g(A,x)\mathrm{d}x,$$

因为$\dfrac{\partial f}{\partial A}$ 和$\dfrac{\partial g}{\partial A}$是连续的，所以$F(A)$，$G(A)$可微，并且

$$F'(A)=f(A,A)+\int_1^A\frac{\partial}{\partial A}f(A,x)\mathrm{d}x=A^{\frac{1}{x}}+\int_1^A\frac{1}{x}A^{\frac{1}{x}-1}\mathrm{d}x=A^{\frac{1}{A}}+\frac{1}{A}G(A),$$

以及

$$G'(A)=g(A,A)+\int_1^A\frac{\partial}{\partial A}g(A,x)\mathrm{d}x=\frac{A^{\frac{1}{x}}}{A}+\int_1^A\frac{1}{x^2}A^{\frac{1}{x}-1}\mathrm{d}x=\frac{A^{\frac{1}{A}}}{A}-\frac{A^{\frac{1}{A}}}{A\ln A}+\frac{1}{\ln A}.$$

因为$\lim\limits_{A\to+\infty}A^{\frac{1}{A}}=1$，所以$\lim\limits_{A\to+\infty}G'(A)=0$. 由 L'Hospital 法则，我们有

$$\lim_{A\to+\infty}\frac{G(A)}{A}=\lim_{A\to+\infty}\frac{G'(A)}{1}=0.$$

因此

$$\lim_{A\to+\infty}F'(A)=\lim_{A\to+\infty}\left(A^{\frac{1}{A}}+\frac{G(A)}{A}\right)=1+0=1.$$

由 L'Hospital 法则知

$$\lim_{A\to+\infty}\frac{1}{A}\int_1^A A^{\frac{1}{x}}\mathrm{d}x=\lim_{A\to+\infty}\frac{F(A)}{A}=\lim_{A\to+\infty}\frac{F'(A)}{1}=1.$$

例 1.50 (2011 国际大学生数学竞赛试题) 设$f:\mathbf{R}\to\mathbf{R}$是一个连续函数,点$x$称为影点，指的是存在$y\in\mathbf{R}$，满足$y>x$并且$f(y)>f(x)$. 令$a<b$，并假设开区间$(a,b)$内所有的点全部是影点，而$a$和$b$不是影点. 证明:

(1) 对所有的$a<x<b$，有$f(x)\leqslant f(b)$;

(2) $f(a)=f(b)$.

证明 (1) 反证法. 假设存在$c\in(a,b)$,使得$f(c)>f(b)$,由 Weierstrass 定理，函数$f(x)$在区间$[c,b]$内有最大值. 设$f(x)$在点$d\in[c,b]$取得最大值，即

$$f(d)=\max_{x\in[c,\,b]}f(x)\geqslant f(c)>f(b),$$

所以$d\neq b$,从而$d\in[c,b)\subset(a,b)$. 因为d是(a,b)中的一个影点,所以存在$y>d$，使得$f(y)>f(d)$. 因此，$f(y)>f(d)>f(b)$.

如果$y>b$, 则$f(y)>f(b)$与b不是影点相矛盾；如果$y\leqslant b$, 则$y\in(d,b]\subset[c,b]$，于是，$f(y)>f(d)=\max\limits_{x\in[c,b]}f(x)\geqslant f(y)$，矛盾.

(2) 由$a<b$以及a不是影点，我们有$f(a)\geqslant f(b)$. 由（1），我们已经得到，对于任意$x\in(a,b)$，有$f(x)\leqslant f(b)$. 由$f(x)$在$x=a$的连续性，我们有

$$f(a)=\lim_{x\to a^+}f(x)\leqslant\lim_{x\to a^+}f(b)=f(b).$$

因此，$f(a)=f(b)$.

1.3　竞赛训练题

1. 求下列极限.

(1) $\lim\limits_{x\to 0}\dfrac{\sqrt{1+\tan x}-\sqrt{1+\sin x}}{\ln(1+\sin x^3)}$.

(2) $\lim\limits_{n\to\infty}\left[\dfrac{1}{n}-\dfrac{2}{n}+\dfrac{3}{n}-\cdots+(-1)^{n-1}\dfrac{n}{n}\right]$.

(3) $\lim\limits_{n\to\infty}\left(\dfrac{1}{2}+\dfrac{3}{2^2}+\dfrac{5}{2^3}+\cdots+\dfrac{2n-1}{2^n}\right)$.

(4) $\lim\limits_{n\to\infty}\left(\dfrac{1}{2}\cdot\dfrac{3}{4}\cdot\cdots\cdot\dfrac{2n-1}{2n}\right)$.

(5) $\lim\limits_{n\to\infty}\left(\dfrac{a^n}{n!}\right)$.

(6) $\lim\limits_{n\to\infty}\sqrt[n]{2^n+a^{2n}}$　(a为常数).

(7) $\lim\limits_{x\to 0}\dfrac{\sin(\mathrm{e}^x-1)-(\mathrm{e}^{\sin x}-1)}{\sin^4 3x}$.

(8) $\lim\limits_{n\to\infty}n\left[\left(1+\dfrac{x}{n}\right)^n-\mathrm{e}^x\right]$.

(9) $\lim\limits_{n\to\infty}\sum\limits_{j=1}^{n^2}\dfrac{n}{n^2+j^2}$.

2. 设 $a>0$，$b>0$ 均为常数，求 $\lim\limits_{n\to\infty}\left(\dfrac{\sqrt[n]{a}+\sqrt[n]{b}}{2}\right)^n$.

3. 设 $f(x)$ 在 $x=0$ 的某个邻域内可导，且 $f(0)=1, f'(0)=2$. 求极限

$$\lim_{n\to\infty}\left(n\sin\left(\frac{1}{n}\right)\right)^{\frac{n}{1-f\left(\frac{1}{n}\right)}}.$$

4. 设函数 $f(x)$ 在 $(-1,1)$ 内存在任意阶导数，且 $f^{(n)}(0)\neq 0$. $(n=1,2,\cdots)$，对于 $0<|x|<1$ 和 $n\in\mathbf{N}$，由泰勒公式

$$f(x)=f(0)+f'(0)x+\cdots+\frac{f^{(n-1)}(0)}{(n-1)!}x^{n-1}+\frac{f^{(n)}(\theta x)}{n!}x^n，其中 0<\theta<1，$$

试求 $\lim\limits_{x\to 0}\theta$.

5. 设函数 $f(x)$ 在点 $x=0$ 处可导，且 $f'(0)\neq 0$，对于任意 $x\neq 0$，存在介于0与 x 之间的一点 α，使得 $f(x)-f(0)=2f(\alpha)$，试求 $\lim\limits_{x\to 0}\dfrac{\alpha}{x}$.

6. 设 $\{a_n\}_{n=1}^{\infty}$ 和 $\{b_n\}_{n=1}^{\infty}$ 分别为趋于 $+\infty$ 和 $-\infty$ 的任意数列. 证明：

$$\lim_{n\to\infty}\left(1+\frac{1}{a_n}\right)^{a_n}=\lim_{n\to\infty}\left(1+\frac{1}{b_n}\right)^{b_n}=\mathrm{e}.$$

7. 设数列 $\{x_n\}_{n=1}^{\infty}$ 满足 $x_n{}^n+x_n-1=0, 0<x_n<1$，求 $\lim\limits_{n\to\infty}x_n$.

8. 设 $F(x,y)=\dfrac{f(y-x)}{2x}$, $F(1,y)=\dfrac{1}{2}y^2-y+5$, $x_0>0$, $x_1=F(x_0,2x_0),\cdots,x_{n+1}=F(x_n,2x_n)$，$n=1,2,\cdots$. 证明：$\lim\limits_{x\to\infty}x_n$ 存在，并求其极限.

9. 设 $\lim\limits_{n\to\infty}x_n=+\infty$. 证明：$\lim\limits_{n\to\infty}\dfrac{x_1+x_2+\cdots+x_n}{n}x_n=+\infty$.

10. 设数列 $\{x_n\}_{n=1}^{\infty}$ 收敛，且 $x_n>0$. 证明：$\lim\limits_{n\to\infty}\sqrt[n]{x_1x_2\cdots x_n}=\lim\limits_{n\to\infty}x_n$.

11. 设 $\{x_n\}_{n=1}^{\infty}$ 为任意正数列，且 $x_{m+n}\leqslant x_m+x_n$. 证明：$\lim\limits_{n\to\infty}\dfrac{x_n}{n}$ 存在.

12. 证明：$\lim\limits_{n\to\infty}\sin n^2$ 不存在.

1.4　参 考 答 案

1. **解**　(1) 原式

$$=\lim_{x\to 0}\frac{\tan x-\sin x}{x^3\left(\sqrt{1+\tan x}+\sqrt{1+\sin x}\right)}$$

$$=\lim_{x\to 0}\frac{(1-\cos x)\sin x}{x^3\cos x\left(\sqrt{1+\tan x}+\sqrt{1+\sin x}\right)}$$

$$=\lim_{x\to 0}\frac{\frac{1}{2}x^2}{x^2}\cdot\frac{\sin x}{x}\cdot\frac{1}{\cos x\left(\sqrt{1+\tan x}+\sqrt{1+\sin x}\right)}$$

$$=\frac{1}{4}.$$

(2) 当 $n=2k$ 时(k 为自然数)，

$$\text{原式}=\frac{1}{2k}-\frac{2}{2k}+\frac{3}{2k}-\cdots-\frac{2k}{2k}=\frac{-k}{2k}=-\frac{1}{2};$$

当 $n=2k+1$ 时(k 为自然数)，

$$\text{原式}=\frac{1}{2k+1}-\frac{2}{2k+1}+\frac{3}{2k+1}-\cdots+\frac{2k+1}{2k+1}=\frac{k+1}{2k+1}\to\frac{1}{2}.$$

由于取不同方式时所得的极限值不同，因此极限 $\lim\limits_{n\to\infty}\left[\frac{1}{n}-\frac{2}{n}+\frac{3}{n}-\cdots+(-1)^{n-1}\frac{n}{n}\right]$ 不存在.

(3) 设 $f(n)=\frac{1}{2}+\frac{3}{2^2}+\frac{5}{2^3}+\cdots+\frac{2n-1}{2^n},g(n)=1+\frac{1}{2}+\frac{1}{2^2}+\cdots+\frac{1}{2^{n-1}}$，则有

$$2f(n+1)-g(n)=f(n)+1.$$

又由于 $2f(n+1)-f(n)=f(n)+\frac{2n+1}{2^n}=g(n)+1$，从而

$$f(n)=g(n)+1-\frac{2n+1}{2^n}.$$

而 $\lim\limits_{n\to\infty}[g(n)+1]=3$ 及 $\lim\limits_{n\to\infty}\frac{2n+1}{2^n}=0$，因此，$\lim\limits_{n\to\infty}\left(\frac{1}{2}+\frac{3}{2^2}+\frac{5}{2^3}+\cdots+\frac{2n-1}{2^n}\right)=3$.

(4) 因为 $0<\frac{1}{2}\cdot\frac{3}{4}\cdot\cdots\cdot\frac{2n-1}{2n}<\frac{1}{\sqrt{2n+1}}$，且 $\lim\limits_{n\to\infty}\frac{1}{\sqrt{2n+1}}=0$，所以

$$\lim_{n\to\infty}\left(\frac{1}{2}\cdot\frac{3}{4}\cdot\cdots\cdot\frac{2n-1}{2n}\right)=0.$$

(5) 令 k 是大于 $2|a|$ 的任意自然数，则当 $n>k$ 时，有

$$0<\left|\frac{a^n}{n!}\right|=\left(\frac{|a|}{1}\cdot\frac{|a|}{2}\cdot\cdots\cdot\frac{|a|}{k}\right)\left(\frac{|a|}{k+1}\cdot\frac{|a|}{k+2}\cdot\cdots\cdot\frac{|a|}{n}\right)<|a|^k\cdot\left(\frac{1}{2}\right)^{n-k}=\frac{(2|a|)^k}{2^n},$$

由于 $\lim\limits_{n\to\infty}\frac{(2|a|)^k}{2^n}=0$，故 $\lim\limits_{n\to\infty}\frac{a^n}{n!}=0$.

(6) 当 $|a|\leqslant\sqrt{2}$ 时，$2\leqslant\sqrt[n]{2^n+a^{2n}}\leqslant\sqrt[n]{2\cdot 2^n}=2\sqrt[n]{2}$，而 $\lim\limits_{n\to\infty}\sqrt[n]{2}=1$，由夹逼准则知

$$\lim_{n\to\infty}\sqrt[n]{2^n+a^{2n}}=2;$$

当 $|a|>\sqrt{2}$ 时，$a^2\leqslant\sqrt[n]{2^n+a^{2n}}\leqslant\sqrt[n]{2\cdot a^{2n}}=a^2\sqrt[n]{2}$. 由夹逼准则知，

$$\lim_{n\to\infty}\sqrt[n]{2^n+a^{2n}}=a^2.$$

综上可知，$\lim\limits_{n\to\infty}\sqrt[n]{2^n+a^{2n}}=\max\left\{2,a^2\right\}$.

(7) 当 $x\to 0$ 时，$\sin^4 3x \sim (3x)^4 = 81x^4$. 由麦克劳林公式知

$$e^x - 1 = x + \frac{1}{2!}x^2 + \frac{1}{3!}x^3 + \frac{1}{4!}x^4 + o(x^4) = x + \frac{1}{2}x^2 + \frac{1}{6}x^3 + \frac{1}{24}x^4 + o(x^4),$$

$$\sin x = x - \frac{1}{3!}x^3 + o(x^4) = x - \frac{1}{6}x^3 + o(x^4),$$

于是

$$\begin{aligned}\sin(e^x - 1) &= \sin\left(x + \frac{1}{2}x^2 + \frac{1}{6}x^3 + \frac{1}{24}x^4 + o(x^4)\right)\\ &= \left(x + \frac{1}{2}x^2 + \frac{1}{6}x^3 + \frac{1}{24}x^4 + o(x^4)\right) - \frac{1}{6}\left(x + \frac{1}{2}x^2 + \frac{1}{6}x^3 + o\left(x^3\right)\right)^3 + o(x^4)\\ &= \left(x + \frac{1}{2}x^2 + \frac{1}{6}x^3 + \frac{1}{24}x^4 + o(x^4)\right) - \frac{1}{6}\left(x^3 + \frac{3}{2}x^4\right) + o\left(x^4\right)\\ &= x + \frac{1}{2}x^2 - \frac{5}{24}x^4 + o(x^4),\end{aligned}$$

$$\begin{aligned}e^{\sin x} - 1 &= e^{x - \frac{1}{6}x^3 + o(x^4)} - 1\\ &= \left(x - \frac{1}{6}x^3 + o(x^4)\right) + \frac{1}{2}\left(x - \frac{1}{6}x^3 + o(x^4)\right)^2\\ &\quad + \frac{1}{6}\left(x - \frac{1}{6}x^3 + o(x^4)\right)^3 + \frac{1}{24}\left(x - \frac{1}{6}x^3 + o(x^4)\right)^4 + o(x^4)\\ &= \left(x - \frac{1}{6}x^3 + o(x^4)\right) + \left(\frac{1}{2}x^2 - \frac{1}{6}x^4 + o(x^4)\right)\\ &\quad + \left(\frac{1}{6}x^3 + o(x^4)\right) + \left(\frac{1}{24}x^4 + o(x^4)\right)\\ &= x + \frac{1}{2}x^2 - \frac{1}{8}x^4 + o(x^4).\end{aligned}$$

因此，原式 $= \lim\limits_{x\to 0}\dfrac{x + \frac{1}{2}x^2 - \frac{5}{24}x^4 + o\left(x^4\right) - \left(x + \frac{1}{2}x^2 - \frac{1}{8}x^4 + o\left(x^4\right)\right)}{81x^4} = -\dfrac{1}{972}$.

(8) 因为 $\lim\limits_{y\to\infty} y\left[\left(1 + \dfrac{x}{y}\right)^n - e^x\right] = \lim\limits_{t\to 0}\dfrac{(1+tx)^{\frac{1}{t}} - e^x}{t}\left(设 t = \dfrac{1}{y}\right)$，则由 L'Hospital 法则知，上述极限等价于

$$\lim_{t\to 0}(1+tx)^{\frac{1}{t}}\frac{\dfrac{tx}{1+tx} - \ln(1+tx)}{t^2}.$$

由于 $\dfrac{tx}{1+tx}=tx-(tx)^2-o(t^2)$，$\ln(1+tx)=tx-\dfrac{(tx)^2}{2}+o(t^2)$，从而

$$\lim_{t\to 0}\frac{\dfrac{tx}{1+tx}-\ln(1+tx)}{t^2}=-\frac{x^2}{2}，\quad \lim_{y\to\infty} y\left[\left(1+\frac{x}{y}\right)^y-\mathrm{e}^x\right]=\mathrm{e}^x\left(-\frac{x^2}{2}\right)，$$

因此，$\lim\limits_{n\to\infty} n\left[\left(1+\dfrac{x}{n}\right)^n-\mathrm{e}^x\right]=\mathrm{e}^x\left(-\dfrac{x^2}{2}\right)$.

(9) 记 $I_n=\sum\limits_{j=1}^{n^2}\dfrac{n}{n^2+j^2}$.一方面，$I_n\leqslant\int_0^{n^2}\dfrac{\mathrm{d}x}{1+x^2}=\arctan n^2\to\dfrac{\pi}{2}(n\to\infty)$.

另一方面，考虑函数 $f(x)=\dfrac{1}{1+x^2}$ 在 $[0,k](n>k)$ 上的积分和，得

$$\sum_{j=1}^{nk}\frac{1}{1+\left(\dfrac{k}{nk}j\right)^2}\frac{k}{nk}=\sum_{j=1}^{nk}\frac{n}{n^2+j^2}<I_n.$$

于是 $\lim\limits_{n\to\infty} I_n\geqslant\int_0^k\dfrac{\mathrm{d}x}{1+x^2}=\arctan k\to\dfrac{\pi}{2}(k\to\infty)$.

因此，$\lim\limits_{n\to\infty} I_n=\dfrac{\pi}{2}$.

2. **解**　先考虑 $\lim\limits_{x\to+\infty}\left(\dfrac{a^{\frac{1}{x}}+b^{\frac{1}{x}}}{2}\right)^x$，它是“$1^\infty$”型.

令 $y=\left(\dfrac{a^{\frac{1}{x}}+b^{\frac{1}{x}}}{2}\right)^x$，则 $\ln y=x\left[\ln\left(a^{\frac{1}{x}}+b^{\frac{1}{x}}\right)-\ln 2\right]$. 于是

$$\begin{aligned}\lim_{x\to+\infty}\ln y&=\lim_{x\to+\infty}\frac{\ln\left(a^{\frac{1}{x}}+b^{\frac{1}{x}}\right)-\ln 2}{\dfrac{1}{x}}\quad\left(令t=\frac{1}{x}\right)\\&=\lim_{t\to 0^+}\frac{\ln(a^t+b^t)-\ln 2}{t}\\&=\lim_{t\to 0^+}\frac{a^t\ln a+b^t\ln b}{a^t+b^t}\\&=\frac{1}{2}(\ln a+\ln b)=\ln\sqrt{ab}.\end{aligned}$$

从而 $\lim\limits_{x\to+\infty}\left(\dfrac{a^{\frac{1}{x}}+b^{\frac{1}{x}}}{2}\right)^{x}=\sqrt{ab}$．因此，$\lim\limits_{n\to\infty}\left(\dfrac{\sqrt[n]{a}+\sqrt[n]{b}}{2}\right)^{n}=\sqrt{ab}$．

3. **解** 考虑极限 $\lim\limits_{x\to0}\left(\dfrac{1}{x}\sin x\right)^{\frac{1}{x(1-f(x))}}=\lim\limits_{x\to0}\left(1+\dfrac{\sin x-x}{x}\right)^{\frac{x}{\sin x-x}\frac{\sin x-x}{x^2(1-f(x))}}$，而

$$\lim_{x\to0}\frac{\sin x-x}{x^2(1-f(x))}=\lim_{x\to0}\frac{-\frac{1}{6}x^3}{x^2(1-f(x))}=\frac{1}{6}\lim_{x\to0}\frac{-x}{1-f(x)}$$
$$=\frac{1}{6}\cdot\frac{1}{\lim\limits_{x\to0}\dfrac{f(x)-f(0)}{x}}=\frac{1}{6f'(0)}=\frac{1}{12},$$

从而 $\lim\limits_{x\to0}\left(\dfrac{1}{x}\sin x\right)^{\frac{1}{x(1-f(x))}}=\mathrm{e}^{\frac{1}{12}}$．因此，$\lim\limits_{n\to\infty}\left(n\sin\left(\dfrac{1}{n}\right)\right)^{\frac{n}{1-f\left(\frac{1}{n}\right)}}=\mathrm{e}^{\frac{1}{12}}$．

4. **解** 由已知条件知

$$f^{(n)}(\theta x)=\frac{n!\left(f(x)-f(0)-f'(0)x-\cdots-\dfrac{f^{(n-1)}(0)}{(n-1)!}x^{n-1}\right)}{x^n},$$

则

$$\frac{f^{(n)}(\theta x)-f^{(n)}(0)}{\theta x}\cdot\theta$$
$$=\frac{n!\left(f(x)-f(0)-f'(0)x-\cdots-\dfrac{f^{(n-1)}(0)}{(n-1)!}x^{n-1}\right)-f^{(n)}(0)x^n}{x^{n+1}}. \qquad (*)$$

又由于 $\lim\limits_{x\to0}\dfrac{f^{(n)}(\theta x)-f^{(n)}(0)}{\theta x}=f^{(n+1)}(0)\neq0$，从而

$$\lim_{x\to0}\frac{n!\left(f(x)-f(0)-f'(0)x-\cdots-\dfrac{f^{(n-1)}(0)}{(n-1)!}x^{n-1}\right)-f^{(n)}(0)x^n}{x^{n+1}}$$
$$=\lim_{x\to0}\frac{n!\left(f'(x)-f'(0)-\cdots-\dfrac{f^{(n-1)}(0)}{(n-2)!}x^{n-2}\right)-f^{(n)}(0)nx^{n-1}}{(n+1)x^n}$$
$$=\cdots$$
$$=\lim_{x\to0}\frac{n!f^{(n)}(x)-f^{(n)}(0)n!}{(n+1)!x}=\frac{1}{n+1}f^{(n+1)}(0),$$

故对(*)式两端求极限即可得 $\lim\limits_{x\to 0}\theta=\dfrac{1}{n+1}$.

5. **解**　由 $\dfrac{f(\alpha)-f(0)}{x}=\dfrac{f(\alpha)-f(0)}{\alpha}\cdot\dfrac{\alpha}{x}$ 知

$$\lim_{x\to 0}\frac{f(\alpha)-f(0)}{x}=\lim_{x\to 0}\frac{f(\alpha)-f(0)}{\alpha}\cdot\lim_{x\to 0}\frac{\alpha}{x}=f'(0)\cdot\lim_{x\to 0}\frac{\alpha}{x},$$

于是

$$f'(0)\cdot\lim_{x\to 0}\frac{\alpha}{x}=\lim_{x\to 0}\frac{\dfrac{f(x)-f(0)}{2}-f(0)}{x}=\lim_{x\to 0}\frac{f(x)-3f(0)}{2x}.\qquad(*)$$

又由 $f(x)-f(0)=2f(\alpha)$ 知，$\lim\limits_{\alpha\to 0}2f(\alpha)=\lim\limits_{x\to 0}\big(f(x)-f(0)\big)=0$，即 $f(0)=0$. 代入(*)式得

$$f'(0)\cdot\lim_{x\to 0}\frac{\alpha}{x}=\lim_{x\to 0}\frac{f(x)-f(0)}{2x}=\frac{1}{2}f'(0).$$

由于 $f'(0)\neq 0$，从而 $\lim\limits_{x\to 0}\dfrac{\alpha}{x}=\dfrac{1}{2}$.

6. **证明**　令 $k_n=[a_n]$，即 a_n 的整数部分，则 $k_n\leqslant a_n<k_n+1$.

由于 $a_n\to+\infty$，于是 $k_n\to+\infty$，从而有 $\left(1+\dfrac{1}{k_n}\right)^{k_n}\to\mathrm{e}$. 又由于 $\dfrac{1}{k_n}\geqslant\dfrac{1}{a_n}>\dfrac{1}{k_n+1}$，从而 $\left(1+\dfrac{1}{k_n}\right)^{k_n+1}>\left(1+\dfrac{1}{a_n}\right)^{a_n}>\left(1+\dfrac{1}{k_n+1}\right)^{k_n}$，而 $\lim\limits_{n\to\infty}\left(1+\dfrac{1}{k_n}\right)^{k_n+1}=\mathrm{e}$，且

$$\lim_{n\to\infty}\left(1+\frac{1}{k_n+1}\right)^{k_n}=\lim_{n\to\infty}\left(1+\frac{1}{k_n+1}\right)^{k_n+1}\left(1+\frac{1}{k_n+1}\right)^{-1}=\mathrm{e},$$

从而 $\lim\limits_{n\to\infty}\left(1+\dfrac{1}{a_n}\right)^{a_n}=\mathrm{e}$.

由于 $b_n\to-\infty$，则令 $b_n=-a_n$，其中 $a_n\to+\infty$. 于是

$$\lim_{n\to\infty}\left(1+\frac{1}{b_n}\right)^{b_n}=\lim_{n\to\infty}\left(1-\frac{1}{a_n}\right)^{-a_n}=\lim_{n\to\infty}\left(\frac{a_n}{a_n-1}\right)^{a_n}=\lim_{n\to\infty}\left(1+\frac{1}{a_n-1}\right)^{a_n-1}\cdot\left(1+\frac{1}{a_n-1}\right)=\mathrm{e}.$$

因此，$\lim\limits_{n\to\infty}\left(1+\dfrac{1}{a_n}\right)^{a_n}=\lim\limits_{n\to\infty}\left(1+\dfrac{1}{b_n}\right)^{b_n}=\mathrm{e}$.

7. **解**　令 $F(x)=x^n+x-1$，由于 $F(0)=-1<0, F(1)=1>0$，从而存在 $x_n\in(0,1)$，使得

$$x_n^n+x_n-1=0.$$

又令 $G(x)=x^{n+1}+x-1$，则 $G(1)=1>0$，而 $G(x_n)=x_n^{n+1}+x_n-1<x_n^n+x_n-1=0$，于是存在 $x_{n+1}\in(x_n,1)$，使得 $x_{n+1}^{n+1}+x_{n+1}-1=0$.

因此，$x_{n+1}>x_n$. 于是 $\{x_n\}$ 单调递增. 因而 $\lim\limits_{n\to\infty}x_n$ 收敛，并记为 $\lim\limits_{n\to\infty}x_n=A$.

若 $0\leqslant A<1, x_n\leqslant A$，则 $0<x_n^n\leqslant A^n\to 0$，由此可得 $\lim\limits_{n\to\infty}x_n=1$，矛盾！

因此，$A=1$.

8. **证明**　令 $x=1$，则 $F(1,y)=\dfrac{f(y-1)}{2}=\dfrac{1}{2}y^2-y+5$，从而有

$$f(y-1)=y^2-2y+10=(y-1)^2+9.$$

于是 $f(y-x)=(y-x)^2+9, F(x,y)=\dfrac{(y-x)^2+9}{2x}$. 从而

$$x_1=\frac{x_0^2+9}{2x_0},\cdots,x_{n+1}=\frac{x_n^2+9}{2x_n},\quad n=1,2,\cdots.$$

由 $x_n>0$，从而有 $x_{n+1}=\dfrac{1}{2}\left(x_n+\dfrac{9}{x_n}\right)\geqslant 3$，$\dfrac{x_{n+1}}{x_n}=\dfrac{1}{2}\left(1+\dfrac{9}{x_n^2}\right)\leqslant 1$，即 $3\leqslant x_{n+1}\leqslant x_n$. 因此 $\{x_n\}$ 单调递减有下界，从而 $\lim\limits_{x\to\infty}x_n$ 存在.

设 $A=\lim\limits_{x\to\infty}x_n$，则对 $x_{n+1}=\dfrac{x_n^2+9}{2x_n}$ 两端取极限得 $A=\dfrac{A^2+9}{2A}$，解得 $A=3$.

因此，$\lim\limits_{x\to\infty}x_n=3$.

9. **证明**　由于 $\lim\limits_{n\to\infty}x_n=+\infty$，从而对于任意的 $M>0$，存在正整数 N，使得当 $n>N$ 时，有 $x_n>3M$. 此时令 $s_n=x_1+x_2+\cdots+x_n$，则

$$\frac{s_n}{n}=\frac{s_N}{n}+\frac{s_n-s_N}{n}=\frac{s_N}{n}+\frac{x_{N+1}+x_{N+2}+\cdots+x_n}{n-N}\left(1-\frac{N}{n}\right)>\frac{s_N}{n}+3M\left(1-\frac{N}{n}\right),$$

又由于 $\dfrac{s_N}{n}\to 0$，且 $1-\dfrac{N}{n}\to 1(n\to\infty)$，从而取正整数 $N'>N$，使得当 $n>N'$ 时，恒有

$$\frac{|s_N|}{n}<\frac{M}{2},\quad 1-\frac{N}{n}>\frac{1}{2}\text{(由于}\frac{s_N}{n}\to 0\text{，由极限的定义可得)}.$$

于是，当 $n>N'$ 时，恒有 $\dfrac{s_n}{n}>M$. 由此知

$$\lim_{n\to\infty}\frac{s_n}{n}=\lim_{n\to\infty}\frac{x_1+x_2+\cdots+x_n}{n}=+\infty.$$

10. **证明**　设 $\lim\limits_{n\to\infty} x_n = a\ (n=1,2,\cdots)$. 由于 $x_n>0$，从而 $a>0$，则 $\lim\limits_{n\to\infty}\ln x_n = \ln a$. 于是

$$\lim_{n\to\infty}\frac{1}{n}(\ln x_1+\ln x_2+\cdots+\ln x_n)=\ln a.$$

由此可知，$\lim\limits_{n\to\infty}\sqrt[n]{x_1x_2\cdots x_n}=\lim\limits_{n\to\infty}\mathrm{e}^{\frac{1}{n}(\ln x_1+\ln x_2+\cdots+\ln x_n)}=\mathrm{e}^{\ln a}=a=\lim\limits_{n\to\infty}x_n$.

若 $a=0$，则 $\lim\limits_{n\to\infty}(-\ln x_n)=+\infty$，从而 $\lim\limits_{n\to\infty}\frac{1}{n}(-\ln x_1-\ln x_2-\cdots-\ln x_n)=+\infty$，于是

$$\lim_{n\to\infty}\sqrt[n]{x_1x_2\cdots x_n}=\lim_{n\to\infty}\mathrm{e}^{-\frac{1}{n}(-\ln x_1-\ln x_2-\cdots-\ln x_n)}=0=\lim_{n\to\infty}x_n.$$

11. **解**　设 $l=\inf\left\{\frac{a_n}{n},n\geqslant 1\right\}$，则对于 $\forall\varepsilon>0$，存在 n_0 使得 $0\leqslant\frac{a_{n_0}}{n_0}-l<\varepsilon$，于是有

$$a_{n_0}<n_0l+n_0\varepsilon.$$

又设 $n=n_0k+r(0\leqslant r<n_0)$，则 $a_n=a_{n_0k+r}\leqslant a_{n_0k}+a_r\leqslant ka_{n_0}+a_r<kn_0l+kn_0\varepsilon+a_r$，从而 $\frac{a_n}{n}<l+\varepsilon+\frac{a_r}{n}$，于是 $\overline{\lim}\frac{a_n}{n}\leqslant l+\varepsilon$. 由 ε 的任意性知，$\overline{\lim}\frac{a_n}{n}\leqslant l$. 但 $\underline{\lim}\frac{a_n}{n}\geqslant l$，显然有 $\lim\limits_{x\to\infty}\frac{a_n}{n}=l$.

12. **证明**　假设 $\lim\limits_{n\to\infty}\sin n^2=\alpha$，则

$$\lim_{n\to\infty}\sin(n+1)^2=\alpha,\quad \lim_{n\to\infty}\sin(n-1)^2=\alpha,$$

$$\lim_{n\to\infty}\sin(n+2)^2=\alpha,\quad \lim_{n\to\infty}\sin(n-2)^2=\alpha,$$

于是

$$\lim_{n\to\infty}\sin\left(n^2+1\right)\cos(2n)=\lim_{n\to\infty}\frac{1}{2}\left[\sin(n+1)^2+\sin(n-1)^2\right]=\alpha,$$

$$\lim_{n\to\infty}\sin\left(n^2+4\right)\cos(4n)=\lim_{n\to\infty}\frac{1}{2}\left[\sin(n+2)^2+\sin(n-2)^2\right]=\alpha,$$

$$\lim_{n\to\infty}\cos\left(n^2+1\right)\sin(2n)=\lim_{n\to\infty}\frac{1}{2}\left[\sin(n+1)^2-\sin(n-1)^2\right]=0,$$

$$\lim_{n\to\infty}\cos\left(n^2+4\right)\sin(4n)=\lim_{n\to\infty}\frac{1}{2}\left[\sin(n+2)^2-\sin(n-2)^2\right]=0.$$

由 $\cos\left(n^2+4\right)\sin(4n)=2\sin(2n)\cos(2n)\left[\cos\left(n^2+1\right)\cos 3-\sin\left(n^2+1\right)\sin 3\right]$ 两端取极限得 $\lim\limits_{n\to\infty}\alpha\sin(2n)=0$.

但是由 $\sin 4=\sin(2n+2)\cos(2n-2)-\cos(2n+2)\sin(2n-2)$ 两端取极限知 $\lim\limits_{n\to\infty}\sin(2n)=0$ 不可能成立. 因而，只能是 $\alpha=0$，即 $\lim\limits_{n\to\infty}\sin n^2=0$.

再由 $(n+1)^2+(n-1)^2-2n^2=2$，知

$$\sin 2=\lambda_1\sin(n+1)^2+\lambda_2\sin(n-1)^2+\lambda_3\sin n^2,$$

其中，$\lambda_1,\lambda_2,\lambda_3$ 均为有界量. 由此可知，$\lim\limits_{n\to\infty}\sin n^2=0$ 也不可能成立.

因此，$\lim\limits_{n\to\infty}\sin n^2$ 不存在.

第 2 章　微　　分

2.1　常 用 结 论

结论 2.1 (导数极限定理)　设函数 f 在点 x_0 的某邻域 $U(x_0)$ 内连续，在 $\mathring{U}(x_0)$ 内可导，且极限 $\lim\limits_{x \to x_0} f'(x)$ 存在，则 f 在 x_0 可导，且 $f'(x_0) = \lim\limits_{x \to x_0} f'(x_0)$.

结论 2.2　已知 $f(x)$ 在 $[a,+\infty)$ 上连续，在 $(a,+\infty)$ 上可导，且 $\lim\limits_{x \to +\infty} f(x) = f(a)$ ，则 $\exists \xi \in (a,+\infty)$ ，使得 $f'(\xi) = 0$.

注　对 $(-\infty,b],(-\infty,+\infty)$ 等情形也有类似的结论成立.

结论 2.3 (导数零点定理)　设 $f(x)$ 在 $[a,b]$ 上可导，当 $f'_+(a) \cdot f'_-(b) < 0$ 时，$\exists \xi \in (a,b)$ ，使得 $f'(\xi) = 0$.

结论 2.4 (Darboux 定理，导数介值定理)　设 $f(x)$ 在 $[a,b]$ 内可导，若 $f'_+(a) \neq f'_-(b)$ ，则 $\forall \mu$ 介于 $f'_+(a)$ 与 $f'_-(b)$ 之间，$\exists \xi \in (a,b)$ ，使得 $f'(\xi) = \mu$.

2.2　典 型 例 题

例 2.1　设 $f(x) = \arcsin x \cdot \sqrt{\dfrac{1-\sin x}{1+\sin x}}$ ，求 $f'(0)$.

解　显然 $f(0) = 0$ ，故 $f'(0) = \lim\limits_{x \to 0} \dfrac{f(x) - f(0)}{x} = \lim\limits_{x \to 0} \dfrac{\arcsin x}{x} \cdot \sqrt{\dfrac{1-\sin x}{1+\sin x}} = 1$.

例 2.2　已知 $f(0) = 0, f'(0)$ 存在，求 $\lim\limits_{n \to \infty} \left[f\left(\dfrac{1}{n^2}\right) + f\left(\dfrac{2}{n^2}\right) + \cdots + f\left(\dfrac{n}{n^2}\right) \right]$.

解　因为 $f(0) = 0, f'(0)$ 存在，所以

$$\lim_{n \to \infty} \frac{f\left(\dfrac{k}{n^2}\right) - f(0)}{\dfrac{1}{n^2}} = \lim_{n \to \infty} k \cdot \frac{f\left(\dfrac{k}{n^2}\right) - f(0)}{\dfrac{k}{n^2}} = k f'(0) .$$

这里 $k = 1,2,\cdots,n$ ，于是 $n \to \infty$ 时，$f\left(\dfrac{k}{n^2}\right) = k f'(0) \dfrac{1}{n^2} + o\left(\dfrac{1}{n^2}\right)$.

$$\text{原式}=\lim_{n\to\infty}\left[f'(0)\left(\frac{1}{n^2}+\frac{2}{n^2}+\cdots\frac{n}{n^2}\right)+n\cdot o\left(\frac{1}{n^2}\right)\right]$$
$$=\lim_{n\to\infty}\left[f'(0)\frac{\frac{1}{2}n(n+1)}{n^2}+o\left(\frac{1}{n}\right)\right]$$
$$=\frac{1}{2}f'(0).$$

例 2.3 求 $y=\arctan x$ 在 $x=0$ 处的 n 阶导数.

解 $y'=\dfrac{1}{1+x^2}$，变形为 $(1+x^2)\cdot y'=1$，利用 Leibniz 公式，两边对 x 求 n 阶导数，得 $(1+x^2)y^{(n+1)}+2nxy^{(n)}+n(n-1)y^{(n-1)}=0$.

令 $x=0$，得 $y^{(n+1)}(0)=-n(n-1)y^{(n-1)}(0)$，$y^{(n)}(0)=-(n-1)(n-2)y^{(n-2)}(0)$，易得 $y^{(0)}(0)=0,y^{(1)}(0)=1$，由此得：当 n 为偶数时，$y^{(n)}(0)=0$；当 n 为奇数时，

$$y^{(n)}(0)=(-1)^{\frac{n-1}{2}}\cdot(n-1)!.$$

例 2.4 求 $y=\arcsin x$ 在 $x=0$ 处的 n 阶导数.

解 由 $y'=\dfrac{1}{\sqrt{1-x^2}}$，$y''=\dfrac{x}{(1-x^2)^{3/2}}$，得 $(1-x^2)y''-xy'=0$，对此等式两边用 Leibniz 公式求 n 阶导数，得

$$\left[(1-x^2)y^{(n+2)}-2nxy^{(n+1)}-n(n-1)y^{(n)}\right]-\left[xy^{(n+1)}+ny^{(n)}\right]=0.$$

令 $x=0$，得 $y^{(n+2)}(0)=n^2y(0)$.

利用此递推公式及 $y'(0)=1,y''(0)=0$，得

$$y^{(n)}(0)=\begin{cases}0, & n=2m,\\ (2m-1)^2(2m-3)^2\cdots3^2\cdot1^2, & n=2m+1.\end{cases}$$

例 2.5 假设函数 $f(x)$ 和 $g(x)$ 在 $[a,b]$ 上存在二阶导数,并且 $g''(x)\neq0$，$f(a)=f(b)=g(a)=g(b)=0$，试证：

(1) 在开区间 (a,b) 内，$g(x)\neq0$；

(2) 在开区间 (a,b) 内至少存在一点 ξ，使 $\dfrac{f(\xi)}{g(\xi)}=\dfrac{f''(\xi)}{g''(\xi)}$.

证明 (1) 用反证法，若存在点 $c\in(a,b)$，使 $g(c)=0$，则对 $g(x)$ 在 $[a,c]$ 内和 $[c,b]$ 内分别应用 Rolle 定理,可知存在 $\xi_1\in(a,c),\xi_2\in(c,b)$，使 $g'(\xi_1)=g'(\xi_2)=0$.

再对 $g'(x)$ 在 $[\xi_1,\xi_2]$ 上应用 Rolle 定理，可知存在 $\xi_3\in(\xi_1,\xi_2)$，使 $g''(\xi_3)=0$，这与 $g''(x)\neq0$ 矛盾，故在 (a,b) 内 $g(x)\neq0$.

(2) 令 $\varphi(x)=f(x)g'(x)-f'(x)g(x)$，易知 $\varphi(a)=\varphi(b)=0$，对 $\varphi(x)$ 在 $[a,b]$ 上应用 Rolle 定理知存在 $\xi\in(a,b)$，使 $\varphi'(\xi)=0$，即 $f(\xi)g''(\xi)-f''(\xi)g(\xi)=0$，因 $g(\xi)\neq 0,g''(\xi)\neq 0$，故得

$$\frac{f(\xi)}{g(\xi)}=\frac{f''(\xi)}{g''(\xi)}.$$

例 2.6　设 $f(x)$ 在 $[a,b]$ 上连续，在 (a,b) 内可导，且 $f(a)\cdot f(b)>0$，$f(a)\cdot f\left(\frac{a+b}{2}\right)<0$，试证：至少有一点 $\xi\in(a,b)$，使 $f'(\xi)=f(\xi)$.

证明　设 $F(x)=f(a)\mathrm{e}^{-x}f(x)$，则

$$F(a)=f^2(a)\mathrm{e}^{-a}>0,$$

$$F\left(\frac{a+b}{2}\right)=f(a)f\left(\frac{a+b}{2}\right)\mathrm{e}^{-\frac{a+b}{2}}<0,$$

$$F(b)=f(a)f(b)\mathrm{e}^{-b}>0.$$

所以由零点定理知，存在 $\xi_1\in\left(a,\frac{a+b}{2}\right),\xi_2\in\left(\frac{a+b}{2},b\right)$，使 $F(\xi_1)=0,F(\xi_2)=0$，再在区间 $[\xi_1,\xi_2]$ 上使用 Rolle 定理即得结果.

例 2.7　设 $f(x)$ 在 $[0,1]$ 上连续，在 $(0,1)$ 内可导，且有 $f(0)=0,f(1)=1$，若 $a>0,b>0$，求证：$\exists\xi\in(0,1),\eta\in(0,1),\xi\neq\eta$，使得

(1) $\dfrac{a}{f'(\xi)}+\dfrac{b}{f'(\eta)}=a+b$；(2) $af'(\xi)+bf'(\eta)=a+b$.

证明　(1) $\forall k\in(0,1)$，应用介值定理，$\exists c\in(0,1)$，使得 $f(c)=k$，在 $[0,c]$ 与 $[c,1]$ 上分别应用 Lagrange 中值定理，$\exists\xi\in(0,c)\subset(0,1)$，$\eta\in(c,1)\subset(0,1)$，且 $\xi\neq\eta$，使得

$$f(c)-f(0)=f'(\xi)(c-0),\quad f(1)-f(c)=f'(\eta)(1-c),$$

取 $k=\dfrac{a}{a+b}$，则 $1-k=\dfrac{b}{a+b}$，代入上式即得

$$\frac{a}{f'(\xi)}+\frac{b}{f'(\eta)}=a+b.$$

(2) $\dfrac{a}{a+b}\in(0,1)$，对 $f(x)$ 在 $\left[0,\dfrac{a}{a+b}\right]$ 与 $\left[\dfrac{a}{a+b},1\right]$ 上分别应用 Lagrange 中值定理，$\exists\xi\in\left(0,\dfrac{a}{a+b}\right),\eta\in\left(\dfrac{a}{a+b},1\right)$，使得

$$f\left(\frac{a}{a+b}\right)-f(0)=f'(\xi)\frac{a}{a+b},\quad f(1)-f\left(\frac{a}{a+b}\right)=f'(\eta)\left(1-\frac{a}{a+b}\right).$$

上述两式相加，得

$$f(1)-f(0)=\frac{a}{a+b}f'(\xi)+\frac{b}{a+b}f'(\eta),$$

即

$$af'(\xi)+bf'(\eta)=a+b.$$

例 2.8 设 $f(x)$ 在 $(-\infty,+\infty)$ 上有界，且二阶可导，求证：$\exists\xi\in\mathbf{R}$，使得 $f''(\xi)=0$.

证明 (1) 若 $\exists a,b\in(-\infty,+\infty),a<b$，使得 $f'(a)=f'(b)$，令 $F(x)=f'(x)$，则 $F(x)$ 在 $[a,b]$ 上可导，且有 $F(a)=F(b)$，应用 Rolle 定理，$\exists\xi\in(a,b)$，使得 $F'(\xi)=0$，即 $f''(\xi)=0$.

(2) 若 $\exists a,b\in(-\infty,+\infty),a<b$，$f'(a)\neq f'(b)$，则 $f'(x)$ 在 $(-\infty,+\infty)$ 上严格增或严格减. 不妨设 $f'(x)$ 在 $(-\infty,+\infty)$ 上严格增.

$\forall c\in(-\infty,+\infty)$，(i)若 $f'(c)\geqslant 0$，则 $f'(1+c)>0$，当 $x>1+c$ 时，在 $[1+c,x]$ 上应用 Lagrange 中值定理，有

$$f(x)=f(1+c)+f'(\xi)(x-1-c)>f(1+c)+f'(1+c)(x-1-c),$$

这里 $1+c<\xi<x$. 令 $x\to+\infty$，得 $\lim\limits_{x\to+\infty}f(x)=+\infty$，此与 $f(x)$ 在 $(-\infty,+\infty)$ 上有界矛盾.

(ii) 若 $f'(c)<0$，当 $x<c$ 时，在 $[x,c]$ 上应用 Lagrange 中值定理，有

$$f(x)=f(c)+f'(\eta)(x-c)>f(c)+f'(c)(x-c),$$

这里 $x<\eta<c$，令 $x\to-\infty$ 得 $\lim\limits_{x\to-\infty}f(x)=+\infty$，此与 $f(x)$ 在 $(-\infty,+\infty)$ 上有界矛盾.

例 2.9 已知函数 $f(x)$ 在 $[0,1]$ 上连续，在 $(0,1)$ 内可导，且 $f(0)=0,f(1)=1$，证明：

(1) 存在 $\xi\in(0,1)$，使得 $f(\xi)=1-\xi$；

(2) 存在两个不同的点 $\eta,\zeta\in(0,1)$，使得 $f'(\eta)f'(\zeta)=1$.

证明 (1) 令 $F(x)=f(x)-1+x,x\in[0,1]$. 由题设知，$F(x)$ 在 $[0,1]$ 上连续，又

$$F(0)=f(0)-1=-1<0,\quad F(1)=f(1)=1>0.$$

由连续函数的零点定理知，存在 $\xi\in(0,1)$，使得 $f(\xi)=1-\xi$.

(2) 在区间 $[0,\xi]$ 和 $[\xi,1]$ 上分别对 $f(x)$ 应用 Lagrange 中值定理得

$$\frac{f(\xi)-f(0)}{\xi}=f'(\eta),\quad\eta\in(0,\xi);$$

$$\frac{f(1)-f(\xi)}{1-\xi}=f'(\zeta),\quad\zeta\in(\xi,1).$$

此时，$f'(\eta)f'(\zeta)=\dfrac{f(\xi)-f(0)}{\xi}\cdot\dfrac{f(1)-f(\xi)}{1-\xi}=\dfrac{f(\xi)}{1-\xi}\cdot\dfrac{1-f(\xi)}{\xi}=1$.

例 2.10 设奇函数 $f(x)$ 在 $[-1,1]$ 上具有二阶导数，且 $f(1)=1$，证明：

(1) 存在$\xi\in(0,1)$，使得$f'(\xi)=1$；

(2) 存在$\eta\in(-1,1)$，使得$f''(\eta)+f'(\eta)=1$.

证明　(1) 因为$f(x)$是$[-1,1]$上的奇函数，所以$f(0)=0$. 因为函数$f(x)$在$[0,1]$上可导，根据 Lagrange 中值定理，存在$\xi\in(0,1)$，使得$f(1)-f(0)=f'(\xi)$. 又因为$f(1)=1$，所以$f'(\xi)=1$.

(2) 因为$f(x)$是奇函数，所以$f'(x)$是偶函数，故$f'(-\xi)=f'(\xi)=1$.

令$F(x)=[f'(x)-1]e^x$，则$F(x)$可导，且$F(-\xi)=F(\xi)=0$. 根据 Rolle 定理，存在$\eta\in(-\xi,\xi)\subset(-1,1)$，使得$F'(\eta)=0$. 由$F'(\eta)=[f''(\eta)+f'(\eta)-1]e^{\eta}$且$e^{\eta}\neq 0$，得$f''(\eta)+f'(\eta)=1$.

例 2.11　设函数$f(x)$在区间$[0,1]$上连续，在$(0,1)$内可导，且$f(0)=f(1)=0$，$f\left(\dfrac{1}{2}\right)=1$，试证：

(1) 存在$\eta\in\left(\dfrac{1}{2},1\right)$，使$f(\eta)=\eta$；

(2) 对任意实数λ，必存在$\xi\in(0,\eta)$，使得$f'(\xi)-\lambda[f(\xi)-\xi]=1$.

证明　(1) 要证$f(\eta)=\eta$，即要证$f(\eta)-\eta=0$，令$F(x)=f(x)-x$，由题设知$F(x)$在 0,1 上连续，又

$$F\left(\frac{1}{2}\right)=f\left(\frac{1}{2}\right)-\frac{1}{2}=\frac{1}{2}>0,\quad F(1)=f(1)-1=-1<0.$$

由连续函数零点定理知，存在$\eta\in\left(\dfrac{1}{2},1\right)$，使$F(\eta)=0$，即$f(\eta)=\eta$.

(2) 为证存在$\xi\in(0,\eta)$，使得$f'(\xi)-\lambda[f(\xi)-\xi]=1$，也就是只要证$[f'(\xi)-1]-\lambda[f(\xi)-\xi]=0$.

令$\varphi(x)=e^{-\lambda x}[f(x)-x]$，则$\varphi(x)$在$[0,\eta]$上满足 Rolle 定理条件，由 Rolle 定理知存在$\xi\in(0,\eta)$，使$\varphi'(\xi)=0$，即$e^{-\lambda\xi}\left[(f'(\xi)-1)-\lambda(f(\xi)-\xi)\right]=0$. 但$e^{-\lambda\xi}\neq 0$，则$(f'(\xi)-1)-\lambda(f(\xi)-\xi)=0$，故$f'(\xi)-\lambda[f(\xi)-\xi]=1$.

例 2.12　设函数$f(x)$在$[a,b]$上连续，在(a,b)内可导，且$f'(x)\neq 0$，试证：存在$\xi,\eta\in(a,b)$，使得$\dfrac{f'(\xi)}{f'(\eta)}=\dfrac{e^b-e^a}{b-a}e^{-\eta}$.

分析　这种证明存在两个点$\xi,\eta\in(a,b)$(即双中值)，又不要求$\xi\neq\eta$，往往在(a,b)上要用两次中值定理，一般是用 Lagrange 中值定理和 Cauchy 中值定理，为此，把含有ξ和含有η的项分离到等式两边分析，即$f'(\xi)=\dfrac{e^b-e^a}{b-a}\dfrac{f'(\eta)}{e^{\eta}}$.

证明　对$f(x)$在$[a,b]$上用 Lagrange 中值定理，即存在$\xi\in(a,b)$，使

$$\frac{f(b)-f(a)}{b-a}=f'(\xi).$$

再对 $f(x)$ 和 e^x 在 $[a,b]$ 上用 Cauchy 中值定理，存在 $\eta\in(a,b)$，使

$$\frac{f(b)-f(a)}{e^b-e^a}=\frac{f'(\eta)}{e^\eta},$$

即 $f(b)-f(a)=(e^b-e^a)\cdot\frac{f'(\eta)}{e^\eta}$，从而有

$$(b-a)f'(\xi)=(e^b-e^a)\frac{f'(\eta)}{e^\eta}.$$

故

$$\frac{f'(\xi)}{f'(\eta)}=\frac{e^b-e^a}{b-a}e^{-\eta}.$$

例 2.13　设函数 $f(x)$ 在闭区间 $[-1,1]$ 上具有三阶连续导数，且 $f(-1)=0$，$f(1)=1$，$f'(0)=0$，证明：在开区间 $(-1,1)$ 内至少存在一点 ξ，使 $f'''(\xi)=3$.

证明　由于 $f(x)$ 三阶可导，可考虑 Taylor 公式；又 $f'(0)=0$ 应在 $x=0$ 处展开

$$f(x)=f(0)+f'(0)x+\frac{f''(0)}{2!}x^2+\frac{f'''(\eta)}{3!}x^3\quad(\eta\text{在}0\text{与}x\text{之间}),$$

在上式中分别取 $x=1$ 和 $x=-1$，得

$$1=f(1)=f(0)+\frac{f''(0)}{2!}+\frac{f'''(\eta_1)}{3!}\quad(0<\eta_1<1),$$

$$0=f(-1)=f(0)+\frac{f''(0)}{2!}-\frac{f'''(\eta_2)}{3!}\quad(-1<\eta_2<0).$$

两式相减得 $f'''(\eta_1)+f'''(\eta_2)=6$，即 $\frac{f'''(\eta_1)+f'''(\eta_2)}{2}=3$.

由于 $f'''(x)$ 连续，则 $f'''(x)$ 在闭区间 $[\eta_2,\eta_1]$ 上有最大值 M 和最小值 m. 则 $m\leqslant\frac{f'''(\eta_1)+f'''(\eta_2)}{2}\leqslant M$，由连续函数介值定理知，存在 $\xi\in[\eta_2,\eta_1]\subset(-1,1)$，使

$$f'''(\xi)=\frac{f'''(\eta_1)+f'''(\eta_2)}{2}=3.$$

注　下列三类题型经常出现在微分中值证明题中.

(1) 证明存在一个点 ξ，使 $F[\xi,f(\xi),f'(\xi)]=0$.

这类问题一般是构造辅助函数用 Rolle 定理，常用的辅助函数有：

要证明的结论	可考虑的辅助函数
$\xi f'(\xi)+f(\xi)=0$	$xf(x)$
$\xi f'(\xi)+nf(\xi)=0$	$x^n f(x)$

$\xi f'(\xi)-f(\xi)=0$	$\dfrac{f(x)}{x}$
$\xi f'(\xi)-nf(\xi)=0$	$\dfrac{f(x)}{x^n}$
$f'(\xi)+\lambda f(\xi)=0$	$\mathrm{e}^{\lambda x}f(x)$
$f'(\xi)+f(\xi)=0$	$\mathrm{e}^{x}f(x)$
$f'(\xi)-f(\xi)=0$	$\mathrm{e}^{-x}f(x)$

(2) 证明存在两个点 ξ,η (双中值)，使 $F(\xi,f(\xi),f'(\xi),\eta,f(\eta),f'(\eta))=0$.

这里又可分为两类问题:

(i) 不要求 $\xi\neq\eta$ ：这种问题通常是在同一区间 $[a,b]$ 上使用两次微分中值定理，一般是用 Lagrange 定理和 Cauchy 定理，具体如何用要将要证结论中含有 ξ 的项和含有 η 的项分离开然后再确定.

(ii) 要求 $\xi\neq\eta$ ：这种问题不能在同一区间 $[a,b]$ 上使用两次微分中值定理，因为无法证明 $\xi\neq\eta$ ，通常要将原区间 $[a,b]$ 分成两个区间 $[a,c]$ 和 $[c,b]$ ，然后在 $[a,c]$ 和 $[c,b]$ 上分别用 Lagrange 定理，这里分点 c 的选取是关键.

(3) 有关 Taylor 中值定理的证明题.

一般说来，当题设条件或要证的结论中出现二阶或二阶以上导数往往要用 Taylor 中值定理.

例 2.14 假设 $f(x)$ 在 $[0,1]$ 上连续，在 $(0,1)$ 内二阶可导，过点 $A(0,f(0))$ 和点 $B(1,f(1))$ 的直线与曲线 $y=f(x)$ 相交于点 $C(c,f(c))$ ，其中 $0<c<1$. 证明：在 $(0,1)$ 内至少存在一点 ξ ，使 $f''(\xi)=0$.

证明 因为 $f(x)$ 在 $[0,c]$ 上满足 Lagrange 中值定理的条件，故存在 $\xi_1\in(0,c)$ ，使 $f'(\xi_1)=\dfrac{f(c)-f(0)}{c-0}$ ，由于 C 在弦 AB 上，故有

$$\frac{f(c)-f(0)}{c-0}=\frac{f(1)-f(0)}{1-0}=f(1)-f(0),$$

从而 $f'(\xi_1)=f(1)-f(0)$.

同理可证，存在 $\xi_2\in(c,1)$ ，使 $f'(\xi_2)=f(1)-f(0)$ ，由 $f'(\xi_1)=f'(\xi_2)$ 可知在 $[\xi_1,\xi_2]$ 上 $f'(x)$ 满足 Rolle 定理的条件，所以存在 $\xi\in(\xi_1,\xi_2)\subset(0,1)$ ，使 $f''(\xi)=0$.

例 2.15 $a>1$ ，函数 $f:(0,+\infty)\to(0,+\infty)$ 可微，求证存在趋于无穷的正数列 $\{x_n\}$ ，使得

$$f'(x_n)<f(ax_n),\quad n=1,2,\cdots.$$

证明 若结论不对，$\exists x_0>0$ ，使得当 $x\geqslant x_0$ 时，有 $f'(x)\geqslant f(ax)>0$ ，于是当 $x>x_0$ 时， $f(x)$ 严格递增，且由微分中值定理得

$$f(ax)-f(x)=f'(\xi)(a-1)x \geqslant f(a\xi)(a-1)x > f(ax)(a-1)x,$$

但这对于 $x>\dfrac{1}{a-1}$ 是不能成立的.

例 2.16 设 $f(x)$ 在 $\mathbf{R}$ 上有二阶导函数，$f(x),f'(x),f''(x)$ 都大于 0，假设存在正数 a,b 使得 $f''(x)\leqslant af(x)+bf'(x)$ 对一切 $x\in\mathbf{R}$ 成立.

(1) 求证：$\lim\limits_{x\to-\infty}f'(x)=0$；

(2) 求证：存在常数 c 使得 $f'(x)\leqslant cf(x)$；

(3) 求使上面不等式成立的最小常数 c.

证明 由条件知 f 及 f' 是单调递增的正函数，因此 $\lim\limits_{x\to-\infty}f(x)$ 和 $\lim\limits_{x\to-\infty}f'(x)$ 都存在.

根据微分中值定理，对任意 x，存在 $\theta_x\in(0,1)$ 使得

$$f(x+1)-f(x)=f'(x+\theta_x)>f'(x)>0.$$

上式左边当 $x\to-\infty$ 时极限为 0，因而有 $\lim\limits_{x\to-\infty}f'(x)=0$.

设 $c=\dfrac{b+\sqrt{b^2+4a}}{2}$，则 $c>b>0$，且 $\dfrac{a}{b-c}=-c$，于是根据条件有

$$f''(x)-cf'(x)\leqslant(b-c)f'(x)+af(x)=(b-c)(f'(x)-cf(x)).$$

这说明函数 $\mathrm{e}^{-(b-c)x}(f'(x)-cf(x))$ 是单调递减的，注意到该函数当 $x\to-\infty$ 时极限为 0，因此有 $f'(x)-cf(x)\leqslant0$，即 $f'(x)\leqslant cf(x)$. 常数 c 是最佳的，这是因为对函数 $f(x)=\mathrm{e}^{cx}$，有 $f''(x)=af(x)+bf'(x)$.

例 2.17 假设 f 为二次连续可微实值函数,对于所有的实数 x,满足 $|f(x)|\leqslant1$ 且满足 $[f(0)]^2+[f'(0)]^2=4$，证明：存在实数 x_0，满足 $f(x_0)+f''(x_0)=0$.

分析 自然地想到两种考虑问题的方法. 一种方法是应用介值定理：考察函数 $F(x)=f(x)+f''(x)$,设法找到满足 $F(a)>0$ 和 $F(b)<0$ 的实数 a,b. 不幸的是在该方法中使用条件 $[f(0)]^2+[f'(0)]^2=4$ 是非常困难的.

另一种方法是考察函数 $G(x)=(f(x))^2+(f'(x))^2$ 是否在某区间内部具有最值,在达到最值的点有 $G'(x)=0$，注意到 $G'(x)=2f(x)f'(x)+2f'(x)f''(x)=2f'(x)[f(x)+f''(x)]$ 说明该方法似乎是可行的.

证明 存在点 a,b，$-2<a<0,\ \ 0<b<2$，满足 $|G(a)|\leqslant2,\ \ |G(b)|\leqslant2$，因为 $G(0)=4$，所以在 (a,b) 内部的点 x_0 达到最大值，因而 $G'(x_0)=0$.

按照中值定理在 $(-2,0)$ 中存在点 a，在 $(0,2)$ 中存在点 b，满足

$$f'(a)=\frac{f(0)-f(-2)}{2} \quad \text{和} \quad f'(b)=\frac{f(2)-f(0)}{2}.$$

由此推出

$$|f'(a)|=\left|\frac{f(0)-f(-2)}{2}\right| \leqslant \frac{|f(0)|+|f(-2)|}{2} \leqslant \frac{1+1}{2}=1,$$

$$|f'(b)|=\left|\frac{f(2)-f(0)}{2}\right| \leqslant \frac{|f(2)|+|f(0)|}{2} \leqslant \frac{1+1}{2}=1.$$

于是

$$|G(a)|=\left|(f(a))^2+(f'(a))^2\right| \leqslant \left|(f(a))^2\right|+\left|(f'(a))^2\right| \leqslant 2,$$

$$|G(b)|=\left|(f(b))^2+(f'(b))^2\right| \leqslant \left|(f(b))^2\right|+\left|(f'(b))^2\right| \leqslant 2,$$

假设在 (a,b) 中的点 x_0，使 $G(x_0)$ 达到最大值. 于是

$$G'(x_0)=2f'(x_0)[f(x_0)+f''(x_0)]=0.$$

如果 $f'(x_0)=0$，则

$$G(x_0)=(f(x_0))^2+(f'(x_0))^2=(f(x_0))^2 \leqslant 1.$$

因为 $G(0)=4$，所以 $G(x_0) \geqslant 4$，因此 $f'(x_0) \neq 0$，所以 $f(x_0)+f''(x_0)=0$.

例 2.18　假设 $f(x)$ 在 $[0,1]$ 内可微并且 $f(0)=0, f(1)=1$，证明：对一切正整数 n，在 $[0,1]$ 内存在互不相同的点 $x_1,x_2,\cdots,x_n$，满足 $\sum\limits_{i=1}^{n}\frac{1}{f'(x_i)}=n$.

证明　为了有助于构成思路，考察 $n=1$，希望在 $[0,1]$ 中找到 x_1，满足 $\frac{1}{f'(x_1)}=1$，在区间 $[0,1]$ 上按照 Lagrange 中值定理存在 x_1，满足 $f'(x_1)=1$.

考察 $n=2$，将 $[0,1]$ 分成两个子区间 $[0,x]$ 和 $[x,1]$，x 按以下叙述的方法决定，按照中值定理在 $(0,x)$ 内存在 x_1，在 $(x,1)$ 内存在 x_2 满足

$$f'(x_1)=\frac{f(x)-f(0)}{x-0} \quad \text{和} \quad f'(x_2)=\frac{f(1)-f(x)}{1-x}.$$

于是 $\frac{1}{f'(x_1)}+\frac{1}{f'(x_2)}=2$ 当且仅当 $\frac{x}{f(x)}+\frac{1-x}{1-f(x)}=2$. 对上式化简可得

$$[x-f(x)][1-2f(x)]=0.$$

由介值定理在 $(0,1)$ 中选取 x 满足 $f(x)=\frac{1}{2}$，将上述过程反向进行就完成了证明. 按上述方法对任意正整数 n 进行证明，令 c_i 为 $[0,1]$ 中满足 $f(c_i)=\frac{i}{n}$ 的最小实数(由函数的连续性假设和介值定理保证了 c_i 的存在性)，于是 $0<c_1<c_2<\cdots<c_{n-1}<1$.

定义 $c_0=0,c_n=1$，对于每个区间 (c_{i-1},c_i)，$i=1,2,\cdots,n$. 由中值定理选取 x_i 满足

$$f'(x_i)=\frac{f(c_i)-f(c_{i-1})}{c_i-c_{i-1}},$$

于是

$$f'(x_i)=\frac{\frac{i}{n}-\frac{i-1}{n}}{c_i-c_{i-1}}=\frac{1}{n(c_i-c_{i-1})},$$

所以 $\sum_{i=1}^{n}\frac{1}{f'(x_i)}=\sum_{i=1}^{n}n(c_i-c_{i-1})=n$.

例 2.19 设 $f(x)$ 在 **R** 上无穷次可微，并且满足：存在 $M>0$，使得 $\left|f^{(k)}(x)\right|\leqslant M(k=1,2,\cdots)$，$\forall x\in(-\infty,+\infty)$，且 $f\left(\frac{1}{2^n}\right)=0\,(n=1,2,\cdots)$. 求证：在 **R** 上 $f(x)\equiv 0$.

证明 因为 $f(x)$ 在 **R** 上无穷次可微，且 $\left|f^{(k)}(x)\right|\leqslant M\,(k=1,2,\cdots)$，所以

$$f(x)=\sum_{n=0}^{\infty}\frac{f^{(n)}(0)}{n!}x^n. \tag{1}$$

由 $f\left(\frac{1}{2^n}\right)=0\,(n=1,2,\cdots)$，得 $f(0)=\lim\limits_{n\to\infty}f\left(\frac{1}{2^n}\right)=0$，于是

$$f'(0)=\lim_{n\to\infty}\frac{f\left(\frac{1}{2^n}\right)-f(0)}{\frac{1}{2^n}}=0.$$

由 Rolle 定理，对于自然数 n，在 $\left[\frac{1}{2^{n+1}},\frac{1}{2^n}\right]$ 上，存在 $\xi_n^{(1)}\in\left(\frac{1}{2^{n+1}},\frac{1}{2^n}\right)$，使得 $f'(\xi_n^{(1)})=0$, 从而 $\xi_n^{(1)}\to 0\,(n\to\infty)\,(n=1,2,3,\cdots)$. 这里 $\xi_1^{(1)}>\xi_2^{(1)}>\xi_3^{(1)}>\cdots>\xi_n^{(1)}>\xi_{n+1}^{(1)}>\cdots$，故 $f'(0)=\lim\limits_{n\to\infty}f'\left(\xi_n^{(1)}\right)=0$.

在 $[\xi_{n+1}^{(1)},\xi_n^{(1)}]\,(n=1,2,\cdots)$ 上，对 $f'(x)$ 应用 Rolle 定理，存在 $\xi_n^{(2)}\in(\xi_{n+1}^{(1)},\xi_n^{(1)})$，使得 $f''(\xi_n^{(2)})=0$，且 $\xi_n^{(2)}\to 0(n\to\infty)$，故 $f''(0)=\lim\limits_{n\to\infty}f''(\xi_n^{(2)})=0$.

类似地，对于任意的 n，有 $f^{(n)}(0)=0$. 由 (1) 式得 $f(x)=\sum\limits_{n=0}^{\infty}\frac{f^{(n)}(0)}{n!}x^n=0$.

例 2.20 $f\in C^4(-\infty,+\infty), f(x+h)=f(x)+f'(x)h+\frac{1}{2}f''(x+\theta h)h^2$，其中 θ 是与 x,h 无关的常数，证明：f 是不超过 3 次的多项式.

证明　由 Taylor 公式

$$f(x+h)=f(x)+f'(x)h+\frac{1}{2}f''(x)h^2+\frac{1}{6}f'''(x)h^3+\frac{1}{24}f^{(4)}(\xi)h^4, \tag{2}$$

$$f''(x+\theta h)=f''(x)+f'''(x)\theta h+\frac{1}{2}f^{(4)}(\eta)\theta^2h^2, \tag{3}$$

其中 ξ 介于 x 与 $x+h$ 之间，η 介于 x 与 $x+\theta h$ 之间，由上面两式与已知条件

$$f(x+h)=f(x)+f'(x)h+\frac{1}{2}f''(x+\theta h)h^2,$$

可得

$$4(1-3\theta)f'''(x)=[6f^{(4)}(\eta)\theta^2-f^{(4)}(\xi)]h.$$

当 $\theta\neq\frac{1}{3}$ 时，令 $h\to 0$，得 $f'''(x)=0$，此时 f 是不超过 2 次的多项式.

当 $\theta=\frac{1}{3}$ 时，有 $\frac{2}{3}f^{(4)}(\eta)=f^{(4)}(\xi)$，令 $h\to 0$，注意到 $\xi\to x,\eta\to x$，有 $f^{(4)}(x)=0$，从而 f 是不超过 3 次的多项式.

例 2.21　设 $f(x)$ 在 $[a,b]$ 内二次可导，且 $f'(a)=f'(b)=0$，则存在 $c\in(a,b)$，使得

$$|f'(c)|\geqslant\frac{4}{(b-a)^2}|f(b)-f(a)|.$$

证明　注意到 Taylor 展开：

$$f\left(\frac{a+b}{2}\right)=f(a)+f'(a)\left(\frac{a+b}{2}-a\right)+\frac{f''(\xi_1)}{2}\left(\frac{a+b}{2}-a\right)^2,$$

$$f\left(\frac{a+b}{2}\right)=f(b)+f'(a)\left(\frac{a+b}{2}-b\right)+\frac{f''(\xi_2)}{2}\left(\frac{a+b}{2}-b\right)^2,$$

其中 $\xi_1\in\left(a,\frac{a+b}{2}\right),\xi_2\in\left(\frac{a+b}{2},b\right)$，有

$$f\left(\frac{a+b}{2}\right)=f(a)+\frac{(b-a)^2}{8}f''(\xi_1),\quad f\left(\frac{a+b}{2}\right)=f(b)+\frac{(b-a)^2}{8}f''(\xi_2).$$

两式相减得

$$|f(b)-f(a)|=\frac{(b-a)^2}{8}|f''(\xi_2)-f''(\xi_1)|\leqslant\frac{(b-a)^2}{8}\left[|f''(\xi_1)|+|f''(\xi_2)|\right].$$

若 $|f''(\xi_1)|\geqslant|f''(\xi_2)|$，则取 $c=\xi_1$；若 $|f''(\xi_2)|\geqslant|f''(\xi_1)|$，则取 $c=\xi_2$，总有

$$|f''(c)|\geqslant\frac{4}{(b-a)^2}|f(b)-f(a)|.$$

例 2.22 设$f(x)$在$(-\infty,+\infty)$内二次可导，且$M_i=\max\limits_{x\in(-\infty,+\infty)}\left|f^{(i)}(x)\right|<\infty\quad(i=0,1,2)$. 证明：$M_1^2\leqslant 2M_0M_2$.

证明 对任意$x\in(-\infty,+\infty)$及$h>0$有

$$f(x+h)=f(x)+f'(x)h+\frac{f''(\xi_1)}{2}h^2,\quad f(x-h)=f(x)-f'(x)h+\frac{f''(\xi_2)}{2}h^2,$$

其中ξ_1,ξ_2分别是介于x与$x+h$及$x-h$与h之间的实数，将两式相减可得

$$f(x+h)-f(x-h)=2hf'(x)+\frac{h^2}{2}\left[f''(\xi_1)-f''(\xi_2)\right].$$

移项取绝对值得

$$2h\left|f'(x)\right|=2\left|hf'(x)\right|\leqslant\left|f(x+h)\right|+\left|f(x-h)\right|+\frac{1}{2}\left[\left|f''(\xi_1)\right|+\left|f''(\xi_2)\right|\right]h^2.$$

注意到M_i的定义，有

$$2h\left|f'(x)\right|\leqslant 2M_0+\frac{1}{2}\cdot 2M_2h^2=2M_0+M_2h^2.$$

由x的任意性知$2hM_1\leqslant 2M_0+M_2h^2$，即$M_2h^2-2M_1h+2M_0\geqslant 0$. 从而$\varDelta=4M_1^2-8M_0M_2\leqslant 0$，即$M_1^2\leqslant 2M_0M_2$.

例 2.23 设函数$f(x)$在$[a,b]$上连续，在(a,b)内二阶可导，且$\left|f''(x)\right|\geqslant m>0$，$m$为常数，又$f(a)=f(b)=0$，证明：$\max\limits_{a\leqslant x\leqslant b}|f(x)|\geqslant\frac{m}{8}(b-a)^2$.

证明 因函数$f(x)$在$[a,b]$上连续，则$|f(x)|$在$[a,b]$上连续，故存在$x_0\in[a,b]$，使

$$\max_{a\leqslant x\leqslant b}|f(x)|=|f(x_0)|.$$

由于$f(a)=f(b)=0$，且$f(x)$在$[a,b]$上不是常数，故$x_0\neq a,x_0\neq b$，即$x_0\in(a,b)$，从而，$f(x)$在x_0处取得极值，因此$f'(x_0)=0$，由 Taylor 公式，$\forall x\in(a,b)$，恒有

$$f(x)=f(x_0)+\frac{1}{2}f''(\xi)(x-x_0)^2,$$

其中ξ在x与x_0之间，故

$$|f(x_0)-f(x)|\geqslant\frac{m}{2}(x-x_0)^2,$$

分别令$x=a$和$x=b$，利用$f(a)=f(b)=0$, 得

$$|f(x_0)|\geqslant\frac{m}{2}(x_0-a)^2,\quad |f(x_0)|\geqslant\frac{m}{2}(b-x_0)^2,$$

从而

$$|f(x_0)|\geqslant \max\left\{\frac{m}{2}(x_0-a)^2,\frac{m}{2}(b-x_0)^2\right\}\geqslant \frac{m}{8}(b-a)^2.$$

例 2.24　设函数 $f(x)$ 在 $[a,b]$ 上连续，在 (a,b) 内二阶可导，且 $|f''(x)|\geqslant 1$，则在曲线段 $y=f(x)\quad(a\leqslant x\leqslant b)$ 上，存在 3 个点 A,B,C 使得 $S_{\triangle ABC}\geqslant \dfrac{(b-a)^3}{16}$.

证明　**方法一**　令 $\phi(x)=\dfrac{f(b)-f(a)}{b-a}(x-a)+f(a)-f(x)$，则 $\phi(x)$ 在 $[a,b]$ 上连续，且 $|\phi''(x)|=|f''(x)|\geqslant 1$，$\phi(a)=\phi(b)=0$，由上题可知，存在 $x_0\in(a,b)$ 使得

$$|\phi(x_0)|\geqslant \frac{1}{8}(b-a)^2.$$

令 $\triangle ABC$ 的顶点为 $A(a,f(a)),B(b,f(b)),C(x_0,f(x_0))$，设连接 AB 的直线与 x 轴正向的夹角为 θ，则点 C 到直线 AB 的距离

$$h=|\cos\theta||\phi(x_0)|\geqslant \frac{b-a}{AB}\cdot\frac{(b-a)^2}{8}，故 S_{\triangle ABC}=\frac{1}{2}AB\cdot h\geqslant \frac{(b-a)^3}{16}.$$

方法二　令 $F(x)=\dfrac{1}{2}\begin{vmatrix}1 & 1 & 1\\ a & b & x\\ f(a) & f(b) & f(x)\end{vmatrix},a\leqslant x\leqslant b$，则 $F(a)=F(b)=0,\ |F''(x)|=\left|\dfrac{1}{2}(b-a)f''(x)\right|\geqslant \dfrac{b-a}{2}$，由上题知，存在 $x_0\in(a,b)$ 使得

$$|F(x_0)|=\max_{a\leqslant x\leqslant b}|F(x)|\geqslant \frac{b-a}{2}\cdot\frac{(b-a)^2}{8}=\frac{(b-a)^3}{16},$$

而 $|F(x_0)|$ 在几何上表示以 $A(a,f(a)),B(b,f(b)),C(x_0,f(x_0))$ 为顶点的三角形面积.

例 2.25　设函数 $f(x)$ 在 $[0,1]$ 上二阶可导，且满足 $|f''(x)|\leqslant 1$，$f(x)$ 在区间 $(0,1)$ 内取得最大值 $\dfrac{1}{4}$，证明：$|f(0)|+|f(1)|\leqslant 1$.

证明　设函数 $f(x)$ 在区间 $(0,1)$ 内点 x_0 处取得最大值 $\dfrac{1}{4}$，则 $f'(x_0)=0$，由 Taylor 公式知

$$f(0)=f(x_0)-f'(x_0)x_0+\frac{1}{2}f''(\xi_1)x_0^2,\quad 0<\xi_1<x_0,$$

$$f(1)=f(x_0)+f'(x_0)(1-x_0)+\frac{1}{2}f''(\xi_2)(1-x_0)^2,\quad x_0<\xi_2<1.$$

因为 $|f''(x)|\leqslant 1$，所以 $|f(0)|+|f(1)|\leqslant \dfrac{1}{2}+\dfrac{1}{2}[x_0^2+(1-x_0)^2]$. 又当 $0<x_0<1$ 时，$x_0^2+(1-x_0)^2=2\left(x_0-\dfrac{1}{2}\right)^2+\dfrac{1}{2}\leqslant 1$，所以结论成立.

例 2.26　求使不等式$\left(1+\dfrac{1}{n}\right)^{n+\alpha}\leqslant \mathrm{e}\leqslant\left(1+\dfrac{1}{n}\right)^{n+\beta}$对所有的自然数$n$都成立的最大的数$\alpha$和最小的数$\beta$.

解　已知不等式等价于$(n+\alpha)\ln\left(1+\dfrac{1}{n}\right)\leqslant 1\leqslant (n+\beta)\ln\left(1+\dfrac{1}{n}\right)$.所以$\alpha\leqslant \dfrac{1}{\ln\left(1+\dfrac{1}{n}\right)}-n\leqslant\beta$，令$f(x)=\dfrac{1}{\ln(1+x)}-\dfrac{1}{x}, x\in[0,1]$，则

$$f'(x)=-\frac{\frac{1}{1+x}}{\ln^2(1+x)}+\frac{1}{x^2}=\frac{(1+x)\ln^2(1+x)-x^2}{x^2(1+x)\ln^2(1+x)}.$$

再令$g(x)=(1+x)\ln^2(1+x)-x^2, x\in[0,1]$，则$g(0)=0$, 且

$$g'(x)=\ln^2(1+x)+2\ln(1+x)-2x,\quad g'(0)=0,$$

$$g''(x)=\frac{2\ln(1+x)}{1+x}+\frac{2}{1+x}-2=\frac{2[\ln(1+x)-x]}{1+x}<0,$$

故$g'(x)$在$[0,1]$上严格单调递减，所以$g'(x)<g'(0)=0$，同理，$g(x)$在$[0,1]$上也严格单调递减，故$g(x)<g(0)=0$，即$(1+x)\ln^2(1+x)-x^2<0$,从而$f'(x)<0\quad(0<x\leqslant 1)$，因此$f(x)$在$(0,1]$上也严格单调递减.

令$x=\dfrac{1}{n}$,则$\alpha\leqslant f(x)\leqslant\beta$，

$$\max\alpha=\lim_{x\to1^-}\left[\frac{1}{\ln(1+x)}-\frac{1}{x}\right]=\frac{1}{\ln 2}-1,$$

$$\min\beta=\lim_{x\to0^+}\left[\frac{1}{\ln(1+x)}-\frac{1}{x}\right]=\lim_{x\to0^+}\frac{x-\ln(1+x)}{x\ln(1+x)}=\lim_{x\to0^+}\frac{1-\frac{1}{1+x}}{\ln(1+x)+\frac{x}{1+x}}$$

$$=\lim_{x\to0^+}\frac{1}{1+\ln(1+x)+1}=\frac{1}{2}.$$

因此,使不等式对所有的自然数n都成立的最大的数α为$\dfrac{1}{\ln 2}-1$,最小的数β为$\dfrac{1}{2}$.

例 2.27　设$0<a<b$，证明：不等式$\dfrac{2a}{a^2+b^2}<\dfrac{\ln b-\ln a}{b-a}<\dfrac{1}{\sqrt{ab}}$成立.

证明　原不等式等价于$\dfrac{2\left(\dfrac{b}{a}-1\right)}{1+\left(\dfrac{b}{a}\right)^2}<\ln\dfrac{b}{a}<\sqrt{\dfrac{b}{a}}-\sqrt{\dfrac{a}{b}}$. 对于右边的不等式，令

$\sqrt{\dfrac{b}{a}}=t>1$，只需考虑 $\ln t^2<t-\dfrac{1}{t},t>1$.

移项构造辅助函数，令 $f(t)=\ln t^2-t+\dfrac{1}{t}(t\geqslant 1)$，则 $f(1)=0$，且

$$f'(t)=\frac{2}{t}-1-\frac{1}{t^2}=-\frac{t^2-2t+1}{t^2}=-\frac{(t-1)^2}{t^2}<0,$$

从而 $f(t)$ 在 $[1,+\infty)$ 上单调递减，故当 $t>1$ 时，$f(t)<f(1)=0$，即右侧不等式成立.

再考虑左边的不等式，下面用三种方法证明.

方法一　令 $\dfrac{b}{a}=t>1$，左侧不等式变为 $\ln t>\dfrac{2(t-1)}{1+t^2}$，移项构造辅助函数，令

$$g(t)=(1+t^2)\ln t-2(t-1),\quad t\geqslant 1,$$

则 $g(1)=0$，且

$$g'(t)=2t\ln t+\left(\frac{1}{t}+t\right)-2\geqslant 2t\ln t>0,$$

于是 $g(t)$ 在 $[1,+\infty)$ 上单调递增，从而当 $t>1$ 时，$g(t)>g(1)=0$，即左侧不等式成立.

方法二　取一个参数(如 b)为变量，令

$$h(x)=(a^2+x^2)(\ln x-\ln a)-2a(x-a),\quad x\geqslant a>0,$$

则

$$h(a)=0,\quad h'(x)=2x(\ln x-\ln a)+\frac{1}{x}(a^2+x^2)-2a>2x\cdot\ln\frac{x}{a}+\frac{1}{x}\cdot 2ax-2a>0,$$

于是 $h(x)$ 在 $[a,+\infty)$ 上单调递增，从而当 $x>a$ 时，$h(x)>h(a)=0$，即左侧不等式成立.

方法三　由 Lagrange 中值定理得

$$\frac{\ln b-\ln a}{b-a}=\frac{1}{\xi},\quad a<\xi<b,$$

注意到 $\dfrac{1}{a}>\dfrac{1}{\xi}>\dfrac{1}{b}$，则由平均值不等式得到

$$\frac{1}{\xi}>\frac{1}{b}>\frac{1}{b}\cdot\frac{2ab}{a^2+b^2}=\frac{2a}{a^2+b^2},$$

即左侧不等式成立.

例 2.28　设 n 为自然数，试证：$\left(1+\dfrac{1}{2n+1}\right)\left(1+\dfrac{1}{n}\right)^n<\mathrm{e}<\left(1+\dfrac{1}{2n}\right)\left(1+\dfrac{1}{n}\right)^n$.

证明　方法一　欲证右端不等式，即证

$$1=\ln e<\ln\left[\left(1+\frac{1}{2n}\right)\left(1+\frac{1}{n}\right)^n\right]=\ln\left(1+\frac{1}{2n}\right)+n\ln\left(1+\frac{1}{n}\right),$$

即

$$\ln\left(\frac{2n+1}{2n}\right)+n\ln\left(\frac{n+1}{n}\right)-1>0.$$

设辅助函数 $f(x)=\ln\left(\frac{2x+1}{2x}\right)+x\ln\left(\frac{x+1}{x}\right)-1$，$x>0$，易见

$$\lim_{x\to+\infty}f(x)=\ln 1+\ln e-1=0.$$

又因为

$$f'(x)=-\frac{1}{(2x+1)x}+\ln\left(\frac{x+1}{x}\right)-\frac{1}{x+1},$$

故有 $\lim\limits_{x\to+\infty}f'(x)=0$．当 $x>0$ 时，有

$$f''(x)=\frac{4x+1}{(2x^2+x)^2}-\frac{1}{x^2+x}+\frac{1}{(x+1)^2}=\frac{5x^2+5x+1}{(2x^2+x)^2(x+1)^2}>0.$$

从而知当 $x>0$ 时，$f'(x)$ 单调增，且当 $x\to+\infty$ 时，$f'(x)$ 趋于零，所以当 $x>0$ 时，$f'(x)<0$，进而知当 $x>0$ 时，$f(x)$ 单调减，且当 $x\to+\infty$ 时，$f(x)$ 趋于零，于是，当 $x>0$ 时，$f(x)>0$．所以，对一切自然数 n，恒有 $f(n)>0$，故有

$$\ln\left(\frac{2n+1}{2n}\right)+n\ln\left(\frac{n+1}{n}\right)-1>0,$$

从而右端不等式成立.

类似地，引入辅助函数 $g(x)=\ln\left(\frac{2x+2}{2x+1}\right)+x\ln\left(\frac{x+1}{x}\right)-1$，$x>0$．可证明当 $x>0$ 时，$g(x)<0$，从而对一切自然数 n，左端不等式成立.

方法二　欲证题中不等式，只需证

$$\ln\left[\left(1+\frac{1}{2n+1}\right)\left(1+\frac{1}{n}\right)^n\right]<1<\ln\left[\left(1+\frac{1}{2n}\right)\left(1+\frac{1}{n}\right)^n\right].$$

因为

$$\ln(1+x)=x-\frac{x^2}{2}+\frac{x^3}{3}-\frac{x^4}{4}+\cdots,\quad -1<x\leqslant 1,$$

$$\ln(1-x)=-x-\frac{x^2}{2}-\frac{x^3}{3}-\frac{x^4}{4}-\cdots,\quad -1\leqslant x<1,$$

所以

$$\ln\left(\frac{1+x}{1-x}\right)=2\left(x+\frac{x^3}{3}+\frac{x^5}{5}+\cdots\right),\quad -1<x<1,$$

由于

$$1+\frac{1}{n}=\frac{n+1}{n}=\frac{(2n+1)+1}{(2n+1)-1}=\frac{1+\dfrac{1}{2n+1}}{1-\dfrac{1}{2n+1}},$$

$$1+\frac{1}{2n}=\frac{2n+1}{2n}=\frac{(4n+1)+1}{(4n+1)-1}=\frac{1+\dfrac{1}{4n+1}}{1-\dfrac{1}{4n+1}},$$

利用上述 Taylor 展开式，得

$$\begin{aligned}
\ln\left[\left(1+\frac{1}{2n}\right)\left(1+\frac{1}{n}\right)^n\right]&=\ln\left(1+\frac{1}{2n}\right)+n\ln\left(1+\frac{1}{n}\right)\\
&=\ln\frac{1+\dfrac{1}{4n+1}}{1-\dfrac{1}{4n+1}}+n\ln\frac{1+\dfrac{1}{2n+1}}{1-\dfrac{1}{2n+1}}\\
&=2\left[\frac{1}{4n+1}+\frac{1}{3(4n+1)^3}+\cdots\right]+2n\left[\frac{1}{2n+1}+\frac{1}{3(2n+1)^3}+\cdots\right]\\
&>\frac{2}{4n+1}+\frac{2n}{2n+1}>\frac{2}{4n+2}+\frac{4n}{4n+2}=1.
\end{aligned}$$

因此，$\mathrm{e}<\left(1+\dfrac{1}{2n}\right)\left(1+\dfrac{1}{n}\right)^n$.

类似地，有

$$\begin{aligned}
\ln\left[\left(1+\frac{1}{2n+1}\right)\left(1+\frac{1}{n}\right)^n\right]&=\ln\left(1+\frac{1}{2n+1}\right)+n\ln\left(1+\frac{1}{n}\right)\\
&=\ln\left(1+\frac{1}{2n+1}\right)+n\ln\frac{1+\dfrac{1}{2n+1}}{1-\dfrac{1}{2n+1}}\\
&=(n+1)\ln\left(1+\frac{1}{2n+1}\right)-n\ln\left(1-\frac{1}{2n+1}\right)\\
&=(n+1)\left[\frac{1}{2n+1}-\frac{1}{2(2n+1)^2}+\frac{1}{3(2n+1)^3}-\frac{1}{4(2n+1)^4}+\cdots\right]\\
&\quad+n\left[\frac{1}{2n+1}+\frac{1}{2(2n+1)^2}+\frac{1}{3(2n+1)^3}+\frac{1}{4(2n+1)^4}+\cdots\right]\\
&=1-\frac{1}{2(2n+1)^2}+\frac{1}{3(2n+1)^2}-\frac{1}{4(2n+1)^4}+\cdots-\frac{1}{2k(2n+1)^{2k}}
\end{aligned}$$

$$+\frac{1}{(2k+1)(2n+1)^{2k}}-\cdots$$

$$=1-\frac{1}{6(2n+1)^2}-\frac{1}{20(2n+1)^4}-\cdots-\frac{1}{2k(2k+1)(2n+1)^{2k}}-\cdots<1,$$

所以$\left(1+\frac{1}{2n+1}\right)\left(1+\frac{1}{n}\right)^n<\mathrm{e}$.

例 2.29　证明：(1) 设$f(x)$在$(a,+\infty)$上可导，若$\lim\limits_{x\to+\infty}f(x)$，$\lim\limits_{x\to+\infty}f'(x)$都存在，则$\lim\limits_{x\to+\infty}f'(x)=0$.

(2) 设 f 在$(a,+\infty)$上 n 阶可导，若$\lim\limits_{x\to+\infty}f(x)$和$\lim\limits_{x\to+\infty}f^{(n)}(x)$都存在，则$\lim\limits_{x\to+\infty}f^{(i)}(x)=0\ (i=1,2,\cdots,n)$.

证明　(1) 取常数$h\neq 0$，设$x,x+h\in(a,+\infty)$，根据 Lagrange 中值定理，有

$$f(x+h)-f(x)=f'(x+\theta h)h\quad(0<\theta<1),$$

由题设$\lim\limits_{x\to+\infty}f(x+h),\lim\limits_{x\to+\infty}f(x)$存在且相等，所以$\lim\limits_{x\to+\infty}f'(x+\theta h)h=0$.

因$h\neq0$，故$\lim\limits_{x\to+\infty}f'(x+\theta h)=0$，又因为$\lim\limits_{x\to+\infty}f'(x)$存在，所以$\lim\limits_{x\to+\infty}f'(x)=0$.

(2) 记$A=\lim\limits_{x\to+\infty}f^{(n)}(x)$，对$x,x+h\in(a,+\infty)$，由 Taylor 定理，有

$$f(x+h)-f(x)=f'(x)h+\frac{f''(x)}{2!}h^2+\cdots+\frac{f^{(n-1)}(x)}{(n-1)!}h^{n-1}+\frac{1}{n!}f^{(n)}(x+\theta h)h^n,$$

其中$0<\theta<1$，上式两边令$x\to+\infty$取极限，根据$\lim\limits_{x\to+\infty}[f(x+h)-f(x)]=0$及$\lim\limits_{x\to+\infty}\frac{1}{n!}f^{(n)}(x+\theta h)h^n=\frac{A}{n!}h^n$，得

$$\lim_{x\to+\infty}\left[f'(x)h+\frac{f''(x)}{2!}h^2+\cdots+\frac{f^{(n-1)}(x)}{(n-1)!}h^{n-1}\right]=-\frac{A}{n!}h^n,$$

即

$$\lim_{x\to+\infty}\left[f'(x)+\frac{f''(x)}{2!}h+\cdots+\frac{f^{(n-1)}(x)}{(n-1)!}h^{n-2}\right]=-\frac{A}{n!}h^{n-1}.$$

取定$n-1$个互不相同的实数$h_1,h_2,\cdots,h_{n-1}$，记

$$g_i(x)=f'(x)+\frac{f''(x)}{2}h_i+\cdots+\frac{f^{(n-1)}(x)}{(n-1)!}h_i^{n-2}\quad(i=1,2,\cdots,n-1),$$

由于 $\begin{vmatrix} 1 & h_1 & h_1^2 & \cdots & h_1^{n-2} \\ 1 & h_2 & h_2^2 & \cdots & h_2^{n-2} \\ \vdots & \vdots & \vdots & & \vdots \\ 1 & h_{n-1} & h_{n-1}^2 & \cdots & h_{n-1}^{n-2} \end{vmatrix}$ 为 $n-1$ 阶 Vandermonde 行列式且值不为零，所以存在常数 $c_{ij}(i=1,2,\cdots,n-1,j=1,2,\cdots,n-1)$ 使

$$\frac{1}{i!}f^{(i)}(x)=c_{i1}g_1(x)+c_{i2}g_2(x)+\cdots+c_{in-1}g_{n-1}(x)\quad(i=1,2,\cdots,n-1),$$

因 $\lim\limits_{x\to+\infty}g_j(x)=-\dfrac{A}{n!}h_j\ (j=1,2,\cdots,n-1)$ 都存在，由极限四则运算法则知 $\lim\limits_{x\to+\infty}f^{(i)}(x)$ $(i=1,2,\cdots,n-1)$ 也存在，于是由题 (1) 已证结论得 $\lim\limits_{x\to+\infty}f^{(i)}(x)=0\ (i=1,2,\cdots,n)$.

例 2.30　设 f 在 $[0,1]$ 上有三阶连续导数，$f(0)=1,f(1)=2,f'\left(\dfrac{1}{2}\right)=0$，证明：至少存在一点 $\xi\in(0,1)$，使得 $|f'''(\xi)|\geqslant 24$.

证明　利用 Taylor 公式把 $f(0),f(1)$ 在点 $x=\dfrac{1}{2}$ 处展开得到

$$f(0)=f\left(\frac{1}{2}\right)+f'\left(\frac{1}{2}\right)\left(0-\frac{1}{2}\right)+\frac{1}{2}f''\left(\frac{1}{2}\right)\left(0-\frac{1}{2}\right)^2+\frac{1}{6}f'''(\xi_1)\left(0-\frac{1}{2}\right)^3,\quad \xi_1\in\left(0,\frac{1}{2}\right),$$

$$f(1)=f\left(\frac{1}{2}\right)+f'\left(\frac{1}{2}\right)\left(1-\frac{1}{2}\right)+\frac{1}{2}f''\left(\frac{1}{2}\right)\left(1-\frac{1}{2}\right)^2+\frac{1}{6}f'''(\xi_2)\left(1-\frac{1}{2}\right)^3,\quad \xi_2\in\left(\frac{1}{2},1\right).$$

两式相减并注意到 $f(0)=1,f(1)=2,f'\left(\dfrac{1}{2}\right)=0$，就有 $f'''(\xi_1)+f'''(\xi_2)=48$，这表明至少存在一点 $\xi\in(0,1)$，使得 $|f'''(\xi)|\geqslant 24$.

例 2.31　设 $f(x)$ 是 n 次多项式，且恒有 $f(x)\geqslant 0$，则恒有

$$F(x)=f(x)+f'(x)+\cdots+f^{(n)}(x)\geqslant 0.$$

证明　方法一　作辅助函数 $G(x)=F(x)\mathrm{e}^{-x}$，$-\infty<x<+\infty$，则

$$G'(x)=F'(x)\mathrm{e}^{-x}-F(x)\mathrm{e}^{-x}=-f(x)\mathrm{e}^{-x}\leqslant 0,$$

因此 $G(x)$ 单调下降，又显然

$$\lim_{x\to+\infty}G(x)=\lim_{x\to+\infty}F(x)\mathrm{e}^{-x}=0,$$

所以 $F(x)\mathrm{e}^{-x}=G(x)\geqslant\lim\limits_{x\to+\infty}G(x)=0$，于是 $F(x)\geqslant 0$.

方法二　由条件恒有 $f(x)\geqslant 0$ 知道 $f(x)$ 必然是首项系数为正的偶数次多项式，那么由 $F(x)$ 的定义可知 $F(x)$ 也是首项系数为正的偶数次多项式，因此 $F(x)$ 必然有最小值点，该点也一定是一个极值点，设为 x_0，那么 $F'(x_0)=0$，于是

$$F(x_0)=f(x_0)+F'(x_0)=f(x_0)\geqslant 0\,,$$

因此 $F(x)\geqslant 0$.

例 2.32 设 $f(x)$ 是二次可微的函数，满足 $f(0)=1,f'(0)=0$ ，且对任意的 $x\geqslant 0$ 有

$$f''(x)-5f'(x)+6f(x)\geqslant 0\,.$$

证明：对每个 $x\geqslant 0$ ，都有 $f(x)\geqslant 3\mathrm{e}^{2x}-2\mathrm{e}^{3x}$.

证明 首先 $[f''(x)-2f'(x)]-3[f'(x)-2f(x)]\geqslant 0$ ，令 $g(x)=f'(x)-2f(x)$ ，则 $g'(x)-3g(x)\geqslant 0$ ，因此 $(g(x)\mathrm{e}^{-3x})'\geqslant 0$ ，所以

$$g(x)\mathrm{e}^{-3x}\geqslant g(0)=-2\text{ ，或者 }f'(x)-2f(x)\geqslant -2\mathrm{e}^{3x}\,.$$

进一步，有 $\left(f(x)\mathrm{e}^{-2x}\right)'\geqslant -2\mathrm{e}^{x}$ ，即 $\left(f(x)\mathrm{e}^{-2x}+2\mathrm{e}^{x}\right)'\geqslant 0$ ，所以

$$f(x)\mathrm{e}^{-2x}+2\mathrm{e}^{x}\geqslant f(0)+2=3\text{ ，即 }f(x)\geqslant 3\mathrm{e}^{2x}-2\mathrm{e}^{3x}\,.$$

例 2.33 $f(x)$ 是具有三阶连续导数的函数，并且对所有的 $x,f(x),\ f'(x),$ $f''(x),\ f'''(x)$ 为正值，假设对任意 x ， $f'''(x)\leqslant f(x)$ ，证明：对一切 x 有 $f'(x)<2f(x)$.

证明 对于任意固定的 c 值，令

$$g(x)=f(x)-f'(x)(x-c)+\frac{f''(x)}{2}(x-c)^2\,,$$

那么 $g'(x)=\dfrac{f'''(x)}{2}(x-c)^2\geqslant 0$ ，当且仅当 $x=c$ 时等号成立.

对于任意的 $y>0$,

$$\begin{aligned}f(c+y)-f'(c+y)y+\frac{f''(c+y)}{2}y^2&=g(c+y)>g(c-y)\\&=f(c-y)+f'(c-y)y+\frac{f''(c-y)}{2}y^2\\&>\frac{f''(c-y)}{2}y^2.\end{aligned}$$

由中值定理，存在 $\theta\in(c-y,c+y)$ ，满足

$$f''(c+y)-f''(c-y)=2yf'''(\theta)\leqslant 2yf(\theta)<2yf(c+y)\,,$$

从以上两个不等式得到

$$f(c+y)-f'(c+y)y+f(c+y)y^3>0\,,$$

或者

$$\frac{1+y^3}{y}f(c+y)>f'(c+y)\,.$$

当 $y=\frac{1}{\sqrt[3]{2}}$ 时，上式的分式取得最小值 $\frac{3}{\sqrt[3]{4}}<2$，$y=1$ 时，分式值为 2，由 c 和 $y>0$ 的任意值，故对一切 x 有 $f'(x)<2f(x)$.

例 2.34　在 $x\in\left(0,\frac{\pi}{2}\right)$ 时，比较 $\tan(\sin x)$ 与 $\sin(\tan x)$ 的大小.

解　作辅助函数 $f(x)=\tan(\sin x)-\sin(\tan x)$，则

$$f'(x)=\sec^2(\sin x)\cos x-\cos(\tan x)\sec^2 x=\frac{\cos^3 x-\cos(\tan x)\cos^2(\sin x)}{\cos^2(\sin x)\cos^2 x}.$$

当 $0<x<\arctan\frac{\pi}{2}$ 时，$0<\tan x<\frac{\pi}{2}$，$0<\sin x<\frac{\pi}{2}$. 由余弦函数在 $\left(0,\frac{\pi}{2}\right)$ 上的凸性有

$$\sqrt[3]{\cos(\tan x)\cos^2(\sin x)}\leqslant\frac{1}{3}[\cos(\tan x)+2\cos(\sin x)]\leqslant\cos\left(\frac{\tan x+2\sin x}{3}\right).$$

再作函数 $\phi(x)=\tan x+2\sin x-3x$，则

$$\phi'(x)=\sec^2 x+2\cos x-3=\tan^2 x-4\sin^2\frac{x}{2}>\tan^2 x-4\left(\frac{x}{2}\right)^2>0.$$

于是 $\tan x+2\sin x>3x$，所以

$$\cos\left(\frac{\tan x+2\sin x}{3}\right)<\cos x,$$

即 $\cos(\tan x)\cos^2(\sin x)<\cos^3 x$.

于是，当 $0<x<\arctan\frac{\pi}{2}$ 时，$f'(x)>0$，又 $f(0)=0$, 所以 $f(x)>0$.

当 $\arctan\frac{\pi}{2}\leqslant x<\frac{\pi}{2}$ 时，$\sin\left(\arctan\frac{\pi}{2}\right)<\sin x<1$，由于

$$\sin\left(\arctan\frac{\pi}{2}\right)=\frac{\tan\left(\arctan\frac{\pi}{2}\right)}{\sqrt{1+\tan^2\left(\arctan\frac{\pi}{2}\right)}}=\frac{\frac{\pi}{2}}{\sqrt{1+\frac{\pi^2}{4}}}=\frac{\pi}{\sqrt{4+\pi^2}}>\frac{\pi}{4},$$

故 $\frac{\pi}{4}<\sin x<1$, 于是 $1<\tan(\sin x)<\tan 1$，所以当 $\arctan\frac{\pi}{2}\leqslant x<\frac{\pi}{2}$ 时，$f(x)>0$.

由上可得 $x\in\left(0,\frac{\pi}{2}\right)$ 时，$\tan(\sin x)>\sin(\tan x)$.

例 2.35　设函数 $f(x)$ 在 $(-\infty,+\infty)$ 上是导数连续的有界函数，$|f(x)-f'(x)|\leqslant 1$，求证：$|f(x)|\leqslant 1$.

证明 在条件$|f(x)-f'(x)|\leqslant 1$中去掉绝对值得到不等式$-1\leqslant f'(x)-f(x)\leqslant 1$，乘上$e^{-x}$，有

$$-e^{-x}\leqslant e^{-x}f'(x)-e^{-x}f(x)=(e^{-x}f(x))'\leqslant e^{-x}. \tag{4}$$

把式(4)从t到$+\infty$积分得

$$-\int_t^{+\infty}e^{-x}dx\leqslant \int_t^{+\infty}(e^{-x}f(x))'dx\leqslant \int_t^{+\infty}e^{-x}dx, \tag{5}$$

由$f(x)$有界，则$\lim\limits_{x\to+\infty}e^{-x}f(x)=0$.

(2)式即不等式$-e^{-t}\leqslant -e^{-t}f(t)\leqslant e^{-t}$，化简得$|f(x)|\leqslant 1$.

例 2.36 求函数$f(x,y,z)=x^4+y^4+z^4$在条件$xyz=1$下的极值，该极值是最大值还是最小值?

解 方法一 $L=x^4+y^4+z^4+\lambda(xyz-1)$，

$$L'_x=4x^3+\lambda yz=0, \quad L'_y=4y^3+\lambda xz=0, \quad L'_z=4z^3+\lambda xy=0, \quad xyz=1.$$

解此方程组，得四个解

$$(1,1,1), \quad (-1,-1,1), \quad (-1,1,-1), \quad (1,-1,-1).$$

在这些点上$f(x,y,z)=3$. 这些点均为极小值点，因为对称性，只需证明其中一个，例如$(1,1,1)$.

考虑第一卦限，因为在曲面$xyz=1$上，$f(x,y,z)=x^4+y^4+\dfrac{1}{x^4y^4}$.

在xOy平面上，以$x=\dfrac{1}{4},x=2,y=\dfrac{1}{4},y=2$四条平行于坐标轴的直线，围一矩形$ABCD$在矩形边界上$f$的三项中至少一项不小于16，故

$$f\left(x,y,\frac{1}{xy}\right)\geqslant 16>3=f(P_1).$$

可见$f\left(x,y,\dfrac{1}{xy}\right)$的最小值只能在内部达到，但内部只有一个稳定点$(1,1)$，故$(1,1)$是$f\left(x,y,\dfrac{1}{xy}\right)$的极小值点，换句话说，$f(x,y,z)$在点$(1,1,1)$取极小值.

方法二 利用上述方法求出稳定点后，可用二阶微分来判断，如点$P_1=(1,1,1)$，所以$\lambda=-4$，从而L的二阶偏导数在点P_1处的值为

$$L''_{xx}=L''_{yy}=L''_{zz}=12, \quad L''_{xy}=L''_{yz}=L''_{zx}=\lambda=-4.$$

因此$d^2L(P_1)=12(dx^2+dy^2+dz^2)-8(dxdy+dydz+dzdx)$.

由$xyz=1$知$dz=-dx-dy$，代入上式可得

$$\begin{aligned}
\mathrm{d}^2L(P_1)&=12(\mathrm{d}x^2+\mathrm{d}y^2+\mathrm{d}z^2)-8[\mathrm{d}x\mathrm{d}y+(\mathrm{d}y+\mathrm{d}x)(-\mathrm{d}x-\mathrm{d}y)]\\
&=12(\mathrm{d}x^2+\mathrm{d}y^2+\mathrm{d}z^2)+4(\mathrm{d}x^2+2\mathrm{d}x\mathrm{d}y+\mathrm{d}y^2)+4\mathrm{d}x^2+4\mathrm{d}y^2\\
&=12(\mathrm{d}x^2+\mathrm{d}y^2+\mathrm{d}z^2)+4\mathrm{d}x^2+4\mathrm{d}y^2+4\mathrm{d}z^2>0.
\end{aligned}$$

故 f 在 $P_1=(1,1,1)$ 取极小值，其余各点利用对称性可得.

例 2.37 试求 $f(x,y)=ax^2+2bxy+cy^2$ 在 $x^2+y^2\leqslant 1$ 上的最大值和最小值(设 $b^2-ac>0,a,b,c>0$).

解 先求函数在区域内部 $x^2+y^2<1$ 的可疑点，令 $f'_x=f'_y=0$ ，得 $ax+by=0$, $bx+cy=0$ ，因为 $b^2-ac>0$ ，故只有唯一解 $(0,0)$ ， $f(0,0)=0$.

再求边界 $x^2+y^2=1$ 上的可疑点，设 $L=ax^2+2bxy+cy^2-\lambda(x^2+y^2-1)$.

令 $L'_x=L'_y=0$ ，得方程

$$\begin{cases}(a-\lambda)x+by=0, & (6)\\ bx+(c-\lambda)y=0. & (7)\end{cases}$$

因为在 $x^2+y^2=1$ 上 $(x,y)\neq(0,0)$ ，要此方程有非零解，必须 $\begin{vmatrix}a-\lambda & b\\ b & c-\lambda\end{vmatrix}=0$ ，得 $\lambda_{1,2}=\dfrac{a+c\pm\sqrt{(a-c)^2+4b^2}}{2}$.

将 (6) 式乘以 x ， (7) 式乘以 y 相加，注意到 $x^2+y^2=1$ 得

$$f(x,y)=ax^2+2bxy+cy^2=\lambda_{1,2}.$$

将上面求出的可疑点进行比较，可得函数在 $x^2+y^2\leqslant 1$ 上的最大值、最小值分别为

$$\max f(x)=\max\{0,\lambda_1,\lambda_2\}=\frac{a+c+\sqrt{(a-c)^2+4b^2}}{2},$$

$$\min f(x)=\min\{0,\lambda_1,\lambda_2\}=\frac{a+c-\sqrt{(a-c)^2+4b^2}}{2}.$$

例 2.38 在平面上给一边长分别为 a,b,c 的三角形，在它上面作无数个定高 h 的锥体，求侧面积最小的锥体.

解 锥顶在底面的投影记为 O ，从 O 到三边的距离分别为 x,y,z ，则锥的侧面积为

$$S=\frac{1}{2}a\sqrt{h^2+x^2}+\frac{1}{2}b\sqrt{h^2+y^2}+\frac{1}{2}c\sqrt{h^2+z^2}.$$

规定：若点O与三角形ABC的内心在BC的同侧，则x算作为正；在异侧，则算作为负，对y,z也作类似的规定，此时，不论点O在$\triangle ABC$的内部还是外部，恒有

$$\frac{1}{2}ax+\frac{1}{2}by+\frac{1}{2}cz=S_{\triangle ABC},$$

即

$$ax+by+cz=m，记 2S_{\triangle ABC}=m,$$

其中$S_{\triangle ABC}=\sqrt{p(p-a)(p-b)(p-c)}$，$p=\dfrac{a+b+c}{2}$.

记$L=a\sqrt{h^2+x^2}+b\sqrt{h^2+y^2}+c\sqrt{h^2+z^2}-\lambda(ax+by+cz-m)$.令$L'_x=L'_y=L'_z=0$, 得

$$\lambda=\frac{x}{\sqrt{h^2+x^2}}=\frac{y}{\sqrt{h^2+y^2}}=\frac{z}{\sqrt{h^2+z^2}}.$$

从实际背景看，问题有最小值，无最大值，现在只有一个可疑点，故它对应最小值，上式表面最小值发生在三侧面与底面成等角的时候，因此，当$x=y=z$，即O与三角形内心重合时，侧面积最小，此时

$$S=\frac{1}{2}\sqrt{h^2+r^2}(a+b+c)，其中 r 为 \triangle ABC 的内接圆半径.$$

例 2.39 设$ax^2+by^2+cz^2+2exy+2fyz+2gxz=1$为一椭球面，求证：其三个半轴之长恰为矩阵$\begin{pmatrix} a & e & g \\ e & b & f \\ g & f & c \end{pmatrix}$的三个特征值的平方根的倒数.

解 因为$\rho=\sqrt{x^2+y^2+z^2}$与$u=x^2+y^2+z^2$有相同的极值点，记

$$L=x^2+y^2+z^2-\frac{1}{\lambda}(ax^2+by^2+cz^2+2exy+2fyz+2gzx-1).$$

令$L'_x=L'_y=L'_z=0$，得方程组

$$\begin{cases}(a-\lambda)x+ey+gz=0,\\ ex+(b-\lambda)y+fz=0,\\ gx+fy+(c-\lambda)z=0.\end{cases} \tag{8}$$

此方程组有非零解必须系数行列式为零，故$\begin{vmatrix} a-\lambda & e & g \\ e & b-\lambda & f \\ g & f & c-\lambda \end{vmatrix}=0$. (9)

这是 λ 的三次方程式，因为椭球面是有心的非退化二次曲面，故 $\begin{vmatrix} a & e & g \\ e & b & f \\ g & f & c \end{vmatrix} \neq 0$.

因而方程(9)有三个实根 $\lambda_1, \lambda_2, \lambda_3$，根据线性代数的知识它们是矩阵 $\begin{pmatrix} a & e & g \\ e & b & f \\ g & f & c \end{pmatrix}$ 的特征值，将 λ_i 代回方程组(8)，对方程组(8)的各等式分别乘以 x, y, z 相加，注意到 x, y, z 满足椭球面的方程，则

$$\lambda_i(x^2+y^2+z^2) = ax^2+by^2+cz^2+2exy+2fyz+2gzx = 1,$$

从而 $x^2+y^2+z^2 = \dfrac{1}{\lambda_i}$，$\rho = \sqrt{x^2+y^2+z^2} = \dfrac{1}{\sqrt{\lambda_i}} (i=1,2,3)$.

这就证明了半轴之长等于矩阵的特征值平方根的倒数.

例 2.40 求由方程 $2x^2+y^2+z^2+2xy-2x-2y-4z+4=0$ 所确定的函数 $z = z(x, y)$ 的极值.

解 对隐函数 $z = z(x, y)$ 求导，得

$$4x + 2z\frac{\partial z}{\partial x} + 2y - 2 - 4\frac{\partial z}{\partial x} = 0, \tag{10}$$

$$2y + 2z\frac{\partial z}{\partial y} + 2x - 2 - 4\frac{\partial z}{\partial y} = 0, \tag{11}$$

令 $\dfrac{\partial z}{\partial x} = \dfrac{\partial z}{\partial y} = 0$，则 $2x+y-1=0, y+x-1=0$.

由此得驻点为 $(0,1)$，将之代入方程得 $z^2-4z+3=0$.

于是 $z_1=1, z_2=3$，对式(10),(11)两边求导，得

$$4 + 2\left(\frac{\partial z}{\partial x}\right)^2 + 2z\frac{\partial^2 z}{\partial x^2} - 4\frac{\partial^2 z}{\partial x^2} = 0, \tag{12}$$

$$2\frac{\partial z}{\partial x}\frac{\partial z}{\partial y} + 2z\frac{\partial^2 z}{\partial x \partial y} + 2 - 4\frac{\partial^2 z}{\partial x \partial y} = 0, \tag{13}$$

$$2 + 2\left(\frac{\partial z}{\partial y}\right)^2 + 2z\frac{\partial^2 z}{\partial y^2} - 4\frac{\partial^2 z}{\partial y^2} = 0. \tag{14}$$

在式(12),(13),(14)中令 $(x, y, z) = (0,1,1)$，$\dfrac{\partial z}{\partial x} = \dfrac{\partial z}{\partial y} = 0$. 得 $A = z_{xx} = 2$，$B = z_{xy} = 1$，$C = z_{yy} = 1$，于是 $D = AC - B^2 > 0$，故 $z=1$ 为极小值.

在式 (12),(13),(14) 中，令 $(x,y,z)=(0,1,3)$，$\dfrac{\partial z}{\partial x}=\dfrac{\partial z}{\partial y}=0$，得 $A=z_{xx}=-2$，$B=z_{xy}=-1$，$C=z_{yy}=-1$，于是 $D=AC-B^2>0$，故 $z=3$ 为极大值.

例 2.41 求证：锐角三角形内一点到三顶点连线成等角时，该点到三顶点距离之和为最小.

证明 设三角形的三顶点为 $O(0,0)$，$A(a,0)$，$B(b,c)$，则三角形内一点 $M(x,y)$ 到三顶点距离之和为 $f(x,y)=\sqrt{x^2+y^2}+\sqrt{(x-a)^2+y^2}+\sqrt{(x-b)^2+(y-c)^2}$.

设向量 $\overrightarrow{OM}, \overrightarrow{AM}, \overrightarrow{BM}$ 与 x 轴的夹角分别为 $\theta_1,\theta_2,\theta_3$，则

$$f'_x=\frac{x}{\sqrt{x^2+y^2}}+\frac{x-a}{\sqrt{(x-a)^2+y^2}}+\frac{x-b}{\sqrt{(x-b)^2+(y-c)^2}}=\cos\theta_1+\cos\theta_2+\cos\theta_3=0,$$

$$f'_y=\frac{y}{\sqrt{x^2+y^2}}+\frac{y}{\sqrt{(x-a)^2+y^2}}+\frac{y-c}{\sqrt{(x-b)^2+(y-c)^2}}=\sin\theta_1+\sin\theta_2+\sin\theta_3=0.$$

从而

$$\begin{cases}\cos\theta_1+\cos\theta_2=-\cos\theta_3,\\ \sin\theta_1+\sin\theta_2=-\sin\theta_3.\end{cases}$$

将上两式两边平方再相加可得 $\cos(\theta_1-\theta_2)=-\dfrac{1}{2}$，同理 $\cos(\theta_2-\theta_3)=-\dfrac{1}{2}$，$\cos(\theta_3-\theta_1)=-\dfrac{1}{2}$，结合实际意义可见当三角形内一点 $M(x,y)$ 与三顶点连线成等角时，函数 $f(x,y)$ 取到最小值. 要说明函数 $f(x,y)$ 在三角形内部确有最小值，我们可以这样来看，先限制在三条边上考察，显然函数在三个垂足之一取到最小值，然后让动点从该垂足处垂直地向三角形内部移动距离 ε，则一条连线缩短的距离为 ε，另外两条连线伸长的距离为 ε^2 数量级，故函数 $f(x,y)$ 在三角形内部有最小值.

2.3 竞赛训练题

1. 证明或提供一个反例：假如 $f(x),g(x)$ 在 $(0,1)$ 上连续可导，若 $\lim\limits_{x\to0}f(x)=\lim\limits_{x\to0}g(x)=0$，若 $g(x)$ 和 $g'(x)$ 在 $(0,1)$ 上恒不为零，且若 $\lim\limits_{x\to0}\dfrac{f(x)}{g(x)}=c$，则 $\lim\limits_{x\to0}\dfrac{f'(x)}{g'(x)}=c$.

2. $f(x)$ 在 a 点可导，且 $\{x_n\}$ 单调递增趋于 a，$\{y_n\}$ 单调递减趋于 a，证明：

$$\lim_{n\to\infty}\frac{f(y_n)-f(x_n)}{y_n-x_n}=f'(a).$$

3. 证明：若 $f''(0)$ 存在，则 $\lim\limits_{h\to0}\dfrac{f(2h)-2f(0)+f(-2h)}{4h^2}=f''(0)$.

4. $f(x)$ 二阶可导，$f(0)=f(1)=0$，$\max\{f(x):x\in[0,1]\}=2$，证明：

$$\inf_{0\leqslant x\leqslant1}f''(x)\leqslant-16.$$

5. $\lim\limits_{x\to0}\dfrac{\ln(1+\tan x)-\ln(1+\sin x)}{x^3}$.

6. $\lim\limits_{x\to0}\dfrac{\tan(\sin x)-\sin(\tan x)}{x^7}$.

7. 设 $f(x)$ 在[0,1]上二阶可导且满足 $|f''(x)|\leqslant1$ ($0\leqslant x\leqslant1$),又设 $f(x)$ 在 (0,1) 上取得极值 $\dfrac{1}{4}$，证明：$|f(0)|+|f(1)|\leqslant1$.

8. 设 $f(x)$ 在[0, 1]上连续，在(0, 1)内二阶可导，且 $f(0)=f(1)=0$，$f''(x)<0$，若 $f(x)$ 在 [0,1] 上的最大值为 $M>0$，求证：对任意的自然数 n，存在唯一的 $x_n\in(0,1)$，使得

$$f'(x_n)=\frac{M}{n}.$$

9. 设 $f(x)$ 在 $[0,+\infty)$ 上可导，且 $0\leqslant f(x)\leqslant x\mathrm{e}^{-\frac{x^2}{2}}$，试证：存在 $\xi\in(0,\ +\infty)$，使得

$$f'(\xi)=\mathrm{e}^{-\frac{\xi^2}{2}}(1-\xi^2).$$

10. $f(x)$ 在 $[0,+\infty]$ 上二阶可导，$f''(x)$ 有界，$\lim\limits_{x\to+\infty}f(x)=0$，证明：

$$\lim_{x\to+\infty}f'(x)\ =0.$$

11. 设函数 $f(x)$ 在 $(x_0-\delta,x_0+\delta)$ 内有 n 阶连续导数，$f''(x_0)=f'''(x_0)=\cdots=f^{(n-1)}(x_0)=0$，但 $f^{(n)}(x_0)\neq0$，当 $0<|h|<\delta$ 时，$f(x_0+h)-f(x_0)=hf'(x_0+\theta h)$, $0<\theta<h$. 证明：$\lim\limits_{h\to0}\theta=\dfrac{1}{\sqrt[n-1]{n}}$.

12. $f(x)$ 在 $[a,b]$ 上可微，在 (a,b) 上二阶可微，证明：存在 $\xi\in(a,b)$，使 $f'(b)-f'(a)=f''(\xi)(b-a)$ (注意：这里没有假定 $f'\in C[a,b]$).

13. 设 $f(x)$ 在 $[a,b]$ 上连续，在 (a,b) 上可微，又有 $c\in(a,b)$ 使 $f'(c)=0$ 成立. 证明：存在 $\xi\in(a,b)$，满足 $f'(\xi)=\dfrac{f(\xi)-f(a)}{b-a}$.

14. 设 $f(x)$ 在 $\mathbf{R}$ 上二阶连续可微，且对所有 $x,h\in\mathbf{R}$，$f(x+h)-f(x)=hf'\left(x+\dfrac{h}{2}\right)$. 证明：$f(x)=ax^2+bx+c$.

15. 设 $f(x)$ 在 $[a,b]$ 上连续，在 (a,b) 上可微，$f(a)=0$，$f(x)>0$，证明：对每个 $\alpha>0$，存在 $x_1,x_2\in(a,b)$，使 $\dfrac{f'(x_1)}{f(x_1)}=\alpha\dfrac{f'(x_2)}{f(x_2)}$ 成立.

16. $f(x)$ 为 $[a,b]$ 上的二阶可导函数，且满足 $f(x)^2+f''(x)^2=r^2(r>0)$，证明：

$$|f'(x)|\leqslant\left(\frac{2}{b-a}+\frac{b-a}{2}\right)r,\quad \forall x\in[a,b].$$

2.4 参考答案

1. **证明**　反例：令 $f(x)=x^{\frac{3}{2}}\sin\left(\dfrac{1}{x}\right),g(x)=x$.

2. **证明**

$$\begin{aligned}\frac{f(y_n)-f(x_n)}{y_n-x_n}&=\frac{f(y_n)-f(a)+f(a)-f(x_n)}{y_n-x_n}\\&=\lambda_n\frac{f(y_n)-f(a)}{y_n-a}+(1-\lambda_n)\frac{f(x_n)-f(a)}{x_n-a},\end{aligned}$$

其中 $\lambda_n=\dfrac{y_n-a}{y_n-x_n}$，易知 $\forall\varepsilon>0,\ \exists N\in\mathbf{N}_+$，当 $n>\mathbf{N}$ 时，

$$\begin{aligned}\left|\frac{f(y_n)-f(x_n)}{y_n-x_n}-f'(a)\right|&\leqslant\lambda_n\left|\frac{f(y_n)-f(a)}{y_n-a}-f'(a)\right|+(1-\lambda_n)\left|\frac{f(x_n)-f(a)}{x_n-a}-f'(a)\right|\\&<\lambda_n\varepsilon+(1-\lambda_n)\varepsilon=\varepsilon.\end{aligned}$$

3. **证明**　令 $F(x)=f(2x)-2f(0)+f(-2x)$，$G(x)=4x^2$ 在 $[0,x]$ 上应用 Cauchy 微分中值定理(仅一次)，剩下的问题可用导数定义解决.

4. **证明**　易知 $f'(x_0)=0$，其中 x_0 为最大值点，在 x_0 处用 Taylor 公式展开，$\exists\xi,\eta\in(0,1)$ 使得

$$0=f(0)=f(x_0)+\frac{1}{2}f''(\xi)x_0^2=2+\frac{1}{2}f''(\xi)x_0^2,$$

$$0=f(1)=f(x_0)+\frac{1}{2}f''(\eta)(1-x_0)^2=2+\frac{1}{2}f''(\eta)(1-x_0)^2.$$

因此，$\inf\limits_{0\leqslant x\leqslant1}f''(x)\leqslant\min\{f''(\xi),f''(\eta)\}=\min\left\{-\dfrac{4}{x_0^2},-\dfrac{4}{(1-x_0)^2}\right\}\leqslant-16$.

5. **解**　利用 $\ln(1+x)=x-\dfrac{x^2}{2}+\dfrac{x^3}{3}+o(x^3)$ 以及 $\tan x=x+\dfrac{x^3}{3}+o(x^3),\sin x=$

$x-\dfrac{x^3}{6}+o(x^3)$ 可得所求极限为 $\dfrac{1}{2}$.

6. **解** 利用 $\tan x = x+\dfrac{x^3}{3}+\dfrac{2x^5}{15}+\dfrac{17}{315}x^7+o(x^7), \sin x = x-\dfrac{x^3}{6}+\dfrac{x^5}{120}-\dfrac{x^7}{5040}+o(x^7)$ 可得所求结果为 $\dfrac{1}{30}$.

7. **证明** 设 $f(x)$ 在 $x_0\in(0,1)$ 取得极值 $f(x_0)=\dfrac{1}{4}$, $f'(x_0)=0$，据 Taylor 定理，存在 ξ_1， $\xi_2\in(0,1)$, 使得

$$f(0)=f(x_0)+\frac{1}{2}f''(\xi_1)x_0^2,\quad f(1)=f(x_0)+\frac{1}{2}f''(\xi_2)(1-x_0)^2.$$

$$|f(0)|+|f(1)|\leqslant\frac{1}{2}+\frac{1}{2}\left[x_0{}^2+(1-x_0)^2\right]\leqslant 1.$$

8. **证明** 令 $F(x)=f(x)-\dfrac{M}{n}x$. 依题意 $\exists x_0\in(0,1)$，使得 $f(x_0)=M$，并且由费马定理有 $f'(x_0)=0$.

$F(1)=-\dfrac{M}{n}<0$， $F(x_0)=M\left(1-\dfrac{x_0}{n}\right)>0$. 由零点定理 $\exists\xi\in(x_0,1)$，使得 $F(\xi)=0$.

在 $[0,\xi]$ 上应用 Rolle 定理，有 $\exists x_n\in(0, \xi)$，使得 $F'(x_n)=f(x_n)-\dfrac{M}{n}=0$.

9. **证明** 令 $F(x)=x\mathrm{e}^{-\frac{x^2}{2}}-f(x)$，利用广义的 Rolle 定理可得出结论.

10. **证明** 设 $|f''(x)\leqslant M|$，因为 $\lim\limits_{x\to+\infty}f(x)=0$，所以 $f(x)$ 在 $[0,+\infty)$ 上一致有界， $\forall a\geqslant 0$, 令 $M_k(a)=\sup\left\{\left|f^{(k)}(x), x\in[a,+\infty)\right|\right\}, k=0,1,2$, 根据本章例 2.22 可知 $0\leqslant M_1^2(a)\leqslant 2M_0(a)M_2(a)$，令 $a\to+\infty$，利用夹挤定理可得到结论.

11. **证明** 分别将 $f(x_0+h), f'(x_0+\theta h)$ 在 x_0 处 Taylor 展开，并利用题设可推得

$$\frac{f^{(n)}(x_0+\theta_1 h)}{\theta^{n-1}nf^{(n)}(x_0+\theta\theta_2 h)}=1,$$

其中 $0<\theta_1<1, 0<\theta_2<1$，再利用 $f(x)$ 具有 n 阶连续导数可得出结论.

12. **证明** 可以考虑先证明下列命题：设 $f(x)$ 在 $[a,b]$ 上连续，在 (a,b) 内可微, 但不是线性函数, 证明：存在 $\xi,\eta\in(a,b)$, 使得成立 $f'(\xi)>\dfrac{f(b)-f(a)}{b-a}>f'(\eta)$.

13. **证明** 试用辅助函数 $F(x)=[f(x)-f(a)]\mathrm{e}^{x/(b-a)}$.

14. **证明**　根据题设所给的恒等式，先固定x，后对h求导，先证明f'为线性函数.

15. **证明**　试用辅助函数$F(x)=\ln f(x)$.

16. **证明**　$\forall x\in[a,b]$，将$f(a),f(b)$在x处Taylor展开，可得等式

$$(b-a)f'(x)=f(b)-f(a)+\frac{f''(\xi_1)}{2}(a-x)^2-\frac{f''(\xi_2)}{2}(b-x)^2. \qquad (*)$$

考虑二次函数$g(x)=\dfrac{(a-x)^2}{2}+\dfrac{(b-x)^2}{2}$，它在$[a,b]$上的最大值为$\dfrac{(b-a)^2}{2}$，根据题设可知$|f(x)|\leqslant r,|f''(x)|\leqslant r,\forall x\in[a,b]$，于是对等式$(*)$两边取绝对值后放缩即可.

第 3 章　积　　分

3.1　常用结论

结论 3.1 (Cauchy-Schwarz 不等式)　若函数 $f(x),g(x)$ 在 $[a,b]$ 上可积，则

$$\left(\int_a^b f(x)g(x)\mathrm{d}x\right)^2 \leqslant \int_a^b (f(x))^2\,\mathrm{d}x\int_a^b (g(x))^2\,\mathrm{d}x.$$

结论 3.2 (Hölder 不等式)　若函数 $f(x),g(x)$ 在闭区间 $[a,b]$ 上为两个正值连续函数且 $p>1,\dfrac{1}{p}+\dfrac{1}{q}=1$，则

$$\int_a^b f(x)g(x)\mathrm{d}x \leqslant \left(\int_a^b (f(x))^p\,\mathrm{d}x\right)^{\frac{1}{p}}\left(\int_a^b (g(x))^q\,\mathrm{d}x\right)^{\frac{1}{q}}.$$

结论 3.3　若函数 $f(x)$ 是闭区间 $[0,1]$ 上的连续函数，则

$$\int_0^{\pi} xf(\sin x)\,\mathrm{d}x = \frac{\pi}{2}\int_0^{\pi} f(\sin x)\,\mathrm{d}x = \pi\int_0^{\frac{\pi}{2}} f(\sin x)\,\mathrm{d}x.$$

结论 3.4　若函数 $f(x)$ 在 $[a,b]$ 上可导，且 $f(x)$ 在 $[a,b]$ 上是凸函数，则

$$f\left(\frac{a+b}{2}\right) \leqslant \frac{1}{b-a}\int_a^b f(x)\mathrm{d}x \leqslant \frac{f(a)+f(b)}{2}.$$

3.2　典型例题

例 3.1　计算 $\int_0^{\frac{\pi}{2}}\dfrac{f(x)}{\sqrt{x}}\mathrm{d}x$，其中 $f(x)=\int_{\sqrt{\frac{\pi}{2}}}^{\sqrt{x}}\dfrac{\mathrm{d}u}{1+\tan u^2}$.

解　利用分部积分公式可得到

$$\int_0^{\frac{\pi}{2}}\frac{f(x)}{\sqrt{x}}\mathrm{d}x = 2\int_0^{\frac{\pi}{2}} f(x)\mathrm{d}\sqrt{x} = 2\left[\sqrt{x}f(x)\Big|_0^{\frac{\pi}{2}} - \int_0^{\frac{\pi}{2}}\sqrt{x}f'(x)\mathrm{d}x\right]$$

$$= -2\int_0^{\frac{\pi}{2}}\sqrt{x}f'(x)\mathrm{d}x.$$

而

$$f'(x)=\frac{1}{1+\tan x}\frac{1}{2\sqrt{x}}.$$

因此

$$\int_0^{\frac{\pi}{2}}\frac{f(x)}{\sqrt{x}}\mathrm{d}x=-2\int_0^{\frac{\pi}{2}}\sqrt{x}f'(x)\mathrm{d}x=-\int_0^{\frac{\pi}{2}}\frac{1}{1+\tan x}\mathrm{d}x=-\frac{\pi}{4},$$

其中

$$\int_0^{\frac{\pi}{2}}\frac{1}{1+\tan x}\mathrm{d}x=\int_0^{\frac{\pi}{2}}\frac{1}{1+\cot x}\mathrm{d}x.$$

则

$$\int_0^{\frac{\pi}{2}}\frac{\cos x}{\sin x+\cos x}\mathrm{d}x=\int_0^{\frac{\pi}{2}}\frac{\sin x}{\sin x+\cos x}\mathrm{d}x.$$

而

$$\int_0^{\frac{\pi}{2}}\frac{\cos x+\sin x}{\sin x+\cos x}\mathrm{d}x=\frac{\pi}{2}.$$

例 3.2　计算定积分 $I=\int_0^1\frac{\ln(1+x)}{1+x^2}\mathrm{d}x$.

解　令 $x=\tan\theta$，则

$$\begin{aligned}I&=\int_0^{\frac{\pi}{4}}\frac{\ln(1+\tan\theta)}{\sec^2\theta}\mathrm{d}(\tan\theta)=\int_0^{\frac{\pi}{4}}\ln(1+\tan\theta)\mathrm{d}\theta\\&=\int_0^{\frac{\pi}{4}}\ln(\sin\theta+\cos\theta)\mathrm{d}\theta-\int_0^{\frac{\pi}{4}}\ln(\cos\theta)\mathrm{d}\theta\\&=\int_0^{\frac{\pi}{4}}\ln\left[\sqrt{2}\cos\left(\frac{\pi}{4}-\theta\right)\right]\mathrm{d}\theta-\int_0^{\frac{\pi}{4}}\ln(\cos\theta)\mathrm{d}\theta\\&=\int_0^{\frac{\pi}{4}}\ln\sqrt{2}\mathrm{d}\theta+\int_0^{\frac{\pi}{4}}\ln\cos\left(\frac{\pi}{4}-\theta\right)\mathrm{d}\theta-\int_0^{\frac{\pi}{4}}\ln(\cos\theta)\mathrm{d}\theta\\&=\frac{\pi}{4}\ln\sqrt{2}+I_2-I_1,\end{aligned}$$

其中 $\int_0^{\frac{\pi}{4}}\ln\cos\left(\frac{\pi}{4}-\theta\right)\mathrm{d}\theta=\int_0^{\frac{\pi}{4}}\ln\cos\varphi\mathrm{d}\varphi$，从而得到 $I=\frac{\pi}{4}\ln\sqrt{2}$.

例 3.3　设 n 为正整数，求解：

(1) $\int_0^{\frac{\pi}{2}}\frac{\sin(2n+1)x}{\sin x}\mathrm{d}x=\frac{\pi}{2}$.

(2) $\int_0^{\frac{\pi}{2}}\frac{\sin 2nx}{\sin x}\mathrm{d}x=2\left[1-\frac{1}{3}+\frac{1}{5}-\frac{1}{7}+\cdots+\frac{(-1)^{n-1}}{2n-1}\right]$.

解　利用三角函数公式 $\sin nx-\sin(n-2)x=2\sin x\cos(n-1)x$，得到

$$\sin nx=\sin(n-2)x+2\sin x\cos(n-1)x,$$

因此

(1)
$$\begin{aligned}I_n&=\int_0^{\frac{\pi}{2}}\frac{\sin(2n+1)x}{\sin x}\mathrm{d}x=\int_0^{\frac{\pi}{2}}\frac{\sin(2n-1)x+2\sin x\cos(2n)x}{\sin x}\mathrm{d}x\\&=\int_0^{\frac{\pi}{2}}\frac{\sin(2n-1)x}{\sin x}\mathrm{d}x+2\int_0^{\frac{\pi}{2}}\cos 2nx\mathrm{d}x\\&=I_{n-1}=\cdots=I_0=\frac{\pi}{2}.\end{aligned}$$

(2)
$$\begin{aligned}I_n&=\int_0^{\frac{\pi}{2}}\frac{\sin 2nx}{\sin x}\mathrm{d}x=\int_0^{\frac{\pi}{2}}\frac{\sin(2n-2)x+2\sin x\cos(2n-1)x}{\sin x}\mathrm{d}x\\&=\int_0^{\frac{\pi}{2}}\frac{\sin(2n-2)x}{\sin x}\mathrm{d}x+2\int_0^{\frac{\pi}{2}}\cos(2n-1)x\mathrm{d}x\\&=I_{n-1}+2\frac{(-1)^{n-1}}{2n-1}.\end{aligned}$$

例 3.4　设 $f(x)$ 是 $(-\infty,+\infty)$ 上的正值连续偶函数，且 $a>0$．令

$$g(x)=\int_{-a}^{a}|x-t|f(t)\mathrm{d}t,\quad -a\leqslant x\leqslant a.$$

(1) 证明：$g'(x)$ 在 $[-a,a]$ 上严格单调增加；

(2) 求使得 $g(x)$ 在 $[-a,a]$ 上取得最小值的点.

证明　(1)
$$\begin{aligned}g(x)&=\int_{-a}^{a}|x-t|f(t)\mathrm{d}t=\int_{-a}^{x}|x-t|f(t)\mathrm{d}t+\int_{x}^{a}|x-t|f(t)\mathrm{d}t\\&=\int_{-a}^{x}(x-t)f(t)\mathrm{d}t-\int_{x}^{a}(x-t)f(t)\mathrm{d}t\\&=x\int_{-a}^{x}f(t)\mathrm{d}t-\int_{-a}^{x}tf(t)\mathrm{d}t+x\int_{a}^{x}f(t)\mathrm{d}t-\int_{a}^{x}tf(t)\mathrm{d}t.\end{aligned}$$

由 $f(x)$ 连续，有

$$\begin{aligned}g'(x)&=\int_{-a}^{x}f(t)\mathrm{d}t+xf(x)-xf(x)+\int_{a}^{x}f(t)\mathrm{d}t+xf(x)-xf(x)\\&=\int_{-a}^{x}f(t)\mathrm{d}t+\int_{a}^{x}f(t)\mathrm{d}t,\end{aligned}$$

$g''(x)=2f(x)>0$，因此 $g'(x)$ 在 $[-a,a]$ 上严格单调增加.

(2) 令 $g'(x)=0$，即 $\int_{-a}^{x} f(t)\mathrm{d}t+\int_{a}^{x} f(t)\mathrm{d}t=0$，亦即 $\int_{-a}^{x} f(t)\mathrm{d}t=\int_{x}^{a} f(t)\mathrm{d}t$. 由 $f(x)$ 是偶函数，有 $\int_{-a}^{0} f(t)\mathrm{d}t=\int_{0}^{a} f(t)\mathrm{d}t$，即 $x=0$ 是方程 $g'(x)=0$ 的解. 又 $g'(x)$ 在 $[-a,a]$ 上严格单调增加，当 $-a\leqslant x<0$ 时，有 $g'(x)<g'(0)=0$，知 $g(x)$ 在 $[-a,0]$ 上严格单调减少；当 $0<x\leqslant a$ 时，有 $g'(x)>g'(0)=0$，知 $g(x)$ 在 $[0,a]$ 上严格单调增加. 因此，$g(0)$ 是 $g(x)$ 在 $[-a,a]$ 上的最小值，从而，$g(x)$ 在 $[-a,a]$ 上取得最小值的点是 $x=0$.

例 3.5 设 $f(x)=2x(1-x), x\in\mathbf{R}$. 定义 $f^n=\overbrace{f\circ\cdots\circ f}^{n个}$.

(1) 求 $\lim\limits_{n\to\infty}\int_0^1 f^n(x)\mathrm{d}x$；

(2) 计算 $\int_0^1 f^n(x)\mathrm{d}x$.

解 (1) 取定 $x=x_0\in(0,1)$. 令 $x_n=f^n(x_0),\ n=1,2,\cdots$, 则得到 $x_1\in\left(0,\dfrac{1}{2}\right]$, $x_1\leqslant f(x_1)\leqslant\dfrac{1}{2}$，进一步利用数学归纳法可得到 $x_n\leqslant f(x_n)\leqslant\dfrac{1}{2}$，这样数列 $\{x_n\}$ 为一个有界单调非减的数列，从而极限存在，假设 $\lim\limits_{n\to\infty}x_n=l$，并且 $\{x_n\}$ 满足 $x_{n+1}=2x_n(1-x_n)$，上式两边取极限得到 $l=2l(1-l)$，从而 $l=0$ 或者 $l=\dfrac{1}{2}$，利用 $\{x_n\}$ 为一个单调非减的数列得到 $l=\dfrac{1}{2}$. 从而利用单调收敛定理可以得到

$$\lim_{n\to\infty}\int_0^1 f^n(x)\mathrm{d}x=\frac{1}{2}.$$

(2) 因为 $f(x)=2x(1-x)=\dfrac{1}{2}-2\left(x-\dfrac{1}{2}\right)^2$，利用数学归纳法可证

$$f^n(x)=\frac{1}{2}-2^{2^n-1}\left(x-\frac{1}{2}\right)^{2^n}.$$

假设上式对于 $n=k$ 成立，下证

$$f^{k+1}(x)=f^k(f(x))=\frac{1}{2}-2^{2^k-1}\left(\left(\frac{1}{2}-2\left(x-\frac{1}{2}\right)^2\right)-\frac{1}{2}\right)^{2^k}$$
$$=\frac{1}{2}-2^{2^k-1}\left(-2\left(x-\frac{1}{2}\right)^2\right)^{2^k}=\frac{1}{2}-2^{2^{k+1}-1}\left(x-\frac{1}{2}\right)^{2^{k+1}}.$$

从而可以计算得到 $\int_0^1 f^n(x)\mathrm{d}x=\left[\dfrac{1}{2}x-\dfrac{2^{2^n-1}}{2^n+1}\left(x-\dfrac{1}{2}\right)^{2^n+1}\right]\Bigg|_0^1=\dfrac{1}{2}-\dfrac{1}{2(2^n+1)}$.

例 3.6 (第二届全国大学生数学竞赛预赛试题)　已知 $\varphi:(0,+\infty)\to(0,+\infty)$ 是一个单调严格递减的连续函数，满足 $\lim\limits_{t\to 0^+}\varphi(t)=+\infty$. 若 $\int_0^{+\infty}\varphi(t)\mathrm{d}t=\int_0^{+\infty}\varphi^{-1}(t)\mathrm{d}t=a<+\infty$，其中 φ^{-1} 表示 φ 的反函数，求证：

$$\int_0^{+\infty}|\varphi(t)|^2\,\mathrm{d}t+\int_0^{+\infty}\left|\varphi^{-1}(t)\right|^2\,\mathrm{d}t\geqslant\frac{1}{2}a^{\frac{3}{2}}.$$

证明　令 $P=\int_p^{+\infty}\varphi(t)\mathrm{d}t$, $Q=\int_q^{+\infty}\varphi^{-1}(t)\mathrm{d}t$, $I=a-P-Q$，其中 $pq=a$, 则由 Cauchy-Schwarz 不等式知

$$\begin{aligned}\int_0^{+\infty}\left|\varphi^{-1}(t)\right|^2\mathrm{d}t&\geqslant\int_0^{q}\left|\varphi^{-1}(t)\right|^2\mathrm{d}t\\&\geqslant\frac{1}{q}\left(\int_0^q\varphi^{-1}(t)\mathrm{d}t\right)^2=\frac{1}{q}(a-Q)^2=\frac{1}{q}(I+P)^2,\end{aligned}$$

$$\begin{aligned}\int_0^{+\infty}|\varphi(t)|^2\mathrm{d}t&\geqslant\int_0^{p}|\varphi(t)|^2\mathrm{d}t\\&\geqslant\frac{1}{p}\left(\int_0^p\varphi(t)\mathrm{d}t\right)^2=\frac{1}{p}(a-P)^2=\frac{1}{p}(I+Q)^2.\end{aligned}$$

因此，

$$\begin{aligned}\int_0^{+\infty}|\varphi(t)|^2\mathrm{d}t+\int_0^{+\infty}\left|\varphi^{-1}(t)\right|^2\mathrm{d}t&\geqslant\frac{1}{p}(I+Q)^2+\frac{1}{q}(I+P)^2\\&\geqslant\frac{2}{pq}(I+Q)(I+P)=\frac{2}{\sqrt{a}}(PQ+aI).\end{aligned}$$

易见可取到合适的 p,q 满足 $P=Q=\dfrac{a-I}{2}$，从而

$$\begin{aligned}\int_0^{+\infty}|\varphi(t)|^2\mathrm{d}t+\int_0^{+\infty}\left|\varphi^{-1}(t)\right|^2\mathrm{d}t&\geqslant\frac{2}{\sqrt{a}}\left(\frac{(a-I)^2}{4}I+aI\right)\\&=\frac{2}{\sqrt{a}}\frac{(a+I)^2}{4}\geqslant\frac{1}{2}a^{\frac{3}{2}}.\end{aligned}$$

例 3.7 (第六届全国大学生数学竞赛决赛一二年级组试题)　设 $f(x)$ 在区间 $[0,1]$ 上连续可导，且 $f(0)=f(1)=0$. 求证：

$$\left(\int_0^1 xf(x)\mathrm{d}x\right)^2\leqslant\frac{1}{45}\int_0^1\left(f'(x)\right)^2\mathrm{d}x,$$

等号当且仅当 $f(x)=A(x-x^3)$ 时成立，其中 A 为常数.

证明 利用分部积分公式可得

$$\int_0^1 xf(x)\mathrm{d}x=\frac{1}{2}x^2 f(x)\Big|_0^1-\int_0^1\frac{1}{2}x^2 f'(x)\mathrm{d}x=-\frac{1}{2}\int_0^1 x^2 f'(x)\mathrm{d}x,$$

因此根据 Newton-Leibniz 公式可得

$$6\int_0^1 xf(x)\mathrm{d}x=\int_0^1(1-3x^2)f'(x)\mathrm{d}x,$$

再由 Cauchy-Schwarz 不等式可得到

$$36\left(\int_0^1 xf(x)\mathrm{d}x\right)^2\leqslant\int_0^1(1-3x^2)^2\mathrm{d}x\int_0^1(f'(x))^2\mathrm{d}x=\frac{4}{5}\int_0^1(f'(x))^2\mathrm{d}x,$$

由此可得到

$$\left(\int_0^1 xf(x)\mathrm{d}x\right)^2\leqslant\frac{1}{45}\int_0^1\left(f'(x)\right)^2\mathrm{d}x,$$

等号成立当且仅当 $f'(x)=A(1-3x^2)$，从而积分并且由条件 $f(0)=f(1)=0$ 得到 $f(x)=A(x-x^3)$.

例 3.8 (第五届全国大学生数学竞赛预赛试题) 设 $f(x):[-1,1]\to\mathbf{R}$ 为偶函数，在 $[0,1]$ 上单调递增，又设 $g(x)$ 是 $[-1,1]$ 上的凸函数，即对于任意 $x,y\in[-1,1]$ 及 $t\in[0,1]$，有 $g(tx+(1-t)y)\leqslant tg(x)+(1-t)g(y)$. 求证：

$$2\int_{-1}^1 f(x)g(x)\mathrm{d}x\geqslant\int_{-1}^1 f(x)\mathrm{d}x\int_{-1}^1 g(x)\mathrm{d}x.$$

证明 由于 $f(x)$ 是偶函数，利用变量变换可得到

$$\int_{-1}^1 f(x)g(x)\mathrm{d}x=\int_{-1}^1 f(x)g(-x)\mathrm{d}x,$$

因而

$$2\int_{-1}^1 f(x)g(x)\mathrm{d}x=\int_{-1}^1 f(x)\big(g(x)+g(-x)\big)\mathrm{d}x=2\int_0^1 f(x)\big(g(x)+g(-x)\big)\mathrm{d}x,$$

因为 $g(x)$ 是 $[-1,1]$ 上的凸函数，所以函数 $h(x)=\mathrm{g}(x)+\mathrm{g}(-x)$ 在 $[0,1]$ 上递增，故对于任意的 $x,y\in[0,1]$，有

$$\big(f(x)-f(y)\big)\big(h(x)-h(y)\big)\geqslant 0,$$

因而

$$\int_0^1\int_0^1\big(f(x)-f(y)\big)\big(h(x)-h(y)\big)\mathrm{d}x\mathrm{d}y\geqslant 0.$$

由此可得

$$2\int_0^1 f(x)h(x)\mathrm{d}x \geqslant 2\int_0^1 f(x)\mathrm{d}x\int_0^1 h(x)\mathrm{d}x$$
$$=\frac{1}{2}\int_{-1}^1 f(x)\mathrm{d}x\int_{-1}^1 h(x)\mathrm{d}x=\int_{-1}^1 f(x)\mathrm{d}x\int_{-1}^1 g(x)\mathrm{d}x.$$

结合上式，证毕.

例 3.9 (第九届中国大学生数学竞赛决赛试题) 设 $f(x)$ 在 $[0,1]$ 上有二阶连续导函数，且 $f(0)f(1)\geqslant 0$，求证：$\int_0^1 |f'(x)|\mathrm{d}x \leqslant 2\int_0^1 |f(x)|\mathrm{d}x+\int_0^1 |f''(x)|\mathrm{d}x$.

证明 设 $M=\max\limits_{x\in[0,1]}|f'(x)|=|f'(x_1)|$，$m=\min\limits_{x\in[0,1]}|f'(x)|=|f'(x_0)|$. 则有

$$\int_0^1 |f''(x)|dx \geqslant \left|\int_{x_0}^{x_1} f''(x)dx\right|=\left|f'(x_1)-f'(x_0)\right|\geqslant M-m.$$

另一方面，有 $\int_0^1 |f'(x)|\mathrm{d}x\leqslant M\int_0^1 \mathrm{d}x=M$. 故只需证明 $m\leqslant 2\int_0^1 |f(x)|\mathrm{d}x$.

若 $f'(x)$ 在区间 $[0,1]$ 中有零点，则 $m=0$，此时上式显然成立. 现在假设 $f'(x)$ 在区间 $[0,1]$ 上没有零点，不妨设 $f'(x)>0$，因而 $f(x)$ 严格递增. 下面分两种情况讨论.

情况一 $f(0)\geqslant 0$. 此时 $f(x)\geqslant 0 \quad (x\in[0,1])$. 由 $\left|f'(x)\right|\geqslant m$ 得到

$$\int_0^1 |f(x)|\mathrm{d}x=\int_0^1 f(x)\mathrm{d}x=\int_0^1 (f(x)-f(0))\mathrm{d}x+f(0)\geqslant\int_0^1 (f(x)-f(0))\mathrm{d}x$$
$$=\int_0^1 f'(\xi)x\mathrm{d}x\geqslant\int_0^1 mx\mathrm{d}x=\frac{1}{2}m,$$

因此，$m\leqslant 2\int_0^1 |f(x)|\mathrm{d}x$ 成立.

情况二 $f(0)<0$. 此时有 $f(1)\leqslant 0$，根据 f 的递增性，有 $f(x)\leqslant 0 \quad (x\in[0,1])$.

$$\int_0^1 |f(x)|\mathrm{d}x=-\int_0^1 f(x)\mathrm{d}x=\int_0^1 \left(f(1)-f(x)\right)\mathrm{d}x-f(1)\geqslant\int_0^1 \left|f(1)-f(x)\right|\mathrm{d}x$$
$$=\int_0^1 f'(\xi)(1-x)\mathrm{d}x\geqslant\int_0^1 m(1-x)\mathrm{d}x=\frac{1}{2}m,$$

因此，$m\leqslant 2\int_0^1 |f(x)|\mathrm{d}x$ 也成立.

例 3.10 证明：若函数 $\varphi(y)$ 是闭区间 I 上的连续凸函数，又函数 $f(x)$ 在 $[a,b]$ 上连续，且 $f([a,b])\subset I$，则 $\varphi\left(\frac{1}{b-a}\int_a^b f(x)\mathrm{d}x\right)\leqslant\frac{1}{b-a}\int_a^b \varphi\left(f(x)\right)\mathrm{d}x$.

证明 由条件知函数 $\varphi(f(x))$ 在 $[a,b]$ 上连续，因此，$f(x)$ 与 $\varphi(f(x))$ 在 $[a,b]$ 上均可积. 作区间 $[a,b]$ n 等分的分划 T：

$$a = x_0 < x_1 < x_2 < \cdots < x_{k-1} < x_k < \cdots < x_n = b,$$

其中，$x_k = a + \dfrac{k}{n}(b-a)$，并设$\Delta x_k = \dfrac{b-a}{n}, k = 0,1,2,\cdots,n$. 取$\xi_k$为区间$[x_{k-1}, x_k]$的右端点，有

$$\begin{aligned}\varphi\left(\frac{1}{b-a}\int_a^b f(x)\mathrm{d}x\right) &= \varphi\left(\frac{1}{b-a}\lim_{n\to\infty}\sum_{k=1}^{n} f(\xi_k)\Delta x_k\right) \\ &= \varphi\left(\lim_{n\to\infty}\sum_{k=1}^{n} f(\xi_k)\frac{\Delta x_k}{b-a}\right) = \lim_{n\to\infty}\varphi\left(\sum_{k=1}^{n} f(\xi_k)\frac{\Delta x_k}{b-a}\right).\end{aligned}$$

由$\varphi(y)$是闭区间I上的凸函数，有

$$\varphi\left(\sum_{k=1}^{n}\frac{\Delta x_k}{b-a}f(\xi_k)\right) \leqslant \sum_{k-1}^{n}\frac{\Delta x_k}{b-a}\varphi\big(f(\xi_k)\big) = \frac{1}{b-a}\sum_{k=1}^{n}\varphi\big(f(\xi_k)\big)\Delta x_k .$$

又

$$\begin{aligned}\lim_{n\to\infty}\varphi\left(\sum_{k=1}^{n}\frac{\Delta x_k}{b-a}f(\xi_k)\right) &= \varphi\left(\lim_{n\to\infty}\sum_{k=1}^{n}\frac{1}{b-a}f(\xi_k)\Delta x_k\right) \\ &= \varphi\left(\frac{1}{b-a}\lim_{n\to\infty}\sum_{k=1}^{n} f(\xi_k)\Delta x_k\right) \\ &= \varphi\left(\frac{1}{b-a}\int_a^b f(x)\mathrm{d}x\right),\end{aligned}$$

$$\begin{aligned}\lim_{n\to\infty}\left(\frac{1}{b-a}\sum_{k=1}^{n}\varphi\big(f(\xi_k)\big)\Delta x_k\right) &= \frac{1}{b-a}\lim_{n\to\infty}\sum_{k=1}^{n}\varphi\big(f(\xi_k)\big)\Delta x_k \\ &= \frac{1}{b-a}\int_a^b \varphi\big(f(x)\big)\mathrm{d}x.\end{aligned}$$

由极限的保序性，得

$$\begin{aligned}\varphi\left(\frac{1}{b-a}\int_a^b f(x)\,\mathrm{d}x\right) &= \lim_{n\to\infty}\varphi\left(\sum_{k=1}^{n}\frac{\Delta x_k}{b-a}f(\xi_k)\right) \\ &\leqslant \lim_{n\to\infty}\left(\frac{1}{b-a}\sum_{k=1}^{n}\varphi\big(f(\xi_k)\big)\Delta x_k\right) \\ &= \frac{1}{b-a}\int_a^b \varphi\big(f(x)\big)\mathrm{d}x.\end{aligned}$$

例 3.11 证明：若函数$f(x)$在$[0,1]$上可导，且满足$f(1) - 2\int_0^{\frac{1}{2}} xf(x)\mathrm{d}x = 0$，则在$(0,1)$至少存在一点$\xi$，使$f'(\xi) = -\dfrac{f(\xi)}{\xi}$.

证明　方法一　由积分第一中值定理，存在$c\in\left[0,\frac{1}{2}\right]$，使得$\int_0^{\frac{1}{2}}xf(x)\mathrm{d}x=\frac{1}{2}cf(c)$．再结合条件，有$f(1)-cf(c)=0$．作辅助函数$F(x)=f(1)-xf(x)$，$x\in[c,1]$，则$F(x)$在$[c,1]$上可导，且$F(c)=F(1)=0$．由 Rolle 定理，存在一点$\xi\in(c,1)\subset(0,1)$，使得$F'(\xi)=0$．而$F'(x)=-f(x)-xf'(x)$，于是，$-f(\xi)-\xi f'(\xi)=0$，即$f'(\xi)=-\frac{f(\xi)}{\xi}$．

方法二　由$f(1)-2\int_0^{\frac{1}{2}}xf(x)\mathrm{d}x=0$，用积分第一中值定理，存在$c\in\left[0,\frac{1}{2}\right]$，使得

$$f(1)-2cf(c)\frac{1}{2}=0\text{，即 }cf(c)-f(1)=0\text{．}$$

令

$$F(x)=xf(x)-f(1)\text{，}\quad x\in[c,1]\text{，}$$

$$G(x)=\frac{x^2}{2}\text{，}\quad x\in[c,1]\text{，}$$

由条件可知$F(x)$与$G(x)$在$[c,1]$上可导，$F'(x)=f(x)+xf'(x)$，且对任意的$x\in(c,1)$，$G'(x)=x\neq0$．由 Cauchy 微分中值定理，在$(c,1)$中至少存在一点ξ，使得

$$0=\frac{F(c)-F(1)}{G(c)-G(1)}=\frac{F'(\xi)}{G'(\xi)}=\frac{f(\xi)+\xi f'(\xi)}{\xi}\text{，}$$

即

$$f'(\xi)=-\frac{f(\xi)}{\xi}\text{．}$$

例 3.12　证明：若函数$f(x)$在$[a,b]$上有连续的一阶导函数，且$f(a)=0$，则至少存在一点$\xi\in[a,b]$，使得$f'(\xi)=\frac{2}{(b-a)^2}\int_a^b f(x)\mathrm{d}x.$

证明　由$f'(x)$在$[a,b]$上连续，则$f'(x)$在$[a,b]$上可取到的最小值设为m与最大值M．由$f(a)=0$，对任意的$x\in(a,b]$，由 Lagrange 微分中值定理，存在$\xi_x\in(a,x)$，使

$$f(x)=f(a)+f'(\xi_x)(x-a)=f'(\xi_x)(x-a)\text{．}$$

由上式，有

$$m(x-a)\leqslant f(x)=f'(\xi_x)(x-a)\leqslant M(x-a)\text{．}$$

于是

$$m\frac{(b-a)^2}{2}=m\int_a^b(x-a)dx\leqslant\int_a^b f(x)\mathrm{d}x$$

$$\leqslant M\int_a^b(x-a)\mathrm{d}x=M\frac{(x-a)^2}{2}\bigg|_a^b=M\frac{(b-a)^2}{2},$$

有

$$m\leqslant\frac{2\int_a^b f(x)\mathrm{d}x}{(b-a)^2}\leqslant M.$$

由连续函数的介值定理，至少存在一点 $\xi\in[a,b]$ ，使

$$f'(\xi)=\frac{2}{(b-a)^2}\int_a^b f(x)\mathrm{d}x.$$

例 3.13 证明：若函数 $f(x)$ 在 $[a,b]$ 上连续，且 $f(x)\neq 0$ ，则方程

$$\int_a^x f(t)\mathrm{d}t+\int_b^x\sqrt[3]{f(t)}\mathrm{d}t=0$$

在区间 (a,b) 内有且仅有一个根.

证明 由函数 $f(x)$ 在 $[a,b]$ 上连续，且 $f(x)\neq 0$ ，根据连续函数的零点定理，可知要么 $f(x)$ 在 $[a,b]$ 上恒大于零，要么 $f(x)$ 在 $[a,b]$ 上恒小于零，不妨设 $f(x)$ 在 $[a,b]$ 上恒大于零. 令 $F(x)=\int_a^x f(t)\mathrm{d}t+\int_b^x\sqrt[3]{f(t)}\mathrm{d}t,\ x\in[a,b]$ ，则 $F(x)$ 在 $[a,b]$ 上可导. 有

$$F(a)=\int_a^a f(t)\mathrm{d}t+\int_b^a\sqrt[3]{f(t)}\mathrm{d}t=-\int_a^b\sqrt[3]{f(t)}\mathrm{d}t<0,$$

$$F(b)=\int_a^b f(t)\mathrm{d}t+\int_b^b\sqrt[3]{f(t)}\mathrm{d}t=\int_a^b f(t)\,\mathrm{d}t>0.$$

由连续函数的零点定理， $F(x)$ 在区间 (a,b) 内至少有一个零点. 又对任意的 $x\in[a,b]$ ，有

$$F'(x)=f(x)+\sqrt[3]{f(x)}>0,$$

故 $F(x)$ 在区间 $[a,b]$ 上严格单调增加. 因此 $F(x)$ 在区间 (a,b) 内仅有一个零点，即方程 $\int_a^x f(t)\mathrm{d}t+\int_b^x\sqrt[3]{f(t)}\mathrm{d}t=0$ 在区间 (a,b) 内有且仅有一个根.

例 3.14 证明：若函数 $f(x)$ 在 $[0,1]$ 上连续，在 $(0,1)$ 上可导，且 $\forall x\in(0,1)$ ，有 $0<f'(x)<1$ ，则 $\left(\int_0^1 f(x)\mathrm{d}x\right)^2\geqslant\int_0^1 f^3(x)\mathrm{d}x$.

证明 令 $F(x)=\left(\int_0^x f(t)\mathrm{d}t\right)^2-\int_0^x f^3(t)\mathrm{d}t$ ， $x\in[0,1]$. 问题归结为证明 $F(1)\geqslant 0$.

由条件可知 $F(x)$ 在 $[0,1]$ 上可导. 又 $F(0)=0$，若能证到 $F(x)$ 在 $[0,1]$ 上严格单调增加，则有 $F(1)>0$. 因为

$$F'(x)=2f(x)\int_0^x f(t)\mathrm{d}t-f^3(x)=f(x)\left(2\int_0^x f(t)\mathrm{d}t-f^2(x)\right),\quad x\in(0,1).$$

由 $f(0)=0$，且 $\forall x\in(0,1)$，有 $0<f'(x)<1$，知 $f(x)$ 在 $[0,1]$ 上严格单调增加，因此 $f(x)$ 在 $(0,1]$ 上为正值函数. 令

$$G(x)=2\int_0^x f(t)\mathrm{d}t-f^2(x),\quad x\in[0,1].$$

有 $G(0)=0$. 当 $x\in(0,1)$ 时，有 $G'(x)=2f(x)-2f(x)f'(x)=2f(x)(1-f'(x))>0$. 因此，$G(x)$ 在 $[0,1]$ 严格单调增加，又 $G(0)=0$，知 $G(x)$ 在 $(0,1]$ 上为正值函数，且知 $\forall x\in(0,1)$, 有 $F'(x)>0$. 因此 $F(x)$ 在 $[0,1]$ 上严格单调增加，有 $F(1)>F(0)=0$，即 $\left(\int_0^1 f(t)\mathrm{d}t\right)^2-\int_0^1 f^3(t)\mathrm{d}t>0$. 亦即 $\left(\int_0^1 f(t)\mathrm{d}t\right)^2>\int_0^1 f^3(t)\mathrm{d}t$.

例 3.15 证明：若 $f(x)$ 在 $(-\infty,+\infty)$ 上有连续的一阶导数，$f(0)=0$，且 $\forall x\in(-\infty,+\infty)$，有 $|f'(x)|\leqslant|f(x)|$，则 $f(x)\equiv 0$.

证明 $\forall x_0\in(0,+\infty)$，由 $f(0)=0$，$\forall x\in(0,x_0]$，据 Newton-Leibniz 公式，有 $f(x)=\int_0^x f'(t)\mathrm{d}t$. 于是，

$$|f(x)|\leqslant\int_0^x|f'(t)|\,\mathrm{d}t\leqslant\int_0^x|f(t)|\,\mathrm{d}t\leqslant Mx,$$

其中，$M=\max\limits_{t\in[0,x_0]}|f(t)|$. 有

$$|f(x)|\leqslant\int_0^x|f(t)|\,\mathrm{d}t\leqslant\int_0^x Mt\mathrm{d}t=\frac{M}{2!}x^2,$$

……

$$|f(x)|\leqslant\frac{M}{n!}x^n\quad(n=1,2,\cdots),$$

因此，$|f(x)|\leqslant\lim\limits_{n\to\infty}\frac{M}{n!}x^n=0$，即 $f(x)$ 在 $[0,x_0]$ 上恒为零. 由 $x_0\in(0,+\infty)$ 的任意性知 $f(x)$ 在 $[0,+\infty)$ 上恒为零.

$\forall x_0\in(-\infty,0)$，由 $f(0)=0$，$\forall x\in[x_0,0)$，根据 Newton-Leibniz 公式，有 $f(x)=-\int_x^0 f'(t)\mathrm{d}t$. 于是，

$$|f(x)|=\left|\int_x^0 f'(t)\mathrm{d}t\right|\leqslant\int_x^0|f'(t)|\,\mathrm{d}t\leqslant\int_x^0|f(t)|\,\mathrm{d}t\leqslant-M'x,$$

其中，$M'=\max\limits_{t\in[x_0,0]}|f(t)|$, 得到

$$\left|f(x)\right| \leqslant \int_x^0 \left|f(t)\right| \mathrm{d}t \leqslant -\int_x^0 M' t \mathrm{d}t = \frac{M'}{2!} x^2 ,$$

……

$$\left|f(x)\right| \leqslant \frac{M'}{n!} |x|^n \quad (n = 1, 2, \cdots) .$$

因此，$\left|f(x)\right| \leqslant \lim\limits_{n\to\infty} \frac{M'}{n!}|x|^n = 0$，即 $f(x)$ 在 $[x_0, 0]$ 上恒为零. 由 $x_0 \in (-\infty, 0)$ 的任意性知 $f(x)$ 在 $(-\infty, 0)$ 上恒为零. 因此，$\forall x \in (-\infty, +\infty)$，有 $f(x) = 0$.

例 3.16 证明：若 $f(x)$ 在 $[a,b]$ 上存在连续的二阶导函数，则在 $[a,b]$ 中至少存在一点 ξ，使

$$\int_a^b f(x)\mathrm{d}x = f\left(\frac{a+b}{2}\right)(b-a) + \frac{(b-a)^3}{24} f''(\xi) .$$

证明 $f''(x)$ 在 $[a,b]$ 上连续，则 $f''(x)$ 在 $[a,b]$ 上可取到最小值 m 与最大值 M. 由 Taylor 中值定理得，$\forall x \in [a,b], x \neq \frac{a+b}{2}$，存在 ξ_x 严格位于 $\frac{a+b}{2}$ 与 x 之间，使

$$f(x) = f\left(\frac{a+b}{2}\right) + f'\left(\frac{a+b}{2}\right)\left(x - \frac{a+b}{2}\right) + \frac{f''(\xi_x)}{2}\left(x - \frac{a+b}{2}\right)^2 .$$

由上式，有

$$\begin{aligned}\frac{m}{2}\left(x-\frac{a+b}{2}\right)^2 &\leqslant f(x) - f\left(\frac{a+b}{2}\right) - f'\left(\frac{a+b}{2}\right)\left(x - \frac{a+b}{2}\right) \\ &= \frac{f''(\xi_x)}{2}\left(x-\frac{a+b}{2}\right)^2 \leqslant \frac{M}{2}\left(x - \frac{a+b}{2}\right)^2,\end{aligned}$$

有

$$\begin{aligned}\frac{m}{24}(b-a)^3 &= \frac{m}{2}\int_a^b \left(x-\frac{a+b}{2}\right)^2 \mathrm{d}x \\ &\leqslant \int_a^b f(x)\mathrm{d}x - f\left(\frac{a+b}{2}\right)(b-a) - f'\left(\frac{a+b}{2}\right)\int_a^b\left(x-\frac{a+b}{2}\right)\mathrm{d}x \\ &= \int_a^b f(x)\mathrm{d}x - f\left(\frac{a+b}{2}\right)(b-a) \leqslant \frac{M}{2}\int_a^b\left(x-\frac{a+b}{2}\right)^2\mathrm{d}x = \frac{M}{24}(b-a)^3,\end{aligned}$$

即

$$m \leqslant \frac{24\left[\int_a^b f(x)\mathrm{d}x - f\left(\frac{a+b}{2}\right)(b-a)\right]}{(b-a)^3} \leqslant M .$$

由连续函数的介值定理可知，在 $[a,b]$ 中至少存在一点 ξ，使

$$f''(\xi)=\frac{24\left[\int_a^b f(x)\mathrm{d}x-f\left(\frac{a+b}{2}\right)(b-a)\right]}{(b-a)^3},$$

即

$$\int_a^b f(x)\mathrm{d}x=f\left(\frac{a+b}{2}\right)(b-a)+\frac{(b-a)^3}{24}f''(\xi).$$

例 3.17 设 $f(x)$ 是 $[0,+\infty)$ 上非负可导函数，$f(0)=0, f'(0)\leqslant\frac{1}{2}$，假设 $\int_0^{+\infty}f(x)\mathrm{d}x$ 收敛，求证：对任意 $\alpha>1, \int_0^{+\infty}f^\alpha(x)\mathrm{d}x$ 也收敛，并且

$$\int_0^{+\infty}f^\alpha(x)\mathrm{d}x\leqslant\left(\int_0^{+\infty}f(x)\mathrm{d}x\right)^\beta,\quad \beta=\frac{\alpha+1}{2}.$$

证明 令 $g(t)=\left(\int_0^t f(x)\mathrm{d}x\right)^\beta-\int_0^t f^\alpha(x)\mathrm{d}x$，则 $g(t)$ 可导，且

$$g'(t)=f(t)\left[\beta\left(\int_0^t f(x)\mathrm{d}x\right)^{\beta-1}-f^{\alpha-1}(t)\right].$$

令 $h(t)=\beta^{\frac{1}{\beta-1}}\int_0^t f(x)\mathrm{d}x-f^2(t)$，则有 $h'(t)=f(t)[\beta^{\frac{1}{\beta-1}}-2f'(t)]$.

由于 $\beta>1, f'(x)\leqslant\frac{1}{2}$，我们有 $h'(t)\geqslant0$，这说明 $h(t)$ 单调递增，由 $h(0)=0$，得到 $h(t)\geqslant0$. 因而 $g'(t)\geqslant0$，再有 $g(0)=0$，可得 $g(t)\geqslant0$，即 $\int_0^t f^\alpha(x)\mathrm{d}x\leqslant\left(\int_0^t f(x)\mathrm{d}x\right)^\beta$，再令 $t\to+\infty$，即得所证.

例 3.18 已知 $\int_0^{+\infty}\frac{\sin x}{x}\mathrm{d}x=\frac{\pi}{2}$，求积分 $\int_0^{+\infty}\frac{\sin^{2n+1}x}{x}\mathrm{d}x$，其中 n 为自然数.

解 利用归纳法可得到，对于任意的自然数 n，有如下表达式

$$\sin^{2n+1}x=\sum_{k=1}^{n+1}d_k\sin(2k-1)x.$$

对任意的 $\alpha>0$ 有 $\int_0^{+\infty}\frac{\sin\alpha x}{x}\mathrm{d}x=\frac{\pi}{2}$，于是有

$$\int_0^{+\infty}\frac{\sin^{2n+1}x}{x}\mathrm{d}x=\frac{\pi}{2}\sum_{k=1}^{n+1}d_k.$$

又设 $\sin^{2n-1}x=\sum_{k=1}^{n}c_k\sin(2k-1)x$，则有

$$
\begin{aligned}
\sin^{2n+1}x &= \sum_{k=1}^{n} c_k \sin(2k-1)x \cdot \frac{1-\cos 2x}{2} \\
&= \frac{1}{2}\sum_{k=1}^{n} c_k \sin(2k-1)x - \frac{1}{2}\sum_{k=1}^{n} c_k \sin(2k-1)x\cos x \\
&= \frac{1}{2}\sum_{k=1}^{n} c_k \sin(2k-1)x - \frac{1}{4}\sum_{k=1}^{n} c_k \sin(2k+1)x - \frac{1}{4}\sum_{k=1}^{n} c_k \sin(2k-3)x \\
&= \frac{1}{2}\sum_{k=1}^{n} c_k \sin(2k-1)x - \frac{1}{4}\sum_{k=2}^{n+1} c_{k-1} \sin(2k-1)x - \frac{1}{4}\sum_{k=0}^{n-1} c_{k+1} \sin(2k-1)x \\
&= \left(\frac{3}{4}c_1 - \frac{1}{4}c_2\right)\sin x + \sum_{k=2}^{n-1}\left(\frac{1}{2}c_k - \frac{1}{4}c_{k-1} - \frac{1}{4}c_{k+1}\right)\sin(2k-1)x \\
&\quad + \left(\frac{1}{2}c_n - \frac{1}{4}c_{n-1}\right)\sin(2n-1)x - \frac{1}{4}c_n \sin(2n+1)x.
\end{aligned}
$$

则

$$
d_1 = \frac{1}{2}c_1 - \frac{1}{4}c_1 - \frac{1}{4}c_2 + \frac{1}{2}c_1,
$$

$$
d_k = \frac{1}{2}c_k - \frac{1}{4}c_{k-1} - \frac{1}{4}c_{k+1}, \quad 其中 k = 2,3,\cdots,n-1.
$$

$$
d_n = \frac{1}{2}c_n - \frac{1}{4}c_{n-1}, \quad d_{n+1} = -\frac{1}{4}c_n.
$$

因此可得到

$$
\sum_{k=1}^{n+1} d_k = \frac{1}{2}c_1 .
$$

$$
c_1 = \frac{1}{\pi}\int_{-\pi}^{\pi} \sin^{2n-1}x \sin x \mathrm{d}x = \frac{4}{\pi}\int_0^{\pi} \sin^{2n}x \mathrm{d}x = \frac{1\cdot 3\cdot 5\cdots(2n-1)}{2^{n-1}n!},
$$

从而

$$
\int_0^{+\infty} \frac{\sin^{2n+1}x}{x}\mathrm{d}x = \frac{1\cdot 3\cdot 5\cdots(2n-1)}{2^{n-1}n!}\pi.
$$

例 3.19 求积分 $\int_0^{+\infty} \sin x^2 \mathrm{d}x$ 的值.

解 **方法一** (利用复变函数知识和 Green 公式) 令

$$
P(x,y) = \mathrm{e}^{\frac{-x^2+y^2}{2}}\cos(xy), \quad Q(x,y) = -\mathrm{e}^{\frac{-x^2+y^2}{2}}\sin(xy),
$$

则 $P(x,y), Q(x,y)$ 为解析函数 $\mathrm{e}^{-\frac{z^2}{2}}$ 的实部和虚部，从而有 $\frac{\partial P}{\partial y} = -\frac{\partial Q}{\partial x}, \frac{\partial P}{\partial x} = \frac{\partial Q}{\partial y}$，考

虑如下曲线积分$\oint_l P\mathrm{d}x - Q\mathrm{d}y$及$\oint_l Q\mathrm{d}x + P\mathrm{d}y$，其中$l$为从原点沿着$x$轴到点$(n,0)$，沿着直线到点$(n,n)$，再沿直线到原点的封闭曲线，利用 Green 公式有

$$\oint_l P\mathrm{d}x - Q\mathrm{d}y = \oint_l Q\mathrm{d}x + P\mathrm{d}y = 0 .$$

注意到

$$\oint_l P\mathrm{d}x - Q\mathrm{d}y = \int_0^n \mathrm{e}^{-\frac{x^2}{2}}\mathrm{d}x - \int_0^n \mathrm{e}^{\frac{y^2-n^2}{2}}\sin(ny)\mathrm{d}y + \int_n^0 (\cos x^2 + \sin x^2)\mathrm{d}x = 0,$$

故有

$$\begin{aligned}\int_0^{+\infty}(\cos x^2 + \sin x^2)\mathrm{d}x &= \lim_{n\to\infty}\int_0^n (\cos x^2 + \sin x^2)\mathrm{d}x \\ &= \int_0^{+\infty}\mathrm{e}^{-\frac{x^2}{2}}\mathrm{d}x - \lim_{n\to\infty}\int_0^n \mathrm{e}^{\frac{y^2-n^2}{2}}\sin(ny)\mathrm{d}y.\end{aligned}$$

考虑积分

$$\begin{aligned}\int_0^n \mathrm{e}^{\frac{y^2-n^2}{2}}\sin(ny)\mathrm{d}y &= -\frac{\cos(ny)}{n}\mathrm{e}^{\frac{y^2-n^2}{2}}\Bigg|_0^n + \frac{2\mathrm{e}^{-\frac{n^2}{2}}}{n}\int_0^n y\mathrm{e}^{\frac{y^2}{2}}\cos(ny)\mathrm{d}y \\ &= -\frac{1}{n}\mathrm{e}^{-\frac{n^2}{2}} + \frac{\cos n^2}{n} + \Bigg|_0^n + \frac{2\mathrm{e}^{-\frac{n^2}{2}}}{n}\int_0^n y\mathrm{e}^{\frac{y^2}{2}}\cos(ny)\mathrm{d}y.\end{aligned}$$

从而上式求极限得到

$$\lim_{n\to\infty}\int_0^n \mathrm{e}^{\frac{y^2-n^2}{2}}\sin(ny)\mathrm{d}y = 0.$$

而$\int_0^{+\infty}\mathrm{e}^{-\frac{x^2}{2}}\mathrm{d}x = \frac{\sqrt{2\pi}}{2}$. 所以

$$\int_0^{+\infty}(\cos x^2 + \sin x^2)\mathrm{d}x = \lim_{n\to\infty}\int_0^n (\cos x^2 + \sin x^2)\mathrm{d}x = \frac{\sqrt{2\pi}}{2}.$$

考虑另外一个曲线积分

$$\oint_l Q\mathrm{d}x + P\mathrm{d}y = \int_0^n \mathrm{e}^{\frac{y^2-n^2}{2}}\cos(ny)\mathrm{d}y + \int_n^0 (\cos x^2 - \sin x^2)\mathrm{d}x = 0.$$

同上可证得到$\lim\limits_{n\to\infty}\int_0^n \mathrm{e}^{\frac{y^2-n^2}{2}}\cos(ny)\mathrm{d}y = 0$. 从而得到

$$\int_0^{+\infty}\sin x^2\mathrm{d}x = \int_0^{+\infty}\cos x^2\mathrm{d}x = \frac{\sqrt{2\pi}}{4}.$$

方法二 (利用含参变量的广义积分的思想) $\int_0^{+\infty}\sin x^2\mathrm{d}x=\frac{1}{2}\int_0^{+\infty}\frac{\sin u}{\sqrt{u}}\mathrm{d}u$，由 Dirichlet 判别法知道此广义积分收敛.

由 $\frac{1}{\sqrt{u}}=\frac{2}{\sqrt{\pi}}\int_0^{+\infty}\mathrm{e}^{-uy^2}\mathrm{d}y$，当 $t>0$ 时，考虑

$$\begin{aligned}I(t)&=\frac{1}{2}\int_0^{+\infty}\frac{\sin u}{\sqrt{u}}\mathrm{e}^{-tu}\mathrm{d}u=2\int_0^{+\infty}\frac{\sin u}{\sqrt{\pi}}\mathrm{e}^{-tu}\left(\int_0^{+\infty}\mathrm{e}^{-uy^2}\mathrm{d}y\right)\mathrm{d}u\\&=\frac{2}{\sqrt{\pi}}\int_0^{+\infty}\int_0^{+\infty}\left(\sin u\mathrm{e}^{-u(t+y^2)}\right)\mathrm{d}u\mathrm{d}y.\end{aligned}$$

因为

$$\int_0^{+\infty}\sin u\mathrm{e}^{-au}\mathrm{d}u=-\cos u\mathrm{e}^{-au}\Big|_0^{+\infty}+\int_0^{+\infty}(-a\cos u)\mathrm{e}^{-au}\mathrm{d}u=1-\int_0^{+\infty}(a^2\sin u)\mathrm{e}^{-au}\mathrm{d}u,$$

故得到

$$\int_0^{+\infty}\sin u\mathrm{e}^{-au}\mathrm{d}u=\frac{1}{1+a^2},$$

于是

$$\frac{1}{2}\int_0^{+\infty}\frac{\sin u}{\sqrt{u}}\mathrm{e}^{-tu}\mathrm{d}u=\frac{2}{\sqrt{\pi}}\int_0^{+\infty}\frac{1}{1+(t+y^2)^2}\mathrm{d}y,$$

由于 $I(t)$ 关于 t 连续，故有

$$\begin{aligned}\int_0^{+\infty}\sin x^2\mathrm{d}x&=\frac{1}{2}\lim_{t\to 0}\int_0^{+\infty}\frac{\sin u}{\sqrt{u}}\mathrm{e}^{-tu}\mathrm{d}u\\&=\frac{1}{\sqrt{\pi}}\int_0^{+\infty}\frac{1}{1+y^4}\mathrm{d}y=\frac{1}{2\sqrt{\pi}}\int_0^{+\infty}\frac{1+y^2}{1+y^4}\mathrm{d}y\\&=\frac{1}{4\sqrt{\pi}}\int_0^{+\infty}\left(\frac{1}{y^2+\sqrt{2}y+1}+\frac{1}{y^2-\sqrt{2}y+1}\right)\mathrm{d}y\\&=\frac{1}{4\sqrt{\pi}}\int_0^{+\infty}\left(\frac{1}{\left(y+\frac{\sqrt{2}}{2}\right)^2+\frac{1}{2}}+\frac{1}{\left(y-\frac{\sqrt{2}}{2}\right)^2+\frac{1}{2}}\right)\mathrm{d}y\\&=\frac{\sqrt{2\pi}}{4}.\end{aligned}$$

例 3.20　证明：若正值函数 $f(x)$ 在 $(a,b]$ 上连续，a 是 $f(x)$ 的瑕点，且存在某个 $p>1$ 使瑕积分 $\int_a^b[f(x)]^p\mathrm{d}x$ 收敛，则 $\int_a^b f(x)\mathrm{d}x$ 收敛.

证明　$\forall \varepsilon \in (0, b-a)$，由结论 3.2 可知，对 $p>1, \dfrac{1}{p}+\dfrac{1}{q}=1$，有

$$\int_{a+\varepsilon}^{b} f(x)\mathrm{d}x = \int_{a+\varepsilon}^{b} f(x)\cdot 1\mathrm{d}x \leqslant \left(\int_{a+\varepsilon}^{b}[f(x)]^{p}\mathrm{d}x\right)^{\frac{1}{p}}\left(\int_{a+\varepsilon}^{b} 1\mathrm{d}x\right)^{\frac{1}{q}}$$

$$=\left(\int_{a+\varepsilon}^{b}[f(x)]^{p}\mathrm{d}x\right)^{\frac{1}{p}}(b-a)^{\frac{1}{q}}.$$

由瑕积分 $\int_{a}^{b}[f(x)]^{p}\mathrm{d}x$ 收敛，以及 $f(x)$ 是正值函数，有

$$\int_{a}^{b}[f(x)]^{p}\mathrm{d}x = \lim_{\varepsilon \to 0^{+}}\int_{a+\varepsilon}^{b}[f(x)]^{p}\mathrm{d}x,$$

且 $\forall \varepsilon \in (0, b-a)$，有

$$\int_{a+\varepsilon}^{b}[f(x)]^{p}\mathrm{d}x \leqslant \int_{a}^{b}[f(x)]^{p}\mathrm{d}x,$$

进一步

$$0<\int_{a+\varepsilon}^{b} f(x)\mathrm{d}x \leqslant \left(\int_{a}^{b}[f(x)]^{p}\mathrm{d}x\right)^{\frac{1}{p}}(b-a)^{\frac{1}{q}}.$$

令 $g(\varepsilon)=\int_{a+\varepsilon}^{b} f(x)\mathrm{d}x,\ \varepsilon \in (0, b-a)$，则 $g(\varepsilon)$ 为 $(0, b-a)$ 上的单调减少的有界函数，可知 $\lim\limits_{\varepsilon \to 0^{+}}\int_{a+\varepsilon}^{b} f(x)\mathrm{d}x$ 存在，从而 $\int_{a}^{b} f(x)\mathrm{d}x$ 收敛.

例 3.21　证明：若函数 $f(x)$ 在 $(0, a]$ 上单调减少，且以 0 为瑕点的瑕积分 $\int_{0}^{a} x^{p} f(x)\mathrm{d}x$ 收敛，则 $\lim\limits_{x \to 0^{+}} x^{p+1} f(x)=0$.

证明　由函数 $f(x)$ 在 $(0, a]$ 上单调减少，只有两种情况：

情况一　存在 $\eta \in (0, a)$，使当 $x \in (0, \eta]$ 时，有 $f(x) \geqslant 0$. 由瑕积分 $\int_{0}^{a} x^{p} f(x)\mathrm{d}x$ 收敛，据 Cauchy 收敛准则以及 $f(x)$ 在 $(0, a]$ 上单调减少，对任意的 $\varepsilon>0$，存在 $\delta \in (0, \eta)$，对任意的 $\dfrac{x}{2}, x \in (0, \delta]$，有

$$\varepsilon>\left|\int_{\frac{x}{2}}^{x} t^{p} f(t)\mathrm{d}t\right|=\int_{\frac{x}{2}}^{x} t^{p} f(t)\mathrm{d}t \geqslant f(x)\int_{\frac{x}{2}}^{x} t^{p}\mathrm{d}t=c_{p} x^{p+1} f(x) \geqslant 0,$$

其中，$c_p=\begin{cases}\dfrac{1-\left(\dfrac{1}{2}\right)^{p+1}}{p+1}, & p\neq -1,\\ \ln 2, & p=-1.\end{cases}$

又因为c_p为正常数. 所以，$\lim\limits_{x\to 0^+}x^{p+1}f(x)=0$.

情况二　当$x\in(0,a)$时，有$f(x)<0$. 由瑕积分$\int_0^a x^p f(x)\mathrm{d}x$收敛，对任意的$\varepsilon>0$，据 Cauchy 收敛准则，存在$\delta\in\left(0,\dfrac{a}{4}\right)$，对任意的$x,2x\in(0,\delta)$，有

$$\varepsilon>\left|\int_x^{2x}t^p f(t)\mathrm{d}t\right|=\int_x^{2x}t^p\left(-f(t)\right)\mathrm{d}t\geqslant\left(-f(x)\right)\int_x^{2x}t^p\mathrm{d}t=c_p'x^{p+1}\left(-f(x)\right)\geqslant 0,$$

其中，$c_p'=\begin{cases}\dfrac{2^{p+1}-1}{p+1}, & p\neq -1,\\ \ln 2, & p=-1,\end{cases}$ c_p为正常数.

因此，$\lim\limits_{x\to 0^+}x^{p+1}\left(-f(x)\right)=0$，有$\lim\limits_{x\to 0^+}x^{p+1}f(x)=0$.

例 3.22　考虑$\int_0^1\dfrac{\sin\left(x+\dfrac{1}{x}\right)}{x^\alpha}\mathrm{d}x$与$\int_1^{+\infty}\dfrac{\sin\left(x+\dfrac{1}{x}\right)}{x^\alpha}\mathrm{d}x$的敛散性.

解　当$\alpha>0$时，0 是$\dfrac{\sin\left(x+\dfrac{1}{x}\right)}{x^\alpha}$的瑕点，事实上，存在$x_n=\dfrac{1}{2n\pi+\dfrac{\pi}{2}}$使得$x_n\to 0$，而

$$\sin\left(x_n+\frac{1}{x_n}\right)=\sin\left(\frac{1}{2n\pi+\dfrac{\pi}{2}}+2n\pi+\frac{\pi}{2}\right)=\sin\left(\frac{1}{2n\pi+\dfrac{\pi}{2}}+\frac{\pi}{2}\right)=\cos\frac{1}{2n\pi+\dfrac{\pi}{2}},$$

$$\frac{\sin\left(x_n+\dfrac{1}{x_n}\right)}{(x_n)^\alpha}=\left(2n\pi+\frac{\pi}{2}\right)^\alpha\cos\frac{1}{2n\pi+\dfrac{\pi}{2}}\to+\infty\quad(n\to+\infty).$$

令$x=\dfrac{1}{t}$，则

$$\int_0^1 \frac{\sin\left(x+\frac{1}{x}\right)}{x^\alpha}\mathrm{d}x = \int_1^{+\infty}\frac{\sin\left(t+\frac{1}{t}\right)}{t^{2-\alpha}}\mathrm{d}t = \int_1^{+\infty}\frac{\sin\left(x+\frac{1}{x}\right)}{x^{2-\alpha}}\mathrm{d}x .$$

先考虑$\int_1^{+\infty}\frac{\sin\left(x+\frac{1}{x}\right)}{x^\alpha}\mathrm{d}x$的敛散性. 当$\alpha>1$时，显然$\int_1^{+\infty}\frac{\sin\left(x+\frac{1}{x}\right)}{x^\alpha}\mathrm{d}x$绝对收敛.

下面考虑$0<\alpha\leqslant 1$. $\exists L=2,\forall b\in(1,+\infty)$，有

$$\left|\int_1^b\left(1-\frac{1}{x^2}\right)\sin\left(x+\frac{1}{x}\right)\mathrm{d}x\right| = \left|\int_1^b \sin\left(x+\frac{1}{x}\right)d\left(x+\frac{1}{x}\right)\right| \leqslant 2 ,$$

由$x^\alpha\left(1-\frac{1}{x^2}\right)=x^\alpha-x^{\alpha-2}$， $\forall x>1, 0<\alpha\leqslant 1$，有

$$\left(x^\alpha-x^{\alpha-2}\right)' = \alpha x^{\alpha-1}-(\alpha-2)x^{\alpha-3} = x^{\alpha-3}[\alpha x^2-(\alpha-2)]>0 ,$$

因此，$x^\alpha\left(1-\frac{1}{x^2}\right)$在$(1,+\infty)$上单调增加，从而，$\frac{1}{x^\alpha\left(1-\frac{1}{x^2}\right)}$在$(1,+\infty)$上单调减少，且$\lim\limits_{x\to+\infty}\frac{1}{x^\alpha\left(1-\frac{1}{x^2}\right)}=0$. 由 Dirichlet 判别法知

$$\int_1^{+\infty}\frac{\sin\left(x+\frac{1}{x}\right)}{x^\alpha}\mathrm{d}x = \int_1^{+\infty}\frac{\left(1-\frac{1}{x^2}\right)\sin\left(x+\frac{1}{x}\right)}{x^\alpha\left(1-\frac{1}{x^2}\right)}\mathrm{d}x$$

收敛.

$$\frac{\left|\sin\left(x+\frac{1}{x}\right)\right|}{x^\alpha} \geqslant \frac{\sin^2\left(x+\frac{1}{x}\right)}{x^\alpha} = \frac{1}{2x^\alpha}-\frac{1}{2x^\alpha}\cos 2\left(x+\frac{1}{x}\right) \geqslant 0 .$$

$$\int_1^{+\infty}\frac{\cos 2\left(x+\frac{1}{x}\right)}{2x^\alpha}\mathrm{d}x = \int_1^{+\infty}\frac{\left(1-\frac{1}{x^2}\right)\cos 2\left(x+\frac{1}{x}\right)}{2x^\alpha\left(1-\frac{1}{x^2}\right)}\mathrm{d}x$$

$$= \int_1^{+\infty}\frac{\cos 2\left(x+\frac{1}{x}\right)\mathrm{d}\left(2\left(x+\frac{1}{x}\right)\right)}{4x^\alpha\left(1-\frac{1}{x^2}\right)}\mathrm{d}x,$$

同上法，由 Dirichlet 判别法知 $\int_1^{+\infty}\frac{\cos 2\left(x+\frac{1}{x}\right)}{2x^{\alpha}}\mathrm{d}x$ 收敛，而当 $0<\alpha\leqslant 1$ 时，$\int_1^{+\infty}\frac{1}{2x^{\alpha}}\mathrm{d}x$ 发散，因此，$\int_1^{+\infty}\left(\frac{1}{2x^{\alpha}}-\frac{1}{2x^{\alpha}}\cos 2\left(x+\frac{1}{x}\right)\right)\mathrm{d}x$ 发散. 由比较判别法，知当 $0<\alpha\leqslant 1$ 时，$\int_1^{+\infty}\frac{\left|\sin\left(x+\frac{1}{x}\right)\right|}{x^{\alpha}}\mathrm{d}x$ 发散，因此，当 $0<\alpha\leqslant 1$ 时，$\int_1^{+\infty}\frac{\sin\left(x+\frac{1}{x}\right)}{x^{\alpha}}\mathrm{d}x$ 条件收敛.

再考虑 $\int_1^{+\infty}\frac{\sin\left(x+\frac{1}{x}\right)}{x^{2-\alpha}}\mathrm{d}x$ 的敛散性.

由上知当 $2-\alpha>1$，即 $0<\alpha<1$ 时，$\int_1^{+\infty}\frac{\sin\left(x+\frac{1}{x}\right)}{x^{2-\alpha}}\mathrm{d}x$ 绝对收敛；当 $0<2-\alpha\leqslant 1$ 时，即 $1\leqslant\alpha<2$，$\int_1^{+\infty}\frac{\sin\left(x+\frac{1}{x}\right)}{x^{2-\alpha}}\mathrm{d}x$ 条件收敛.

综上，当 $0<\alpha<2$ 时，$\int_0^{+\infty}\frac{\sin\left(x+\frac{1}{x}\right)}{x^{\alpha}}\mathrm{d}x$ 条件收敛.

例 3.23 证明：若无穷积分 $\int_1^{+\infty}f(x)\mathrm{d}x$ 收敛，且 $xf(x)$ 在 $[1,+\infty)$ 上单调减少，则 $\lim\limits_{x\to+\infty}xf(x)\ln x=0$.

证明 由无穷积分 $\int_1^{+\infty}f(x)\mathrm{d}x$ 收敛，根据 Cauchy 收敛准则，$\forall\varepsilon>0$，$\exists A_0>1$，$\forall A_2,A_1>A_0$，有

$$\left|\int_{A_1}^{A_2}xf(x)\frac{1}{x}\mathrm{d}x\right|=\left|\int_{A_1}^{A_2}f(x)\mathrm{d}x\right|<\varepsilon.$$

分两种情况：

情况一 若 $\forall t\in[1,+\infty)$，有 $tf(t)\geqslant 0$. 对任意的 $x>A_0^2$，即对任意的 $\sqrt{x}>A_0$，以及 $xf(x)$ 在 $[1,+\infty)$ 上单调减少，有

$$xf(x)\int_{\sqrt{x}}^{x}\frac{1}{t}\mathrm{d}t\leqslant\int_{\sqrt{x}}^{x}tf(t)\frac{1}{t}\mathrm{d}t=\left|\int_{\sqrt{x}}^{x}tf(t)\frac{1}{t}\mathrm{d}t\right|<\varepsilon,$$

有

$$\frac{1}{2}xf(x)\ln x = xf(x)\left(\ln x - \ln\sqrt{x}\right) = xf(x)\ln t\Big|_{\sqrt{x}}^{x} = xf(x)\int_{\sqrt{x}}^{x}\frac{1}{t}\mathrm{d}t < \varepsilon\ ,$$

即 $0 \leqslant xf(x)\ln x < 2\varepsilon$ ，因此， $\lim\limits_{x\to+\infty} xf(x)\ln x = 0$.

情况二　存在 $t_0 \geqslant 1$ ，使 $t_0 f(t_0) < 0$. 由 $tf(t)$ 在 $[1,+\infty)$ 上单调减少，则当 $t \geqslant t_0$ 时，有 $tf(t) < 0$. 取 $A' = \max\{t_0, A_0\}$ ，当 $x > A'$ ，得到

$$\begin{aligned} 0 < -xf(x)\ln x &= -xf(x)\left(\ln x^2 - \ln x\right) = -xf(x)\ln t\Big|_{x}^{x^2} \\ &= -xf(x)\int_{x}^{x^2}\frac{1}{t}\mathrm{d}t \leqslant \int_{x}^{x^2}(-tf(t))\frac{1}{t}\mathrm{d}t = \left|\int_{x}^{x^2} tf(t)\frac{1}{t}\mathrm{d}t\right| < \varepsilon, \end{aligned}$$

因此， $\lim\limits_{x\to+\infty}\left(-xf(x)\ln x\right) = 0$ ，从而 $\lim\limits_{x\to+\infty} xf(x)\ln x = 0$.

例 3.24　证明：若正值函数 $f(x)$ 在 $[1,+\infty)$ 内存在一阶导数，且 $f'(x)$ 在 $[1,+\infty)$ 上严格单调减少，又若 $\lim\limits_{x\to+\infty} f'(x) = 0$ ，则无穷积分 $\int_1^{+\infty}\frac{1}{f(x)}\mathrm{d}x$ 发散.

证明　任意取定 $x_0 \in [1,+\infty)$ ，当 $x > x_0$ 时，取 $x > x_1 > x_0$ ，由 $f'(x)$ 在 $[1,+\infty)$ 上严格单调减少，有 $f'(x_0) > f'(x_1) > f'(x)$ ，再由 $\lim\limits_{x\to+\infty} f'(x) = 0$ ，根据极限的保序性，有

$$f'(x_1) = \lim_{x\to+\infty} f'(x_1) \geqslant \lim_{x\to+\infty} f'(x) = 0\ ,$$

于是， $f'(x_0) > f'(x_1) \geqslant 0$. 由 $x_0 \in [1,+\infty)$ 的任意性，知对任意的 $x \in [1,+\infty)$ ，有 $f'(x) > 0$.

对任意的 $M > 0$ ，由 $\lim\limits_{x\to+\infty} f'(x) = 0$ ，对 $\varepsilon = \frac{1}{2M}$ ，存在 $\varDelta > 1$ ，当 $x \geqslant \varDelta$ 时，有

$$0 < f'(x) < \varepsilon\ .$$

对以上取定的 $\varDelta$ ，当 $x > \varDelta$ 时，由 Lagrange 微分中值定理，存在 $\xi_x \in (\varDelta, x)$ ，使

$$f(x) = f(\varDelta) + f'(\xi_x)(x - \varDelta)\ ,$$

于是

$$\frac{x}{f(x)} = \frac{x}{f(\varDelta) + f'(\xi_x)(x - \varDelta)} = \frac{1}{\dfrac{f(\varDelta)}{x} + f'(\xi_x)\left(1 - \dfrac{\varDelta}{x}\right)}.$$

对以上取定的 $\varDelta > 1$ ，由

$$\lim_{x\to+\infty}\frac{f(\varDelta)}{x} = 0\ ,\quad \lim_{x\to+\infty}\left(1 - \frac{\varDelta}{x}\right) = 1\ ,$$

存在$\Delta_1 > \Delta$，当$x \geqslant \Delta_1$时，有

$$0 < \frac{f(\Delta)}{x} < \varepsilon, \quad 0 < 1 - \frac{\Delta}{x} < 1.$$

$$\frac{x}{f(x)} = \frac{1}{\dfrac{f(\Delta)}{x} + f'(\xi_x)\left(1 - \dfrac{\Delta}{x}\right)} \geqslant \frac{1}{\varepsilon + \varepsilon} = \frac{1}{2\varepsilon} = M.$$

因此，$\lim\limits_{x \to +\infty} \dfrac{x}{f(x)} = +\infty$. 由比较判别法的推论，知$\displaystyle\int_1^{+\infty} \frac{1}{f(x)} \mathrm{d}x$发散.

例 3.25 (第三届全国大学生数学竞赛决赛试题)　设$F(x), G(x)$是$[0,+\infty)$上的两个非负单调递减函数，有

$$\lim_{x \to \infty} x(F(x) + G(x)) = 0.$$

(1) 证明：$\forall \varepsilon > 0, \lim\limits_{x \to \infty} \displaystyle\int_{\varepsilon}^{+\infty} xF(xt)\cos t \mathrm{d}t = 0.$

(2) 若进一步$\lim\limits_{n \to \infty} \displaystyle\int_0^{+\infty} (F(t) - G(t))\cos\frac{t}{n} \mathrm{d}t = 0$，证明：

$$\lim_{x \to 0} \int_0^{+\infty} [F(t) - G(t)]\cos(xt) \mathrm{d}t = 0.$$

证明　(1) 由条件可知$\lim\limits_{x \to \infty} xF(x) = 0$, 从而$\forall \varepsilon > 0$,

$$\left| \int_{\varepsilon}^{+\infty} xF(xt)\cos t \mathrm{d}t \right| \leqslant xF(\alpha x) \int_{\alpha}^{\beta} |\cos t| \mathrm{d}t \to 0, \quad x \to +\infty,$$

其中$\alpha = \min\left\{\varepsilon, \dfrac{\pi}{2}\right\}, \beta = \max\left\{\varepsilon, \dfrac{\pi}{2}\right\}$. 因此下面只需证明

$$\lim_{x \to \infty} \int_{\frac{\pi}{2}}^{+\infty} xF(xt)\cos t \mathrm{d}t = 0.$$

由 Dirichlet 判别法可知这个反常积分收敛，将这个积分作如下变形

$$\int_{\frac{\pi}{2}}^{+\infty} xF(xt)\cos t \mathrm{d}t = \sum_{k=0}^{\infty} \int_{\frac{\pi}{2}+k\pi}^{\frac{\pi}{2}+(k+1)\pi} xF(xt)\cos t \mathrm{d}t = x\sum_{k=0}^{\infty} (-1)^k \int_{\frac{\pi}{2}}^{\frac{3\pi}{2}} F(x(t+k\pi))\cos t \mathrm{d}t.$$

这是一个收敛的交错级数，因此

$$\left| \int_{\frac{\pi}{2}}^{+\infty} xF(xt)\cos t \mathrm{d}t \right| \leqslant x\left| \int_{\frac{\pi}{2}}^{\frac{3\pi}{2}} F(xt)\cos t \mathrm{d}t \right| \leqslant 2xF\left(\frac{\pi x}{2}\right) \to 0, \quad x \to +\infty.$$

于是得到

$$\lim_{x \to \infty} \int_{\frac{\pi}{2}}^{+\infty} xF(xt)\cos t \mathrm{d}t = 0.$$

(2) 只需考虑 $x\to 0^+$ 的情形，这等价于证明

$$\lim_{x\to+\infty}\int_0^{+\infty} x[F(xt)-G(xt)]\cos t\mathrm{d}t=0.$$

由(1)的结论，这又只需证明

$$\lim_{x\to+\infty}\int_0^{\varepsilon_0} x[F(xt)-G(xt)]\cos t\mathrm{d}t=0.$$

其中 $0<\varepsilon_0\leqslant\dfrac{\pi}{2}$.

下面先证明

$$\lim_{n\to+\infty}\int_0^{\varepsilon_0} n[G(nt)-G((n+1)t)]\cos t\mathrm{d}t=0.$$

事实上，

$$\begin{aligned}\int_0^{\varepsilon_0} n[G(nt)-G((n+1)t)]\cos t\mathrm{d}t&=\int_0^{n\varepsilon_0}G(u)\cos\frac{u}{n}\mathrm{d}u-\frac{n}{n+1}\int_0^{(n+1)\varepsilon_0}G(u)\cos\frac{u}{n+1}\mathrm{d}u\\&=\frac{1}{n+1}\int_0^{n\varepsilon_0}G(u)\cos\frac{u}{n}\mathrm{d}u\\&\quad+\frac{n}{n+1}\int_0^{n\varepsilon_0}G(u)\left(\cos\frac{u}{n}-\cos\frac{u}{n+1}\right)\mathrm{d}u\\&\quad-\frac{n}{n+1}\int_{n\varepsilon_0}^{(n+1)\varepsilon_0}G(u)\cos\frac{u}{n+1}\mathrm{d}u=I_1+I_2-I_3,\end{aligned}$$

而由条件可知 $\lim\limits_{x\to\infty}xG(x)=0$，$\lim\limits_{x\to\infty}G(x)=0$，从而有

$$\begin{aligned}|I_1|&=\frac{1}{n+1}\int_0^{n\varepsilon_0}G(u)\cos\frac{u}{n}\mathrm{d}u\leqslant\int_0^{\varepsilon_0}G(nu)\cos u\mathrm{d}u\\&=\int_0^{\frac{1}{\sqrt{n}}}G(nu)\cos u\mathrm{d}u+\int_{\frac{1}{\sqrt{n}}}^{\varepsilon_0}G(nu)\cos u\mathrm{d}u\\&\leqslant\frac{G(0)}{\sqrt{n}}+G(\sqrt{n})\int_{\frac{1}{\sqrt{n}}}^{\varepsilon_0}\cos u\mathrm{d}u\to 0,\quad n\to\infty.\end{aligned}$$

$$\begin{aligned}|I_2|&=\frac{n}{n+1}\sum_{k=1}^{n}\int_{(k-1)\varepsilon_0}^{k\varepsilon_0}G(u)\left(\cos\frac{u}{n+1}-\cos\frac{u}{n}\right)\mathrm{d}u\\&\leqslant\frac{n}{n+1}\sum_{k=1}^{n}G((k-1)\varepsilon_0)\int_{(k-1)\varepsilon_0}^{k\varepsilon_0}\frac{u}{n(n+1)}\mathrm{d}u(\text{Lagrange中值定理})\\&=\frac{\varepsilon_0}{(n+1)^2}\sum_{k=1}^{n}(k-1)\varepsilon_0G((k-1)\varepsilon_0)+\frac{{\varepsilon_0}^2}{2(n+1)^2}\sum_{k=1}^{n}G((k-1)\varepsilon_0)\\&\leqslant\frac{n\varepsilon_0}{(n+1)^2}\cdot\frac{1}{n}\sum_{k=1}^{n}(k-1)\varepsilon_0G((k-1)\varepsilon_0)+\frac{n{\varepsilon_0}^2G(0)}{2(n+1)^2}\to 0,\quad n\to\infty;\end{aligned}$$

$$|I_3|=n\int_{\frac{n}{n+1}\varepsilon_0}^{\varepsilon_0}G((n+1)u)\cos u\mathrm{d}u\leqslant nG(n\varepsilon_0)\int_{\frac{n}{n+1}\varepsilon_0}^{\varepsilon_0}\cos u\mathrm{d}u\leqslant\frac{n}{n+1}\varepsilon_0G(n\varepsilon_0)\to 0,\quad n\to\infty,$$

于是得到

$$\lim_{n\to+\infty}\int_0^{\varepsilon_0}n[G(nt)-G((n+1)t)]\cos t\mathrm{d}t=0.$$

现在用类似估计 I_1 的方法得到

$$\lim_{x\to+\infty}\int_0^{\varepsilon_0}[F(xt)-G(xt)]\cos(t)\mathrm{d}t=0.$$

从而只需证明

$$\lim_{x\to+\infty}\int_0^{\varepsilon_0}[x][F(xt)-G(xt)]\cos(t)\mathrm{d}t=0.$$

这里 $[x]$ 表示不超过 x 的最大整数，记 $[x]=n$, 由 $F(x),G(x)$ 是 $[0,+\infty)$ 上的两个非负单调递减函数，以及 $n\leqslant x<n+1$, 可得

$$\begin{aligned}n\int_0^{\varepsilon_0}[F(xt)-G(xt)]\cos t\mathrm{d}t\leqslant\ & n\int_0^{\varepsilon_0}[F(nt)-G(nt)]\cos t\mathrm{d}t\\&+n\int_0^{\varepsilon_0}[G(nt)-G((n+1)t)]\cos t\mathrm{d}t\end{aligned}$$

和

$$\begin{aligned}n\int_0^{\varepsilon_0}[F(xt)-G(xt)]\cos t\mathrm{d}t\geqslant\ & n\int_0^{\varepsilon_0}[F((n+1)t)-G((n+1)t)]\cos t\mathrm{d}t\\&-n\int_0^{\varepsilon_0}[G(nt)-G((n+1)t)]\cos t\mathrm{d}t,\end{aligned}$$

由题设条件可知

$$\lim_{n\to\infty}\int_0^{+\infty}(F(nt)-G(nt))\cos t\mathrm{d}t=0,$$

再由(1)的结论得到

$$\lim_{n\to\infty}n\int_0^{\varepsilon_0}[F(nt)-G(nt)]\cos t\mathrm{d}t=0.$$

从而由夹挤定理得到

$$\lim_{x\to+\infty}\int_0^{\varepsilon_0}[x][F(xt)-G(xt)]\cos t\mathrm{d}t=0.$$

例 3.26 (第一届全国大学生数学竞赛决赛试题)　设 $R=\{(x,y):0\leqslant x\leqslant 1;0\leqslant y\leqslant 1\}, R_\varepsilon=\{(x,y):0\leqslant x\leqslant 1-\varepsilon;0\leqslant y\leqslant 1-\varepsilon\}$，考虑积分 $I=\iint_R\frac{\mathrm{d}x\mathrm{d}y}{1-xy}$ 与 $I_\varepsilon=\iint_{R_\varepsilon}\frac{\mathrm{d}x\mathrm{d}y}{1-xy}$，定义 $I=\lim\limits_{\varepsilon\to 0^+}I_\varepsilon$. 证明：

(1) $I=\sum_{n=1}^{\infty}\frac{1}{n^2}$；

(2) 利用变量替换：$\begin{cases}u=\frac{1}{2}(x+y),\\ v=\frac{1}{2}(y-x),\end{cases}$ 计算积分 I 的值，并由此推出 $\frac{\pi^2}{6}=\sum_{n=1}^{\infty}\frac{1}{n^2}$.

证明　显然 $I_\varepsilon=\iint_{R_\varepsilon}\frac{\mathrm{d}x\mathrm{d}y}{1-xy}=\iint_{R_\varepsilon}\sum_{n=0}^{\infty}(xy)^n\mathrm{d}x\mathrm{d}y$，注意到上述级数在 R_ε 上的一致收敛性，我们有

$$I_\varepsilon=\sum_{n=0}^{\infty}\int_0^{1-\varepsilon}x^n\mathrm{d}x\int_0^{1-\varepsilon}y^n\mathrm{d}y=\sum_{n=0}^{\infty}\frac{(1-\varepsilon)^{2n}}{n^2}.$$

由于 $\sum_{n=1}^{\infty}\frac{x^{2n}}{n^2}$ 在点 $x=1$ 收敛，故有 $I=\lim_{\varepsilon\to0^+}I_\varepsilon=\sum_{n=1}^{\infty}\frac{1}{n^2}$.

下面证明 $I=\frac{\pi^2}{6}$. 在给定的变换下，$x=u-v,y=u+v$, 那么变换 $\frac{1}{1-xy}=\frac{1}{1-u^2+v^2}$ 的雅可比行列式 $J=\left|\frac{\partial(x,y)}{\partial(u,v)}\right|=2$.

假定正方形 R 在给定变换下的像为 $\widetilde{R}$，那么根据 $\widetilde{R}$ 的图像以及被积函数的特征，我们有

$$I=\iint_{\widetilde{R}}\frac{\mathrm{d}u\mathrm{d}v}{1-u^2+v^2}=4\int_0^{\frac{1}{2}}\left(\int_0^u\frac{\mathrm{d}v}{1-u^2+v^2}\right)\mathrm{d}u+4\int_{\frac{1}{2}}^1\left(\int_0^{1-u}\frac{\mathrm{d}v}{1-u^2+v^2}\right)\mathrm{d}u,$$

利用 $\int\frac{1}{a^2+x^2}\mathrm{d}x=\frac{1}{a}\arctan\frac{x}{a}+C(a>0)$，又得到

$$I=4\int_0^{\frac{1}{2}}\frac{\arctan\left(\frac{u}{\sqrt{1-u^2}}\right)}{\sqrt{1-u^2}}\mathrm{d}u+4\int_{\frac{1}{2}}^1\frac{\arctan\left(\frac{1-u}{\sqrt{1-u^2}}\right)}{\sqrt{1-u^2}}\mathrm{d}u,$$

令 $g(u)=\arctan\left(\frac{u}{\sqrt{1-u^2}}\right),h(u)=\arctan\frac{1-u}{\sqrt{1-u^2}}=\arctan\frac{\sqrt{1-u}}{\sqrt{1+u}}$，那么 $g'(u)=\frac{1}{\sqrt{1-u^2}}$, $h'(u)=-\frac{2}{\sqrt{1-u^2}}$.

最后我们得到

$$I=4\int_0^{\frac{1}{2}}g(u)g'(u)\mathrm{d}u-8\int_{\frac{1}{2}}^1 h(u)h'(u)\mathrm{d}u$$

$$=2[g(u)]\Big|_0^{\frac{1}{2}}-4[h(u)]\Big|_{\frac{1}{2}}^1$$

$$=2\left(\frac{\pi}{6}\right)^2-0-0+4\left(\frac{\pi}{6}\right)^2=\frac{\pi^2}{6}.$$

例 3.27 计算积分

$$\iiint_V |x+y+2z|\cdot|4x+4y-z|\,\mathrm{d}x\mathrm{d}y\mathrm{d}z,$$

其中$V:x^2+y^2+\dfrac{z^2}{4}\leqslant 1$.

解 作变换：$x=u,y=v,z=2\omega$, 则

$$\iiint_V |x+y+2z|\cdot|4x+4y-z|\,\mathrm{d}x\mathrm{d}y\mathrm{d}z$$

$$=2\iiint_{u^2+v^2+\omega^2\leqslant 1}|u+v+4\omega|\cdot|4u+4v-2\omega|\,\mathrm{d}u\mathrm{d}v\mathrm{d}\omega.$$

设 $\boldsymbol{X}=\dfrac{1}{3\sqrt{2}}(1,1,4)^{\mathrm{T}},\boldsymbol{Y}=\dfrac{1}{6}(4,4,-2)^{\mathrm{T}}$, 则 $\boldsymbol{X},\boldsymbol{Y}$ 为两正交的单位向量，取单位向量 $\boldsymbol{Z}=(\alpha,\beta,\gamma)^{\mathrm{T}}$ 使得 $\boldsymbol{X},\boldsymbol{Y},\boldsymbol{Z}$ 两两正交，作变换

$$x=\frac{1}{3\sqrt{2}}(u+v+4\omega),\quad y=\frac{1}{6}(4u+4v-2\omega),\quad z=\alpha u+\beta v+\gamma\omega,$$

则此变换为正交变换，故

$$\iiint_V |x+y+2z|\cdot|4x+4y-z|\,\mathrm{d}x\mathrm{d}y\mathrm{d}z$$

$$=2\iiint_{u^2+v^2+\omega^2\leqslant 1}|u+v+4\omega|\cdot|4u+4v-2\omega|\,\mathrm{d}u\mathrm{d}v\mathrm{d}\omega$$

$$=36\sqrt{2}\iiint_{x^2+y^2+z^2\leqslant 1}|xy|\,\mathrm{d}x\mathrm{d}y\mathrm{d}z$$

$$=288\sqrt{2}\int_0^{\frac{\pi}{2}}\sin\theta\cos\theta\mathrm{d}\theta\int_0^1\rho^3\sqrt{1-\rho^2}\mathrm{d}\rho=\frac{142}{5}\sqrt{2}.$$

例 3.28 设曲面 Σ 为球面 $x^2+y^2+z^2=a^2$, $M_0(x_0,y_0,z_0)$是空间中任意一点，计算曲面积分$\displaystyle\oiint_{\Sigma}\frac{\mathrm{d}S}{\rho}$,其中$\rho=\sqrt{(x-x_0)^2+(y-y_0)^2+(z-z_0)^2}$.

解　当 $M_0(x_0,y_0,z_0)=(0,0,0)$ 时，$\rho=a, I=\dfrac{1}{a}\oiint\limits_{\Sigma}\mathrm{d}S=4a\pi.$

当 $M_0(x_0,y_0,z_0)\neq(0,0,0)$时，令 $r_0=\sqrt{x_0^2+y_0^2+z_0^2}$，$\varphi$ 为 OP 与 OM_0 的夹角，其中 $P(x,y,z)$ 为球面上的一点，则由余弦定理知道 $\rho=\sqrt{a^2-2ar_0\cos\varphi+r_0{}^2}$. 由对称性，不妨设 M_0 在 Oz 轴的正向上，则在球面坐标变换下得到

$$\begin{aligned}\oiint\limits_{\Sigma}\frac{\mathrm{d}S}{\rho}&=\iint\limits_{D}\frac{a^2\sin\varphi\mathrm{d}\varphi\mathrm{d}\theta}{\sqrt{a^2-2ar_0\cos\varphi+r_0{}^2}}\\&=a^2\int_0^{2\pi}\mathrm{d}\theta\int_0^{\pi}\frac{\sin\varphi\mathrm{d}\varphi}{\sqrt{a^2-2ar_0\cos\varphi+r_0{}^2}}\\&=\frac{2\pi a^2}{r_0}\sqrt{a^2-2ar_0\cos\varphi+r_0{}^2}\Big|_0^{\pi}\\&=\frac{2\pi a^2}{r_0}(a+r_0-|a-r_0|).\end{aligned}$$

例 3.29　计算

$$I=\frac{1}{2\pi}\oint_C\frac{X\mathrm{d}Y-Y\mathrm{d}X}{X^2+Y^2}.$$

若 $X=ax+by, Y=cx+dy$，且 C 为包围坐标原点的简单的封闭曲线 $(ad-bc\neq 0)$.

解　首先注意，由于 $ad-bc\neq 0$，故只有在原点 $(0,0)$ 使得 $X^2+Y^2=0$, 易知

$$\begin{aligned}XdY-YdX&=(ax+by)(c\mathrm{d}x+d\mathrm{d}y)-(cx+dy)(a\mathrm{d}x+b\mathrm{d}y)\\&=(ad-bc)(x\mathrm{d}y-y\mathrm{d}x),\end{aligned}$$

故

$$I=\frac{1}{2\pi}\oint_C\frac{X\mathrm{d}Y-Y\mathrm{d}X}{X^2+Y^2}=\frac{1}{2\pi}\oint_C P(x,y)\mathrm{d}x+Q(x,y)\mathrm{d}y,$$

其中

$$P(x,y)=-\frac{(ad-bc)y}{(ax+by)^2+(cx+dy)^2},$$

$$Q(x,y)=\frac{(ad-bc)x}{(ax+by)^2+(cx+dy)^2},$$

容易算得

$$\frac{\partial Q}{\partial x}=\frac{\partial P}{\partial y}=-\frac{(ad-bc)[(a^2+c^2)x^2-(b^2+d^2)y^2]}{[(ax+by)^2+(cx+dy)^2]^2},\quad (x,y)\neq(0,0).$$

故由 Green 公式得到 $\oint_C P(x,y)\mathrm{d}x+Q(x,y)\mathrm{d}y-\oint_{C'}P(x,y)dx+Q(x,y)\mathrm{d}y$, 其中 C' 可为包围原点 $(0,0)$ 的任意位于 C 内的围线，特别可取 C' 为围线 $(ax+by)^2+(cx+dy)^2=$

r^2(即$X^2+Y^2=r^2$)，r 充分小，于是得到

$$
\begin{aligned}
I&=\frac{1}{2\pi}\oint_C\frac{X\mathrm{d}Y-Y\mathrm{d}X}{X^2+Y^2}=\frac{1}{2\pi}\oint_{X^2+Y^2=r^2}\frac{X\mathrm{d}Y-Y\mathrm{d}X}{X^2+Y^2}\\
&=\frac{1}{2\pi r^2}\oint_{X^2+Y^2=r^2}X\mathrm{d}Y-Y\mathrm{d}X=\frac{ad-bc}{2\pi r^2}\oint_{X^2+Y^2=r^2}x\mathrm{d}y-y\mathrm{d}x\\
&=\frac{ad-bc}{2\pi r^2}\iint\limits_{X^2+Y^2=r^2}2\mathrm{d}x\mathrm{d}y=\frac{ad-bc}{\pi r^2}\iint\limits_{X^2+Y^2=r^2}\left|\frac{D(x,y)}{D(X,Y)}\right|\mathrm{d}x\mathrm{d}y,
\end{aligned}
$$

由于 $\dfrac{D(x,y)}{D(X,Y)}=ad-bc$，故 $\dfrac{D(X,Y)}{D(x,y)}=\dfrac{1}{ad-bc}$，代入上式

$$
I=\frac{ad-bc}{\pi r^2}\iint\limits_{X^2+Y^2=r^2}|ad-bc|\,\mathrm{d}X\mathrm{d}Y=\operatorname{sgn}(ad-bc).
$$

例 3.30 设函数 $u(x,y,z)$ 在闭区域 $x^2+y^2+z^2\leqslant1$ 上连续，在开区域 $x^2+y^2+z^2<1$ 中可微，且满足 Laplace 方程 $\dfrac{\partial^2u}{\partial x^2}+\dfrac{\partial^2u}{\partial y^2}+\dfrac{\partial^2u}{\partial z^2}=0, x^2+y^2+z^2<1$. 若 (x_0,y_0,z_0) 为开区域 $x^2+y^2+z^2<1$ 中一点，则

$$
u(x_0,y_0,z_0)=\frac{1}{4\pi r^2}\iint\limits_{\Gamma_r}u(x,y,z)\mathrm{d}S,
$$

其中 Γ_r 为开区域 $x^2+y^2+z^2<1$ 中以 (x_0,y_0,z_0) 为中心，r 为半径的球面.

证明 记 $f(r)=\iint\limits_{\Gamma_r}u(x,y,z)\,\mathrm{d}S$. 由第一型曲面积分和第二型曲面积分的关系及第二型曲面积分关于球坐标的参数变换，即

$$
x=\cos\theta\sin\varphi,\quad y=\sin\theta\sin\varphi,\quad z=\cos\varphi,\quad 0\leqslant\theta\leqslant2\pi,\ 0\leqslant\varphi\leqslant\pi,
$$

可知

$$
\begin{aligned}
f(r)&=\iint\limits_{\Gamma_r}u\left(\frac{x-x_0}{r}\mathrm{d}y\mathrm{d}z+\frac{y-y_0}{r}\mathrm{d}z\mathrm{d}x+\frac{z-z_0}{r}\mathrm{d}x\mathrm{d}y\right)\\
&=\iint\limits_{\Gamma_r}u\left(\frac{x-x_0}{r}\frac{\partial(y,z)}{\partial(\varphi,\theta)}+\frac{y-y_0}{r}\frac{\partial(z,x)}{\partial(\varphi,\theta)}+\frac{z-z_0}{r}\frac{\partial(x,y)}{\partial(\varphi,\theta)}\right)\mathrm{d}\varphi\mathrm{d}\theta\\
&=\iint\limits_{\Gamma_r}ur^2\left(\frac{x-x_0}{r}\cos\theta\sin^2\varphi+\frac{y-y_0}{r}\sin\theta\sin^2\varphi+\frac{z-z_0}{r}\sin\varphi\cos\varphi\right)\mathrm{d}\varphi\mathrm{d}\theta\\
&=\int_0^{2\pi}\mathrm{d}\theta\int_0^{\pi}ur^2\sin\varphi\mathrm{d}\varphi,
\end{aligned}
$$

其中第一个等式中的 Γ_r 的正方向为球面的外法线方向，那么

$$f'(r)=\int_0^{\pi}\mathrm{d}\varphi\int_0^{2\pi}2ur\sin\varphi\mathrm{d}\theta$$
$$+\int_0^{\pi}\mathrm{d}\varphi\int_0^{2\pi}r^2\sin\varphi\left(\frac{\partial u}{\partial x}\cos\theta\sin\varphi+\frac{\partial u}{\partial y}\sin\theta\sin\varphi+\frac{\partial u}{\partial z}\cos\varphi\right)\mathrm{d}\theta.$$

注意到

$$\int_0^{\pi}\mathrm{d}\varphi\int_0^{2\pi}r^2\sin\varphi\left(\frac{\partial u}{\partial x}\cos\theta\sin\varphi+\frac{\partial u}{\partial y}\sin\theta\sin\varphi+\frac{\partial u}{\partial z}\cos\varphi\right)\mathrm{d}\theta$$
$$=\int_0^{\pi}\mathrm{d}\varphi\int_0^{2\pi}\left(\frac{\partial u}{\partial x}\frac{\partial(y,z)}{\partial(\varphi,\theta)}+\frac{\partial u}{\partial y}\frac{\partial(z,x)}{\partial(\varphi,\theta)}+\frac{\partial u}{\partial z}\frac{\partial(x,y)}{\partial(\varphi,\theta)}\right)\mathrm{d}\theta$$
$$=\iint_{\Gamma_r}\frac{\partial u}{\partial x}\mathrm{d}y\mathrm{d}z+\frac{\partial u}{\partial y}\mathrm{d}z\mathrm{d}x+\frac{\partial u}{\partial z}\mathrm{d}x\mathrm{d}y$$
$$=\iiint_{x^2+y^2+z^2\leqslant 1}\frac{\partial^2 u}{\partial x^2}+\frac{\partial^2 u}{\partial y^2}+\frac{\partial^2 u}{\partial z^2}\mathrm{d}x\mathrm{d}y\mathrm{d}z$$
$$=0,$$

其中第二个等式中的 Γ_r 的正方向为球面的外法线方向，第三个等式成立时，由 Gauss 公式可得，于是 $f'(r)=\dfrac{2}{r}f(r)$，解得 $f(r)=cr^2$．因而，

$$c=\frac{f(r)}{r^2}=\frac{1}{r^2}\iint_{\Gamma_r}u(x,y,z)\mathrm{d}S=\frac{1}{r^2}\int_0^{2\pi}\mathrm{d}\theta\int_0^{\pi}ur^2\sin\varphi\mathrm{d}\varphi.$$

令 $r\to0^+$，可得 $c=4\pi u(x_0,y_0,z_0)$.

注　满足 Laplace 方程的函数称为调和函数，此题的结论称为平均值定理，利用平均值定理可以证明：闭区域上的非常值的调和函数不可能在区域的内部达到最大值. 此题为下面结果的特例：若函数 $u(x,y,z)$ 是在光滑曲面 S 所包围着的有界闭区域 V 内的调和函数，(x_0,y_0,z_0) 是区域的内点，则

$$u(x_0,y_0,z_0)=\frac{1}{4\pi}\iint_S\left(u\frac{\boldsymbol{r}\cdot\boldsymbol{n}}{r^3}+\frac{1}{r}\frac{\partial u}{\partial n}\right)\mathrm{d}u,$$

其中 $\boldsymbol{r}=(x-x_0,y-y_0,z-z_0)$，$r=\sqrt{(x-x_0)^2+(y-y_0)^2+(z-z_0)^2}$，$\boldsymbol{n}$ 是曲面 S 上点 (x,y,z) 处的外法线向量.

3.3　竞赛训练题

1. $\int_0^2[\mathrm{e}^x]\,\mathrm{d}x$，其中 $[\mathrm{e}^x]$ 表示 e^x 的取整函数.

2. 设 n 为自然数，证明：

$$\left(\frac{1}{n}\right)^n+\left(\frac{2}{n}\right)^n+\cdots+\left(\frac{n-1}{n}\right)^n>\frac{n-1}{2(n+1)}.$$

3. 计算定积分 $I_n=\int_{-\pi}^{\pi}\frac{\sin nx}{(1+2^x)\sin x}\mathrm{d}x$，其中 n 为整数.

4. 求 $\int_0^1 \ln x\cdot\ln(1-x)\mathrm{d}x$.

5. 求函数 $g(t)=\int_0^t\left(t^2-x^2\right)\mathrm{d}x+\int_t^1\left(x^2-t^2\right)\mathrm{d}x$ ，$t\in[0,1]$ 的最小值与最大值.

6. 设 $f_1,f_2,\cdots,f_n$ 为 $[0,1]$ 上的非负连续函数，求证：存在 $\xi\in[0,1]$，使得

$$\prod_{k=1}^{n}f_k(\xi)\leqslant\prod_{k=1}^{n}\int_0^1 f_k(x)\mathrm{d}x.$$

7. 令 $0<a<b$ 证明：$\int_a^b(x^2+1)\mathrm{e}^{-x^2}\mathrm{d}x\geqslant\mathrm{e}^{-a^2}-\mathrm{e}^{-b^2}$.

8. 证明：若函数 $f(x)$ 在 $[0,1]$ 上可导，则在 $(0,1)$ 中至少存在一点 ξ，使

$$\int_0^1 f(t)\mathrm{d}t=f(0)+\frac{1}{2}f'(\xi).$$

9. 证明：若函数 $f(x)$ 在 $[a,b]$ 上有连续的一阶导函数，且 $\left|\int_a^b f(x)\mathrm{d}x\right|<\int_a^b|f(x)|\mathrm{d}x$，则有 $\int_a^b|f(x)|\mathrm{d}x\leqslant(b-a)\int_a^b|f'(x)|\mathrm{d}x$.

10. 函数 $f(x)$ 在 $\mathbf{R}$ 上连续并且 $f(x)>0$，已知对所有的 t，$\int_{-\infty}^{+\infty}\mathrm{e}^{-|t-x|}f(x)\mathrm{d}x\leqslant 1$. 证明：$\forall a,b(a<b),\int_a^b f(x)\mathrm{d}x\leqslant\frac{b-a}{2}+1$ 成立.

11. 设 $f(x)$ 是定义在 $\mathbf{R}$ 上的连续函数，且满足方程

$$xf(x)=2\int_{\frac{x}{2}}^{x}f(t)\mathrm{d}t+\frac{x^2}{4}.$$

求 $f(x)$.

12. 证明：若函数 $f(x)$ 在 $[0,1]$ 内存在二阶导数，$f(0)=0=f'(0)$，任意的 $x\in(0,1]$，有 $f'(x)>0$，且 $\lim\limits_{x\to0^+}f''(x)=r>0$，则瑕积分 $\int_0^1\frac{1}{f(x)}\mathrm{d}x$ 发散.

13. 设函数 $f(x)$ 在 $[a,+\infty)$ 上单调递减且有连续的导函数，$\lim\limits_{x\to+\infty}f(x)=0$. 证明：$\int_a^{+\infty}f(x)\mathrm{d}x$ 收敛的充要条件是 $\int_a^{+\infty}xf'(x)\mathrm{d}x$ 收敛.

14. (第二届全国大学生数学竞赛决赛试题) 设 $0<f(x)<1$, 无穷积分

$\int_0^{+\infty} f(x)\mathrm{d}x$，$\int_a^{+\infty} xf(x)\mathrm{d}x$ 都收敛. 求证：

$$\int_a^{+\infty} xf(x)\mathrm{d}x > \frac{1}{2}\left(\int_a^{+\infty} f(x)\mathrm{d}x\right)^2.$$

15. (第一届全国大学生数学竞赛预赛试题)　$f(x,y)$ 是 $\{(x,y)\mid x^2+y^2\leqslant 1\}$ 上二次连续可微函数，满足 $\dfrac{\partial^2 f}{\partial x^2}+\dfrac{\partial^2 f}{\partial y^2}=x^2y^2$，计算积分

$$I=\iint_{x^2+y^2\leqslant 1}\left(\frac{x}{\sqrt{x^2+y^2}}\frac{\partial f}{\partial x}+\frac{y}{\sqrt{x^2+y^2}}\frac{\partial f}{\partial y}\right)\mathrm{d}x\mathrm{d}y.$$

16. 证明：$\displaystyle\int_0^1\int_0^1\frac{\mathrm{d}x\mathrm{d}y}{x^{-1}+|\ln y|-1}\leqslant 1.$

17. 设曲线 $C: y=\sin x, 0\leqslant x\leqslant \pi$，证明：

$$\frac{3\sqrt{2}}{8}\pi^2\leqslant\int_C x\mathrm{d}s\leqslant\frac{\sqrt{2}}{2}\pi^2.$$

3.4　参 考 答 案

1. **解**　当 $0\leqslant x\leqslant 2$ 时，$1\leqslant \mathrm{e}^x\leqslant \mathrm{e}^2<8$，有

$$\begin{aligned}\int_0^2[\mathrm{e}^x]\,\mathrm{d}x&=\int_0^{\ln 2}[\mathrm{e}^x]\mathrm{d}x+\int_{\ln 2}^{\ln 3}[\mathrm{e}^x]\mathrm{d}x+\cdots+\int_{\ln 7}^{2}[\mathrm{e}^x]\mathrm{d}x\\&=\int_0^{\ln 2}1\mathrm{d}x+\int_{\ln 2}^{\ln 3}2\mathrm{d}x+\cdots+\int_{\ln 7}^{2}7\mathrm{d}x\\&=\ln 2+2(\ln 3-\ln 2)+3(\ln 4-\ln 3)+\cdots+7(2-\ln 7)\\&=14-(\ln 2+\ln 3+\cdots+\ln 7)=14-\ln(7!).\end{aligned}$$

2. **证明**　由曲边梯形的面积和直边梯形的面积比较得到

$$\int_{\frac{i-1}{n}}^{\frac{i}{n}}x^n\mathrm{d}x'<\frac{1}{2}\left[\left(\frac{i}{n}\right)^n+\left(\frac{i-1}{n}\right)^n\right]\frac{1}{n},\quad i=1,2,\cdots,n.$$

利用积分区间的可加性

$$\int_0^1 x^n\mathrm{d}x<\frac{1}{2n}\sum_{i=1}^{n}\left[\left(\frac{i}{n}\right)^n+\left(\frac{i-1}{n}\right)^n\right]=\frac{1}{n}\sum_{i=1}^{n-1}\left[\left(\frac{i}{n}\right)^n\right]+\frac{1}{2n}.$$

从而

$$\sum_{i=1}^{n-1}\left(\frac{i}{n}\right)^n>n\left(\frac{1}{n+1}-\frac{1}{2n}\right)=\frac{n-1}{2(n+1)}.$$

3. **解**　$I_n=\int_{-\pi}^{\pi}\frac{\sin nx}{(1+2^x)\sin x}\mathrm{d}x=\int_0^{\pi}\frac{\sin nx}{(1+2^x)\sin x}\mathrm{d}x+\int_{-\pi}^{0}\frac{\sin nx}{(1+2^x)\sin x}\mathrm{d}x$，

将第二个积分利用变量替换可以得到

$$I_n=\int_0^{\pi}\frac{\sin nx}{(1+2^x)\sin x}\mathrm{d}x+\int_0^{\pi}\frac{\sin nx}{(1+2^{-x})\sin x}\mathrm{d}x=\int_0^{\pi}\frac{(1+2^x)\sin nx}{(1+2^x)\sin x}\mathrm{d}x$$

$$=\int_0^{\pi}\frac{\sin nx}{\sin x}\mathrm{d}x.$$

当$n=0$时，$I_1=0$. 当$n=1$时，$I_1=\pi$.

当$n\geqslant 2$时，得到$I_n-I_{n-2}=\int_0^{\pi}\frac{\sin nx-\sin(n-2)x}{\sin x}\mathrm{d}x=2\int_0^{\pi}\cos(n-1)x\mathrm{d}x=0.$

从而利用递推公式可以得到$I_n=\begin{cases}0, & n\text{是偶数},\\ \pi, & n\text{是奇数}.\end{cases}$

4. **解**　$\int_0^1\ln x\cdot\ln(1-x)\mathrm{d}x=-\int_0^1\left(\ln x\sum_{n=1}^{\infty}\frac{x^n}{n}\right)\mathrm{d}x$

$$=\sum_{n=1}^{\infty}\frac{x^{n+1}}{n(n+1)}\ln x\Big|_0^1+\sum_{n=1}^{\infty}\frac{x^{n+1}}{n(n+1)^2}\Big|_0^1=\sum_{n=1}^{\infty}\frac{1}{n(n+1)^2}$$

$$=\sum_{n=1}^{\infty}\frac{1}{n(n+1)}-\sum_{n=1}^{\infty}\frac{1}{(n+1)^2}=1-\left(\frac{\pi^2}{6}-1\right)=2-\frac{\pi^2}{6}.$$

5. **解**　$g(t)=\int_0^t\left(t^2-x^2\right)\mathrm{d}x+\int_t^1\left(x^2-t^2\right)\mathrm{d}x$

$$=\int_0^t t^2\mathrm{d}x-\int_0^t x^2\mathrm{d}x+\int_t^1 x^2\mathrm{d}x-\int_t^1 t^2\mathrm{d}x$$

$$=t^3-\frac{t^3}{3}+\frac{x^3}{3}\Big|_t^1-t^2(1-t)=\frac{4}{3}t^3-t^2+\frac{1}{3}，\ t\in[0,1],$$

$g'(t)=4t^2-2t=2t(2t-1)$，令$g'(t)=0$，得$t=0$与$t=\frac{1}{2}$. 由$g(0)=\frac{1}{3}$，$g\left(\frac{1}{2}\right)=\frac{1}{4}$，$g(1)=\frac{2}{3}$，因此$g(t)$的最小值为$\frac{1}{4}$，最大值为$\frac{2}{3}$.

6. **证明**　记$a_k=\int_0^1 f_k(x)\mathrm{d}x,\forall k=1,2,\cdots,n$. 当某个$a_k=0$时，结论是平凡的. 下证$a_k>0$的情况. 我们有$\int_0^1\sqrt[n]{\prod_{k=1}^{n}\frac{f_k(x)}{a_k}}\mathrm{d}x\leqslant\int_0^1\frac{1}{n}\sum_{k=1}^{n}\frac{f_k(x)}{a_k}\mathrm{d}x=1$. 由此可得存在$\xi\in[0,1]$，使得$\sqrt[n]{\prod_{k=1}^{n}\frac{f_k(\xi)}{a_k}}\leqslant 1$. 证毕.

7. **证明** **方法一** 令 $f(x)=\int_0^x (t^2+1)\mathrm{e}^{-t^2}\mathrm{d}t$，$g(x)=-\mathrm{e}^{-x^2}$，则 $f(x),g(x)$ 都是增函数. 利用 Cauchy 中值定理，存在一个实数 $x\in(a,b)$ 满足

$$\frac{f(b)-f(a)}{g(b)-g(a)}=\frac{f'(x)}{g'(x)}=\frac{(x^2+1)\mathrm{e}^{-x^2}}{2x\mathrm{e}^{-x^2}}=\frac{1}{2}\left(x+\frac{1}{x}\right)\geqslant 1.$$

这样 $\int_a^b (x^2+1)\mathrm{e}^{-x^2}\mathrm{d}x=f(b)-f(a)\geqslant g(b)-g(a)=\mathrm{e}^{-a^2}-\mathrm{e}^{-b^2}$.

方法二 $\int_a^b (x^2+1)\mathrm{e}^{-x^2}\mathrm{d}x\geqslant\int_a^b 2x\mathrm{e}^{-x^2}\mathrm{d}x=\mathrm{e}^{-a^2}-\mathrm{e}^{-b^2}$.

8. **证明** 令 $F(x)=\int_0^x f(t)\mathrm{d}t-f(0)x$，$G(x)=x^2$，$x\in[0,1]$.

由 $f(x)$ 在 $[0,1]$ 上可导，知 $F(x)$ 在 $[0,1]$ 上可导，且在 $(0,1)$ 内，$G'(x)=2x\neq 0$. 由 Cauchy 中值定理，在 $(0,1)$ 中至少存在一点 c，使

$$\frac{F'(c)}{G'(c)}=\frac{F(1)-F(0)}{G(1)-G(0)}=\int_0^1 f(t)\mathrm{d}t-f(0).$$

而 $F'(x)=f(x)-f(0)$，于是

$$\int_0^1 f(t)\mathrm{d}t-f(0)=\frac{f(c)-f(0)}{2c}.$$

由 Lagrange 微分中值定理，在 $(0,c)\subset(0,1)$ 内至少存在一点 ξ，使得

$$f(c)-f(0)=f'(\xi)c,$$

有

$$\int_0^1 f(t)\mathrm{d}t=f(0)+\frac{1}{2}f'(\xi).$$

9. **证明** 由 $\left|\int_a^b f(x)\mathrm{d}x\right|<\int_a^b |f(x)|\mathrm{d}x$，知 $f(x)$ 在 $[a,b]$ 上一定变号，则存在 $a\leqslant x_1< x_2\leqslant b$，使得 $f(x_1)f(x_2)<0$. 由 $f(x)$ 在 $[a,b]$ 上连续，存在 $x_0\in(x_1,x_2)$，使得 $f(x_0)=0$. 于是对任意的 $x\in[a,b]$，由 Newton-Leibniz 公式，有

$$|f(x)|=|f(x)-f(x_0)|=\left|\int_{x_0}^x f'(t)\mathrm{d}t\right|\leqslant\int_{x_0}^x |f'(t)|\mathrm{d}t\leqslant\int_a^b |f'(t)|\mathrm{d}t=\int_a^b |f'(x)|\mathrm{d}x.$$

两边积分，有 $\int_a^b |f(x)|\mathrm{d}x\leqslant(b-a)\int_a^b |f'(x)|\mathrm{d}x$.

10. **证明** 由条件得到 $\forall a,b\,(a<b)$，$\int_a^b \mathrm{e}^{-|t-x|}f(x)\mathrm{d}x\leqslant 1$. 因此

$$\int_a^b\int_a^b \mathrm{e}^{-|t-x|}f(x)\mathrm{d}x\mathrm{d}t\leqslant b-a.$$

但是$\int_a^b\int_a^b e^{-|t-x|}f(x)\mathrm{d}x\mathrm{d}t=\int_a^b f(x)\int_a^b e^{-|t-x|}\mathrm{d}t\mathrm{d}x$，其中

$$\int_a^b e^{-|t-x|}\mathrm{d}t=\int_a^x e^{t-x}\mathrm{d}t+\int_x^b e^{x-t}\mathrm{d}t=2-e^{a-x}-e^{x-b}.$$

所以$\int_a^b\int_a^b e^{-|t-x|}f(x)\mathrm{d}x\mathrm{d}t=\int_a^b f(x)\int_a^b e^{-|t-x|}\mathrm{d}t\mathrm{d}x=\int_a^b f(x)(2-e^{a-x}-e^{x-b})\mathrm{d}x\leqslant b-a$，

即$\int_a^b f(x)\mathrm{d}x\leqslant\dfrac{b-a}{2}+\dfrac{1}{2}\left[\int_a^b e^{a-x}f(x)\mathrm{d}x+\int_a^b e^{x-b}f(x)\mathrm{d}x\right]$.

其中$\int_a^b e^{a-x}f(x)\mathrm{d}x=\int_a^b e^{-|a-x|}f(x)\mathrm{d}x\leqslant\int_{-\infty}^{+\infty}e^{-|a-x|}f(x)\mathrm{d}x\leqslant 1$.

同理$\int_a^b e^{x-b}f(x)\mathrm{d}x\leqslant 1$，所以$\int_a^b f(x)\mathrm{d}x\leqslant\dfrac{b-a}{2}+1$. 证毕.

11. **解** 令$g(x)=f(x)-x$，则由

$$xg(x)=2\int_{\frac{x}{2}}^x g(t)\mathrm{d}t.$$

对于$x>0$根据积分平均值定理，存在$x_1\in(0,x)$，使得

$$\int_{\frac{x}{2}}^x g(t)\mathrm{d}t=g(x_1)\frac{x}{2}.$$

因而$g(x)=g(x_1)$.

设$x_0=\inf\{t\in(0,x)\mid f(t)=f(x)\}$, 则有$g(x_0)=g(x)$. 若$x_0>0$，则重复上面的过程,可知存在$y_0\in(0,x_0)$,使得$g(y_0)=g(x_0)=g(x)$. 这与$x_0$的取法是矛盾的. 因此，必有$x_0=0$，这说明$g(x)=g(0)$. 同理，对于$x_0<0$，也可证明$g(x)=g(0)$.

总之$g(x)$是常数，于是$f(x)=x+C$，C为常数.

12. **证明** 由任意的$x\in(0,1]$，有$f'(x)>0$，知$f(x)$在$[0,1]$上严格单调增加，又$f(0)=0$，知对任意的$x\in(0,1]$，有$f(x)>0$. 因此0是$\dfrac{1}{f(x)}$的唯一瑕点. 由$0<\lim\limits_{x\to0^+}f''(x)=r<2r$，由极限的保序性，存在$\delta>0$，当$0<x<\delta$时，有

$$0<f''(x)<2r.$$

对任意的$0<x<\delta$，由条件以及Taylor中值定理，存在$\xi_x\in(0,x)$，使

$$f(x)=f(0)+f'(0)x+\frac{f''(\xi_x)}{2}x^2=\frac{f''(\xi_x)}{2}x^2.$$

由上式，有

$$x\frac{1}{f(x)}=\frac{x}{\frac{f''(\xi_x)}{2}x^2}=\frac{1}{\frac{f''(\xi_x)}{2}x}\geqslant\frac{1}{rx}.$$

由 $\lim\limits_{x\to0^+}\dfrac{1}{rx}=+\infty$，有 $\lim\limits_{x\to0^+}x\dfrac{1}{f(x)}=+\infty$．此时，$\lambda=1$，$d=+\infty$，由比较判别法，瑕积分 $\int_0^1\dfrac{1}{f(x)}\mathrm{d}x$ 发散.

13. **证明**　必要性　设 $\int_a^{+\infty}f(x)\mathrm{d}x$ 收敛，由函数 $f(x)$ 在 $[a,+\infty)$ 单调递减，则 $\lim\limits_{x\to+\infty}xf(x)=0$．再由无穷积分的分部积分法，有

$$\int_a^{+\infty}xf'(x)\mathrm{d}x=\int_a^{+\infty}x\mathrm{d}f(x)=\lim_{x\to+\infty}xf(x)-af(a)-\int_a^{+\infty}f(x)\mathrm{d}x,$$

知 $\int_a^{+\infty}xf'(x)\mathrm{d}x$ 收敛.

充分性　设 $\int_a^{+\infty}xf'(x)\mathrm{d}x$ 收敛. 由无穷积分的分部积分法，只要证明 $\lim\limits_{x\to+\infty}xf(x)$ 存在. 由函数 $f(x)$ 在 $[a,+\infty)$ 单调递减且有连续的导函数，且 $\lim\limits_{x\to+\infty}f(x)=0$，可知 $\forall x\in[a,+\infty)$，有 $f(x)\geqslant0$，且 $f'(x)\leqslant0$．由 $\int_a^{+\infty}tf'(t)\mathrm{d}t$ 收敛，从而 $\int_a^{+\infty}t\left(-f'(t)\right)\mathrm{d}t$ 收敛. 由无穷积分的 Cauchy 收敛准则，有

$$0=\lim_{x\to+\infty}\int_x^{+\infty}t\left(-f'(t)\right)\mathrm{d}t.$$

$\forall x>\max\{a,0\}$，有

$$\begin{aligned}\int_x^{+\infty}t\left(-f'(t)\right)\mathrm{d}t&\geqslant\int_x^{+\infty}x\left(-f'(t)\right)\mathrm{d}t=-x\int_x^{+\infty}f'(t)\mathrm{d}t\\&=-xf(t)\Big|_x^{+\infty}=-x\left[\lim_{t\to+\infty}f(t)-f(x)\right]=-x\left[0-f(x)\right]=xf(x)\geqslant0.\end{aligned}$$

由上面两式以及夹挤定理，知 $\lim\limits_{x\to+\infty}xf(x)=0.$

14. **证明**　令 $\int_x^{+\infty}f(x)\mathrm{d}x=a$, 则 $a\in(0,+\infty)$．根据题设条件 $0<f(x)<1$，得到

$$\begin{aligned}\int_0^{+\infty}xf(x)dx&=\int_0^a xf(x)\mathrm{d}x+\int_a^{+\infty}xf(x)\mathrm{d}x>\int_0^a xf(x)\mathrm{d}x+a\int_a^{+\infty}f(x)\mathrm{d}x\\&=\int_0^a xf(x)\mathrm{d}x+a\left(a-\int_0^a f(x)\mathrm{d}x\right)\\&=\int_0^a xf(x)\mathrm{d}x+a\left(\int_0^a(1-f(x))\mathrm{d}x\right)\\&>\int_0^a xf(x)\mathrm{d}x+\left(\int_0^a x(1-f(x))\mathrm{d}x\right)\\&=\int_0^a x\mathrm{d}x=\frac{1}{2}a^2.\end{aligned}$$

因此，得到

$$\int_0^{+\infty} xf(x)\mathrm{d}x > \frac{1}{2}\left(\int_0^{+\infty} f(x)\mathrm{d}x\right)^2 .$$

15. **解**　利用极坐标变换 $x = r\cos\theta, y = r\sin\theta$，则

$$\begin{aligned}
I &= \int_0^1 \mathrm{d}r \int_0^{2\pi}\left(\cos\theta\frac{\partial f}{\partial x} + \sin\theta\frac{\partial f}{\partial y}\right) r\mathrm{d}\theta \\
&= \int_0^1 \mathrm{d}r \int_0^{2\pi}\left(\cos\theta\frac{\partial f}{\partial x} + \sin\theta\frac{\partial f}{\partial y}\right) r\mathrm{d}\theta \\
&= \int_0^1 \mathrm{d}r \oint_{x^2+y^2=1}\left(\frac{\partial f}{\partial x}\mathrm{d}y - \frac{\partial f}{\partial y}\mathrm{d}x\right) \\
&= \int_0^1 \mathrm{d}r \iint_{x^2+y^2\leqslant 1}\left(\frac{\partial f}{\partial x^2} + \frac{\partial f}{\partial y^2}\right)\mathrm{d}x\mathrm{d}y \\
&= \int_0^1 \mathrm{d}r \int_{x^2+y^2\leqslant 1}\int \left(x^2y^2\right)\mathrm{d}x\mathrm{d}y \\
&= \int_0^1 \mathrm{d}r \int_0^r \rho^5 d\rho \int_0^{2\pi} \cos^2\theta\sin^2\theta\mathrm{d}\theta \\
&= \frac{\pi}{168}.
\end{aligned}$$

16. **证明**　**方法一**　因 $(x^{-1}-1)\big|_{x=1} = |\ln x|\big|_{x=1} = 0$, 并且 $(x^{-1}-1)' = -\frac{1}{x^2} \leqslant -\frac{1}{x} = |\ln x|'$, $x\in(0,1]$. 利用不等式 $x^{-1}-1 \geqslant |\ln x|, x\in(0,1]$. 所以

$$\int_0^1\int_0^1 \frac{\mathrm{d}x\mathrm{d}y}{x^{-1}+|\ln y|-1} \leqslant \int_0^1\int_0^1 \frac{\mathrm{d}x\mathrm{d}y}{|\ln x|+|\ln y|} = \int_0^1\int_0^1 \frac{\mathrm{d}x\mathrm{d}y}{|\ln xy|}.$$

令 $y = \frac{u}{x}$, 我们得到

$$\int_0^1\int_0^1 \frac{\mathrm{d}x\mathrm{d}y}{|\ln xy|} = \int_0^1\left(\int_u^1 \frac{\mathrm{d}x}{x}\right)\frac{\mathrm{d}u}{|\ln u|} = \int_0^1 |\ln u|\frac{\mathrm{d}u}{|\ln u|} = 1.$$

方法二　令 $s = x^{-1}-1$，$u = s - \ln y$，

$$\int_0^1\int_0^1 \frac{\mathrm{d}x\mathrm{d}y}{x^{-1}+|\ln y|-1} = \int_0^{+\infty}\int_0^{+\infty} \frac{\mathrm{e}^{s-u}\mathrm{d}u\mathrm{d}s}{(s+1)^2u} = \int_0^{+\infty}\left(\int_0^u \frac{\mathrm{e}^s\mathrm{d}s}{(s+1)^2}\right)\frac{\mathrm{e}^{-u}}{u}\mathrm{d}u .$$

因为 $\frac{\mathrm{e}^s}{(s+1)^2}$ 是凸函数，所以

$$\int_0^u \frac{e^s ds}{(s+1)^2} \leqslant \frac{u}{2}\left(\frac{e^u}{(u+1)^2}+1\right).$$

因此

$$\int_0^1\int_0^1 \frac{dxdy}{x^{-1}+|\ln y|-1} \leqslant \int_0^{+\infty} \frac{u}{2}\left(\frac{e^u}{(u+1)^2}+1\right)\frac{e^{-u}}{u}du = \frac{1}{2}\left(\int_0^{+\infty}\frac{du}{(u+1)^2}+\int_0^{+\infty}e^{-u}du\right)=1.$$

17. **证明**　先将上述对弧长的曲线积分化为定积分：

$$\int_C x ds = \int_0^{\pi} x\sqrt{1+\cos^2 x}dx ,$$

则由定积分的性质第一部分的结论(4)得到

$$\int_C x ds = \frac{\pi}{2}\int_0^{\pi}\sqrt{1+\cos^2 x}dx = \frac{\pi}{2}\int_0^{\pi}\sqrt{(\sqrt{2}-\sin x)(\sqrt{2}+\sin x)}dx ,$$

利用调和平均值、几何平均值与算数平均值的关系不等式，我们得到

$$\frac{2}{\frac{1}{a}+\frac{1}{b}} \leqslant \sqrt{ab} \leqslant \frac{a+b}{2} ,$$

得到

$$\frac{\sqrt{2}}{2}(1+\cos^2 x) \leqslant \sqrt{(\sqrt{2}-\sin x)(\sqrt{2}+\sin x)} \leqslant \sqrt{2},$$

所以，有

$$\int_0^{\pi}\frac{\sqrt{2}}{2}(1+\cos^2 x)dx \leqslant \int_0^{\pi}\sqrt{(\sqrt{2}-\sin x)(\sqrt{2}+\sin x)}dx \leqslant \int_0^{\pi}\sqrt{2}dx,$$

因此，$\frac{3\sqrt{2}}{8}\pi^2 \leqslant \int_C x ds \leqslant \frac{\sqrt{2}}{2}\pi^2.$

第4章 级　数

4.1 常用结论

结论 4.1 若 $\lim\limits_{n\to\infty} u_n \neq 0$，则级数 $\sum u_n$ 发散.

结论 4.2 设 $u_n > 0$，则级数 $\sum u_n$ 与级数 $\sum 2^n u_{2^n}$ 同时敛散.

结论 4.3 (常用和)

(1) $\mathrm{e} = 1 + \dfrac{1}{1!} + \dfrac{1}{2!} + \dfrac{1}{3!} + \cdots$；

(2) $\sum\limits_{n=1}^{\infty} (-1)^{n-1} \dfrac{1}{n} = 1 - \dfrac{1}{2} + \dfrac{1}{3} - \dfrac{1}{4} + \cdots = \ln 2$；

(3) $\sum\limits_{n=1}^{\infty} (-1)^{n-1} \dfrac{1}{2n-1} = 1 - \dfrac{1}{3} + \dfrac{1}{5} - \dfrac{1}{7} + \cdots = \dfrac{\pi}{4}$；

(4) $\sum\limits_{n=1}^{\infty} \dfrac{1}{n^2} = 1 + \dfrac{1}{2^2} + \dfrac{1}{3^2} + \dfrac{1}{4^2} + \cdots = \dfrac{\pi^2}{6}$；

(5) $\sum\limits_{n=1}^{\infty} \dfrac{1}{(2n-1)^2} = 1 + \dfrac{1}{3^2} + \dfrac{1}{5^2} + \cdots = \dfrac{\pi^2}{8}$.

结论 4.4 (常用幂级数)

(1) $\dfrac{1}{1-x} = 1 + x + x^2 + x^3 + \cdots, \quad x \in (-1, 1)$；

(2) $\mathrm{e}^x = 1 + \dfrac{x}{1!} + \dfrac{x^2}{2!} + \dfrac{x^3}{3!} + \cdots, \quad x \in (-\infty, +\infty)$；

(3) $\ln(1+x) = x - \dfrac{x^2}{2} + \dfrac{x^3}{3} - \dfrac{x^4}{4} + \cdots, \quad x \in (-1, 1]$；

(4) $\arctan x = x - \dfrac{x^3}{3} + \dfrac{x^5}{5} - \dfrac{x^7}{7} + \cdots, \quad x \in (-1, 1)$；

(5) $\sin x = x - \dfrac{x^3}{3!} + \dfrac{x^5}{5!} - \dfrac{x^7}{7!} + \cdots, \quad x \in (-\infty, +\infty)$；

$\cos x = 1 - \dfrac{x^2}{2!} + \dfrac{x^4}{4!} - \dfrac{x^6}{6!} + \cdots, \quad x \in (-\infty, +\infty)$；

(6) $(1+x)^\alpha = 1+\sum_{n=1}^{\infty}\frac{\alpha(\alpha-1)\cdots(\alpha-n+1)}{n!}x^n,\quad x\in(-1,1)$.

结论 4.5　函数列$\{f_n(x)\}$在区间I上一致收敛于极限函数$f(x)$的充要条件是

$$\lim_{n\to\infty}\{\sup_{x\in I}|f(x)-f_n(x)|\}=0.$$

4.2 典 型 例 题

例 4.1　当α取哪些正数时，级数$\sum_{n=1}^{\infty}(2-\mathrm{e}^{\frac{\alpha}{1}})(2-\mathrm{e}^{\frac{\alpha}{2}})\cdots(2-\mathrm{e}^{\frac{\alpha}{n}})$收敛?

解　若$\alpha=k\ln 2, k=1,2,\cdots$，则$n\geqslant k$时，一般项为 0，故级数收敛；若$\alpha\neq k\ln 2$，设

$$\phi(x)=2-\mathrm{e}^{\frac{\alpha}{x}}=1-\frac{\alpha}{x}-\frac{1}{2!}\left(\frac{\alpha}{x}\right)^2-\cdots,$$

又设

$$\ln|\phi(x)|=-\frac{\alpha}{x}+\psi(x),$$

显然，当$n\to\infty$时，$\psi(x)$与x^{-2}为同阶无穷小，于是$\sum_{k=1}^{\infty}\psi(k)$收敛. 又

$$\ln|\phi(n)|=-\frac{\alpha}{n}+\psi(n),$$

于是，有

$$\ln|\phi(1)\phi(2)\cdots\phi(n)|=-\alpha\left(1+\frac{1}{2}+\cdots+\frac{1}{n}\right)+\sum_{k=1}^{\infty}\psi(k)=-\alpha(\ln n+\gamma)+b+\varepsilon_n,$$

其中$\gamma=\lim_{n\to\infty}\left(1+\frac{1}{2}+\cdots+\frac{1}{n}-\ln n\right)$为 Euler 常数，$b=\sum_{k=1}^{\infty}\psi(k)$，$\varepsilon_n\to 0$，于是

$$|\phi(1)\phi(2)\cdots\phi(n)|=\mathrm{e}^b\mathrm{e}^{\varepsilon_n}n^{-\alpha}.$$

从而有，当$\alpha>1$时级数收敛，当$\alpha\leqslant 1$时级数发散.

例 4.2　证明：级数$\sum_{n=2}^{\infty}\frac{\cos(\ln\ln n)}{\ln n}$发散.

证明　设$n_k=\left[\mathrm{e}^{\mathrm{e}^{2k\pi}}\right]$，则

$$n_k=\mathrm{e}^{\mathrm{e}^{2k\pi}}-r_k,\quad 0\leqslant r_k<1,$$

$$\ln n_k = \mathrm{e}^{2k\pi} + \ln\left(1 - r_k \mathrm{e}^{-\mathrm{e}^{2k\pi}}\right),$$

$$\ln\ln n_k = 2k\pi + \varepsilon_k, \quad \varepsilon_k \to 0 \quad (k \to \infty),$$

于是存在 k_0，使得任意 $k \geqslant k_0$，有 $|\varepsilon_k| < \dfrac{\pi}{6}$，从而有 $\cos\ln\ln n_k > \dfrac{\sqrt{3}}{2}$. 对 $0 \leqslant m \leqslant n_k$，

$$\begin{aligned}\ln\ln(n_k + m) &= \ln\left(\ln n_k + \ln\left(1 + \frac{m}{n_k}\right)\right)\\ &= \ln\ln n_k\left(1 + \frac{1}{\ln n_k}\ln\left(1 + \frac{m}{n_k}\right)\right)\\ &= \ln\ln n_k + \ln\left(1 + \frac{1}{\ln n_k}\ln\left(1 + \frac{m}{n_k}\right)\right)\\ &= 2k\pi + \varepsilon_k + \eta_k,\end{aligned}$$

注意到 $\dfrac{m}{n_k} \leqslant 1$，于是有

$$\eta_k \leqslant \ln\left(1 + \frac{\ln 2}{\ln n_k}\right) \to 0 \quad (k \to \infty),$$

存在 k_1，对于 $k \geqslant k_1$ 时，有 $|\eta_k| < \dfrac{\pi}{6}$，

$$\ln\ln(n_k + m) > \cos\frac{\pi}{3} = \frac{1}{2}, \quad 0 \leqslant m \leqslant n_k,$$

$$\sum_{n=n_k+1}^{2n_k} \frac{\cos\ln\ln n}{\ln n} \geqslant \frac{1}{2}\sum_{n=n_k+1}^{2n_k} \frac{1}{\ln n} \geqslant \frac{1}{2}\frac{n_k}{\ln 2n_k} \to \infty \quad (k \to \infty),$$

故级数 $\displaystyle\sum_{n=2}^{\infty} \frac{\cos\ln\ln n}{\ln n}$ 发散.

例 4.3　证明：若正项级数 $\displaystyle\sum_{n=1}^{\infty} a_n$ 收敛，则级数 $\displaystyle\sum_{n=1}^{\infty} \frac{a_n}{a_n + a_{n+1} + \cdots}$ 发散.

证明　记 $s_n = a_1 + a_2 + \cdots + a_n, \quad n = 1,2,\cdots, \quad s_0 = 0$，

$$s = \sum_{n=1}^{\infty} a_n, \quad R_n = s - s_n, \quad n = 0,1,2,\cdots.$$

于是

$$\begin{aligned}\sum_{n=1}^{N} \frac{a_n}{a_{n+1} + a_{n+2} + \cdots} &= \sum_{n=1}^{N} \frac{R_{n-1} - R_n}{R_n} \geqslant \sum_{n=1}^{N} \int_{R_n}^{R_{n-1}} \frac{\mathrm{d}x}{x}\\ &= \int_{R_N}^{R_0} \frac{\mathrm{d}x}{x} = \ln\frac{R_0}{R_N} = \ln\frac{s}{s - s_N}.\end{aligned}$$

由 $\lim\limits_{N\to\infty} s_N = s$，可知级数 $\sum \dfrac{a_n}{a_{n+1}+a_{n+2}+\cdots}$ 发散.

若

$$\lim_{n\to\infty}\frac{R_n}{R_{n-1}}=1,$$

那么，级数 $\sum\dfrac{a_n}{R_{n-1}}$ 与级数 $\sum\dfrac{a_n}{R_n}$ 的敛散性相同，因而，级数 $\sum\dfrac{a_n}{R_{n-1}}$ 发散；

若

$$\lim_{n\to\infty}\frac{R_n}{R_{n-1}}\neq 1,$$

那么 $\lim\limits_{n\to\infty}\dfrac{a_n}{R_{n-1}}\neq 0$，因而级数 $\sum\dfrac{a_n}{R_{n-1}}$ 发散.

例 4.4 (1999 国际大学生数学竞赛试题)　是否存在一个双射 $\pi:\mathbf{N}\to\mathbf{N}$，使得

$$\sum_{n=1}^{\infty}\frac{\pi(n)}{n^2}<\infty?$$

解　方法一　否. 令 $N\in\mathbf{N}$，我们将证明

$$\sum_{n=N+1}^{3N}\frac{\pi(n)}{n^2}>\frac{1}{9}.$$

事实上，在 $2N$ 个数字 $\pi(N+1),\cdots,\pi(3N)$ 中，最多只有 N 个可以小于等于 N，所以至少有 N 个数字大于 N，因此

$$\sum_{n=N+1}^{3N}\frac{\pi(n)}{n^2}\geqslant\frac{1}{(3N)^2}\sum_{n=N+1}^{3N}\pi(n)>\frac{1}{9N^2}\cdot N\cdot N=\frac{1}{9}.$$

方法二　由 $\pi(1)+\cdots+\pi(n)\geqslant 1+\cdots+n=\dfrac{n(n+1)}{2}$，我们有

$$\begin{aligned}\sum_{n=1}^{\infty}\frac{\pi(n)}{n^2}&=\sum_{n=1}^{\infty}(\pi(1)+\cdots+\pi(n))\left(\frac{1}{n^2}-\frac{1}{(n+1)^2}\right)\\&\geqslant\sum_{n=1}^{\infty}\frac{n(n+1)}{2}\cdot\frac{2n+1}{n^2(n+1)^2}\\&=\sum_{n=1}^{\infty}\frac{2n+1}{2n(n+1)}\geqslant\sum_{n=1}^{\infty}\frac{1}{n+1}=\infty.\end{aligned}$$

例 4.5 (1997 国际大学生数学竞赛试题)　证明：$\sum\limits_{n=1}^{\infty}\dfrac{(-1)^{n-1}\sin(\ln n)}{n^{\alpha}}$ 收敛当且仅当 $\alpha>0$.

证明 令 $f(t)=\dfrac{\sin(\ln t)}{t^{\alpha}}$. 我们有

$$f'(t)=\frac{-\alpha}{t^{\alpha+1}}\sin(\ln t)+\frac{\cos(\ln t)}{t^{\alpha+1}}.$$

因此，对于 $\alpha>0$，有

$$|f'(t)|\leqslant\frac{1+\alpha}{t^{\alpha+1}}.$$

由中值定理，存在 $\theta\in(0,1)$，使得

$$|f(n+1)-f(n)|=|f'(n+\theta)|\leqslant\frac{1+\alpha}{n^{\alpha+1}}.$$

因为，对于 $\alpha>0$，有 $\sum\dfrac{1+\alpha}{n^{\alpha+1}}<+\infty$，并且 $f(n)\xrightarrow{n\to\infty}0$，我们得到

$$\sum_{n=1}^{\infty}(-1)^{n-1}f(n)=\sum_{n=1}^{\infty}(f(2n-1)-f(2n))$$

收敛.

现在我们证明：对于 $\alpha\leqslant 0$，$\sum\limits_{n=1}^{\infty}\dfrac{\sin(\ln n)}{n^{\alpha}}$ 发散.

我们证明 $a_n=\sin(\ln n)$ 不趋于 0. 假设 a_n 趋于 0，则存在自然数 k_n 和 $\lambda_n\in\left[-\dfrac{1}{2},\dfrac{1}{2}\right]$，对于 $n>\mathrm{e}^2$，满足 $\dfrac{\ln n}{\pi}=k_n+\lambda_n$. 于是 $|a_n|=\sin(\pi|\lambda_n|)$. 由 $a_n\to 0$，我们得到 $\lambda_n\to 0$. 因此

$$\begin{aligned}k_{n+1}-k_n&=\frac{\ln(n+1)-\ln n}{\pi}-(\lambda_{n+1}-\lambda_n)\\&=\frac{1}{\pi}\ln\left(1+\frac{1}{n}\right)-(\lambda_{n+1}-\lambda_n).\end{aligned}$$

则对于足够大的 n，有

$$|k_{n+1}-k_n|<1.$$

从而存在 n_0，对于 $n>n_0$，有 $k_n=k_{n_0}$. 于是对于 $n>n_0$，有 $\dfrac{\ln n}{\pi}=k_{n_0}+\lambda_n$. 由 $\lambda_n\to 0$，$\ln n\to\infty$，我们得到矛盾.

例 4.6 (2003 国际大学生数学竞赛试题) 设数列 $\{a_n\}$ 由下式定义

$$a_0=1,\ a_{n+1}=\frac{1}{n+1}\sum_{k=0}^{n}\frac{a_k}{n-k+2}.$$

当 $\lim\limits_{n\to\infty}\sum\limits_{k=0}^{n}\dfrac{a_k}{2^k}$ 存在时，求出该极限.

解 考虑函数 $f(x)=\sum\limits_{n=0}^{\infty}a_nx^n$. 由归纳法，$0<a_n\leqslant 1$，因而这个级数当 $|x|<1$ 时，是绝对收敛的，$f(0)=1$，并且函数在区间 $[0,1)$ 上是正的. 我们的目标是计算 $f\left(\dfrac{1}{2}\right)$. 由迭代公式，

$$
\begin{aligned}
f'(x)&=\sum_{n=0}^{\infty}(n+1)a_{n+1}x^n\\
&=\sum_{n=0}^{\infty}\sum_{k=0}^{n}\frac{a_k}{n-k+2}x^n\\
&=\sum_{k=0}^{\infty}a_kx^k\sum_{n=k}^{\infty}\frac{x^{n-k}}{n-k+2}\\
&=f(x)\sum_{m=0}^{\infty}\frac{x^m}{m+2}.
\end{aligned}
$$

因此，

$$
\begin{aligned}
\ln f(x)&=\ln f(x)-\ln f(0)\\
&=\int_0^x\frac{f'(t)}{f(t)}\mathrm{d}t=\sum_{m=0}^{\infty}\frac{x^{m+1}}{(m+1)(m+2)}\\
&=\sum_{m=0}^{\infty}\left(\frac{x^{m+1}}{m+1}-\frac{x^{m+1}}{m+2}\right)\\
&=1+\left(1-\frac{1}{x}\right)\sum_{m=0}^{\infty}\frac{x^{m+1}}{m+1}\\
&=1+\left(1-\frac{1}{x}\right)\ln\frac{1}{1-x},
\end{aligned}
$$

于是

$$
\ln f\left(\frac{1}{2}\right)=1-\ln 2,\ \text{即}\quad f\left(\frac{1}{2}\right)=\frac{\mathrm{e}}{2}.
$$

例 4.7 设数列 $\{a_n\}$ 满足 $a_n>a_{n+1}>0, n=1,2,\cdots$，且 $\sum\limits_{n=1}^{\infty}a_n$ 收敛，证明：

$$
\sum_{n=1}^{\infty}n(a_n-a_{n+1})
$$

收敛并求出它的和.

解　对任意$\varepsilon>0$，由于$\sum_{n=1}^{\infty}a_n$为收敛的正项级数，故存在正整数$N(\varepsilon)$，使得任意$n\geqslant N(\varepsilon)$，有

$$0<a_{n+1}+a_{n+2}+\cdots<\frac{\varepsilon}{3}.$$

令$m\geqslant 2N(\varepsilon)+1$，如果$m$为偶数，设$m=2k, k>N(\varepsilon)$，由上式，有

$$ka_{2k}<a_{k+1}+a_{k+2}+\cdots+a_{2k}<\frac{\varepsilon}{3}.$$

故

$$ma_m=2ka_{2k}<\frac{2\varepsilon}{3}<\varepsilon.$$

如果m是奇数，设$m=2k+1, k>N(\varepsilon)$，有

$$ka_{2k+1}<a_{k+2}+a_{k+3}+\cdots+a_{2k+1}<\frac{\varepsilon}{3}.$$

故也有

$$ma_m=2ka_{2k+1}+a_{2k+1}<\frac{2\varepsilon}{3}+\frac{\varepsilon}{3}=\varepsilon.$$

因此我们已经证明了对于任意的$m>2N(\varepsilon)+1$，都有

$$0<ma_m<\varepsilon.$$

从而

$$\lim_{m\to\infty}ma_m=0.$$

其次，令$s(m)=\sum_{k=1}^{m}k(a_k-a_{k+1}), n=1,2,\cdots$，则有

$$\begin{aligned}s(m)&=\sum_{k=1}^{m}ka_k-\sum_{k=1}^{m}ka_{k+1}\\&=\sum_{k=1}^{m}ka_k-\sum_{k=1}^{m+1}(k-1)a_k\\&=\sum_{k=1}^{m}(k-(k-1))a_k-ma_{m+1}\\&=\sum_{k=1}^{m}a_k-ma_{m+1}.\end{aligned}$$

由于

$$\lim_{m\to\infty} ma_{m+1} = \lim_{m\to\infty}((m+1)a_{m+1} - a_{m+1}) = 0 - 0 = 0,$$

所以 $\lim\limits_{m\to\infty} s(n)$ 存在且等于 $\sum\limits_{k=1}^{\infty} a_k$ ，所以级数 $\sum\limits_{n=1}^{\infty} n(a_n - a_{n+1})$ 收敛，且其和为 $\sum\limits_{n=1}^{\infty} a_n$.

例 4.8　求无穷级数 $s = \sum\limits_{n=1}^{\infty} \arctan\dfrac{2}{n^2}$ 的和.

解　对于 $n \geqslant 1$ ，我们有

$$\arctan\frac{1}{n} - \arctan\frac{1}{n+2} = \arctan\frac{\dfrac{1}{n} - \dfrac{1}{n+2}}{1 + \dfrac{1}{n(n+2)}} = \arctan\frac{2}{(n+1)^2}.$$

所以当 $N \geqslant 2$ 时，有

$$\begin{aligned}\sum_{n=2}^{N} \arctan\frac{2}{n^2} &= \sum_{n=1}^{N-1} \arctan\frac{2}{(n+1)^2} \\ &= \sum_{n=1}^{N-1}\left(\arctan\frac{1}{n} - \arctan\frac{1}{n+2}\right) \\ &= \arctan 1 + \arctan\frac{1}{2} - \arctan\frac{1}{N} - \arctan\frac{1}{N+1}.\end{aligned}$$

令 $N \to \infty$ ，可得

$$\sum_{n=2}^{\infty} \arctan\frac{2}{n^2} = \arctan 1 + \arctan\frac{1}{2} = \frac{\pi}{4} + \arctan\frac{1}{2}.$$

所以

$$s = \frac{\pi}{4} + \arctan 2 + \arctan\frac{1}{2} = \frac{3\pi}{4}.$$

例 4.9　求和 $\sum\limits_{n=1}^{\infty} \dfrac{\sin(n\theta)}{n!}$.

解　我们知道，

$$e^x = \sum_{n=0}^{\infty} \frac{x^n}{n!} \quad (x \in (-\infty, +\infty)).$$

令 $x = \cos\theta + i\sin\theta$ ，则有

$$e^{\cos\theta + i\sin\theta} = \sum_{n=0}^{\infty} \frac{\cos(n\theta) + i\sin(n\theta)}{n!}.$$

比较上面两边的虚部，即可得到

$$\sum_{n=1}^{\infty}\frac{\sin(n\theta)}{n!}=\sin(\sin\theta)\mathrm{e}^{\cos\theta}.$$

例 4.10 求$\sum_{n=1}^{\infty}\frac{1}{(2n+1)(3n+1)}$的值.

解

$$\begin{aligned}\sum_{n=1}^{\infty}\frac{1}{(2n+1)(3n+1)}&=\sum_{n=1}^{\infty}\left(\frac{1}{n+\frac{1}{3}}-\frac{1}{n+\frac{1}{2}}\right)\\&=\sum_{n=1}^{\infty}\int_0^1\left(x^{n-\frac{2}{3}}-x^{n-\frac{1}{2}}\right)\mathrm{d}x\\&=\int_0^1\frac{x^{\frac{1}{3}}-x^{\frac{1}{2}}}{1-x}\mathrm{d}x\\&=\int_0^1\frac{6t^7}{(1+t)(1+t+t^2)(1-t+t^2)}\mathrm{d}t\\&=\int_0^1\left(6t^2-6t-\frac{2}{1+t}+\frac{2-t}{1-t+t^2}+\frac{3t}{1+t+t^2}\right)\mathrm{d}t\\&=-\frac{\sqrt{3}\pi}{6}-\frac{3}{2}\ln 3+2\ln 2+1.\end{aligned}$$

例 4.11 设$s_n=\sum_{k=1}^{n}\frac{(-1)^{k-1}}{k}$，$s=\sum_{k=1}^{\infty}\frac{(-1)^{k-1}}{k}$，求$\sum_{n=1}^{\infty}(s-s_n)$的值.

解 $$s-s_n=\sum_{k=n+1}^{\infty}\frac{(-1)^{k-1}}{k}=\int_0^1\sum_{k=n+1}^{\infty}(-1)^{k-1}x^{k-1}\mathrm{d}x=(-1)^n\int_0^1\frac{x^n}{1+x}\mathrm{d}x,$$

$$\begin{aligned}\sum_{n=1}^{m}(s-s_n)&=\sum_{n=1}^{m}(-1)^n\int_0^1\frac{x^n}{1+x}\mathrm{d}x\\&=\int_0^1\frac{-x(1+(-1)^{m-1}x^m)}{(1+x)^2}\mathrm{d}x\\&=\int_0^1\frac{-x}{(1+x)^2}\mathrm{d}x+(-1)^m\int_0^1\frac{x^{m+1}}{(1+x)^2}\mathrm{d}x,\end{aligned}$$

于是，有

$$\left|\sum_{n=1}^{m}(s-s_n)+\int_0^1\frac{x}{(1+x)^2}\mathrm{d}x\right|\leqslant\frac{1}{m+2},$$

从而

$$\sum_{n=1}^{\infty}(s-s_n)=\int_0^1\frac{-x}{(1+x)^2}\mathrm{d}x=-\ln 2+\frac{1}{2}.$$

例 4.12　求无穷级数的和

$$s=1-\frac{1}{4}+\frac{1}{6}-\frac{1}{9}+\frac{1}{11}-\frac{1}{14}+\cdots.$$

解　首先注意到

$$\begin{aligned}s&=1-\frac{1}{4}+\frac{1}{6}-\frac{1}{9}+\frac{1}{11}-\frac{1}{14}+\cdots\\&=\int_0^1(1-x^3+x^5-x^8+x^{10}-\cdots)\mathrm{d}x\\&=\int_0^1(1-x^3)(1+x^5+x^{10}+\cdots)\mathrm{d}x\\&=\int_0^1\frac{1-x^3}{1-x^5}\mathrm{d}x\\&=\int_0^1\frac{x^2+x+1}{x^4+x^3+x^2+x+1}\mathrm{d}x,\end{aligned}$$

分解为部分分式，得

$$\frac{x^2+x+1}{x^4+x^3+x^2+x+1}=\frac{A}{x^2+Bx+1}+\frac{C}{x^2+Dx+1},$$

其中 $A=\dfrac{5+\sqrt{5}}{10}$，$B=\dfrac{1-\sqrt{5}}{2}$，$C=\dfrac{5-\sqrt{5}}{10}$，$D=\dfrac{1+\sqrt{5}}{2}$.

于是

$$s=AI_B+CI_D,$$

其中

$$I_B=\int_0^1\frac{\mathrm{d}x}{x^2+Bx+1},\quad I_D=\int_0^1\frac{\mathrm{d}x}{x^2+Dx+1}.$$

现在

$$\int\frac{\mathrm{d}x}{x^2+2tx+1}=\frac{1}{\sqrt{1-t^2}}\arctan\left(\frac{x+t}{\sqrt{1-t^2}}\right)+C,\quad |t|<1.$$

于是由 Newton-Leibniz 公式，得

$$\int_0^1\frac{\mathrm{d}x}{x^2+2tx+1}=\frac{1}{\sqrt{1-t^2}}\left(\arctan\frac{1+t}{\sqrt{1-t^2}}-\arctan\frac{t}{\sqrt{1-t^2}}\right)$$

$$=\frac{1}{\sqrt{1-t^2}}\arctan\sqrt{\frac{1-t}{1+t}}.$$

令 $t=\frac{1-\sqrt{5}}{4}$, $t=\frac{1+\sqrt{5}}{4}$, 得

$$I_B=\frac{4}{\sqrt{10+2\sqrt{5}}}\arctan\sqrt{\frac{5+2\sqrt{5}}{5}},$$

$$I_D=\frac{4}{\sqrt{10-2\sqrt{5}}}\arctan\sqrt{\frac{5-2\sqrt{5}}{5}},$$

由于

$$\cos\frac{\pi}{10}=\frac{\sqrt{10+2\sqrt{5}}}{4},\quad \sin\frac{\pi}{10}=\frac{\sqrt{5}-1}{4},$$

$$\cos\frac{3\pi}{10}=\frac{\sqrt{10-2\sqrt{5}}}{4},\quad \sin\frac{3\pi}{10}=\frac{\sqrt{5}+1}{4},$$

所以

$$\tan\frac{\pi}{10}=\sqrt{\frac{5-2\sqrt{5}}{5}},\quad \tan\frac{3\pi}{10}=\sqrt{\frac{5+2\sqrt{5}}{5}},$$

于是

$$I_B=\frac{3\pi}{10}\sqrt{\frac{10-2\sqrt{5}}{5}},\quad I_D=\frac{\pi}{10}\sqrt{\frac{10+2\sqrt{5}}{5}},$$

从而

$$\begin{aligned}s&=\frac{\pi}{100}\left(3(5+\sqrt{5})\sqrt{\frac{10-\sqrt{5}}{5}}+(5-\sqrt{5})\sqrt{\frac{10+2\sqrt{5}}{5}}\right)\\&=\frac{\pi}{100}\left(3(\sqrt{5}+1)\sqrt{10-2\sqrt{5}}+(\sqrt{5}-1)\sqrt{10+2\sqrt{5}}\right)\\&=\frac{\pi}{100}\left(6\sqrt{10+2\sqrt{5}}+2\sqrt{10-2\sqrt{5}}\right)\\&=\frac{\pi}{50}\left(3\sqrt{10+2\sqrt{5}}+\sqrt{10-2\sqrt{5}}\right).\end{aligned}$$

例 4.13　令

$$a_n=1-\frac{1}{2}+\frac{1}{3}-\cdots+\frac{(-1)^{n-1}}{n}-\ln 2.$$

证明：级数 $\sum_{n=1}^{\infty} a_n$ 是收敛的，并求出它的和.

解

$$a_n = \int_0^1 (1 - x + x^2 - \cdots + (-1)^{n-1} x^{n-1}) \mathrm{d}x - \int_0^1 \frac{\mathrm{d}x}{1+x}$$
$$= \int_0^1 \frac{1 + (-1)^{n-1} x^n}{1+x} \mathrm{d}x - \int_0^1 \frac{\mathrm{d}x}{1+x}$$
$$= \int_0^1 \frac{(-1)^{n-1} x^n}{1+x} \mathrm{d}x.$$

因此对任意 $N \geqslant 1$，有

$$\sum_{n=1}^{N} a_n = \sum_{n-1}^{N} \int_0^1 \frac{(-1)^{n-1} x^n}{1+x} \mathrm{d}x$$
$$= \int_0^1 \frac{1}{1+x} \sum_{n=1}^{N} (-1)^{n-1} x^n \mathrm{d}x$$
$$= \int_0^1 \frac{x + (-1)^{N+1} x^{N+1}}{(1+x)^2} \mathrm{d}x$$
$$= \int_0^1 \frac{x}{(1+x)^2} \mathrm{d}x + (-1)^{N+1} \int_0^1 \frac{x^{N+1}}{(1+x)^2} \mathrm{d}x.$$

故

$$\left| \sum_{n=1}^{N} a_n - \int_0^1 \frac{x}{(1+x)^2} \mathrm{d}x \right| = \int_0^1 \frac{x^{N+1}}{(1+x)^2} \mathrm{d}x$$
$$\leqslant \int_0^1 x^{N+1} \mathrm{d}x = \frac{1}{N+2}.$$

令 $N \to \infty$，即知 $\sum_{n=1}^{\infty} a_n$ 收敛且和为

$$\int_0^1 \frac{x}{(1+x)^2} \mathrm{d}x = \int_0^1 \left(\frac{1}{1+x} - \frac{1}{(1+x)^2} \right) \mathrm{d}x = \ln 2 - \frac{1}{2}.$$

例 4.14　求无穷级数

$$\frac{\ln 2}{2} - \frac{\ln 3}{3} + \frac{\ln 4}{4} - \frac{\ln 5}{5} + \cdots$$

的和.

解　对于 $x > 1$，我们有

$$\ln x = \int_1^x \frac{\mathrm{d}t}{t} < \int_1^x \frac{\mathrm{d}t}{\sqrt{t}} = 2\sqrt{x} - 2 < 2\sqrt{x}.$$

$$x-[x]-\frac{1}{2}<\frac{1}{2}.$$

故对于任何 $a\geqslant 1$，都有

$$\int_1^a\left|\frac{(\ln x-1)}{x^2}\left(x-[x]-\frac{1}{2}\right)\right|\mathrm{d}x<\int_1^a\frac{2\sqrt{x}+1}{x^2}\cdot\frac{1}{2}\mathrm{d}x<\frac{3}{2}\int_1^a\frac{\mathrm{d}x}{x^{\frac{3}{2}}}=\frac{3}{2}\left(2-\frac{2}{\sqrt{a}}\right)<3.$$

所以积分

$$I=\int_1^{+\infty}\frac{(\ln x-1)}{x^2}\left(x-[x]-\frac{1}{2}\right)\mathrm{d}x$$

是绝对收敛的.

由 Euler-Maclaurin 求和公式，即如果 $f(x)$ 在 $[1,n]$ 上连续可导，其中 $n>1$ 为正整数，则

$$\sum_{k=1}^n f(k)=\frac{1}{2}(f(n)+f(1))+\int_1^n f(x)\mathrm{d}x+\int_1^n f'(x)\left(x-[x]-\frac{1}{2}\right)\mathrm{d}x.$$

取 $f(x)=\dfrac{\ln x}{x}$，我们有

$$\sum_{k=1}^n\frac{\ln k}{k}=\frac{\ln n}{2n}+\frac{\ln^2 n}{2}+\int_1^n\frac{(1-\ln x)}{x^2}\left(x-[x]-\frac{1}{2}\right)\mathrm{d}x.$$

记

$$E(n)=\sum_{k=1}^n\frac{\ln k}{k}-\frac{\ln^2 n}{2}.$$

并令 $n\to\infty$，容易知道 $\lim\limits_{n\to\infty}E(n)$ 存在.

于是

$$\lim_{n\to\infty}(E(2n)-E(n))=0.$$

此外，我们有

$$\begin{aligned}\sum_{r=2}^{2n}(-1)^r\frac{\ln r}{r}&=\frac{\ln 2}{2}-\frac{\ln 3}{3}+\frac{\ln 4}{4}-\cdots+\frac{\ln 2n}{2n}\\&=\left(\frac{\ln 2}{1}+\frac{\ln 4}{2}+\cdots+\frac{\ln 2n}{n}\right)-\left(\frac{\ln 2}{2}+\frac{\ln 3}{3}+\cdots+\frac{\ln 2n}{2n}\right)\\&=\frac{\ln 2+\ln 1}{1}+\frac{\ln 2+\ln 2}{2}+\cdots+\frac{\ln 2+\ln n}{n}-\sum_{k=1}^{2n}\frac{\ln k}{k}\\&=\ln 2\left(1+\frac{1}{2}+\cdots+\frac{1}{n}\right)+\sum_{k=1}^n\frac{\ln k}{k}-\sum_{k=1}^{2n}\frac{\ln k}{k}\end{aligned}$$

$$= \ln 2\left(1+\frac{1}{2}+\cdots+\frac{1}{n}\right)+\left(E(n)+\frac{\ln^2 n}{2}\right)-\left(E(2n)+\frac{\ln^2 2n}{2}\right)$$

$$= \ln 2\left(1+\frac{1}{2}+\cdots+\frac{1}{n}-\ln n\right)-\frac{\ln^2 2}{2}+(E(n)-E(2n)).$$

令 $n\to\infty$，则

$$\sum_{r=2}^{\infty}(-1)^r\frac{\ln r}{r}=\gamma\ln 2-\frac{1}{2}\ln^2 2,$$

其中 $\gamma=\lim\limits_{n\to\infty}\left(\sum\limits_{k=1}^{\infty}\frac{1}{k}-\ln n\right)\approx 0.57721$ 为 Euler 常数.

例 4.15 求无穷级数的和

$$s=\sum_{\substack{m,n=1\\ \gcd(m,n)=1}}\frac{1}{mn(m+n)}.$$

解

$$\begin{aligned}
\sum_{m,n=1}\frac{1}{mn(m+n)} &= \sum_{m,n=1}\frac{1}{mn}\int_0^1 x^{m+n-1}\mathrm{d}x\\
&= \int_0^1\left(\sum_{m=1}^{\infty}\frac{x^m}{m}\right)\left(\sum_{n=1}^{\infty}\frac{x^n}{n}\right)\frac{\mathrm{d}x}{x}\\
&= \int_0^1\frac{\ln^2(1-x)}{x}\mathrm{d}x\\
&= \int_0^{+\infty}\frac{u^2\mathrm{e}^{-u}}{1-\mathrm{e}^{-u}}\mathrm{d}u \quad (令x=1-\mathrm{e}^{-u})\\
&= \int_0^{+\infty}u^2\sum_{n=1}^{\infty}\mathrm{e}^{-nu}\mathrm{d}u\\
&= \sum_{n=1}^{\infty}\int_0^{+\infty}u^2\mathrm{e}^{-nu}\mathrm{d}u\\
&= \sum_{n=1}^{\infty}\frac{2}{n^3}=2\sum_{n=1}^{\infty}\frac{1}{n^3}.
\end{aligned}$$

又

$$\begin{aligned}
\sum_{m,n=1}\frac{1}{mn(m+n)} &= \sum_{d=1}^{\infty}\sum_{\substack{m,n=1\\ \gcd(m,n)=d}}\frac{1}{mn(m+n)}\\
&= \sum_{d=1}^{\infty}\sum_{\substack{m,n=1\\ \gcd(m,n)=1}}\frac{1}{d^3mn(m+n)}
\end{aligned}$$

$$= \sum_{\substack{m,n=1\\ \gcd(m,n)=1}} \left(\sum_{d=1}^{\infty}\frac{1}{d^3}\right)\frac{1}{mn(m+n)}$$

$$= s\left(\sum_{d=1}^{\infty}\frac{1}{d^3}\right).$$

所以 $s=2$.

例 4.16　求幂级数 $\sum_{n=1}^{\infty}\left(1+\frac{1}{2}+\frac{1}{3}+\cdots+\frac{1}{n}\right)x^n$ 的收敛域及和函数 $s(x)$.

解　令 $a_n=1+\frac{1}{2}+\frac{1}{3}+\cdots+\frac{1}{n}$. 由

$$1\leqslant a_n=1+\frac{1}{2}+\frac{1}{3}+\cdots+\frac{1}{n}\leqslant n,$$

以及

$$\lim_{n\to\infty}\sqrt[n]{n}=1,$$

我们可以得到

$$\lim_{n\to\infty}\sqrt[n]{a_n}=1.$$

所以

$$R=1.$$

在 $x=\pm1$ 处, $\lim_{n\to\infty}a_n\neq0$, 级数的一般项不趋于零, 故级数在 $x=\pm1$ 处发散. 因此级数的收敛域为 $(-1,1)$. 而

$$\begin{aligned}
s(x)&=\sum_{n=1}^{\infty}\left(1+\frac{1}{2}+\frac{1}{3}+\cdots+\frac{1}{n}\right)x^n\\
&=\sum_{n=1}^{\infty}\left(\frac{x}{1}x^{n-1}+\frac{x^2}{2}x^{n-2}+\frac{x^3}{3}x^{n-3}+\cdots+\frac{x^n}{n}\cdot1\right)\\
&=\left(\sum_{n=1}^{\infty}\frac{x^n}{n}\right)\cdot\left(\sum_{n=0}^{\infty}x^n\right)\\
&=\frac{1}{1-x}\int_0^x\frac{1}{1-x}\mathrm{d}x\\
&=-\frac{\ln(1-x)}{1-x}.
\end{aligned}$$

例 4.17　对于 $n=1,2,\cdots$, 令 $c_n=1+\frac{1}{2}+\frac{1}{3}+\cdots+\frac{1}{n}$. 求下面级数的和

$$s=\sum_{n=1}^{\infty}\frac{c_n}{n(n+1)}.$$

解 设 k 为正整数，则有

$$\begin{aligned}\sum_{n=1}^{k}\frac{c_n}{n(n+1)}&=\sum_{n=1}^{k}\left(\frac{c_n}{n}-\frac{c_n}{n+1}\right)\\&=\sum_{n=1}^{k}\frac{c_n}{n}-\sum_{n=2}^{k+1}\frac{c_{n-1}}{n}\\&=c_1+\sum_{n=2}^{k}\frac{c_n-c_{n-1}}{n}-\frac{c_k}{k+1}\\&=1+\sum_{n=2}^{k}\frac{1}{n^2}-\frac{c_k}{k+1}\\&=\sum_{n=1}^{k}\frac{1}{n^2}-\frac{c_k}{k+1}\\&=\sum_{n=1}^{k}\frac{1}{n^2}-\frac{c_k-\ln k}{k+1}-\frac{\ln k}{k+1}.\end{aligned}$$

由 $\lim\limits_{k\to\infty}(c_k-\ln k)$ 存在且 $\lim\limits_{k\to\infty}\dfrac{\ln k}{k+1}=0$，令 $k\to\infty$，得

$$s=\sum_{n=1}^{\infty}\frac{1}{n^2}=\frac{\pi^2}{6}.$$

例 4.18 (2012 国际大学生数学竞赛试题) 设数列 $\{a_n\}_{n=0}^{\infty}$ 由下式给出

$$a_0=1,\quad a_1=\frac{1}{2},\quad a_{n+1}=\frac{na_n^{\ 2}}{1+(n+1)a_n}\quad(n\geqslant 1).$$

证明：级数 $\sum\limits_{k=0}^{\infty}\dfrac{a_{k+1}}{a_k}$ 收敛，并求出它的值.

解 注意到

$$ka_k=\frac{(1+(k+1)a_k)a_{k+1}}{a_k}=\frac{a_{k+1}}{a_k}+(k+1)a_{k+1}\quad(k\geqslant 1),$$

因此

$$\sum_{k=0}^{n}\frac{a_{k+1}}{a_k}=\frac{a_1}{a_0}+\sum_{k=1}^{n}\ (ka_k-(k+1)a_{k+1})=\frac{1}{2}+1\cdot a_1-(n+1)a_{n+1}=1-(n+1)a_{n+1}\quad(n\geqslant 0).$$

由上式，我们有

$$\sum_{k=0}^{n}\frac{a_{k+1}}{a_k}<1.$$

因为所有的项都是正数，这表明级数$\sum_{k=0}^{\infty}\frac{a_{k+1}}{a_k}$收敛. 所以$\frac{a_{k+1}}{a_k}$必须收敛到0.

特别地，存在一个指标n_0，使得任意$n>n_0$，有$\frac{a_{k+1}}{a_k}<\frac{1}{2}$. 对$n$用归纳法，我们有$a_n<\frac{C}{2^n}$，其中$C$是某个正常数. 由$na_n<\frac{Cn}{2^n}\to 0$，我们得到$na_n\to 0$，因此

$$\sum_{k=0}^{\infty}\frac{a_{k+1}}{a_k}=\lim_{n\to\infty}\sum_{k=0}^{n}\frac{a_{k+1}}{a_k}=\lim_{n\to\infty}(1-(n+1)a_{n+1})=1.$$

注　不等式$a_n\leqslant\frac{1}{2^n}$可以直接由归纳法得到.

例 4.19　对于$x>1$，求无穷级数

$$\frac{x}{x+1}+\frac{x^2}{(x+1)(x^2+1)}+\frac{x^4}{(x+1)(x^2+1)(x^4+1)}+\cdots$$

的和.

解　对于正整数n，令

$$s_n(x)=\frac{x}{x+1}+\frac{x^2}{(x+1)(x^2+1)}+\cdots+\frac{x^{2^n}}{(x+1)(x^2+1)\cdots(x^{2^n}+1)},$$

则

$$\begin{aligned}\frac{s_n(x)}{x-1}&=\frac{x}{x^2-1}+\frac{x^2}{x^4-1}+\cdots+\frac{x^{2^n}}{x^{2^{n+1}}-1}\\&=\left(\frac{1}{x-1}-\frac{1}{x^2-1}\right)+\left(\frac{1}{x^2-1}-\frac{1}{x^4-1}\right)+\cdots+\left(\frac{1}{x^{2^n}-1}-\frac{1}{x^{2^{n+1}}-1}\right)\\&=\frac{1}{x-1}-\frac{1}{x^{2^{n+1}}-1},\end{aligned}$$

于是，由于$x>1$，我们有

$$\lim_{n\to\infty}\frac{s_n(x)}{x-1}=\frac{1}{x-1}.$$

从而

$$\frac{x}{x+1}+\frac{x^2}{(x+1)(x^2+1)}+\frac{x^4}{(x+1)(x^2+1)(x^4+1)}+\cdots=\lim_{n\to\infty}s_n(x)=1.$$

例 4.20　设函数$f(x)=\frac{1}{1-x-x^2}$，$a_n=\frac{1}{n!}f^{(n)}(0)$. 证明级数$\sum_{n=0}^{\infty}\frac{a_{n+1}}{a_na_{n+2}}$收敛，

并求它的和.

解　因为 $f(x)=\dfrac{1}{1-x-x^2}$，所以 $1=f(x)(1-x-x^2)$. 将 $f(x)$ 按 Maclaurin 级数展开

$$f(x)=\sum_{k=0}^{\infty}a_kx^k,$$

其中 $a_k=\dfrac{1}{k!}f^{(k)}(0)$.

于是有

$$\begin{aligned}1&=(1-x-x^2)\left(a_0+a_1x+\sum_{k=2}^{\infty}a_kx^k\right)\\&=a_0+(a_1-a_0)x+\left(-a_0x^2-a_1x^2-a_1x^3+\sum_{k=2}^{\infty}a_kx^k-\sum_{k=2}^{\infty}a_kx^{k+1}-\sum_{k=2}^{\infty}a_kx^{k+2}\right)\\&=a_0+(a_1-a_0)x+\sum_{m=0}^{\infty}(a_{m+2}-a_{m+1}-a_m)x^{m+2}.\end{aligned}$$

比较等式两边同次幂的系数可得

$$a_0=a_1=1,\quad a_{m+2}-a_{m+1}-a_m=0.$$

从而有

$$\begin{aligned}a_2&=a_1+a_0\geqslant 2,\\a_3&=a_2+a_1\geqslant 3,\\&\cdots\cdots\end{aligned}$$

由归纳法知，$a_n\geqslant n$. 故当 $n\to\infty$，有 $a_n\to\infty$. 于是

$$\begin{aligned}s_n&=\sum_{k=0}^{n}\frac{a_{k+1}}{a_ka_{k+2}}=\sum_{k=0}^{n}\frac{a_{k+2}-a_k}{a_ka_{k+2}}=\sum_{k=0}^{n}\left(\frac{1}{a_k}-\frac{1}{a_{k+2}}\right)\\&=\frac{1}{a_0}-\frac{1}{a_{n+1}}+\frac{1}{a_1}-\frac{1}{a_{n+2}}.\end{aligned}$$

故有

$$\lim_{n\to\infty}s_n=\lim_{n\to\infty}\sum_{k=0}^{n}\frac{a_{k+1}}{a_ka_{k+2}}=\frac{1}{a_0}+\frac{1}{a_1}=2.$$

例 4.21 (1995 国际大学生数学竞赛试题)　设 $\{b_n\}$ 是一个由正数构成的数列，并且 $b_0=1$，$b_n=2+\sqrt{b_{n-1}}-2\sqrt{1+\sqrt{b_{n-1}}}$. 求 $\sum\limits_{n=1}^{\infty}b_n2^n$.

解　令 $a_n = 1+\sqrt{b_n}\ (n\geqslant 0)$. 则 $a_n > 1, a_0 = 2$ 并且

$$a_n = 1+\sqrt{1+a_{n-1}-2\sqrt{a_{n-1}}} = \sqrt{a_{n-1}},$$

所以 $a_n = 2^{2^{-n}}$. 因此

$$\begin{aligned}\sum_{n=1}^{N} b_n 2^n &= \sum_{n=1}^{N}(a_n-1)^2 2^n \\ &= \sum_{n=1}^{N}\left(a_n^2 2^n - a_n 2^{n+1} + 2^n\right) \\ &= \sum_{n=1}^{N}\left((a_{n-1}-1)2^n - (a_n-1)2^{n+1}\right) \\ &= (a_0-1)2^1 - (a_N-1)2^{N+1} \\ &= 2-2\frac{2^{2^{-N}}-1}{2^{-N}}.\end{aligned}$$

设 $x = 2^{-N}$，则 $x\to 0\ (N\to\infty)$，于是

$$\sum_{n=1}^{\infty} b_n 2^N = \lim_{N\to\infty}\left(2-2\frac{2^{2^{-N}}-1}{2^{-N}}\right) = \lim_{x\to 0}\left(2-2\frac{2^x-1}{x}\right) = 2-2\ln 2.$$

例 4.22　设 n 为正整数，求级数 $\displaystyle\sum_{k=1}^{\infty}\sum_{m=1}^{n}\frac{n(m-1)}{(nk+m-1)(nk+m)}$ 的和.

解　设 $H_k = 1+\dfrac{1}{2}+\cdots+\dfrac{1}{k} = \ln k+\gamma+\varepsilon_k$，

$$\begin{aligned}s_N &= \sum_{k=1}^{N}\sum_{m=1}^{n}\frac{n(m-1)}{(nk+m-1)(nk+m)} \\ &= \sum_{k=1}^{N}\sum_{m=1}^{n}\left(\frac{n(m-1)}{nk+m-1} - \frac{nm}{nk+m} + \frac{n}{nk+m}\right) \\ &= \sum_{k=0}^{N}\left(\sum_{m=1}^{n-1}\frac{nm}{nk+m} - \sum_{m=1}^{n-1}\frac{nm}{nk+m} - \frac{n}{k+1} + \sum_{m=1}^{n}\frac{n}{nk+m}\right) - nH_n \\ &= nH_{n(N+1)} - nH_{N+1} - nH_n \\ &= n(\ln n - H_n) + n\varepsilon_{n(N+1)} - n\varepsilon_N \to n(\ln n - H_n)(N\to\infty).\end{aligned}$$

因此

$$\sum_{k=1}^{\infty}\sum_{m=1}^{n}\frac{n(m-1)}{(nk+m-1)(nk+m)} = n(\ln n - H_n).$$

例 4.23 (2011 国际大学生数学竞赛试题)　求和

$$\sum_{n=1}^{\infty}\ln\left(1+\frac{1}{n}\right)\cdot\ln\left(1+\frac{1}{2n}\right)\cdot\ \ln\left(1+\frac{1}{2n+1}\right).$$

解 令 $f(n)=\ln\left(\dfrac{n+1}{n}\right)(n\geqslant 1)$, 则 $f(2n)+f(2n+1)=f(n)$. 由不等式 $\ln(1+x)\leqslant x$,我们有 $f(n)\leqslant\dfrac{1}{n}$. 另外,

$$g(n)=\sum_{k=n}^{2n-1}f^3(k)<nf^3(n)\leqslant\frac{1}{n^2}.$$

从而

$$\begin{aligned}g(n)-g(n+1)&=f^3(n)-f^3(2n)-f^3(2n+1)\\&=(f(2n)+f(2n+1))^3-f^3(2n)-f^3(2n+1)\\&=3(f(2n)+f(2n+1))f(2n)f(2n+1)\\&=3f(n)f(2n)f(2n+1),\end{aligned}$$

因此

$$\sum_{n=1}^{N}f(n)f(2n)f(2n+1)=\frac{1}{3}\sum_{n=1}^{N}(g(n)-g(n+1))=\frac{1}{3}(g(1)-g(N+1)).$$

因为当 $N\to\infty$ 时, $g(N+1)\to 0$,所以

$$\sum_{n=1}^{\infty}\ln\left(1+\frac{1}{n}\right)\cdot\ln\left(1+\frac{1}{2n}\right)\cdot\ln\left(1+\frac{1}{2n+1}\right)=\sum_{n=1}^{\infty}f(n)f(2n)f(2n+1)=\frac{1}{3}g(1)=\frac{1}{3}\ln^3 2.$$

例 4.24 证明: $\displaystyle\sum_{n=1}^{\infty}\frac{1}{\sqrt{n}(n+1)}<2.$

证明 我们先证明

$$\frac{1}{\sqrt{n}(n+1)}<\frac{2}{\sqrt{n}}-\frac{2}{\sqrt{n+1}}.$$

两边乘以 $\sqrt{n}(n+1)$,上面的不等式等价于

$$1<2(n+1)-2\sqrt{n(n+1)},$$

即 $2\sqrt{n(n+1)}<n+(n+1)$,显然成立. 于是,

$$\sum_{n=1}^{\infty}\frac{1}{\sqrt{n}(n+1)}<\sum_{n=1}^{\infty}\left(\frac{2}{\sqrt{n}}-\frac{2}{\sqrt{n+1}}\right)=2.$$

例 4.25 设 $\zeta(n)=1+\dfrac{1}{2^n}+\dfrac{1}{3^n}+\cdots\ (n=2,3,\cdots)$. 证明:

$$\frac{\zeta_{2n}}{\pi^{2n}}-\frac{\zeta_{2n-2}}{3!\pi^{2n-2}}+\frac{\zeta_{2n-4}}{5!\pi^{2n-4}}-\cdots+(-1)^{n-1}\frac{\zeta_2}{(2n-1)!\pi^2}+(-1)^n\frac{n}{(2n+1)!}=0,\quad n=1,2,\cdots.$$

证明 由 Fourier 级数可知

$$\frac{\pi-x}{2}=\sum_{k=1}^{\infty}\frac{\sin kx}{k},\quad 0<x<2\pi,$$

积分 $2n$ 次后，可得

$$\frac{\pi}{2}\frac{x^{2n}}{(2n)!}-\frac{1}{2}\frac{x^{2n+1}}{(2n+1)!}=\zeta_2\frac{x^{2n-1}}{(2n-1)!}-\zeta_4\frac{x^{2n-3}}{(2n-3)!}+\zeta_6\frac{x^{2n-5}}{(2n-5)!}-\cdots$$
$$+(-1)^{n-1}\zeta_{2n}\frac{x}{1!}+(-1)^n\sum_{k=1}^{\infty}\frac{\sin kx}{k^{2n}}.$$

将 $x=\pi$ 代入后整理即得

$$\frac{\zeta_{2n}}{\pi^{2n}}-\frac{\zeta_{2n-2}}{3!\pi^{2n-2}}+\frac{\zeta_{2n-4}}{5!\pi^{2n-4}}-\cdots+(-1)^{n-1}\frac{\zeta_2}{(2n-1)!\pi^2}+(-1)^n\frac{n}{(2n+1)!}=0,\quad n=1,2,\cdots.$$

例 4.26 (1996 国际大学生数学竞赛试题)

(1) 证明：$\displaystyle\lim_{x\to+\infty}\sum_{n=1}^{\infty}\frac{nx}{(n^2+x)^2}=\frac{1}{2}$.

(2) 证明：存在 $c>0$，使得对于任意 $x\in[1,+\infty)$，有

$$\left|\sum_{n=1}^{\infty}\frac{nx}{(n^2+x)^2}-\frac{1}{2}\right|\leqslant\frac{c}{x}.$$

证明 (1) 令 $f(t)=\dfrac{t}{(1+t^2)^2}, h=\dfrac{1}{\sqrt{t}}$. 则

$$\sum_{n=1}^{\infty}\frac{nx}{(n^2+x)^2}=h\sum_{n=1}^{\infty}f(nh)\xrightarrow{h\to0}\int_0^{\infty}f(t)\mathrm{d}t=\frac{1}{2}.$$

因为 $h\displaystyle\sum_{n=1}^{\infty}f(nh)$ 是定积分 $\displaystyle\int_0^{\infty}f(t)\mathrm{d}t$ 的 Riemann 和，所以级数收敛.

(2) 我们有

$$\left|\sum_{n=1}^{\infty}\frac{nx}{(n^2+x)^2}-\frac{1}{2}\right|=\left|\sum_{n=1}^{\infty}\left(hf(nh)-\int_{nh-\frac{h}{2}}^{nh+\frac{h}{2}}f(t)\mathrm{d}t\right)-\int_0^{\frac{h}{2}}f(t)\mathrm{d}t\right|$$
$$\leqslant\sum_{n=1}^{\infty}\left|hf(nh)-\int_{nh-\frac{h}{2}}^{nh+\frac{h}{2}}f(t)\mathrm{d}t\right|+\int_0^{\frac{h}{2}}f(t)\mathrm{d}t,$$

对于任意的 $g\in C^2[a-b,a+b]$，使用两次逐项积分，我们可以得到

$$2bg(a)-\int_{a-b}^{a+b} g(t)\mathrm{d}t=-\frac{1}{2}\int_0^b (b-t)^2(g''(a+t)+g''(a-t))\mathrm{d}t .$$

由 $f(0)=0, f\in C^2\left[0,\frac{h}{2}\right]$，我们可以得到

$$\int_0^{\frac{h}{2}} f(t)\mathrm{d}t=O(h^2).$$

由上面三个式子，我们有

$$\left|\sum_{n=1}^{\infty}\frac{nx}{(n^2+x)^2}-\frac{1}{2}\right|\leqslant\sum_{n=1}^{\infty}h^2\int_{nh-\frac{h}{2}}^{nh+\frac{h}{2}} |f''(t)|\,\mathrm{d}t+O(h^2)$$

$$=h^2\int_{\frac{h}{2}}^{\infty}|f''(t)|\,\mathrm{d}t+O(h^2)=O(h^2)=O\left(x^{-1}\right).$$

例 4.27　设 $F(0)=0, F(1)=\frac{3}{2}, F(n)=\frac{5}{2}F(n-1)-F(n-2)\ (n\geqslant 2)$. 确定 $\sum_{n=0}^{\infty}\frac{1}{F(2^n)}$ 是否是一个有理数?

解　**方法一**　我们的线性迭代的特征方程为 $x^2-\frac{5}{2}x+1=0$，它的根为 $x_1=2$ 和 $x_2=\frac{1}{2}$. 所以 $F(n)=a\cdot 2^n+b\cdot\left(\frac{1}{2}\right)^n$，其中 a,b 是常数. 由 $F(0)=0$ 和 $F(1)=\frac{3}{2}$，则 a,b 满足 $a+b=0$ 和 $2a+\frac{b}{2}=\frac{3}{2}$. 因此 $a=1$ 和 $b=-1$，于是

$$F(n)=2^n-2^{-n}.$$

注意到

$$\frac{1}{F(2^n)}=\frac{2^{2^n}}{(2^{2^n})^2-1}=\frac{1}{2^{2^n}-1}-\frac{1}{(2^{2^n})^2-1}=\frac{1}{2^{2^n}-1}-\frac{1}{2^{2^{n+1}}-1},$$

所以

$$\sum_{n=0}^{\infty}\frac{1}{F(2^n)}=\sum_{n=0}^{\infty}\left(\frac{1}{2^{2^n}-1}-\frac{1}{2^{2^{n+1}}-1}\right)=\frac{1}{2^{2^0}-1}=1.$$

从而，级数的和为1，是一个有理数.

方法二　与方法一一样，我们可以得到 $F(n)=2^n-2^{-n}$. 于是,

$$\sum_{n=0}^{\infty}\frac{1}{F(2^n)}=\sum_{n=0}^{\infty}\frac{1}{2^{2^n}-2^{-2^n}}=\sum_{n=0}^{\infty}\frac{\left(\frac{1}{2}\right)^{2^n}}{1-\left(\frac{1}{2}\right)^{2^{n+1}}}$$

$$=\sum_{n=0}^{\infty}\left(\frac{1}{2}\right)^{2^n}\sum_{k=0}^{\infty}\left(\left(\frac{1}{2}\right)^{2^{n+1}}\right)^k=\sum_{n=0}^{\infty}\left(\frac{1}{2}\right)^{2^n}\sum_{k=0}^{\infty}\left(\frac{1}{2}\right)^{2k\cdot 2^n}$$

$$=\sum_{n=0}^{\infty}\sum_{k=0}^{\infty}\left(\frac{1}{2}\right)^{2^n(2k+1)}=\sum_{m=1}^{\infty}\left(\frac{1}{2}\right)^m=1.$$

这里我们用到了一个事实：每个正整数m具有唯一的分解$m=2^n(2k+1)$，其中n和k是非负整数.

例 4.28　证明：若$\{p_n\}_{n=0}^{\infty}$是一个严格单调递增的自然数列，则$\sum\limits_{n=0}^{\infty}\frac{(-1)^n}{p_0p_1\cdots p_n}$是无理数.

证明　反证法. 设$\frac{\alpha}{\beta}=\sum\limits_{n=0}^{\infty}\frac{(-1)^n}{p_0p_1\cdots p_n}$，$\alpha,\beta$均是自然数，于是

$$\frac{1}{p_0}-\frac{1}{p_0p_1}<\frac{\alpha}{\beta}<\frac{1}{p_0}.$$

再由

$$\frac{1}{p_0}-\frac{1}{p_0p_1}-\frac{1}{p_0+1}=\frac{p_1-p_0-1}{p_0p_1(p_0+1)}\geqslant 0$$

知

$$\frac{1}{p_0+1}<\frac{\alpha}{\beta}<\frac{1}{p_0},$$

因而，$\beta-\alpha p_0<\alpha$. 注意到

$$\sum_{n=1}^{\infty}\frac{(-1)^{n-1}}{p_1p_2\cdots p_n}=1-\frac{\alpha p_0}{\beta},$$

而

$$1-\frac{\alpha p_0}{\beta}=\frac{\beta-\alpha p_0}{\beta}$$

是一个分子小于α的分数. 递推下去，可知

$$\sum_{n=\alpha}^{\infty}\frac{(-1)^{n-\alpha}}{p_\alpha p_{\alpha+1}\cdots p_n}\leqslant 0.$$

但是，这与

$$\frac{1}{p_\alpha+1}<\sum_{n=\alpha}^{\infty}\frac{(-1)^{n-\alpha}}{p_\alpha p_{\alpha+1}\cdots p_n}<\frac{1}{p_\alpha}$$

矛盾.

例 4.29 (2000 国际大学生数学竞赛试题)　(1) 证明：如果$\{x_i\}$是一个单调递减的正实数列，则

$$\left(\sum_{i=1}^{n} x_i^{\,2}\right)^{1/2} \leqslant \sum_{i=1}^{n}\frac{x_i}{\sqrt{i}}.$$

(2) 证明：存在一个常数C，当$\{x_i\}$是一个单调递减的正实数列时，有

$$\sum_{m=1}^{\infty}\frac{1}{\sqrt{m}}\left(\sum_{i=m}^{\infty} x_i^{\,2}\right)^{1/2} \leqslant C\sum_{i=1}^{\infty} x_i.$$

证明　(1) $\left(\sum_{i=1}^{n}\frac{x_i}{\sqrt{i}}\right)^2 = \sum_{i,j}^{n}\frac{x_i x_j}{\sqrt{i}\sqrt{j}} \geqslant \sum_{i=1}^{n}\frac{x_i}{\sqrt{i}}\sum_{j=1}^{i}\frac{x_i}{\sqrt{j}} \geqslant \sum_{i=1}^{n}\frac{x_i}{\sqrt{i}}\cdot i\cdot\frac{x_i}{\sqrt{i}} = \sum_{i=1}^{n} x_i^{\,2}.$

(2) 由(1)，有

$$\sum_{m=1}^{\infty}\frac{1}{\sqrt{m}}\left(\sum_{i=m}^{\infty} x_i^{\,2}\right)^{1/2} \leqslant \sum_{m=1}^{\infty}\frac{1}{\sqrt{m}}\sum_{i=m}^{\infty}\frac{x_i}{\sqrt{i-m+1}} = \sum_{i=1}^{\infty} x_i\sum_{m=1}^{i}\frac{1}{\sqrt{m}\sqrt{i-m+1}}.$$

因为$\int_0^{i+1}\frac{1}{\sqrt{x}\sqrt{i+1-x}}\mathrm{d}x = \pi$，所以$\sup\limits_i\sum_{m=1}^{i}\frac{1}{\sqrt{m}\sqrt{i-m+1}}$有一个上界. 或者，我们可以观察到

$$\sum_{m=1}^{i}\frac{1}{\sqrt{m}\sqrt{i+1-m}} = 2\sum_{m=1}^{i/2}\frac{1}{\sqrt{m}\sqrt{i+1-m}} \leqslant 2\frac{1}{\sqrt{i/2}}\sum_{m=1}^{i/2}\frac{1}{\sqrt{m}} \leqslant 2\frac{1}{\sqrt{i/2}}\cdot 2\sqrt{i/2} = 4.$$

例 4.30 (2002 国际大学生数学竞赛试题)　对于任意$n\geqslant 1$，令$a_n = \sum_{k=0}^{\infty}\frac{k^n}{k!}$，$b_n = \sum_{k=0}^{\infty}(-1)^k\frac{k^n}{k!}$. 证明：$a_n\cdot b_n$是一个整数.

证明　我们对n用归纳法证明$\frac{a_n}{\mathrm{e}}$和$b_n\mathrm{e}$都是整数. $n=0$时，由e^x的幂级数，有$a_n = \mathrm{e}^1 = \mathrm{e}$和$b_n = \mathrm{e}^{-1} = \frac{1}{\mathrm{e}}$，结论成立.

假设对于$n\geqslant 0$，$a_0, a_1, \cdots, a_n$和$b_0, b_1, \cdots, b_n$分别都是e和$\frac{1}{\mathrm{e}}$的倍数，则由二项式定理知

$$a_{n+1} = \sum_{k=0}^{n}\frac{(k+1)^{n+1}}{(k+1)!} = \sum_{k=0}^{\infty}\frac{(k+1)^n}{k!} = \sum_{k=0}^{\infty}\sum_{m=0}^{n}\binom{n}{m}\frac{k^m}{k!} = \sum_{m=0}^{n}\binom{n}{m}\sum_{k=0}^{\infty}\frac{k^m}{k!} = \sum_{m=0}^{n}\binom{n}{m}a_m.$$

类似地

$$b_{n+1}=\sum_{k=0}^{n}(-1)^{k+1}\frac{(k+1)^{n+1}}{(k+1)!}=-\sum_{k=0}^{\infty}(-1)^{k}\frac{(k+1)^{n}}{k!}=-\sum_{k=0}^{\infty}(-1)^{k}\sum_{m=0}^{n}\binom{n}{m}\frac{k^{m}}{k!}$$

$$=-\sum_{m=0}^{n}\binom{n}{m}\sum_{k=0}^{\infty}(-1)^{k}\frac{k^{m}}{k!}=-\sum_{m=0}^{n}\binom{n}{m}b_{m}.$$

从而，a_{n+1} 和 b_{n+1} 是前面元素的整系数的线性组合，因此结论成立.

例 4.31 (1998 国际大学生数学竞赛试题)　设 $f:(0,1)\to[0,+\infty)$ 是一个除了 $a_1,a_2,\cdots$ 之外均是零的函数($a_1,a_2,\cdots$ 互不相同). 令 $b_n=f(a_n)$.

(1) 证明：如果 $\sum\limits_{n=1}^{\infty}b_n<\infty$，则 f 至少在一个点 $x\in(0,1)$ 可微.

(2) 证明：对于任意的非负实数列 $\{b_n\}_{n=1}^{\infty}$，如果 $\sum\limits_{n=1}^{\infty}b_n=\infty$，则存在一个数列 $\{a_n\}_{n=1}^{\infty}$ 满足上述定义却无处可微.

证明　我们首先构造一个正实数列 c_n，使得 $c_n\to\infty$，并且 $\sum\limits_{n=1}^{\infty}c_nb_n<\frac{1}{2}$. 令 $B=\sum\limits_{n=1}^{\infty}b_n$，并且对于 $k=0,1,\cdots$，令 N_k 表示满足

$$\sum_{n=N_k}^{\infty}b_n\leqslant\frac{B}{4^k}$$

的第一个正整数. 现在，对于每个满足 $N_k\leqslant n<N_{k+1}$ 的 n，令 $c_n=\frac{2^k}{5B}$，则我们有 $c_n\to\infty$，并且

$$\sum_{n=1}^{\infty}c_nb_n=\sum_{k=0}^{\infty}\sum_{N_k\leqslant n<N_{k+1}}c_nb_n\leqslant\sum_{k=0}^{\infty}\frac{2^k}{5B}\sum_{n=N_k}^{\infty}b_n\leqslant\sum_{k=0}^{\infty}\frac{2^k}{5B}\cdot\frac{B}{4^k}=\frac{2}{5}.$$

考虑区间 $I_n=(a_n-c_nb_n,a_n+c_nb_n)$，它们的长度之和为 $2\sum c_nb_n<1$，因此存在一个点 $x_0\in(0,1)$，使得它不在任何一个区间 I_n 中. 我们证明 f 在 x_0 可微，并且 $f'(x_0)=0$. 因为 x_0 在区间 I_n 之外，所以对于任意 n 和 $f(x_0)=0$，有 $x_0\neq a_n$. 对于 $x\in(0,1)\setminus\{x_0\}$，如果存在某个 n，有 $x=a_n$，则

$$\left|\frac{f(x)-f(x_0)}{x-x_0}\right|=\frac{f(a_n)-0}{|a_n-x_0|}\leqslant\frac{b_n}{c_nb_n}=\frac{1}{c_n},$$

否则 $\frac{f(x)-f(x_0)}{x-x_0}=0$. 因为 $c_n\to\infty$，故表明：对于任意 $\varepsilon>0$，只存在有限个 $x\in(0,1)\setminus\{x_0\}$，使得 $\left|\frac{f(x)-f(x_0)}{x-x_0}\right|<\varepsilon$ 不成立.

因此，结论得证.

(注　f 是有限的，这表明 f 几乎处处可微.)

(2) 我们从数列 b_n 中移去 0 元素. 因为除去 (0,1) 中的一个可数子集外，$f(x)=0$，所以如果 f 在某个点 x_0 可微，则 $f(x_0)$ 和 $f'(x_0)$ 必须为零.

容易构造一个数列 β_n，满足 $0<\beta_n\leqslant b_n$，$b_n\to 0$ 和 $\sum_{n=1}^{\infty}\beta_n=\infty$.

选取 $a_1,a_2,\cdots$，使得区间 $I_n=(a_n-\beta_n,a_n+\beta_n)$ $(n=1,2,\cdots)$ 覆盖了 (0,1) 中的点无数多次(这是可能的，因为区间的和 $2\sum b_n=\infty$). 则对于任意 $x_0\in(0,1)$，$f(x_0)=0$ 和 $\varepsilon>0$，存在一个 n，使得 $\beta_n<\varepsilon$ 和 $x_0\in I_n$. 这表明

$$\frac{|f(a_n)-f(x_0)|}{|a_n-x_0|}>\frac{b_n}{\beta_n}\geqslant 1.$$

例 4.32 (2003 国际大学生数学竞赛试题)　设 $g:[0,1]\to\mathbf{R}$ 是一个连续函数，$f_n:[0,1]\to\mathbf{R}$ 是一个由下式定义的函数列

$$f_0(x)=g(x),\quad f_{n+1}(x)=\frac{1}{x}\int_0^x f_n(t)\mathrm{d}t\quad (x\in(0,1],n=0,1,2,\cdots).$$

对任意 $x\in(0,1]$，求 $\lim\limits_{n\to\infty}f_n(x)$.

解　我们采取两种不同的方法证明结论：对于任意的 $x\in(0,1]$，有

$$\lim_{n\to\infty}f_n(x)=g(0). \tag{$*$}$$

方法一　首先，我们证明结论(*)对于非减函数 g 是成立的. 由归纳法，我们容易知道

(1) 每个 f_n 是非降的；

(2) $g(x)=f_0(x)\geqslant f_1(x)\geqslant f_2(x)\geqslant\cdots\geqslant g(0)$ $(x\in(0,1])$.

这表明存在

$$h(x)=\lim_{n\to\infty}f_n(x)\quad (x\in(0,1]).$$

显然，h 是非减的，并且 $g(0)\leqslant h(x)\leqslant f_n(x)$ $(\forall x\in(0,1],n=0,1,2,\cdots)$. 因此，我们只需证明 $h(x)=g(0)$ $(\forall x\in(0,1])$.

可以证明 $h(1)$ 不可能大于 $g(0)$.

假设 $h(1)>g(0)$. 则存在 $0<\delta<1$，使得 $h(1)>g(\delta)$. 由定义，我们得到

$$f_{n+1}(1)=\int_0^1 f_n(t)\mathrm{d}t\leqslant\int_0^{\delta}g(t)\mathrm{d}t+\int_0^1 f_n(t)\mathrm{d}t\leqslant\delta g(\delta)+(1-\delta)f_n(1).$$

因此，

$$f_n(1)-f_{n+1}(1)\geqslant\delta(f_n(1)-g(\delta))\geqslant\delta(h(1)-g(\delta))>0,$$

从而 $f_n(1)\to-\infty$，矛盾.

类似地，我们可以证明结论(*)对于非增连续函数同样成立. 现在，假设 g 是 $[0,1]$ 上的一个任意函数，令

$$M(x)=\sup_{t\in[0,x]} g(t),\quad m(x)=\inf_{t\in[0,x]} g(t)\quad (x\in[0,1]),$$

则在 $[0,1]$ 上 m 是非增的，M 是非减的，并且两者都是连续的，

$$m(x)\leqslant g(x)\leqslant M(x),$$

以及

$$m(0)=g(0)=M(0).$$

用同样的方式定义函数列 $M_n(x)$ 和 $m_n(x)$，并且 $M_0=M$ 和 $m_0=m$.

由归纳法，我们容易证明 $m_n(x)\leqslant f_n(x)\leqslant M_n(x)$. 根据前面的证明

$$\lim_{n\to\infty} m_n(x)=m(0)=g(0)=M(0)=\lim_{n\to\infty} M_n(x)\quad (x\in(0,1]).$$

因此我们必然可以得到

$$\lim_{n\to\infty} f_n(x)=g(0).$$

方法二 为了使记号更加清晰，我们记 f_j 的自变量为 x_j. 由定义(和 Fubini 定理)，我们得到

$$\begin{aligned}
f_{n+1}(x_{n+1})&=\frac{1}{x_{n+1}}\int_0^{x_{n+1}}\frac{1}{x_n}\int_0^{x_n}\frac{1}{x_{n-1}}\int_0^{x_{n-1}}\cdots\int_0^{x_2}\frac{1}{x_1}\int_0^{x_1} g(x_0)\mathrm{d}x_0\mathrm{d}x_1\cdots\mathrm{d}x_n\\
&=\frac{1}{x_{n+1}}\int\cdots\int_{0\leqslant x_0\leqslant x_1\leqslant\cdots\leqslant x_n\leqslant x_{n+1}} g(x_0)\frac{\mathrm{d}x_0\mathrm{d}x_1\cdots\mathrm{d}x_n}{x_1\cdots x_n}\\
&=\frac{1}{x_{n+1}}\int_0^{x_{n+1}} g(x_0)\left(\int\cdots\int_{x_0\leqslant x_1\leqslant\cdots\leqslant x_n\leqslant x_{n+1}}\frac{\mathrm{d}x_1\cdots\mathrm{d}x_n}{x_1\cdots x_n}\right)\mathrm{d}x_0.
\end{aligned}$$

因此，由记号

$$h_n(a,b)=\int\cdots\int_{a\leqslant x_1\leqslant\cdots\leqslant x_n\leqslant b}\frac{\mathrm{d}x_1\cdots\mathrm{d}x_n}{x_1\cdots x_n}$$

和 $x=x_{n+1}, t=x_0$，我们有

$$f_{n+1}(x)=\frac{1}{x}\int_0^x g(t)h_n(t,x)\mathrm{d}t.$$

注意到 $h_n(a,b)$ 对于 $x_1,x_2,\cdots,x_n$ 的任意排列都是相同的，并且在任意超平面 $(x_i=x_j)$上积分为 0，我们有

$$\begin{aligned}
n!h_n(a,b)&=\int\cdots\int_{a\leqslant x_1\leqslant\cdots\leqslant x_n\leqslant b}\frac{\mathrm{d}x_1\cdots\mathrm{d}x_n}{x_1\cdots x_n}=\int_a^b\cdots\int_a^b\frac{\mathrm{d}x_1\cdots\mathrm{d}x_n}{x_1\cdots x_n}\\
&=\left(\int_a^b\frac{\mathrm{d}x}{x}\right)^n=\left(\ln\left(\frac{b}{a}\right)\right)^n.
\end{aligned}$$

因此，

$$f_{n+1}(x)=\frac{1}{x}\int_0^x g(t)\frac{\left(\ln\left(\frac{x}{t}\right)\right)^n}{n!}\mathrm{d}t.$$

注意到，如果 g 是常数，则由定义，得到 $f_n=g$. 这表明一方面，我们必须有

$$\frac{1}{x}\int_0^x \frac{\left(\ln\left(\frac{x}{t}\right)\right)^n}{n!}\mathrm{d}t=1\text{；}$$

另一方面，假设 $g(0)=0$，并把 g 替换为 $g-g(0)$.

令 $x\in(0,1]$ 和 $\varepsilon>0$ 固定. 由连续性，存在 $0<\delta<x$ 和 M，使得在 $[0,\delta]$ 上，有 $|g(t)|<\varepsilon$，并且在 $[0,1]$ 上，$|g(t)|\leqslant M$.

因为

$$\lim_{n\to\infty}\frac{\left(\ln\left(\frac{x}{\delta}\right)\right)^n}{n!}=0,$$

所以存在 n_0，使得当 $n\geqslant n_0$ 时，有 $\left(\ln\left(\frac{x}{\delta}\right)\right)^n/n!<\varepsilon$. 因此，对于任意 $n\geqslant n_0$，我们有

$$\begin{aligned}|f_{n+1}(x)|&\leqslant\frac{1}{x}\int_0^x|g(t)|\frac{\left(\ln\left(\frac{x}{t}\right)\right)^n}{n!}\mathrm{d}t\\&\leqslant\frac{1}{x}\int_0^\delta\varepsilon\frac{\left(\ln\left(\frac{x}{t}\right)\right)^n}{n!}\mathrm{d}t+\frac{1}{x}\int_\delta^x|g(t)|\frac{\left(\ln\left(\frac{x}{\delta}\right)\right)^n}{n!}\mathrm{d}t\\&\leqslant\frac{1}{x}\int_0^x\varepsilon\frac{\left(\ln\left(\frac{x}{t}\right)\right)^n}{n!}\mathrm{d}t+\frac{1}{x}\int_\delta^x M\varepsilon\mathrm{d}t\\&\leqslant\varepsilon+M\varepsilon.\end{aligned}$$

从而

$$\lim_{n\to\infty}f_n(0)=0=g(0).$$

例 4.33 (第七届全国大学生数学竞赛预赛试题)　设 $f(x)$ 是 $[0,+\infty)$ 上有界连续函数，$h(x)$ 是 $[0,+\infty)$ 上连续函数，且

$$\int_0^{+\infty}|h(t)|\mathrm{d}t=a<1.$$

构造函数列如下：

$$g_0(x)=f(x)\text{；}$$

$$g_n(x)=f(x)+\int_0^x h(t)g_{n-1}(t)\mathrm{d}t,\quad n=1,2,\cdots.$$

证明：$\{g_n(x)\}$ 收敛于一个连续函数，并求其极限函数.

证明 记 $M=\sup|f(x)|$. 因而，$|g_0(x)|\leqslant M$. 假设

$$|g_{n-1}(x)|\leqslant(1+a+\cdots+a^{n-1})M.$$

由 $g_n(x)$ 的定义可得

$$\begin{aligned}|g_n(x)|&\leqslant|f(x)+\int_0^x|h(t)|g_{n-1}(x)|\mathrm{d}t\\&\leqslant M+\int_0^{+\infty}|h(t)|(1+a+\cdots+a^{n-1})M\mathrm{d}t\\&=M+a(1+a+\cdots a^{n-1})M\\&=(1+a+\cdots+a^{n-1}+a^n)M.\end{aligned}$$

因此 $|g_n(x)|\leqslant\dfrac{1-a^{n+1}}{1-a}M$. 而

$$g_n(x)-g_{n-1}(x)=\int_0^x h(t)(g_{n-1}(t)-g_{n-2}(t))\mathrm{d}t,$$

由此可得

$$\sup|g_n(x)-g_{n-1}(x)|\leqslant a\sup|g_{n-1}(x)-g_{n-2}(x)|.$$

从而

$$\sup|g_n(x)-g_{n-1}(x)|\leqslant a^{n-1}\sup|g_1(x)-g_0(x)|\leqslant a^nM.$$

由于 $a\in[0,1]$，从上式可知函数项级数

$$\sum_{n=1}^{\infty}(g_n(x)-g_{n-1}(x))$$

在 $[0,+\infty)$ 上一致收敛，即函数列 $\{g_n(x)\}$ 在 $[0,+\infty)$ 上一致收敛. 因为函数列的每一项都连续，因而其极限函数 $g(x)$ 也是连续函数.

对 $g_n(x)=f(x)+\int_0^x h(t)g_{n-1}(t)\mathrm{d}t$ 的两边取极限得

$$g(x)=f(x)+\int_0^x h(t)g(t)\mathrm{d}t.$$

记 $\psi(x)=\int_0^x h(t)g(t)\mathrm{d}t, H(x)=\int_0^x h(t)\mathrm{d}t$，则此二函数可导，且 $\psi'(x)=h(x)g(x)$，$H'(x)=h(x)$. 由 $g(x)=f(x)+\int_0^x h(t)g(t)\mathrm{d}t$，可得

$$\psi'(x)-h(x)\psi(x)=h(x)f(x).$$

因而

$$\left(\mathrm{e}^{-H(x)}\psi(x)\right)' = \mathrm{e}^{-H(x)}h(x)f(x).$$

两边积分可得

$$\mathrm{e}^{-H(x)}\psi(x) = \int_0^x \mathrm{e}^{-H(t)}h(t)f(t)\mathrm{d}t,$$

即

$$\psi(x) = \mathrm{e}^{H(x)}\int_0^x \mathrm{e}^{-H(t)}h(t)f(t)\mathrm{d}t.$$

将此代入 $g(x) = f(x) + \int_0^x h(t)g(t)\mathrm{d}t$ 得到

$$g(x) = f(x) + \mathrm{e}^{H(x)}\int_0^x \mathrm{e}^{-H(t)}h(t)f(t)\mathrm{d}t.$$

例 4.34 (第一届全国大学生数学竞赛决赛试题)　设 $f(x)$ 在 $[0,+\infty)$ 上一致连续，且对于固定的 $x\in[0,+\infty)$，

$$f(x+n)\to 0 \quad (n\to\infty).$$

证明：函数序列 $\{f(x+n): n=1,2,\cdots\}$ 在 $[0,1]$ 上一致收敛于 0.

证明　由于 $f(x)$ 在 $[0,+\infty)$ 上一致连续，故对于任意给定的 $\varepsilon>0$，存在一个 $\delta>0$，使得任意 $|x_1-x_2|<\delta\,(x_1\geqslant 0, x_2\geqslant 0)$，有 $|f(x_1)-f(x_2)|<\dfrac{\varepsilon}{2}$.

取一个充分大的自然数 m，使得 $m>\dfrac{1}{\delta}$，并在 $[0,1]$ 中取 m 个点：

$$x_1 = 0 < x_2 < \cdots < x_m = 1,$$

其中 $x_j = \dfrac{j}{m}\,(j=1,2,\cdots,m)$.

这样，对于每一个 j，

$$|x_{j+1}-x_j| = \frac{1}{m} < \delta.$$

又由 $\lim\limits_{n\to\infty} f(x+n) = 0$，故对于每一个 x_j，存在 N_j，使得任意 $n>N_j$，有

$$|f(x_j+n)| < \frac{\varepsilon}{2},$$

这里的 ε 是前面给定的. 令 $N=\max\{N_1,\cdots,N_m\}$，则任意 $n>N$，有

$$|f(x_j+n)| < \frac{\varepsilon}{2},$$

其中 $j=1,2,\cdots,m$. 设 $x\in[0,1]$ 是任意一点，这是总有一个 x_j 使得 $x\in[x_j,x_{j+1}]$.

由 $f(x)$ 在 $[0,+\infty)$ 上一致连续性及 $|x-x_j|<\delta$，可知

$$|f(x_j+n)-f(x+n)| < \frac{\varepsilon}{2} \quad (\forall n=1,2,\cdots).$$

又，我们已经知道，任意$n>N$，有

$$|f(x_j+n)|<\frac{\varepsilon}{2}.$$

因此，任意$n>N, x\in[0,1]$，有

$$|f(x+n)|<\varepsilon.$$

注意到这里的N的选取与点x无关，这就证实了函数序列$\{f(x+n): n=1,2,\cdots\}$在$[0,1]$上一致连续于 0.

4.3　竞赛训练题

1. (第一届全国大学生数学竞赛预赛试题)　设$a_n=\int_0^{\frac{\pi}{2}} t\left|\frac{\sin nt}{\sin t}\right|^3 \mathrm{d}t$，证明$\sum_{n=1}^{\infty}\frac{1}{a_n}$发散.

2. (1997 国际大学生数学竞赛试题)　假设$\sum_{n=1}^{\infty}a_n$收敛，则下面的和是否也收敛?

(1) $a_1+a_2+a_4+a_3+a_8+a_7+a_6+a_5+a_{16}+a_{15}+\cdots+a_9+a_{32}+\cdots$;

(2) $a_1+a_2+a_3+a_4+a_5+a_7+a_6+a_8+a_9+a_{11}+a_{13}+a_{15}+a_{10}+a_{12}+a_{14}+a_{16}+a_{17}+a_{19}+\cdots$.

3. 判断级数$\sum_{n=1}^{\infty}u_n$的敛散性，已知其一般项u_n与部分和S_n有如下关系：

$$u_1=2,\quad 2S_n^2=2u_nS_n-u_n\quad (n\geqslant 2).$$

4. 令

$$a_n=\frac{1}{4n+1}+\frac{1}{4n+3}-\frac{1}{2n+2},\quad n=0,1,2,\cdots.$$

无穷级数$\sum_{n=0}^{\infty}a_n$收敛吗？如果收敛，它的和是什么?

5. (2010 国际大学生数学竞赛试题)　设$a>1$，求无穷级数的和

$$s=\sum_{n=0}^{\infty}\frac{2^n}{a^{2^n}+1}.$$

6. 求和$\sum_{k=0}^{\infty}\frac{1}{(4k+1)(4k+2)(4k+3)(4k+4)}$.

7. 证明：$x+\frac{2}{3}x^3+\frac{2}{3}\frac{4}{5}x^5+\frac{2}{3}\frac{4}{5}\frac{6}{7}x^7+\cdots=\frac{\arcsin x}{\sqrt{1-x^2}}$.

8. (第八届全国大学生数学竞赛决赛试题)　设$n>1$为正整数，令

$$S_n=\left(\frac{1}{n}\right)^n+\left(\frac{2}{n}\right)^n+\cdots+\left(\frac{n-1}{n}\right)^n.$$

(1) 证明：数列S_n单调且有界，从而极限$\lim\limits_{n\to\infty}S_n$存在；

(2) 求极限$\lim\limits_{n\to\infty}S_n$.

9. (第十届全国大学生数学竞赛预赛试题)　设$\{a_n\}$，$\{b_n\}$是两个数列，$a_n>0$ $(n\geqslant 1)$，$\sum\limits_{n=1}^{\infty}b_n$绝对收敛，且

$$\frac{a_n}{a_{n+1}}\leqslant 1+\frac{1}{n}+\frac{1}{n\ln n}+b_n,\quad n\geqslant 2.$$

证明：(1) $\dfrac{a_n}{a_{n+1}}<\dfrac{n+1}{n}\cdot\dfrac{\ln(n+1)}{\ln n}+b_n\ (n\geqslant 2)$；

(2) $\sum\limits_{n=1}^{\infty}a_n$发散.

10. (第九届全国大学生数学竞赛预赛试题)　设$\{a_n\}$是递增数列，$a_1>1$，证明：级数$\sum\limits_{n=1}^{\infty}\dfrac{a_{n+1}-a_n}{a_n\ln a_{n+1}}$收敛的充分必要条件是$\{a_n\}$有界. 又问级数通项分母中的$a_n$能否换成$a_{n+1}$？

11. (第二届全国大学生数学竞赛决赛试题)　设连续函数$f:\mathbf{R}\to\mathbf{R}$，满足$\sup\limits_{x,y\in\mathbf{R}}|f(x+y)-f(x)-f(y)|<+\infty$. 证明：存在实常数$a$满足$\sup\limits_{x,y\in\mathbf{R}}|f(x)-ax|<+\infty$.

12. (第一届全国大学生数学竞赛预赛试题)　设$\{f_n(x)\}$是定义在$[a,b]$上的无穷次可微的逐点收敛的函数序列，并且在$[a,b]$上满足$|f_n'(x)|\leqslant M$.

(1) 证明：$\{f_n(x)\}$在$[a,b]$上一致收敛；

(2) 设$f(x)=\lim\limits_{n\to\infty}f_n(x)$，问$f(x)$是否一定在$[a,b]$上处处可导？

4.4　参考答案

1. **证明**　$\displaystyle\int_0^{\frac{\pi}{2}}t\left|\frac{\sin nt}{\sin t}\right|^3\mathrm{d}t=\int_0^{\frac{\pi}{n}}t\left|\frac{\sin nt}{\sin t}\right|^3\mathrm{d}t+\int_{\frac{\pi}{n}}^{\frac{\pi}{2}}t\left|\frac{\sin nt}{\sin t}\right|^3\mathrm{d}t=I_1+I_2$，

$$I_1=\int_0^{\frac{\pi}{n}}t\left|\frac{\sin nt}{\sin t}\right|^3\mathrm{d}t<n^3\int_0^{\frac{\pi}{n}}t\mathrm{d}t=\frac{\pi^2 n}{2},$$

$$I_2=\int_{\frac{\pi}{n}}^{\frac{\pi}{2}}t\left|\frac{\sin nt}{\sin t}\right|^3\mathrm{d}t<\int_{\frac{\pi}{n}}^{\frac{\pi}{2}}t\left(\frac{\pi}{2t}\right)^3\mathrm{d}t=-\frac{\pi^3}{8}\int_{\frac{\pi}{n}}^{\frac{\pi}{2}}\mathrm{d}\left(\frac{1}{t}\right)=\frac{\pi^3}{8}\left(\frac{n}{\pi}-\frac{2}{\pi}\right)<\frac{\pi^2 n}{8}.$$

因此，$\dfrac{1}{a_n}>\dfrac{1}{\pi^2 n}$，由此得到$\sum\limits_{n=1}^{\infty}\dfrac{1}{a_n}$发散.

2. **解** (1) 是. 令$S=\sum\limits_{n=1}^{\infty}a_n, S_n=\sum\limits_{k=1}^{n}a_k$. 固定$\varepsilon>0$和$n_0$，并且满足：对于任意$n>n_0$，有$|S_n-S|<\varepsilon$. 级数(1)的部分和具有如下形式

$$L_{2^{n-1}+k}=S_{2^{n-1}}+S_{2^n}-S_{2^n-k},\quad 0\leqslant k<2^{n-1}.$$

则对于$2^{n-1}>n_0$，我们有$|L_{2^{n-1}+k}-S|<3\varepsilon$. 即有级数(1)收敛.

(2) 否. 令$a_n=\dfrac{(-1)^{n+1}}{\sqrt{n}}$，则

$$L_{3\cdot 2^{n-2}}=S_{2^{n-1}}+\sum_{k=2^{n-2}}^{2^{n-1}-1}\frac{1}{\sqrt{2k+1}},$$

并且

$$L_{3\cdot 2^{n-2}}-S_{2^{n-1}}\geqslant 2^{n-2}\frac{1}{\sqrt{2^n}}\xrightarrow{n\to\infty}\infty,$$

因此，$L_{3\cdot 2^{n-2}}\xrightarrow{n\to\infty}\infty$.

3. **解** 由$2S_n^2=2u_nS_n-u_n(n\geqslant 2)$，有

$$2S_n(S_n-u_n)=-u_n.$$

所以

$$2S_nS_{n-1}=-(S_n-S_{n-1}).$$

于是

$$S_n=\frac{S_{n-1}}{1+2S_{n-1}}.$$

由归纳法，可以得到

$$S_n=\frac{2}{1+4(n-1)}.$$

因此，$\lim\limits_{n\to\infty}S_n=\lim\limits_{n\to\infty}\dfrac{2}{1+4(n-1)}=0$. 故级数收敛.

4. **解** 令$s(N)=\sum\limits_{n=0}^{N}a_n$，$N=0,1,2,\cdots$，则

$$s(N)=\sum_{n=0}^{N}\left(\frac{1}{4n+1}+\frac{1}{4n+3}-\frac{1}{2n+2}\right)$$
$$=\sum_{n=0}^{N}\left(\frac{1}{4n+1}-\frac{1}{4n+2}+\frac{1}{4n+3}-\frac{1}{4n+4}+\frac{1}{4n+2}-\frac{1}{4n+4}\right)$$
$$=\sum_{m=1}^{4N+4}\frac{(-1)^{m-1}}{m}+\frac{1}{2}\sum_{m=1}^{2N+2}\frac{(-1)^{m-1}}{m}.$$

令 $n\to\infty$ ，得

$$\lim_{N\to\infty}s(N)=\sum_{m=1}^{\infty}\frac{(-1)^{m-1}}{m}+\frac{1}{2}\sum_{m=1}^{\infty}\frac{(-1)^{m-1}}{m}=\frac{3}{2}\sum_{m=1}^{\infty}\frac{(-1)^{m-1}}{m}=\frac{3}{2}\ln 2.$$

所以 $\sum_{n=1}^{\infty}a_n$ 收敛，其和为 $\frac{3}{2}\ln 2$.

5. **解** 对于 $a>1$，由于

$$\frac{2^n}{a^{2^n}+1}=\frac{2^n(a^{2^n}-1)}{a^{2^{n+1}}-1}=\frac{2^n(a^{2^n}+1)-2^{n+1}}{a^{2^{n+1}}-1}=\frac{2^n}{a^{2^n}-1}-\frac{2^{n+1}}{a^{2^{n+1}}-1},$$

所以

$$s=\sum_{n=0}^{\infty}\left(\frac{2^n}{a^{2^n}-1}-\frac{2^{n+1}}{a^{2^{n+1}}-1}\right)=\frac{1}{a-1}.$$

6. **解** **方法一** 令 $F(x)=\sum_{k=0}^{\infty}\frac{x^{4k+4}}{(4k+1)(4k+2)(4k+3)(4k+4)}$.

这个幂级数当 $|x|<1$ 时收敛，我们的目标是计算 $F(1)$.

逐项求导四次，我们得到

$$F^{(4)}(x)=\sum_{k=0}^{\infty}x^{4k}=\frac{1}{1-x^4}.$$

因为 $F(0)=F'(0)=F''(0)=F'''(0)=0$ ，并且由 Abel 连续定理，所以 F 在 1^- 是连续的，逐项积分四次，我们得到

$$F'''(y)=F'''(0)+\int_0^y F^{(4)}(x)\mathrm{d}x$$
$$=\int_0^y\frac{\mathrm{d}x}{1-x^4}$$
$$=\frac{1}{2}\arctan y+\frac{1}{4}\ln(1+y)-\frac{1}{4}\ln(1-y),$$

$$F''(z)=F''(0)+\int_0^z F'''(y)\mathrm{d}y$$
$$=\int_0^z\left(\frac{1}{2}\arctan y+\frac{1}{4}\ln(1+y)-\frac{1}{4}\ln(1-y)\right)\mathrm{d}y$$

$$=\frac{1}{2}\left(z\arctan z-\int_0^z\frac{y}{1+y^2}\mathrm{d}y\right)+\frac{1}{4}\left((1+z)\ln(1+z)-\int_0^z\mathrm{d}y\right)$$
$$+\frac{1}{4}\left((1-z)\ln(1-z)+\int_0^z\mathrm{d}y\right)$$
$$=\frac{1}{2}z\arctan z-\frac{1}{4}\ln(1+z^2)+\frac{1}{4}(1+z)\ln(1+z)+\frac{1}{4}(1-z)\ln(1-z),$$

$$F'(t)=\int_0^t\left(\frac{1}{2}z\arctan z-\frac{1}{4}\ln(1+z^2)+\frac{1}{4}(1+z)\ln(1+z)+\frac{1}{4}(1-z)\ln(1-z)\right)\mathrm{d}\alpha$$
$$=\frac{1}{4}\left((1+t^2)\arctan t-t\right)-\frac{1}{4}\left(t\ln(1+t^2)-2t+2\arctan t\right)$$
$$+\frac{1}{8}\left((1+t)^2\ln(1+t)-t-\frac{1}{2}t^2\right)-\frac{1}{8}\left((1-t)^2\ln(1-t)+t-\frac{1}{2}t^2\right)$$
$$=\frac{1}{4}(-1+t^2)\arctan t-\frac{1}{4}t\ln(1+t^2)+\frac{1}{8}(1+t)^2\ln(1+t)-\frac{1}{8}(1-t)^2\ln(1-t),$$

$$F(1)=\int_0^1\left(\frac{1}{4}(-1+t^2)\arctan t-\frac{1}{4}t\ln(1+t^2)+\frac{1}{8}(1+t)^2\ln(1+t)-\frac{1}{8}(1-t)^2\ln(1-t)\right)\mathrm{d}t$$
$$=\left[\frac{-3t+t^3}{12}\arctan t+\frac{1-3t^2}{24}\ln(1+t^2)+\frac{(1+t)^3}{24}\ln(1+t)+\frac{(1-t)^3}{24}\ln(1-t)\right]_0^1$$
$$=\frac{\ln 2}{4}-\frac{\pi}{24}.$$

注 如果我们改变积分顺序，计算过程是可以缩短的.

$$F(1)=\int_{t=0}^1\int_{z=0}^t\int_{y=0}^z\int_{x=0}^y\frac{1}{1-x^4}\mathrm{d}x\mathrm{d}y\mathrm{d}z\mathrm{d}t$$
$$=\int_{x=0}^1\frac{1}{1-x^4}\int_{y=x}^1\int_{z=y}^1\int_{t=z}^1\mathrm{d}t\mathrm{d}z\mathrm{d}y\mathrm{d}z$$
$$=\int_{x=0}^1\frac{1}{1-x^4}\left(\frac{1}{6}\int_{y=x}^1\int_{z=x}^1\int_{t=x}^1\mathrm{d}t\mathrm{d}z\mathrm{d}y\right)\mathrm{d}x$$
$$=\int_0^1\frac{1}{1-x^4}\cdot\frac{(1-x)^3}{6}\mathrm{d}x$$
$$=\left[-\frac{1}{6}\arctan x-\frac{1}{12}\ln(1+x^2)+\frac{1}{3}\ln(1+x)\right]_0^1$$
$$=\frac{\ln 2}{4}-\frac{\pi}{24}.$$

方法二 令

$$A_m=\sum_{k=0}^{m}\frac{1}{(4k+1)(4k+2)(4k+3)(4k+4)}$$
$$=\sum_{k=0}^{m}\left(\frac{1}{6}\cdot\frac{1}{4k+1}-\frac{1}{2}\cdot\frac{1}{4k+2}+\frac{1}{2}\cdot\frac{1}{4k+3}-\frac{1}{6}\cdot\frac{1}{4k+4}\right),$$
$$B_m=\sum_{k=0}^{m}\left(\frac{1}{4k+1}-\frac{1}{4k+3}\right),$$
$$C_m=\sum_{k=0}^{m}\left(\frac{1}{4k+1}-\frac{1}{4k+2}+\frac{1}{4k+3}-\frac{1}{4k+4}\right),$$

以及

$$D_m=\sum_{k=0}^{m}\left(\frac{1}{4k+2}-\frac{1}{4k+4}\right).$$

容易得到

$$A_m=\frac{1}{3}C_m-\frac{1}{6}B_m-\frac{1}{6}D_m.$$

因此，

$$\lim_{m\to\infty}A_m=\lim_{m\to\infty}\frac{2C_m-B_m-D_m}{6}=\frac{2\ln 2-\frac{\pi}{4}-\frac{1}{2}\ln 2}{6}=\frac{1}{4}\ln 2-\frac{\pi}{24}.$$

7. **证明**　令

$$s(x)=x+\frac{2}{3}x^3+\frac{2}{3}\frac{4}{5}x^5+\frac{2}{3}\frac{4}{5}\frac{6}{7}x^7+\cdots.$$

则有

$$s'(x)=1+2x^2+\frac{2}{3}\cdot 4x^4+\frac{2}{3}\frac{4}{5}\cdot 6x^6+\frac{2}{3}\frac{4}{5}\frac{6}{7}\cdot 8x^8+\cdots$$
$$=1+x\frac{\mathrm{d}}{\mathrm{d}x}\left(x^2+\frac{2}{3}x^4+\frac{2}{3}\frac{4}{5}x^6+\frac{2}{3}\frac{4}{5}\frac{6}{7}x^8+\cdots\right)$$
$$=1+x\frac{\mathrm{d}}{\mathrm{d}x}(xs(x))$$
$$=1+xs(x)+x^2s'(x).$$

所以有

$$(1-x^2)s'(x)=1+xs(x),$$

并且 $s(0)=0$. 求解这个一阶线性方程，可得

$$s(x)=\frac{1}{\sqrt{1-x^2}}(\arcsin x+C).$$

而 $s(0)=0$，所以 $C=0$. 故 $s(x)=\dfrac{\arcsin x}{\sqrt{1-x^2}}$.

8. **证明** (1) 先证

$$\left(\frac{k}{n}\right)^n<\left(\frac{k+1}{n+1}\right)^{n+1},\quad k=1,2,\cdots,n-1.$$

由均值不等式

$$k+1=\frac{k}{n}+\cdots+\frac{k}{n}+1>(n+1)\sqrt[n+1]{\left(\frac{k}{n}\right)n},$$

于是

$$\begin{aligned}S_{n+1}&=\left(\frac{1}{n+1}\right)^{n+1}+\left(\frac{2}{n+1}\right)^{n+1}+\cdots\left(\frac{n}{n+1}\right)^{n+1}\\&>\left(\frac{1}{n+1}\right)^{n+1}+\left(\frac{1}{n}\right)^{n}+\cdots+\left(\frac{n-1}{n}\right)^{n}>S_n.\end{aligned}$$

即 S_n 单调增加.

又

$$\frac{S_n}{n}<\int_0^1 x^n\mathrm{d}x=\frac{1}{n+1},$$

故

$$S_n<\frac{n}{n+1}<1.$$

即 S_n 单调增有上界，从而 $\lim\limits_{n\to\infty}S_n$ 存在.

(2) 当 $x\neq 0$ 时，$\mathrm{e}^x>1+x$，则

$$\left(1-\frac{k}{n}\right)^n<\mathrm{e}^{n\left(-\frac{k}{n}\right)}=\mathrm{e}^{-k}.$$

从而

$$S_n=\sum_{k=1}^{n-1}\left(\frac{n-k}{n}\right)^n<\sum_{k=1}^{n-1}\mathrm{e}^{-k}<\sum_{k=1}^{\infty}\mathrm{e}^{-k}=\frac{1}{\mathrm{e}-1}.$$

因此

$$\lim_{n\to\infty}S_n=S\leqslant\frac{1}{\mathrm{e}-1}.$$

又，对任意正整数 m，取 $n>m$，则

$$S_n \geqslant \sum_{k=1}^{m}\left(1-\frac{k}{n}\right)^n$$

两边令 $n \to \infty$，得

$$S \geqslant \sum_{k=1}^{m} \mathrm{e}^{-k}$$

令 $m \to \infty$，得

$$S \geqslant \frac{1}{\mathrm{e}-1},$$

即得 $\lim\limits_{n\to\infty} S_n = S = \dfrac{1}{\mathrm{e}-1}$.

9. **证明** (1) 因为 $\ln\left(1+\dfrac{1}{n}\right) > \dfrac{1}{n+1} \quad (n \geqslant 2)$，所有根据条件，有

$$\begin{aligned}\frac{a_n}{a_{n+1}} &\leqslant 1+\frac{1}{n}+\frac{n+1}{n\ln n}\cdot\frac{1}{n+1}+b_n \\ &\leqslant 1+\frac{1}{n}+\frac{n+1}{n\ln n}\cdot\ln\left(1+\frac{1}{n}\right)+b_n \\ &= \frac{n+1}{n}\cdot\frac{\ln(n+1)}{\ln n}+b_n.\end{aligned}$$

(2) 令 $c_n = (n\ln n)a_n$，$d_n = \dfrac{n\ln n}{(n+1)\ln(n+1)}\cdot|b_n|$，则有

$$\frac{c_n}{c_{n+1}} < 1+d_n.$$

取对数，得

$$\ln c_n - \ln c_{n+1} < \ln(1+d_n) \leqslant d_n.$$

于是

$$\ln c_2 - \ln c_n < \sum_{k=2}^{n-1} d_k \quad (n \geqslant 3).$$

由于 $0 \leqslant d_n < |b_n|$，从 $\sum\limits_{n=1}^{\infty} b_n$ 绝对收敛，可知 $\sum\limits_{n=1}^{\infty} d_n$ 收敛. 故由上式可知，存在常数 c 使得

$$c \leqslant \ln c_n, \quad n \geqslant 3.$$

即

$$a_n \geqslant \frac{\mathrm{e}^c}{n\ln c}, \quad n \geqslant 3.$$

于是$\sum\limits_{n=1}^{\infty} a_n$发散.

10. **证明** 充分性 若$\{a_n\}$有界，则可设$a_n \leqslant M$.

$$\sum_{n=1}^{m}\frac{a_{n+1}-a_n}{a_n\ln a_{n+1}} \leqslant \sum_{n=1}^{m}\frac{a_{n+1}-a_n}{a_1\ln a_1} = \frac{a_{m+1}-a_1}{a_1\ln a_1} \leqslant \frac{M}{a_1\ln a_1}.$$

由此知$\sum\limits_{n=1}^{\infty}\dfrac{a_{n+1}-a_n}{a_n\ln a_{n+1}}$收敛.

必要性 设$\sum\limits_{n=1}^{\infty}\dfrac{a_{n+1}-a_n}{a_n\ln a_{n+1}}$收敛，由于

$$\ln(a_{n+1})-\ln(a_n)=\ln\left(1+\frac{a_{n+1}-a_n}{a_n}\right) \leqslant \frac{a_{n+1}-a_n}{a_n},$$

所以

$$\frac{b_{n+1}-b_n}{b_{n+1}} \leqslant \frac{a_{n+1}-a_n}{a_n\ln a_{n+1}},$$

其中$b_n=\ln a_n$. 因此，级数$\sum\limits_{n=0}^{\infty}\dfrac{b_{n+1}-b_n}{b_{n+1}}$收敛.

由 Cauchy 收敛准则，存在自然数m，使得对一切自然数p，有

$$\frac{1}{2} > \sum_{n=m}^{m+p}\frac{b_{n+1}-b_n}{b_{n+1}} \geqslant \sum_{n=m}^{m+p}\frac{b_{n+1}-b_n}{b_{m+p-1}} = \frac{b_{m+p+1}-b_m}{b_{m+p-1}} = 1-\frac{b_m}{b_{m+p+1}}.$$

由此可知，$\{b_n\}$有界，因为p是任意的，所以$\{a_n\}$有界.

注 题中级数分母的a_n不能换成a_{n+1}，例如：$a_n=\mathrm{e}^{n^2}$无界，但$\sum\limits_{n=1}^{\infty}\dfrac{a_{n+1}-a_n}{a_n\ln a_{n+1}}$收敛.

11. **证明** 令$M=\sup\limits_{x,y\in\mathbf{R}}|f(x+y)-f(x)-f(y)|$，则任意$x\in\mathbf{R}$, $m,n\in\mathbf{N}_+$，有

$$|f(x+y)-f(x)-f(y)| \leqslant M,$$
$$|f(nx)-f((n-1)x)-f(x)| \leqslant M.$$

于是，有

$$|f(nx)-nf(x)| \leqslant \sum_{k=2}^{n}|f(kx)-f((k-1)x)| \leqslant (n-1)M \leqslant nM.$$

因此,

$$|nf(mx)-mf(nx)|\leqslant|nf(mx)-f(mnx)|+|f(mnx)-mf(nx)|\leqslant(n+m)M,$$

$$\left|\frac{f(mx)}{m}-\frac{f(nx)}{n}\right|\leqslant\left(\frac{1}{n}+\frac{1}{m}\right)M.$$

这表明函数列$\left\{\frac{f(nx)}{n}\right\}$在$(-\infty,+\infty)$上一致收敛，设其极限为$g(x)$，则$g(x)$为连续函数.

进一步，由不等式$|f(x+y)-f(x)-f(y)|\leqslant M$，有

$$\left|\frac{f(n(x+y))}{n}-\frac{f(nx)}{n}-\frac{f(ny)}{n}\right|\leqslant\frac{M}{n},\quad\forall x,y\in\mathbf{R};n\in\mathbf{N}_+.$$

又由不等式$|f(nx)-nf(x)|\leqslant\sum_{k=2}^{n}|f(kx)-f((k-1)x)|\leqslant(n-1)M\leqslant nM$，可得

$$\left|\frac{f(nx)}{n}-f(x)\right|\leqslant M.$$

令$n\to\infty$，得$|g(x)-f(x)|\leqslant M,\ \forall x\in\mathbf{R}$. 从而$\sup\limits_{x\in\mathbf{R}}|g(x)-f(x)\leqslant M<+\infty$. 故存在实常数$a$，使得$\sup\limits_{x,y\in\mathbf{R}}|f(x)-ax|\leqslant M<+\infty$.

12. **证明**　(1) 任意$\varepsilon>0$，将区间$[a,b]$ K等分，分点为$x_j=a+\frac{j(b-a)}{K}$, $j=0,1,2,\cdots,K$, 使得$\frac{b-a}{K}<\varepsilon$. 由于$\{f_n(x)\}$在有限个点$\{x_j\}, j=0,1,2,\cdots,K$上收敛，因此存在$N$，任意$m>n>N$，对于$j=0,1,2,\cdots,K$, 有

$$|f_m(x_j)-f_n(x_j)|<\varepsilon.$$

于是，任意$x\in[a,b]$，设$x\in[x_j,x_{j+1}]$，则

$$\begin{aligned}|f_m(x)-f_n(x)|&\leqslant|f_m(x)-f_m(x_j)|+|f_m(x_j)-f_n(x_j)|+|f_n(x_j)-f_n(x)|\\&=|f_m'(\xi)(x-x_j)|+|f_m(x_j)-f_n(x_j)|+|f_n'(\eta)(x-x_j)|\\&<(2M+1)\varepsilon.\end{aligned}$$

(2) 不一定.令$f_n(x)=\sqrt{x^2+\frac{1}{n}}$，则$f(x)=\lim\limits_{n\to\infty}f_n(x)$在$[a,b]$上不能保证处处可导.

第 5 章　多项式和线性代数基础

5.1　常 用 结 论

1. 多项式理论

结论 5.1 (带余除法定理)　设 F 表示任意一个数域，$f(x), g(x)$ 是 $F[x]$ 中的多项式，$g(x) \neq 0$，则存在 $F[x]$ 中唯一确定的两个多项式 $q(x)$ 和 $r(x)$，使得 $f(x) = q(x)g(x) + r(x)$，这里 $r(x) \neq 0$ 或者 $\deg(r(x)) < \deg(g(x))$.

结论 5.2　设 $f(x), g(x)$ 是 $F[x]$ 中的多项式，且 $g(x) \neq 0$，则 $f(x)$ 能被 $g(x)$ 整除当且仅当 $g(x)$ 去除 $f(x)$ 所得的余式 $r(x)$ 为零.

用记号 $g(x)|f(x)$ 表示多项式 $g(x)$ 能够整除多项式 $f(x)$；记号 $g(x)\nmid f(x)$ 表示多项式 $g(x)$ 不能整除多项式 $f(x)$.

结论 5.3 (最大公因式存在及表示定理)　设 $f(x), g(x) \in F[x]$，那么 $f(x)$ 与 $g(x)$ 的最大公因式总是存在的，且若 $d(x)$ 是 $f(x)$ 与 $g(x)$ 的一个最大公因式，则存在 $F[x]$ 中的多项式 $u(x)$ 和 $v(x)$，使得 $u(x)f(x)+v(x)g(x) = d(x)$.

一般来说，两个不全为零的多项式 $f(x)$ 与 $g(x)$ 的最大公因式有无穷多个，通常用 $(f(x), g(x))$ 表示 $f(x)$ 与 $g(x)$ 的最高次项系数为 1 的那个最大公因式.

若多项式 $f(x)$ 与 $g(x)$ 的最大公因式是数域 F 中的非零常数 c，则称 $f(x)$ 与 $g(x)$ 互素.

结论 5.4　设 $f(x), g(x) \in F[x]$，则 $f(x)$ 与 $g(x)$ 互素的充要条件是存在 $u(x)$, $v(x) \in F[x]$，使得 $u(x)f(x) + v(x)g(x) = 1$.

结论 5.3 与结论 5.4 都可以推广到多个多项式上去.

设 $f(x), g(x), h(x) \in F[x]$，则有下列结论成立：

(1) 若 $(f(x), h(x)) = 1$，$(g(x), h(x)) = 1$，则 $(f(x)g(x), h(x)) = 1$；

(2) 若 $h(x)|f(x)g(x), (h(x), f(x)) = 1$，则 $h(x)|g(x)$；

(3) 若 $g(x)|f(x)$，$h(x)|f(x)$，$(g(x), h(x)) = 1$，则 $g(x)h(x)|f(x)$.

设非零多项式 $p(x) \in F[x]$，且 $p(x)$ 的次数大于 0. 如果 $p(x)$ 不能表示成 $F[x]$ 上的两个次数均大于零的多项式的乘积，那么通常称 $p(x)$ 是 $F[x]$上的不可约多项式.

结论 5.5 (因式分解及唯一性定理)　对于非零多项式 $p(x) \in F[x]$，若 $p(x)$ 的次数大于 0,则 $f(x)$ 必可分解为若干个 F 上的不可约多项式的乘积,此时若 $f(x) =$

$p_1(x)p_2(x)\cdots p_r(x)$，且 $f(x)=q_1(x)q_2(x)\cdots q_s(x)$，其中 $p_i(x)$ 和 $q_j(x)(i=1,2,\cdots,r;j=1,2,\cdots,s)$ 都是 F 上的不可约多项式. 那么有 $r=s$，且适当地给 $q_1(x),q_2(x),\cdots,q_s(x)$ 重新编号后，可使得 $p_i(x)=c_iq_i(x)\ (i=1,2,\cdots,r)$，其中 c_i 是 F 中的非零常数.

结论 5.6　数域 F 上的 n 次多项式在 F 中最多有 n 个根(其中重根按重数计算).

结论 5.7　数域 F 上的具有无穷多个根的多项式只能是零多项式.

结论 5.8　(1) 每个 $n(\geqslant 1)$ 次复系数多项式在复数域内恰有 n 个根(其中重根按重数计算)；

(2) 复系数多项式 $p(x)$ 在复数域上不可约当且仅当 $p(x)$ 是 1 次多项式.

结论 5.9 (根与系数的关系)　设 n 次复系数多项式

$f(x)=a_nx^n+a_{n-1}x^{n-1}+\cdots+a_2x^2+a_1x+a_0$ 的 n 个复根为 $\alpha_1,\alpha_2,\cdots,\alpha_n$，则有

$$\frac{a_{n-1}}{a_n}=\alpha_1+\alpha_2+\cdots+\alpha_n,$$

$$\frac{a_{n-2}}{a_n}=\alpha_1\alpha_2+\alpha_1\alpha_3+\cdots+\alpha_{n-1}\alpha_n,$$

$$\frac{a_{n-3}}{a_n}=-(\alpha_1\alpha_2\alpha_3+\alpha_1\alpha_2\alpha_4+\cdots+\alpha_{n-2}\alpha_{n-1}\alpha_n),$$

$$\cdots\cdots$$

$$\frac{a_0}{a_n}=(-1)^n\alpha_1\alpha_2\cdots\alpha_n.$$

结论 5.10　设 $f(x)$ 是实系数多项式，α 是一个复数，k 是一个正整数，则 α 是 $f(x)$ 的 k 重根当且仅当 $\bar{\alpha}$ 是 $f(x)$ 的 k 重根.

结论 5.11　实系数多项式 $p(x)$ 在实数域上不可约当且仅当 $p(x)$ 是一次多项式或 $p(x)$ 为没有实数根的二次多项式.

结论 5.12　设 $f(x)=a_nx^n+a_{n-1}x^{n-1}+\cdots+a_1x+a_0$ 是一个整系数多项式，其中 $a_n\neq 0$. 如果有理数 $\dfrac{u}{v}$ 是 $f(x)$ 的一个根，这里 u 与 v 都是整数，且 u 与 v 互素，那么必有 $v|a_n,u|a_0$. 特别地，若 $a_n=1$，则 $f(x)$ 的有理根都是整数根.

结论 5.13 (Eisenstein 判别法)　设 $f(x)=a_nx^n+a_{n-1}x^{n-1}+\cdots+a_1x+a_0$ 是一个整系数多项式，如果存在素数 p 同时满足以下条件：

(1)　$p\nmid a_n$；

(2)　$p\mid a_i\ (i=0,1,\cdots,n-1)$；

(3)　$p^2\nmid a_0$.

那么 $f(x)$ 在有理数域上不可约.

结论 5.14 若 $f(x)\in F[x]$ 且次数为 $n(>0)$，则 $f(x)$ 在 F 上的因式分解表达式可写为标准分解式：$f(x)=ap_1^{k_1}(x)p_2^{k_2}(x)\cdots p_r^{k_r}(x)$，其中 a 是 $f(x)$ 的 n 次项系数，$p_1(x),p_2(x),\cdots,p_r(x)$ 是 F 上的最高次项系数为 1 的彼此不同的不可约多项式，$k_1,k_2,\cdots,k_r$ 均是正整数.

特别地，如果 $f(x)$ 是复数域上的 $n(>0)$ 次多项式，那么 $f(x)$ 在复数域上的标准分解式可写为：$f(x)=a(x-\alpha_1)^{k_1}(x-\alpha_2)^{k_2}\cdots(x-\alpha_r)^{k_r}$，其中 a 是 $f(x)$ 的 n 次项系数，$\alpha_1,\alpha_2,\cdots,\alpha_r$ 是 $f(x)$ 在复数域中的互不相同的根，$k_1,k_2,\cdots,k_r$ 均是正整数且 $k_1+k_2+\cdots+k_r=n$.

相应地，如果 $f(x)$ 是实数域上的 $n(\geqslant 0)$ 次多项式，那么 $f(x)$ 在实数域上的标准分解式可表示为：$f(x)=a(x-\alpha_1)^{k_1}\cdots(x-\alpha_s)^{k_s}(x^2+p_1x+q_1)^{l_1}\cdots(x^2+p_tx+q_t)^{l_t}$. 其中 a 是 $f(x)$ 的 n 次项系数，$\alpha_1,\alpha_2,\cdots,\alpha_s$ 是 $f(x)$ 在实数域中的互不相同的根，$x^2+p_1x+q_1,\cdots,x^2+p_tx+q_t$ 是彼此不同的 2 次实系数多项式，且 $p_i^2-4q_i<0$ $(i=1,2,\cdots,t)$；$k_1,\cdots,k_s,l_1,\cdots,l_t$ 均为正整数且有 $k_1+\cdots+k_s+2(l_1+\cdots+l_t)=n$.

利用 $f(x)$ 的标准分解式可以考察有关多项式的根的问题.

结论 5.15 设 $p(x)$ 是 F 上的不可约多项式. 若 $p(x)$ 是 $f(x)$ 的 k 重因式(其中 $k\geqslant 1$)，则 $p(x)$ 是 $f'(x)$ 的 $k-1$ 重因式.

一个次数大于 0 的整系数多项式 $f(x)$ 在有理数域上可约当且仅当 $f(x)$ 能分解为两个次数均大于 0 的整系数多项式的乘积.

2. 行列式计算

结论 5.16 行列式与其转置行列式相等，即 $D=D^{\mathrm{T}}$.

结论 5.17 用一个数乘行列式等于用这个数乘行列式某一行(列)的所有元素，或行列式中某一行(列)的所有元素的公因子可以提到行列式记号的外面.

结论 5.18 如果行列式中有两行(列)元素对应相同，那么行列式为零.

结论 5.19 如果行列式中有两行(列)元素对应成比例，那么行列式为零.

结论 5.20 交换行列式中两行(列)的位置，行列式反号.

结论 5.21 把行列式中某一行(列)元素的同一倍数加到另一行(列)对应元素上，行列式值不变.

结论 5.22
$$\begin{vmatrix} a_{11} & a_{12} & \cdots & a_{1n} \\ \vdots & \vdots & & \vdots \\ b_1+c_1 & b_2+c_2 & \cdots & b_n+c_n \\ \vdots & \vdots & & \vdots \\ a_{n1} & a_{n2} & \cdots & a_{nn} \end{vmatrix} = \begin{vmatrix} a_{11} & a_{12} & \cdots & a_{1n} \\ \vdots & \vdots & & \vdots \\ b_1 & b_2 & \cdots & b_n \\ \vdots & \vdots & & \vdots \\ a_{n1} & a_{n2} & \cdots & a_{nn} \end{vmatrix}$$

$$
+\begin{vmatrix} a_{11} & a_{12} & \cdots & a_{1n} \\ \vdots & \vdots & & \vdots \\ c_1 & c_2 & \cdots & c_n \\ \vdots & \vdots & & \vdots \\ a_{n1} & a_{n2} & \cdots & a_{nn} \end{vmatrix}.
$$

结论 5.23 (行列式展开法则)　对于 n 阶行列式 $|A|=|(a_{ij})|$，有

$$
a_{k1}A_{i1}+a_{k2}A_{i2}+\cdots+a_{kn}A_{in}=\begin{cases}|A|, & i=k,\\ 0, & i\neq k,\end{cases}
$$

$$
a_{1k}A_{1j}+a_{2k}A_{2j}+\cdots+a_{nk}A_{nj}=\begin{cases}|A|, & i=k,\\ 0, & i\neq k.\end{cases}
$$

其中 A_{ij} 是元素 a_{ij} 的代数余子式.

结论 5.24 (Laplace 定理)　若在 n 阶行列式 D 中任意选定 $k(1\leqslant k\leqslant n-1)$ 个行，则由这 k 行元素所组成的一切 k 阶子式分别与它们的代数余子式相乘再求和的结果就等于行列式 D 的值.

3. 线性方程组理论

结论 5.25　如果一个向量组的某一部分组线性相关，那么该向量组就线性相关. 反之，如果一个向量组线性无关，那么它的任何一个非空的部分组也线性无关.

结论 5.26　对于向量组 $\alpha_j=(a_{1j},a_{2j},\cdots,a_{nj})^{\mathrm T}$ (其中 $j=1,2,\cdots,s$)，那么 $\alpha_1,\alpha_2,\cdots,\alpha_s$ 线性相关 $\Leftrightarrow$ 齐次线性方程组 $\begin{cases}a_{11}x_1+a_{12}x_2+\cdots+a_{1s}x_s=0,\\ \cdots\cdots\\ a_{n1}x_1+a_{n2}x_2+\cdots+a_{ns}x_s=0\end{cases}$ 有非零解 $\Leftrightarrow R(A)<s$，其中 $A=\begin{pmatrix} a_{11} & a_{12} & \cdots & a_{1s}\\ a_{21} & a_{22} & \cdots & a_{2s}\\ \vdots & \vdots & & \vdots\\ a_{n1} & a_{n2} & \cdots & a_{ns}\end{pmatrix}$.

结论 5.27　对于向量组 $\alpha_j=(a_{1j},a_{2j},\cdots,a_{nj})^{\mathrm T}$，$\beta_j=(a_{1j},a_{2j},\cdots,a_{nj},b_j)^{\mathrm T}$ (其中 $j=1,2,\cdots,s$). 若向量组 $\alpha_1,\alpha_2,\cdots,\alpha_s$ 线性无关，则 $\beta_1,\beta_2,\cdots,\beta_s$ 也线性无关；反之，若向量组 $\beta_1,\beta_2,\cdots,\beta_s$ 线性相关，则 $\alpha_1,\alpha_2,\cdots,\alpha_s$ 也线性相关.

结论 5.28　若向量组 $\alpha_1,\alpha_2,\cdots,\alpha_s$ 可由向量组 $\beta_1,\beta_2,\cdots,\beta_r$ 线性表出，且 $s>r$，则向量组 $\alpha_1,\alpha_2,\cdots,\alpha_s$ 必线性相关.

相应地，若向量组 $\alpha_1,\alpha_2,\cdots,\alpha_s$ 可以由向量组 $\beta_1,\beta_2,\cdots,\beta_r$ 线性表出，且 $\alpha_1,$

$\alpha_2,\cdots,\alpha_s$线性无关，则有$s\leqslant r$.

结论 5.29　任意$n+1$个n维向量构成的向量组一定线性相关.

结论 5.30　两个等价的线性无关的向量组必含有相同个数的向量.

结论 5.31　同一向量组的任意极大线性无关组所含向量个数均相同.

结论 5.32　等价的向量组有相同的秩.

结论 5.33　若向量组A可以由向量组B线性表出，则向量组A的秩不超过向量组B的秩.

结论 5.34　矩阵的行秩与列秩相等.

结论 5.35　矩阵的秩为r的充分必要条件为矩阵中有一个r阶子式不为零，同时所有的$r+1$阶子式(如果存在的话)全为零.

结论 5.36　矩阵的初等变换不改变矩阵的秩.

结论 5.37　非齐次线性方程组有解$\Leftrightarrow$系数矩阵的秩等于增广矩阵的秩.

结论 5.38　齐次线性方程组的解的线性组合仍是它的解.

结论 5.39　如果齐次线性方程组有非零解，那么该齐次线性方程组存在基础解系，并且基础解系中解向量的个数等于$n-r$，其中r是系数矩阵的秩，n是齐次线性方程组中未知量的个数.

结论 5.40　非齐次线性方程组$AX=b$的任意两个解向量的差是对应的齐次线性方程组$AX=0$的解向量，非齐次线性方程组的$AX=b$的一个解向量与对应的齐次线性方程组$AX=0$的一个解向量的和是非齐次线性方程组$AX=b$的解向量.

结论 5.41　非齐次线性方程组$AX=b$的任一个解α均可表成

$$\alpha=\alpha_0+k_1\eta_1+k_2\eta_2+\cdots+k_{n-r}\eta_{n-r},$$

其中α_0是非齐次线性方程组$AX=b$的一个特解，$\eta_1,\eta_2,\cdots,\eta_{n-r}$是对应的齐次线性方程组$AX=0$的基础解系中的所有解向量.

4. 矩阵理论

结论 5.42　矩阵之间可相乘时，其乘法满足结合律、分配律，但在一般情况下不满足交换律、消去律.

结论 5.43 (行列式的乘法定理)　对于任意的$A,B\in F^{n\times n}$，有$|AB|=|A|\cdot|B|$.

结论 5.44　对于任意的$A,B\in F^{n\times n}$，任意的$k\in F$，有如下运算性质：

(1) $(A^{\mathrm{T}})^{\mathrm{T}}=A$;

(2) $(A+B)^{\mathrm{T}}=A^{\mathrm{T}}+B^{\mathrm{T}}$;

(3) $(AB)^{\mathrm{T}}=B^{\mathrm{T}}A^{\mathrm{T}}$;

(4) $(kA)^{\mathrm{T}}=kA^{\mathrm{T}}$.

结论 5.45　若 A,B 均可逆，则 AB 也可逆且有如下运算规律：

(1) $(A^{\mathrm{T}})^{-1}=(A^{-1})^{\mathrm{T}}$；

(2) $(A^{-1})^{-1}=A$；

(3) $(AB)^{-1}=B^{-1}A^{-1}$.

结论 5.46　若矩阵 $A\in F^{m\times s},B\in F^{s\times n}$，则有 $R(AB)\leqslant\min\{R(A),R(B)\}$.

结论 5.47　对于 $A\in F^{n\times n}$，则 A 可逆当且仅当 $|A|\neq 0$. 且当 A 可逆时，有

$$A^{-1}=\frac{A^*}{|A|}.$$

结论 5.48　对于 $A,B\in F^{n\times n}$，若 $AB=E$, 则 A,B 均可逆，且 $A^{-1}=B$，$B^{-1}=A$.

结论 5.49　对于 $A\in F^{m\times n}$，若 P 是 m 阶可逆矩阵，Q 是 n 阶可逆矩阵，则有

$$R(A)=R(PA)=R(AQ)=R(PAQ).$$

结论 5.50　初等矩阵 $P(i,j),P(i(c)),P(i,j(k))$ 都是可逆矩阵，并且有

$$P(i,j)^{-1}=P(i,j),\quad P(i(c))^{-1}=P(i(c^{-1})),\quad P(i,j(k))^{-1}=P(i,j(-k)).$$

结论 5.51　设 $A\in F^{m\times n}$ 且 $R(A)=r$，则存在 m 阶可逆矩阵 P 及 n 阶可逆矩阵 Q，使得 $PAQ=\begin{pmatrix}E_r & O\\ O & O\end{pmatrix}$.

结论 5.52　设 $A\in F^{m\times n}$，则对 A 作一次初等行变换就相当于在 A 的左边乘上相应的 m 阶初等矩阵；对 A 作一次初等列变换就相当于在 A 的右边乘上相应的 n 阶初等矩阵.

结论 5.53　对于 $A\in F^{n\times n}$，则 A 可逆$\Leftrightarrow A$ 可经一系列初等行变换化为单位矩阵$\Leftrightarrow$存在 n 阶初等矩阵 $Q_1,Q_2,\cdots,Q_t$，使得 $A=Q_1Q_2\cdots Q_t$.

5.2　典 型 例 题

例 5.1 (第五届全国大学生数学竞赛预赛试题)　设 n 阶方阵 $B(t)$ 和 $n\times 1$ 矩阵 $b(t)$ 分别为 $B(t)=(b_{ij}(t))$ 和 $b(t)=\begin{pmatrix}b_1(t)\\ \vdots\\ b_n(t)\end{pmatrix}$，其中 $b_{ij}(t)$，$b_i(t)$ $(i,j=1,2,\cdots,n)$ 均为关于 t 的实系数多项式. 记 $d(t)=|B(t)|$，$d_i(t)$ 为用 $b(t)$ 替换 $B(t)$ 的第 i 列后所得的 n 阶矩阵的行列式. 若 $d(t)$ 有实根 t_0，使得 $B(t_0)X=b(t_0)$ 成为关于 X 相容的线性方程组，试证明：$d(t),d_1(t),\cdots,d_n(t)$ 必有次数大于等于 1 的公因式.

证明　由已知条件可得，$t-t_0$ 即 $d(t),d_1(t),\cdots,d_n(t)$ 的公因式. 这是因为，已知 $d(t_0)=0$，若 $t-t_0$ 不是 $d(t),d_1(t),\cdots,d_n(t)$ 的公因式，即 t_0 不是 $d(t),d_1(t),\cdots,d_n(t)$ 的公共根. 不妨设 $d_1(t_0)\neq 0$，此时由于 $d_1(t_0)$ 是用 $b(t_0)$ 替换 $B(t_0)$ 的第 1 列后所得的 n 阶矩阵的行列式，可知矩阵 $(B(t_0),b(t_0))$ 中有 n 阶非零子式，即 $(B(t_0),b(t_0))$ 行满秩，秩为 n. 而 $0=d(t_0)=|B(t_0)|$，故秩 $B(t_0)\leqslant n-1$，可知线性方程组 $B(t_0)X=b(t_0)$ 中，增广矩阵 $(B(t_0),b(t_0))$ 的秩大于系数矩阵 $B(t_0)$ 的秩，从而方程组 $B(t_0)X=b(t_0)$ 不相容，与已知矛盾，所以结论成立.

例 5.2　假设 $f_1(x)$ 与 $f_2(x)$ 为次数不超过 3 的首项系数为 1 的互异多项式，假设 x^4+x^2+1 整除 $f_1(x^3)+x^4f_2(x^3)$，试求 $f_1(x)$ 与 $f_2(x)$ 的最大公因式.

解　由于 $x^4+x^2+1=(x^2+1)^2-x^2=(x^2+x+1)(x^2-x+1)$.

这里假设它的四个根分别为 $\omega_1,\omega_2,\varepsilon_1,\varepsilon_2$ 且

$$\omega_1=\frac{-1+\sqrt{3}\mathrm{i}}{2},\quad \omega_2=\frac{-1-\sqrt{3}\mathrm{i}}{2},\quad \varepsilon_1=\frac{1+\sqrt{3}\mathrm{i}}{2},\quad \varepsilon_2=\frac{1-\sqrt{3}\mathrm{i}}{2}.$$

令 $f_1(x^3)+x^4f_2(x^3)=(x^4+x^2+1)g(x)$，于是有方程组

$$\begin{cases}f_1(1)+\omega_1f_2(1)=0,\\ f_1(1)+\omega_2f_2(1)=0\end{cases}\quad \text{与}\quad \begin{cases}f_1(-1)-\varepsilon_1f_2(-1)=0,\\ f_1(-1)-\varepsilon_2f_2(-1)=0,\end{cases}$$

解方程组得

$$f_1(1)=f_2(1)=0,\quad f_1(-1)=f_2(-1)=0,$$

于是有 $(x+1)(x-1)\big|f_1(x),(x+1)(x-1)\big|f_2(x)$.

而 $f_1(x)$ 与 $f_2(x)$ 为互异的次数不超过 3 的首项系数为 1 的多项式，所以有

$$(f_1(x),f_2(x))=x^2-1.$$

例 5.3　证明：非常数的一元多项式函数不是周期函数.

证明　假设 $\deg(f(x))\geqslant 1$. 若存在常数 $c\neq 0$，使得对任意的 x，均有 $f(x+c)=f(x)$ 成立. 设 α 是 $f(x)$ 的 1 个根，则 $\alpha+c,\alpha+2c,\alpha+3c,\cdots$ 都是 $f(x)$ 的根. 但 $f(x)$ 的根的个数不超过 $\deg(f(x))$，因此存在不同的正整数 s,t，使得 $\alpha+sc=\alpha+tc$，即 $(s-t)c=0\Rightarrow c=0$，矛盾. 故结论成立.

例 5.4　设 $f_1(x),f_2(x)$ 是数域 F 上两个互素的多项式，$r_1(x),r_2(x)$ 是 $F[x]$ 中任意两个多项式，且 $r_1(x),r_2(x)$ 的次数分别小于 $f_1(x),f_2(x)$ 的次数，证明：存在多项式 $g(x)\in F[x]$，它被 $f_1(x)$ 除余式为 $r_1(x)$，被 $f_2(x)$ 除余式为 $r_2(x)$.

证明　已知 $(f_1(x),f_2(x))=1$，那么存在 $u_1(x),u_2(x)\in F[x]$，使得

$$u_1(x)f_1(x)+u_2(x)f_2(x)=1.$$

从而有

$$[r_2(x)-r_1(x)]u_1(x)f_1(x)+[r_2(x)-r_1(x)]u_2(x)f_2(x)=r_2(x)-r_1(x),$$

令 $(r_2(x)-r_1(x))u_1(x)=q_1(x),(r_1(x)-r_2(x))u_2(x)=q_2(x)$，则

$$q_1(x)f_1(x)+r_1(x)=q_2(x)f_2(x)+r_2(x).$$

令 $g(x)=q_1(x)f_1(x)+r_1(x)$，则结论成立.

例 5.5　求解多项式 x^2+kx+1 整除 x^4+lx^2+m 的充要条件.

解　用带余除法，可得

$$x^4+lx^2+m=[x^2-kx+(k^2+l-1)](x^2+kx+1)+k(2-l-k^2)x+(m+1-l-k^2).$$

因此，当且仅当 $\begin{cases}k(2-l-k^2)=0\\ m+1-l-k^2=0\end{cases}$ 时，$(x^2+kx+1)\mid(x^4+lx^2+m)$，即当且仅当 $\begin{cases}k=0\\ l=m+1\end{cases}$ 或 $\begin{cases}m=1\\ l=2-k^2\end{cases}$ 时，$(x^2+kx+1)\mid(x^4+lx^2+m)$.

例 5.6　证明：$(x^d-1)\mid(x^n-1)\Leftrightarrow d\mid n$.

证明　充分性　已知 $d\mid n$，设 $n=td$，则有

$$x^n-1=x^{td}-1=(x^d-1)(x^{(t-1)d}+x^{(t-2)d}+\cdots+x^d+1),$$

所以 $(x^d-1)\mid(x^n-1)$.

必要性　设 $n=td+r$，其中 $0\leqslant r<d$. 则有

$$x^n-1=x^{td+r}-1=(x^{td}-1)x^r+(x^r-1).$$

由充分性的证明可知，$(x^d-1)\mid(x^{td}-1)$. 又已知 $(x^d-1)\mid(x^n-1)$，所以

$$(x^d-1)\mid(x^r-1).$$

而 $0\leqslant r<d$，迫使 $x^r-1=0$，此时 $r=0$，即有 $d\mid n$.

例 5.7　设 $f(x)$ 与 $g(x)$ 为数域 F 上次数至少是 1 次的多项式. 若 $f(x)$ 与 $g(x)$ 互素，证明：存在 $F[x]$ 中唯一的多项式 $u(x)$ 与 $v(x)$，使得 $u(x)f(x)+v(x)g(x)=1$，其中 $\deg(u(x))<\deg(g(x))$，$\deg(v(x))<\deg(f(x))$.

证明　因为 $(f(x),g(x))=1$，所以存在 $F[x]$ 中多项式 $s(x),t(x)$，使得

$$s(x)f(x)+t(x)g(x)=1.$$

由于 $\deg(f(x))\geqslant 1$，$\deg(g(x))\geqslant 1$，故 $g(x)$ 不整除 $s(x)$，$f(x)$ 不整除 $t(x)$，使用带余除法定理，设 $s(x)=q_1(x)g(x)+u(x)$，$t(x)=q_2(x)f(x)+v(x)$，其中 $0\leqslant\deg(u(x))<\deg(g(x))$，$0\leqslant\deg(v(x))<\deg(f(x))$. 所以有

$$1=s(x)f(x)+t(x)g(x)=u(x)f(x)+v(x)g(x)+[q_1(x)+q_2(x)]f(x)g(x).$$

此时必有 $q_1(x)+q_2(x)=0$. 否则

$$\deg[(q_1(x)+q_2(x))f(x)g(x)] > \max\{\deg(u(x)f(x)), \deg(v(x)g(x))\},$$

导致矛盾. 进而有 $u(x)f(x)+v(x)g(x)=1$，其中 $\deg(u(x))<\deg(g(x))$，$\deg(v(x))<\deg(f(x))$.

若还有 $u_1(x),v_1(x)\in F[x]$，使得 $u_1(x)f(x)+v_1(x)g(x)=1$，且 $\deg(u_1(x))<\deg(g(x))$，$\deg(v_1(x))<\deg(f(x))$. 将表达式相减可得

$$(u(x)-u_1(x))f(x)+(v(x)-v_1(x))g(x)=0.$$

此时有 $g(x)\mid[(u(x)-u_1(x))f(x)]$，已知 $(f(x),g(x))=1$，故 $g(x)\mid(u(x)-u_1(x))$. 当 $u(x)-u_1(x)\neq 0$ 时，有

$$\deg(u(x)-u_1(x))<\deg g(x),$$

可导致矛盾. 所以只有 $u(x)-u_1(x)=0$，即 $u(x)=u_1(x)$. 进而可得 $v(x)=v_1(x)$，唯一性得证.

例 5.8　设 $f(x),p(x)\in Q[x]$，$p(x)$ 在 Q 上不可约，且 $f(x)$ 与 $p(x)$ 有一个公共复根，证明：$p(x)\mid f(x)$.

证明　已知 $p(x)$ 不可约，那么有 $(p(x),f(x))=1$ 或者 $p(x)\mid f(x)$. 若 $(p(x),f(x))=1$，那么存在 $u(x),v(x)\in Q[x]$，使得 $u(x)f(x)+v(x)p(x)=1$. 设 α 是 $f(x)$ 与 $p(x)$ 的公共复根，则 $u(\alpha)f(\alpha)+v(\alpha)p(\alpha)=0$，矛盾. 于是有 $p(x)\mid f(x)$.

例 5.9　证明：$(x^2+x+1)\mid(x^{3m}+x^{3n+1}+x^{3p+2})$(其中 m,n,p 是三个任意的正整数).

证明　多项式 x^2+x+1 的根为 $\omega_1=\dfrac{-1+\sqrt{3}\mathrm{i}}{2},\omega_2=\dfrac{-1-\sqrt{3}\mathrm{i}}{2}$，所以

$$x^2+x+1=(x-\omega_1)(x-\omega_2).$$

又

$$\omega_i^3-1=(\omega_i-1)(\omega_i^2+\omega_i+1)=0\ \ (i=1,2),$$

可知 $\omega_i^{\ 3}=1$，从而 $\omega_i^{\ 3m}=\omega_i^{\ 3n}=\omega_i^{\ 3p}=1$.

设 $f(x)=x^{3m}+x^{3n+1}+x^{3p+2}$，则有 $f(\omega_i)=\omega_i^{3m}+\omega_i^{3n+1}+\omega_i^{3p+2}=1+\omega_i+\omega_i^2=0$，所以可得 $(x-\omega_i)\mid f(x)\ \ (i=1,2)$. 又因为 $x-\omega_1$ 与 $x-\omega_2$ 互素，所以

$$(x-\omega_1)(x-\omega_2)\mid f(x),$$

即 $(x^2+x+1)\mid f(x)$.

例 5.10　设多项式 $f(x)\in F[x]$，$f(x)=f(-x)$. 若 $(x-a)\mid f(x)$，证明：

$$(x^2-a^2)\mid f(x).$$

证明　由已知，设 $f(x)=(x-a)g(x)$，其中 $g(x)\in F[x]$，则

$$f(x)=f(-x)=(-x-a)g(-x)=(x+a)h(x),$$

其中 $h(x) \triangleq -g(-x)$.

当 $a=0$ 时，有 $x \mid f(x)$，意味着 $f(x)$ 的常数项为 0. 又由 $f(x)=f(-x)$ 知，$f(x)$ 的奇次项系数为 0，于是 $x^2 \mid f(x)$，此时有 $(x^2-a^2) \mid f(x)$.

而当 $a \neq 0$ 时，有 $(x+a, x-a)=1$，从而可得 $(x^2-a^2) \mid f(x)$.

例 5.11　设 $f(x), g(x) \in F[x]$，$a,b,c,d \in F$. 若 $ad-bc \neq 0$，证明：

$$(af(x)+bg(x), cf(x)+dg(x))=1 \Leftrightarrow (f(x), g(x))=1.$$

证明　必要性　由已知，存在 $u(x), v(x) \in F[x]$，使

$$u(x)[af(x)+bg(x)]+v(x)[cf(x)+dg(x)]=1,$$

即

$$[au(x)+cv(x)]f(x)+[bu(x)+dv(x)]g(x)=1,$$

所以有 $(f(x), g(x))=1$.

充分性　反证法. 若 $d(x) \triangleq (af(x)+bg(x), cf(x)+dg(x)) \neq 1$, 则有

$$d(x) \mid [af(x)+bg(x)], \quad d(x) \mid [cf(x)+dg(x)].$$

由整除的性质可得

$$\begin{aligned} &d(x) \mid [adf(x)+bdg(x)-bcf(x)-bdg(x)]=(ad-bc)f(x), \\ &d(x) \mid [acf(x)+bcg(x)-acf(x)-adg(x)]=(bc-ad)g(x). \end{aligned}$$

已知 $ad-bc \neq 0$，从而有 $d(x) \mid f(x)$，$d(x) \mid g(x)$，这与 $(f(x), g(x))=1$ 矛盾！可知 $d(x)=1$.

例 5.12　设 $a_1, a_2, \cdots, a_n$ 是互不相同的整数，$f(x)=(x-a_1)(x-a_2)\cdots(x-a_n)+1$. 证明：$f(x)$ 在有理数域上不可约或是某一有理系数多项式的平方.

证明　如果 $f(x)$ 在有理数域上不可约，则结论成立. 如果 $f(x)$ 在有理数域上可约，则 $f(x)$ 可写成两个次数比 $f(x)$ 低的整系数多项式的乘积. 设 $f(x)=g(x)h(x)$，其中 $\deg(g(x))<n$，$\deg(h(x))<n$. 由 $f(a_i)=1\,(i=1,2,\cdots,n)$ 可得 $g(a_i)h(a_i)=1$. 但是 $g(a_i), h(a_i)$ 均为整数，于是有 $g(a_i)=h(a_i)\,(i=1,2,\cdots,n)$. 从而可知 $g(x)=h(x)$. 此时，$f(x)=g(x)h(x)=g^2(x)$.

例 5.13　求 t 值，使得多项式 $f(x)=x^3-3x^2+tx-1$ 有重根，并写出相应的重根.

解

$$f(x)=\left(\frac{1}{3}x-\frac{1}{3}\right)f'(x)+r_1(x),$$

其中 $r_1(x)=\dfrac{2(t-3)}{3}x+\dfrac{t-3}{3}$，$f'(x)=\left(\dfrac{3}{2}x-\dfrac{15}{4}\right)\dfrac{3}{t-3}r_1(x)+\left(t+\dfrac{15}{4}\right)$.

(1) 若 $r_1(x)=0$，即 $t=3$，则有 $f'(x)\mid f(x)$，故 $(f(x),f'(x))=\dfrac{1}{3}f'(x)=(x-1)^2$．此时 $f(x)$ 有重根，$x=1$ 为 $f(x)$ 的 3 重根；

(2) 若 $r_1(x)\neq 0$，欲使 $f(x)$ 有重根，有 $t+\dfrac{15}{4}=0$，即 $t=-\dfrac{15}{4}$，故 $(f(x),f'(x))=x+\dfrac{1}{2}$，此时 $f(x)$ 有重根，$x=-\dfrac{1}{2}$ 为 $f(x)$ 的 2 重根.

例 5.14　设 $p(x)$ 是数域 F 上的不可约多项式，若 $p(x)\mid(f(x)+g(x))$，且 $p(x)\mid f(x)g(x)$，证明：$p(x)\mid f(x)$ 且 $p(x)\mid g(x)$，其中 $f(x),g(x)\in F[x]$.

证明　已知 $p(x)$ 是数域 F 上的不可约多项式，且 $p(x)\mid f(x)g(x)$，则 $p(x)\mid f(x)$ 或 $p(x)\mid g(x)$．如果 $p(x)\mid f(x)$ 且 $p(x)\mid g(x)$ 不成立，那么有 $p(x)\mid f(x)$ 且 $p(x)$ 不能整除 $g(x)$，或者 $p(x)\mid g(x)$ 且 $p(x)$ 不能整除 $f(x)$．对第一种情况，$p(x)$ 不能整除 $f(x)+g(x)$，与已知矛盾. 对第二种情况，同样可以推出矛盾，于是结论成立.

例 5.15　设 m 是正整数，$f(x),g(x)$ 是 $F[x]$ 中非零多项式. 证明：

$$g^m(x)\mid f^m(x)\Leftrightarrow g(x)\mid f(x).$$

证明　充分性显然.

必要性　由已知，存在 $h(x)\in F[x]$，使得 $f^m(x)=h(x)g^m(x)$．设 $d(x)=(f(x),g(x))$，且 $f(x)=f_1(x)d(x)$，$g(x)=g_1(x)d(x)$，此时有 $(f_1(x),g_1(x))=1$．进而由互素的性质可得 $(f_1^{\,m}(x),g_1^{\,m}(x))=1$.

又 $f_1^{\,m}(x)d^m(x)=f^m(x)=h(x)g_1^{\,m}(x)d^m(x)$．因为 $f(x),g(x)$ 均是非零多项式，所以 $d(x)\neq 0$，从而有 $f_1^{\,m}(x)=h(x)g_1^{\,m}(x)$．故 $g_1^{\,m}(x)\mid f_1^{\,m}(x)$．综合可得，$g_1(x)=c\neq 0$ 为非零常数. 于是 $g(x)=c\cdot d(x)$，可得 $g(x)\mid f(x)$.

例 5.16　分别在复数域 $\mathbf{C}$ 和实数域 $\mathbf{R}$ 上写出 x^n-1 的因式分解表达式.

解　记 $\varepsilon_k=\cos\dfrac{2k\pi}{n}+\mathrm{i}\sin\dfrac{2k\pi}{n}$ $(k=0,1,\cdots,n-1)$．因为 x^n-1 在复数域 $\mathbf{C}$ 中恰有 n 个根 ε_k $(k=0,1,\cdots,n-1)$，所以多项式 x^n-1 在复数域 $\mathbf{C}$ 上的因式分解为

$$x^n-1=(x-1)(x-\varepsilon_1)(x-\varepsilon_2)\cdots(x-\varepsilon_{n-1})=\prod_{k=0}^{n-1}\left[x-\left(\cos\frac{2k\pi}{n}+\mathrm{i}\sin\frac{2k\pi}{n}\right)\right].$$

下面讨论多项式 x^n-1 在实数域 $\mathbf{R}$ 上的因式分解. 注意到 ε_k 的共轭复数

$$\overline{\varepsilon_k}=\cos\frac{2k\pi}{n}-\mathrm{i}\sin\frac{2k\pi}{n}=\cos\frac{2(n-k)\pi}{n}+\mathrm{i}\sin\frac{2(n-k)\pi}{n}=\varepsilon_{n-k},$$

所以 $\varepsilon_k+\varepsilon_{n-k}=\varepsilon_k+\overline{\varepsilon_k}=2\cos\dfrac{2k\pi}{n}$ 为实数，且由于

$$(\varepsilon_k+\varepsilon_{n-k})^2-4=4\cos^2\frac{2k\pi}{n}-4<0 \quad (k=1,\cdots,n-1),$$

故 $x^2-(\varepsilon_k+\varepsilon_{n-k})x+1$ 是实数域 $\mathbf{R}$ 上的不可约多项式.

从而当 n 为奇数时，有

$$\begin{aligned}x^n-1&=(x-1)[x^2-(\varepsilon_1+\varepsilon_{n-1})x+1][x^2-(\varepsilon_2+\varepsilon_{n-2})x+1]\cdots\left[x^2-\left(\varepsilon_{\frac{n-1}{2}}+\varepsilon_{\frac{n+1}{2}}\right)x+1\right]\\&=(x-1)\left[x^2-2x\cos\frac{2\pi}{n}+1\right]\left[x^2-2x\cos\frac{4\pi}{n}+1\right]\cdots\left[x^2-2x\cos\frac{(n-1)\pi}{n}+1\right]\\&=(x-1)\prod_{k=1}^{\frac{n-1}{2}}\left(x^2-2x\cos\frac{2k\pi}{n}+1\right).\end{aligned}$$

当 n 为偶数时，则为

$$\begin{aligned}x^n-1&=(x-1)(x+1)[x^2-(\varepsilon_1+\varepsilon_{n-1})x+1][x^2-(\varepsilon_2+\varepsilon_{n-2})x+1]\\&\quad\cdots\cdot\left[x^2-(\varepsilon_{\frac{n-2}{2}}+\varepsilon_{\frac{n+2}{2}})x+1\right]\\&=(x-1)(x+1)\left[x^2-2x\cos\frac{2\pi}{n}+1\right]\left[x^2-2x\cos\frac{4\pi}{n}+1\right]\\&\quad\cdots\cdot\left[x^2-2x\cos\frac{(n-2)\pi}{n}+1\right]=(x-1)(x+1)\prod_{k=1}^{\frac{n-2}{2}}\left(x^2-2x\cos\frac{2k\pi}{n}+1\right).\end{aligned}$$

例 5.17　设 $f(x)=x^{n+1}+x^n-2\ (n\geqslant 1)$，求 $f(x)$ 在有理数域上的不可约因式并说明理由.

解　多项式

$$\begin{aligned}f(x)&=x^{n+1}+x^n-2=(x^{n+1}-1)+(x^n-1)\\&=(x-1)(x^n+x^{n-1}+\cdots+1)+(x-1)(x^{n-1}+x^{n-2}+\cdots+1)\\&=(x-1)(x^n+2x^{n-1}+2x^{n-2}+\cdots+2x+2)\triangleq(x-1)g(x).\end{aligned}$$

其中多项式 $g(x)=x^n+2x^{n-1}+2x^{n-2}+\cdots+2x+2$，取素数 $p=2$，由 Eisenstein 判别法可知，$g(x)$ 在有理数域上不可约.

因此 $f(x)$ 在有理数域上的不可约因式为 $x-1$ 和 $x^n+2x^{n-1}+2x^{n-2}+\cdots+2x+2$.

例 5.18　设 $f(x)$ 为数域 F 上的首项系数是 1 且次数至少是 1 次的多项式，证明以下两结论等价：

(1) $f(x)$ 是某个数域 F 上的不可约多项式的方幂；

(2) 对任意的 $g(x)\in F[x]$，必有 $f(x)$ 与 $g(x)$ 互素或者存在某个正整数 m，使得 $f(x)$ 整除 $g^m(x)$.

证明　(1) $\Rightarrow$(2)　由已知，设 $f(x)=p^m(x)$，其中 $p(x)$ 是数域 F 上的一个不可约多项式，m 是正整数. 则对任一多项式 $g(x)\in F[x]$，有 $p(x)\mid g(x)$ 或者 $(p(x),g(x))=1$. 所以有 $p^m(x)\mid g^m(x)$ 或者 $(p^m(x),g(x))=1$. 结论成立.

(2) $\Rightarrow$(1)　反证法. 如果 $f(x)$ 不是数域 F 上的某个不可约多项式的方幂，设 $f(x)$ 的标准分解式为 $f(x)=p_1^{k_1}(x)p_2^{k_2}(x)\cdots p_t^{k_t}(x)$，其中 $p_1(x),p_2(x),\cdots,p_t(x)$ 是数域 F 上的首项系数为 1 的两两不同的不可约多项式，$k_1,k_2,\cdots,k_t$ 均为正整数. 此时有 $t\geqslant 2$. 考察多项式 $p_1(x)\in F[x]$，显然 $f(x)$ 与 $p_1(x)$ 不互素. 而 $f(x)$ 总有因式 $p_2(x)$，又对任意正整数 m，有 $(p_1^m(x),p_2(x))=1$，所以 $f(x)\nmid p_1^m(x)$. 与已知矛盾.

例 5.19　设 $f(x)$ 为数域 F 上的次数为 $n(\geqslant 1)$ 的一元多项式，首项系数为 a. 证明：$f'(x)\mid f(x)\Leftrightarrow$ 存在 $b\in F$，使得 $f(x)=a(x-b)^n$.

证明　充分性　已知 $f(x)=a(x-b)^n$，显然 $f'(x)=na(x-b)^{n-1}\mid f(x)$.

必要性　设 $f(x)$ 的标准分解式为 $f(x)=ap_1^{k_1}(x)p_2^{k_2}(x)\cdots p_t^{k_t}(x)$，其中 $p_1(x),p_2(x),\cdots,p_t(x)$ 是数域 F 上的首项系数为 1 的两两不同的不可约多项式，$a(\neq 0)$ 是 $f(x)$ 的首项系数，$k_1,k_2,\cdots,k_t$ 均是正整数且 $k_1+k_2+\cdots+k_t=n$.

由于 $p_i(x)$ 是 $f(x)$ 的 k_i 重因式，因而 $p_i(x)$ 是 $f'(x)$ 的 k_i-1 重因式 $(i=1,2,\cdots,t)$. 又 $p_1(x),p_2(x),\cdots,p_t(x)$ 两两互素，因此存在多项式 $g(x)\in F[x]$，使得

$$f'(x)=p_1^{k_1-1}(x)p_2^{k_2-1}(x)\cdots p_t^{k_t-1}(x)g(x),$$

其中 $p_i(x)\,(i=1,2,\cdots,t)$ 不整除 $g(x)$，$\deg f'(x)=n-1$.

已知 $f'(x)\mid f(x)$，于是 $(f(x),f'(x))=df'(x)$，其中 d 是 $f'(x)$ 首项系数的倒数. 又 $h(x)\triangleq\dfrac{f(x)}{(f(x),f'(x))}=ap_1(x)p_2(x)\cdots p_t(x)=\dfrac{f(x)}{df'(x)}$ 为一次多项式，所以可令 $h(x)=a(x-b)$，此时有 $t=1$，$p_1(x)=x-b$，$k_1=n$，从而可得 $f(x)=a(x-b)^n$.

例 5.20　设 m,n 是两个正整数. 对于多项式 $f(x)=x^{m-1}+x^{m-2}+\cdots+x+1$ 与 $g(x)=x^{n-1}+x^{n-2}+\cdots+x+1$，证明：$(f(x),g(x))=1\Leftrightarrow(m,n)=1$.

证明　必要性　反证法. 如果 m,n 不互素，设 $(m,n)=d>1$ 且 $m=m_1d$，$n=n_1d$，其中 $1\leqslant m_1<m$. 令 $\varepsilon(\neq 1)$ 为 m 次本原单位根，则 $\varepsilon^m=1$，且对整数 m_1，有 $\varepsilon^{m_1}\neq 1$. 从而有 $(\varepsilon^{m_1})^n=\varepsilon^{m_1n_1d}=\varepsilon^{m_1dn_1}=(\varepsilon^m)^{n_1}=1$，即 ε^{m_1} 是一个 n 次单位根. 由 $f(x),g(x)$ 的表达式知 ε^{m_1} 是 $f(x)$ 的根，同时 ε^{m_1} 也是 $g(x)$ 的根，意味着 $f(x)$ 与

$g(x)$ 有公因式 $x-\varepsilon^{m_1}$，与 $(f(x),g(x))=1$ 矛盾，所以 m,n 互素.

充分性　欲证明 $(f(x),g(x))=1$，只需证明 $g(x)$ 的任意一个复根都不是 $f(x)$ 的根即可. 记 n 次单位根 $\omega=\cos\dfrac{2\pi}{n}+\mathrm{i}\sin\dfrac{2\pi}{n}$，则 $\omega,\omega^2,\cdots,\omega^{n-1}$ 为 $g(x)$ 的全体复根. 若有 $f(\omega^k)=0\ (1\leqslant k\leqslant n-1)$，则由 $x^m-1=(x-1)f(x)$ 知 ω^k 也是 m 次单位根，即 $(\omega^k)^m=1$. 因此 $n\mid km$. 已知 $(m,n)=1$，所以 $n\mid k$，与 $1\leqslant k\leqslant n-1$ 矛盾. 从而可得 $f(\omega^k)\neq 0\ (1\leqslant k\leqslant n-1)$，即 $g(x)$ 的根都不是 $f(x)$ 的根，进而可知 $(f(x),g(x))=1$.

例 5.21 (第七届全国大学生数学竞赛决赛试题)　设 Γ 为形如下列形式的 2016 阶矩阵全体：每行每列只有一个非零元素，且该非零元素为 1，试求解 $\sum\limits_{A\in\Gamma}|A|$.

解　由行列式定义可知，$|A|=\sum\limits_{j_1\cdots j_n}(-1)^{\tau(j_1\cdots j_n)}a_{1j_1}\cdots a_{nj_n}=(-1)^{\tau(k_1\cdots k_n)}$，其中 $a_{1k_1}=\cdots=a_{nk_n}=1\neq 0$. 当 A 取遍 Γ 中所有矩阵时，$k_1\cdots k_n$ 就取遍了所有 n 级排列，其中奇、偶排列各占一半，所以 $\sum\limits_{A\in\Gamma}|A|=0$.

例 5.22　计算 n 阶行列式 $D_n=\begin{vmatrix}1&2&3&\cdots&n-1&n\\1&1&1&\cdots&1&1-n\\1&1&1&\cdots&1-n&1\\\vdots&\vdots&\vdots&&\vdots&\vdots\\1&1&1-n&\cdots&1&1\\1&1-n&1&\cdots&1&1\end{vmatrix}$.

解　将第 2 列，第 3 列，…，第 n 列都加到第 1 列上，可得

$$D_n=\begin{vmatrix}\dfrac{n(n+1)}{2}&2&3&\cdots&n-1&n\\0&1&1&\cdots&1&1-n\\0&1&1&\cdots&1-n&1\\\vdots&\vdots&\vdots&&\vdots&\vdots\\0&1&1-n&\cdots&1&1\\0&1-n&1&\cdots&1&1\end{vmatrix}$$

$$=\frac{n(n+1)}{2}\begin{vmatrix}1&1&\cdots&1&1-n\\1&1&\cdots&1-n&1\\\vdots&\vdots&&\vdots&\vdots\\1&1-n&\cdots&1&1\\1-n&1&\cdots&1&1\end{vmatrix}\text{(再将第2列开始的各列都加到第1列上)}$$

$$
=\frac{n(n+1)}{2}\begin{vmatrix}-1 & 1 & \cdots & 1 & 1-n\\ -1 & 1 & \cdots & 1-n & 1\\ \vdots & \vdots & & \vdots & \vdots\\ -1 & 1-n & \cdots & 1 & 1\\ -1 & 1 & \cdots & 1 & 1\end{vmatrix}\text{(各行均减最后一行)}
$$

$$
=\frac{n(n+1)}{2}\begin{vmatrix}0 & 0 & \cdots & 0 & -n\\ 0 & 0 & \cdots & -n & 0\\ \vdots & \vdots & & \vdots & \vdots\\ 0 & -n & \cdots & 0 & 0\\ -1 & 1 & \cdots & 1 & 1\end{vmatrix}=\frac{n(n+1)}{2}(-1)^{\tau(n-1,n-2,\cdots,2,1)}(-1)\cdot(-n)^{n-2}
$$

$$
=\frac{n(n+1)}{2}(-1)^{\frac{(n-1)(n-2)}{2}}(-1)^{n-1}\cdot n^{n-2}=(-1)^{\frac{n(n-1)}{2}}\cdot\frac{n^{n-1}(n+1)}{2}.
$$

例 5.23 (第四届全国大学生数学竞赛决赛试题) 设 n 阶实方阵 A 的每个元素的绝对值为 2. 证明：当 $n\geqslant 3$ 时，有 $|A|\leqslant\frac{1}{3}\cdot 2^{n+1}n!$.

证明 首先，将 A 的每行元素均提取公因数 2，可得 $|A|=2^n|A_1|$，其中 $A_1=\frac{1}{2}A$，它的所有元素为 1 或者 -1.

对阶数 n 使用归纳法. 当 $n=3$ 时，

$$
\begin{aligned}
|A_1|&=\begin{vmatrix}a_{11} & a_{12} & a_{13}\\ a_{21} & a_{22} & a_{23}\\ a_{31} & a_{32} & a_{33}\end{vmatrix}\\
&=a_{11}a_{22}a_{33}+a_{12}a_{23}a_{31}+a_{13}a_{32}a_{21}-a_{13}a_{22}a_{31}-a_{12}a_{21}a_{33}-a_{11}a_{32}a_{23}\\
&\triangleq b_1+b_2+b_3+b_4+b_5+b_6,
\end{aligned}
$$

上式中 $b_i=\pm 1$ 且 $\prod_{i=1}^{6}b_i=-1$，此时至少有一个 b_i 为-1，有一个 b_j 为 1，从而这六项中至少有两项相消，故有 $|A_1|\leqslant 4=\frac{1}{3}\cdot 2\cdot 3!$，即在 $n=3$ 时结论成立.

假设对满足题设条件的 $n-1$ 阶实方阵结论成立. 下面考察满足题设条件的 n 阶实方阵 A. 将 $|A|$ 按第一行展开，则有

$$
|A|=a_{11}A_{11}+\cdots+a_{1n}A_{1n}\leqslant 2(|A_{11}|+\cdots+|A_{1n}|)\leqslant 2n\cdot\frac{1}{3}\cdot 2^n(n-1)!=\frac{1}{3}\cdot 2^{n+1}n!,
$$

其中 A_{1i} 为元素 a_{1i} 的代数余子式. 结论成立.

例 5.24　证明:

$$\begin{vmatrix} 1 & 1 & 1 & 1 \\ a & b & c & d \\ a^2 & b^2 & c^2 & d^2 \\ a^4 & b^4 & c^4 & d^4 \end{vmatrix} = (a-b)(a-c)(a-d)(b-c)(b-d)(c-d)(a+b+c+d).$$

证明　方法一　左端

$$= \begin{vmatrix} 1 & 0 & 0 & 0 \\ a & b-a & c-a & d-a \\ a^2 & b^2-a^2 & c^2-a^2 & d^2-a^2 \\ a^4 & b^4-a^4 & c^4-a^4 & d^4-a^4 \end{vmatrix} = \begin{vmatrix} 1 & 0 & 0 & 0 \\ a & b-a & c-a & d-a \\ a^2 & b^2-a^2 & c^2-a^2 & d^2-a^2 \\ 0 & b^4-a^2b^2 & c^4-a^2c^2 & d^4-a^2d^2 \end{vmatrix}$$

$$= \begin{vmatrix} b-a & c-a & d-a \\ b^2-a^2 & c^2-a^2 & d^2-a^2 \\ b^2(b^2-a^2) & c^2(c^2-a^2) & d^2(d^2-a^2) \end{vmatrix}$$

$$= (b-a)(c-a)(d-a) \begin{vmatrix} 1 & 1 & 1 \\ b+a & c+a & d+a \\ b^2(b+a) & c^2(c+a) & d^2(d+a) \end{vmatrix}$$

$$= (b-a)(c-a)(d-a) \begin{vmatrix} 1 & 0 & 0 \\ b+a & c-b & d-b \\ b^2(b+a) & c^2(c+a)-b^2(b+a) & d^2(d+a)-b^2(b+a) \end{vmatrix}$$

$$= (b-a)(c-a)(d-a)(c-b)(d-b) \begin{vmatrix} 1 & 1 \\ (c^2+bc+b^2)+a(c+b) & (d^2+bd+b^2)+a(d+b) \end{vmatrix}$$

$= (a-b)(a-c)(a-d)(b-c)(b-d)(c-d)(a+b+c+d)$=右端.

方法二　构造 5 阶行列式 $D_5 = \begin{vmatrix} 1 & 1 & 1 & 1 & 1 \\ a & b & c & d & x \\ a^2 & b^2 & c^2 & d^2 & x^2 \\ a^3 & b^3 & c^3 & d^3 & x^3 \\ a^4 & b^4 & c^4 & d^4 & x^4 \end{vmatrix}$ 为 Vandermonde 行列式.

所以 $D_5 = (x-a)(x-b)(x-c)(x-d)(b-a)(c-a)(d-a)(c-b)(d-b)(d-c)$，其中 x^3 项的系数为

$$-(a+b+c+d)(b-a)(c-a)(d-a)(c-b)(d-b)(d-c),$$

而行列式$\begin{vmatrix} 1 & 1 & 1 & 1 \\ a & b & c & d \\ a^2 & b^2 & c^2 & d^2 \\ a^4 & b^4 & c^4 & d^4 \end{vmatrix}$为行列式 D_5 中 x^3 项的系数的相反数. 所以可得

$$\begin{vmatrix} 1 & 1 & 1 & 1 \\ a & b & c & d \\ a^2 & b^2 & c^2 & d^2 \\ a^4 & b^4 & c^4 & d^4 \end{vmatrix} = (a-b)(a-c)(a-d)(b-c)(b-d)(c-d)(a+b+c+d).$$

例 5.25 对于方阵 $A=(a_{ij})_{n\times n}$，设其元素 a_{ij} 的代数余子式为 A_{ij} $(i,j=1,2,\cdots,n)$. 证明:

$$\sum_{i=1}^{n}\sum_{j=1}^{n}A_{ij} = \begin{vmatrix} a_{11}-a_{12} & a_{12}-a_{13} & \cdots & a_{1,n-1}-a_{1n} & 1 \\ a_{21}-a_{22} & a_{22}-a_{23} & \cdots & a_{2,n-1}-a_{2n} & 1 \\ \vdots & \vdots & & \vdots & \vdots \\ a_{n1}-a_{n2} & a_{n2}-a_{n3} & \cdots & a_{n,n-1}-a_{nn} & 1 \end{vmatrix}.$$

证明 考察行列式

$$\begin{vmatrix} a_{11}+x & a_{12}+x & \cdots & a_{1n}+x \\ a_{21}+x & a_{22}+x & \cdots & a_{2n}+x \\ \vdots & \vdots & & \vdots \\ a_{n1}+x & a_{n2}+x & \cdots & a_{nn}+x \end{vmatrix}$$

$$= \begin{vmatrix} a_{11} & a_{12} & \cdots & a_{1n} \\ a_{21} & a_{22} & \cdots & a_{2n} \\ \vdots & \vdots & & \vdots \\ a_{n1} & a_{n2} & \cdots & a_{nn} \end{vmatrix} + \begin{vmatrix} x & a_{12} & \cdots & a_{1n} \\ x & a_{22} & \cdots & a_{2n} \\ \vdots & \vdots & & \vdots \\ x & a_{n2} & \cdots & a_{nn} \end{vmatrix} + \begin{vmatrix} a_{11} & x & \cdots & a_{1n} \\ a_{21} & x & \cdots & a_{2n} \\ \vdots & \vdots & & \vdots \\ a_{n1} & x & \cdots & a_{nn} \end{vmatrix} + \cdots + \begin{vmatrix} a_{11} & a_{12} & \cdots & x \\ a_{21} & a_{22} & \cdots & x \\ \vdots & \vdots & & \vdots \\ a_{n1} & a_{n2} & \cdots & x \end{vmatrix}$$

$$= \begin{vmatrix} a_{11} & a_{12} & \cdots & a_{1n} \\ a_{21} & a_{22} & \cdots & a_{2n} \\ \vdots & \vdots & & \vdots \\ a_{n1} & a_{n2} & \cdots & a_{nn} \end{vmatrix} + x\sum_{i=1}^{n}A_{i1} + x\sum_{i=1}^{n}A_{i2} + \cdots + x\sum_{i=1}^{n}A_{in}$$

$$= \begin{vmatrix} a_{11} & a_{12} & \cdots & a_{1n} \\ a_{21} & a_{22} & \cdots & a_{2n} \\ \vdots & \vdots & & \vdots \\ a_{n1} & a_{n2} & \cdots & a_{nn} \end{vmatrix} + x\sum_{i=1}^{n}\sum_{j=1}^{n}A_{ij}.$$

在上式中令 $x=1$ 可得

$$\sum_{i=1}^{n}\sum_{j=1}^{n}A_{ij}=\begin{vmatrix}a_{11}+1 & a_{12}+1 & \cdots & a_{1n}+1\\ a_{21}+1 & a_{22}+1 & \cdots & a_{2n}+1\\ \vdots & \vdots & & \vdots\\ a_{n1}+1 & a_{n2}+1 & \cdots & a_{nn}+1\end{vmatrix}-\begin{vmatrix}a_{11} & a_{12} & \cdots & a_{1n}\\ a_{21} & a_{22} & \cdots & a_{2n}\\ \vdots & \vdots & & \vdots\\ a_{n1} & a_{n2} & \cdots & a_{nn}\end{vmatrix}$$

$$=\begin{vmatrix}a_{11}-a_{12} & a_{12}-a_{13} & \cdots & a_{1,n-1}-a_{1n} & a_{1n}+1\\ a_{21}-a_{22} & a_{22}-a_{23} & \cdots & a_{2,n-1}-a_{2n} & a_{2n}+1\\ \vdots & \vdots & & \vdots & \vdots\\ a_{n1}-a_{n2} & a_{n2}-a_{n3} & \cdots & a_{n,n-1}-a_{nn} & a_{nn}+1\end{vmatrix}$$

$$\underline{\text{前列减后列}}\begin{vmatrix}a_{11}-a_{12} & \cdots & a_{1,n-1}-a_{1n} & a_{1n}\\ a_{21}-a_{22} & \cdots & a_{2,n-1}-a_{2n} & a_{2n}\\ \vdots & & \vdots & \vdots\\ a_{n1}-a_{n2} & \cdots & a_{n,n-1}-a_{nn} & a_{nn}\end{vmatrix}$$

$$=\begin{vmatrix}a_{11}-a_{12} & \cdots & a_{1,n-1}-a_{1n} & a_{1n}\\ a_{21}-a_{22} & \cdots & a_{2,n-1}-a_{2n} & a_{2n}\\ \vdots & & \vdots & \vdots\\ a_{n1}-a_{n2} & \cdots & a_{n,n-1}-a_{nn} & a_{nn}\end{vmatrix}+\begin{vmatrix}a_{11}-a_{12} & \cdots & a_{1,n-1}-a_{1n} & 1\\ a_{21}-a_{22} & \cdots & a_{2,n-1}-a_{2n} & 1\\ \vdots & & \vdots & \vdots\\ a_{n1}-a_{n2} & \cdots & a_{n,n-1}-a_{nn} & 1\end{vmatrix}$$

$$-\begin{vmatrix}a_{11}-a_{12} & \cdots & a_{1,n-1}-a_{1n} & a_{1n}\\ a_{21}-a_{22} & \cdots & a_{2,n-1}-a_{2n} & a_{2n}\\ \vdots & & \vdots & \vdots\\ a_{n1}-a_{n2} & \cdots & a_{n,n-1}-a_{nn} & a_{nn}\end{vmatrix}$$

$$=\begin{vmatrix}a_{11}-a_{12} & \cdots & a_{1,n-1}-a_{1n} & 1\\ a_{21}-a_{22} & \cdots & a_{2,n-1}-a_{2n} & 1\\ \vdots & & \vdots & \vdots\\ a_{n1}-a_{n2} & \cdots & a_{n,n-1}-a_{nn} & 1\end{vmatrix}.$$

例 5.26 (第八届全国大学生数学竞赛决赛试题)　设 $x^4+3x^2+2x+1=0$ 的 4 个根为 $\alpha_1,\alpha_2,\alpha_3,\alpha_4$，试求解行列式

$$\begin{vmatrix}\alpha_1 & \alpha_2 & \alpha_3 & \alpha_4\\ \alpha_2 & \alpha_3 & \alpha_4 & \alpha_1\\ \alpha_3 & \alpha_4 & \alpha_1 & \alpha_2\\ \alpha_4 & \alpha_1 & \alpha_2 & \alpha_3\end{vmatrix}.$$

解　因为 $\alpha_1,\alpha_2,\alpha_3,\alpha_4$ 是方程 $x^4+3x^2+2x+1=0$ 的根，所以

$$x^4+3x^2+2x+1=(x-\alpha_1)(x-\alpha_2)(x-\alpha_3)(x-\alpha_4)=x^4-(\alpha_1+\alpha_2+\alpha_3+\alpha_4)x^3+\cdots=0,$$

从而 $\alpha_1+\alpha_2+\alpha_3+\alpha_4=0$．将行列式的 2，3，4 列均加至第 1 列可得

$$\begin{vmatrix} \alpha_1 & \alpha_2 & \alpha_3 & \alpha_4 \\ \alpha_2 & \alpha_3 & \alpha_4 & \alpha_1 \\ \alpha_3 & \alpha_4 & \alpha_1 & \alpha_2 \\ \alpha_4 & \alpha_1 & \alpha_2 & \alpha_3 \end{vmatrix} = \begin{vmatrix} \alpha_1+\alpha_2+\alpha_3+\alpha_4 & \alpha_2 & \alpha_3 & \alpha_4 \\ \alpha_1+\alpha_2+\alpha_3+\alpha_4 & \alpha_3 & \alpha_4 & \alpha_1 \\ \alpha_1+\alpha_2+\alpha_3+\alpha_4 & \alpha_4 & \alpha_1 & \alpha_2 \\ \alpha_1+\alpha_2+\alpha_3+\alpha_4 & \alpha_1 & \alpha_2 & \alpha_3 \end{vmatrix} = 0.$$

例 5.27　计算 n 阶行列式 $D_n=\begin{vmatrix} x+1 & x & x & \cdots & x \\ x & x+2 & x & \cdots & x \\ x & x & x+3 & \cdots & x \\ \vdots & \vdots & \vdots & & \vdots \\ x & x & x & \cdots & x+n \end{vmatrix}$.

解　将 D_n 升阶，

$$D_n=\begin{vmatrix} 1 & x & x & x & \cdots & x \\ 0 & x+1 & x & x & \cdots & x \\ 0 & x & x+2 & x & \cdots & x \\ 0 & x & x & x+3 & \cdots & x \\ \vdots & \vdots & \vdots & \vdots & & \vdots \\ 0 & x & x & x & \cdots & x+n \end{vmatrix}(\text{各行均减去第1行})$$

$$=\begin{vmatrix} 1 & x & x & x & \cdots & x \\ -1 & 1 & 0 & 0 & \cdots & 0 \\ -1 & 0 & 2 & 0 & \cdots & 0 \\ -1 & 0 & 0 & 3 & \cdots & 0 \\ \vdots & \vdots & \vdots & \vdots & & \vdots \\ -1 & 0 & 0 & 0 & \cdots & n \end{vmatrix}\left(\text{第}i\text{列的}\frac{1}{i-1}\text{倍加至第1列}(i=2,3,\cdots,n)\right)$$

$$=\begin{vmatrix} 1+x+\frac{x}{2}+\cdots\frac{x}{n} & x & x & x & \cdots & x \\ 0 & 1 & 0 & 0 & \cdots & 0 \\ 0 & 0 & 2 & 0 & \cdots & 0 \\ 0 & 0 & 0 & 3 & \cdots & 0 \\ \vdots & \vdots & \vdots & \vdots & & \vdots \\ 0 & 0 & 0 & 0 & \cdots & n \end{vmatrix}$$

$$=n!\left(1+x+\frac{x}{2}+\cdots+\frac{x}{n}\right).$$

例 5.28　证明：$2n$ 阶行列式 $D_{2n}=\begin{vmatrix} a & & & & & & b \\ & a & & & & b & \\ & & \ddots & & \iddots & & \\ & & & a & b & & \\ & & & c & d & & \\ & & \iddots & & \ddots & & \\ & c & & & & d & \\ c & & & & & & d \end{vmatrix}=(ad-bc)^n$.

证明　将 D_{2n} 按第 1 行展开可得

$$D_{2n}=a\cdot\begin{vmatrix} a & & & & & b & 0 \\ & \ddots & & & \iddots & & \\ & & a & b & & & \\ & & c & d & & & \\ & \iddots & & & \ddots & & \\ c & & & & & d & 0 \\ 0 & & & & & 0 & d \end{vmatrix}+b(-1)^{1+2n}\begin{vmatrix} 0 & a & & & & & b \\ & & \ddots & & & \iddots & \\ & & & a & b & & \\ & & & c & d & & \\ & & \iddots & & & \ddots & \\ 0 & c & & & & & d \\ c & 0 & & & & & 0 \end{vmatrix}$$

$$=adD_{2(n-1)}-bc(-1)^{2n-1+1}D_{2(n-1)}=(ad-bc)D_{2(n-1)}=(ad-bc)^2D_{2(n-2)}$$

$$=\cdots=(ad-bc)^{n-1}D_{21}=(ad-bc)^{n-1}\begin{vmatrix} a & b \\ c & d \end{vmatrix}=(ad-bc)^n.$$

例 5.29　计算 n 阶行列式 $D_n=\begin{vmatrix} a+b & ab & 0 & \cdots & 0 \\ 1 & a+b & ab & \cdots & 0 \\ 0 & 1 & a+b & \cdots & 0 \\ \vdots & \vdots & \vdots & & \vdots \\ 0 & 0 & 0 & \cdots & a+b \end{vmatrix}$.

解　将 D_n 按第 1 行展开可得

$$D_n=(a+b)\begin{vmatrix} a+b & ab & \cdots & 0 \\ 1 & a+b & \cdots & 0 \\ \vdots & \vdots & & \vdots \\ 0 & 0 & \cdots & a+b \end{vmatrix}+ab(-1)^3\begin{vmatrix} 1 & ab & \cdots & 0 \\ 0 & a+b & \cdots & 0 \\ \vdots & \vdots & & \vdots \\ 0 & 0 & \cdots & a+b \end{vmatrix}$$

$$=(a+b)D_{n-1}-abD_{n-2}\text{，}$$

所以

$$D_n-bD_{n-1}=a(D_{n-1}-bD_{n-2})=a^2(D_{n-2}-bD_{n-3})=\cdots=a^{n-2}(D_2-bD_1)\text{，}$$

注意到 $D_1 = a + b$ ， $D_2 = a^2 + ab + b^2$ ，可得 $D_n - bD_{n-1} = a^n$.

方法一

$$\begin{aligned} D_n &= a^n + bD_{n-1} = a^n + b(a^{n-1} + bD_{n-2}) = a^n + ba^{n-1} + b^2 D_{n-2} \\ &= \cdots = a^n + ba^{n-1} + b^2 a^{n-2} + \cdots + b^{n-2} D_2 \\ &= a^n + ba^{n-1} + \cdots + b^{n-1}a + b^n = \begin{cases} (n+1)a^n, & a = b, \\ \dfrac{a^{n+1} - b^{n+1}}{a - b}, & a \neq b. \end{cases} \end{aligned}$$

方法二

$D_n - aD_{n-1} = b(D_{n-1} - aD_{n-2}) = b^2(D_{n-2} - aD_{n-3}) = \cdots = b^{n-2}(D_2 - aD_1) = b^n$ ，

联立 $D_n - bD_{n-1} = a^n$ 消去 D_{n-1} 可得 D_n .

例 5.30　证明： n 阶行列式

$$D_n = \begin{vmatrix} \cos\alpha & 1 & 0 & \cdots & 0 & 0 \\ 1 & 2\cos\alpha & 1 & \cdots & 0 & 0 \\ 0 & 1 & 2\cos\alpha & \cdots & 0 & 0 \\ \vdots & \vdots & \vdots & & \vdots & \vdots \\ 0 & 0 & 0 & \cdots & 2\cos\alpha & 1 \\ 0 & 0 & 0 & \cdots & 1 & 2\cos\alpha \end{vmatrix} = \cos n\alpha.$$

证明　对 n 使用数学归纳法. 当 $n = 2$ 时， $D_2 = \begin{vmatrix} \cos\alpha & 1 \\ 1 & 2\cos\alpha \end{vmatrix} = 2\cos^2\alpha - 1 = \cos 2\alpha$ ，结论成立. 假设对于阶数小于 n 的行列式结论成立. 则对于 n 阶行列式

$$D_n = \begin{vmatrix} \cos\alpha & 1 & 0 & \cdots & 0 & 0 \\ 1 & 2\cos\alpha & 1 & \cdots & 0 & 0 \\ 0 & 1 & 2\cos\alpha & \cdots & 0 & 0 \\ \vdots & \vdots & \vdots & & \vdots & \vdots \\ 0 & 0 & 0 & \cdots & 2\cos\alpha & 1 \\ 0 & 0 & 0 & \cdots & 1 & 2\cos\alpha \end{vmatrix} \text{(按第}n\text{行展开可得)},$$

$$D_n = (-1)^{n+n-1} \begin{vmatrix} \cos\alpha & 1 & 0 & \cdots & 0 \\ 1 & 2\cos\alpha & 1 & \cdots & 0 \\ 0 & 1 & 2\cos\alpha & \cdots & 0 \\ \vdots & \vdots & \vdots & & \vdots \\ 0 & 0 & 0 & \cdots & 1 \end{vmatrix}$$

$$+2\cos\alpha\begin{vmatrix}\cos\alpha & 1 & 0 & \cdots & 0\\ 1 & 2\cos\alpha & 1 & \cdots & 0\\ 0 & 1 & 2\cos\alpha & \cdots & 0\\ \vdots & \vdots & \vdots & & \vdots\\ 0 & 0 & 0 & \cdots & 2\cos\alpha\end{vmatrix}$$

$$=2\cos\alpha\begin{vmatrix}\cos\alpha & 1 & 0 & \cdots & 0\\ 1 & 2\cos\alpha & 1 & \cdots & 0\\ 0 & 1 & 2\cos\alpha & \cdots & 0\\ \vdots & \vdots & \vdots & & \vdots\\ 0 & 0 & 0 & \cdots & 2\cos\alpha\end{vmatrix}-\begin{vmatrix}\cos\alpha & 1 & \cdots & 0\\ 1 & 2\cos\alpha & \cdots & 0\\ \vdots & \vdots & & \vdots\\ 0 & 0 & \cdots & 2\cos\alpha\end{vmatrix}$$

$$=2\cos\alpha D_{n-1}-D_{n-2}.$$

由归纳假设

$$D_{n-2}=\cos(n-2)\alpha=\cos[(n-1)\alpha-\alpha]=\cos(n-1)\alpha\cdot\cos\alpha+\sin(n-1)\alpha\cdot\sin\alpha\ ,$$

代入前式可得

$$\begin{aligned}D_n&=2\cos\alpha\cdot\cos(n-1)\alpha-[\cos(n-1)\alpha\cdot\cos\alpha+\sin(n-1)\alpha\cdot\sin\alpha]\\&=\cos(n-1)\alpha\cdot\cos\alpha-\sin(n-1)\alpha\cdot\sin\alpha=\cos n\alpha.\end{aligned}$$

结论成立.

例 5.31 (第六届全国大学生数学竞赛预赛试题)　设 V 为闭区间 $[0,1]$ 上全体实函数构成的实向量空间，其中向量加法与数量乘法均为通常的. $f_1,\cdots,f_n\in V$. 证明以下两个结论等价：

(1) $f_1,\cdots,f_n$ 线性无关；

(2) 存在 $a_1,\cdots,a_n\in[0,1]$，使得 $\det(f_i(a_j))\neq 0$ (其中 det 表示行列式).

证明　(2) ⇒(1)　考虑方程 $\lambda_1 f_1+\cdots+\lambda_n f_n=0$. 将 $a_1,\cdots,a_n$ 分别代入，可得方程组 $\begin{cases}\lambda_1 f_1(a_1)+\cdots+\lambda_n f_n(a_1)=0,\\ \qquad\cdots\cdots\\ \lambda_1 f_1(a_n)+\cdots+\lambda_n f_n(a_n)=0.\end{cases}$ 注意到方程组的系数矩阵为 $(f_i(a_j))^{\mathrm{T}}$.

因此由 $\det(f_i(a_j))\neq 0$ 可知方程组只有零解，即 $\lambda_1=\cdots=\lambda_n=0$，从而 $f_1,\cdots,f_n$ 线性无关.

(1) ⇒(2)　对 n 使用归纳法. 当 $n=1$ 时，结论显然成立. 假设 $n=k$ 时，结论成立. 当 $n=k+1$ 时，由 $f_1,\cdots,f_{k+1}$ 线性无关知，$f_1,\cdots,f_k$ 线性无关. 因此存在 $a_1,\cdots,a_k\in[0,1]$，使得 $\det(f_i(a_j))_{k\times k}\neq 0$.

考察函数 $F(x)=\begin{vmatrix} f_1(a_1) & \cdots & f_1(a_k) & f_1(x) \\ \vdots & & \vdots & \vdots \\ f_k(a_1) & \cdots & f_k(a_k) & f_k(x) \\ f_{k+1}(a_1) & \cdots & f_{k+1}(a_k) & f_{k+1}(x) \end{vmatrix}$，按最后一列展开可得

$$F(x)=\lambda_1 f_1(x)+\cdots+\lambda_k f_k(x)+\lambda_{k+1}f_{k+1}(x),$$

其中 $\lambda_1,\cdots,\lambda_{k+1}$ 均为常量. 注意到 $\lambda_{k+1}=\det(f_i(a_j))_{k\times k}\neq 0$，因此由 $f_1,\cdots,f_{k+1}$ 线性无关知 $F(x)$ 不恒为 0，从而存在 $a_{k+1}\in[0,1]$ 使得 $F(a_{k+1})\neq 0$，即存在 $a_1,\cdots,a_{k+1}\in[0,1]$，使得 $\det(f_i(a_j))_{(k+1)\times(k+1)}\neq 0$.

例 5.32　设 β 是非齐次线性方程组 $AX=b$ 的一个解，其中 $b\neq 0$，$\alpha_1,\alpha_2,\cdots,\alpha_{n-r}$ 是其导出组 $AX=0$ 的一个基础解系，证明：

(1) $\alpha_1,\alpha_2,\cdots,\alpha_{n-r},\beta$ 线性无关；

(2) $\beta+\alpha_1,\beta+\alpha_2,\cdots,\beta+\alpha_{n-r},\beta$ 线性无关.

证明　(1) 反证法. 如果 $\alpha_1,\alpha_2,\cdots,\alpha_{n-r},\beta$ 线性相关，又已知 $\alpha_1,\alpha_2,\cdots,\alpha_{n-r}$ 线性无关，那么 β 可由 $\alpha_1,\alpha_2,\cdots,\alpha_{n-r}$ 线性表出，可知 β 是非齐次线性方程组 $AX=b$ 的导出组 $AX=0$ 的一个解，这与 β 是 $AX=b$ 的一个解矛盾，因此 $\alpha_1,\alpha_2,\cdots,\alpha_{n-r},\beta$ 线性无关.

(2) 设 $k_1(\beta+\alpha_1)+k_2(\beta+\alpha_2)+\cdots+k_{n-r}(\beta+\alpha_{n-r})+k\beta=0$，于是有

$$k_1\alpha_1+k_2\alpha_2+\cdots+k_{n-r}\alpha_{n-r}+(k_1+k_2+\cdots+k_{n-r}+k)\beta=0.$$

由(1)知，$\alpha_1,\alpha_2,\cdots,\alpha_{n-r},\beta$ 线性无关，所以有 $k_1=k_2=\cdots=k_{n-r}=0$，且

$$k_1+k_2+\cdots+k_{n-r}+k=0,$$

从而可得 $k_1=k_2=\cdots=k_{n-r}=k=0$，所以 $\beta+\alpha_1,\beta+\alpha_2,\cdots,\beta+\alpha_{n-r},\beta$ 线性无关.

例 5.33 (第八届全国大学生数学竞赛预赛试题)　设 $A_1,\cdots,A_{2017}$ 为 2016 阶实方阵. 证明：关于 $x_1,\cdots,x_{2017}$ 的方程 $\det(x_1A_1+\cdots+x_{2017}A_{2017})=0$ 至少有一组非零实数解，其中 det 表示行列式.

证明　将实方阵 $A_1,\cdots,A_{2017}$ 按列分块，记

$$A_1=(p_1^{(1)},\cdots,p_{2016}^{(1)}),\cdots,A_{2017}=(p_1^{(2017)},\cdots,p_{2016}^{(2017)}),$$

考察齐次线性方程组 $x_1p_1^{(1)}+\cdots+x_{2017}p_1^{(2017)}=0$. 因为方程组中方程的个数 2016 小于未知量的个数 2017，所以该线性方程组必有非零解 $(k_1,\cdots,k_{2017})$，此时有 $k_1p_1^{(1)}+\cdots+k_{2017}p_1^{(2017)}=0$. 从而方阵 $k_1A_1+\cdots+k_{2017}A_{2017}$ 的第一列为 0，其行列式 $\det(x_1A_1+\cdots+x_{2017}A_{2017})$ 自然也为 0.

例 5.34　设平面上有三条不同的直线，其方程分别为 $ax+2by+3c=0$，$bx+2cy+3a=0$，$cx+2ay+3b=0$，证明：三条直线交于一点 $\Leftrightarrow a+b+c=0$.

证明　必要性　已知三条直线交于一点，则二元线性方程组$\begin{cases} ax+2by+3c=0, \\ bx+2cy+3a=0, \\ cx+2ay+3b=0 \end{cases}$有唯一解，所以方程组的系数矩阵$A=\begin{pmatrix} a & 2b \\ b & 2c \\ c & 2a \end{pmatrix}$与增广矩阵$\overline{A}=\begin{pmatrix} a & 2b & -3c \\ b & 2c & -3a \\ c & 2a & -3b \end{pmatrix}$的秩均为 2，从而

$$0=|\overline{A}|=\begin{vmatrix} a & 2b & -3c \\ b & 2c & -3a \\ c & 2a & -3b \end{vmatrix}=(a+b+c)\begin{vmatrix} 1 & 2 & -3 \\ b & 2c & -3a \\ c & 2a & -3b \end{vmatrix}=6(a+b+c)\begin{vmatrix} 1 & 0 & 0 \\ b & c-b & b-a \\ c & a-c & c-b \end{vmatrix}$$

$$=6(a+b+c)(a^2+b^2+c^2-ab-ac-bc)=3(a+b+c)[(a-b)^2+(b-c)^2+(c-a)^2],$$

因为已知三条直线彼此不同，所以不可能出现$a=b=c$的情形，从而有$a+b+c=0$.

充分性　已知$a+b+c=0$，所以

$$|\overline{A}|=\begin{vmatrix} a & 2b & -3c \\ b & 2c & -3a \\ c & 2a & -3b \end{vmatrix}=(a+b+c)\begin{vmatrix} 1 & 2 & -3 \\ b & 2c & -3a \\ c & 2a & -3b \end{vmatrix}=0,$$

可得$R(\overline{A})<3$．而系数矩阵A中有 2 阶子式

$$\begin{vmatrix} a & 2b \\ b & 2c \end{vmatrix}=2(ac-b^2)=2[a(-a-b)-b^2]=-2[a^2+ab+b^2]=-2\left[\left(a+\frac{1}{2}b\right)^2+\frac{3}{4}b^2\right].$$

已知三条不同直线的方程，所以不可能出现$a=b=c=0$的情形，所以$\begin{vmatrix} a & 2b \\ b & 2c \end{vmatrix}\neq 0$，可得$R(A)=2$，从而$R(A)=R(\overline{A})=2$，方程组有唯一解，即三条直线交于一点.

例 5.35　已知三阶实矩阵$A=(a_{ij})$满足条件$a_{ij}=A_{ij}\ (i=1,2,3)$，其中A_{ij}是a_{ij}的代数余子式，且$a_{33}=-1$．求

(1) $|A|$；

(2) 方程组$A\begin{pmatrix} x_1 \\ x_2 \\ x_3 \end{pmatrix}=\begin{pmatrix} 0 \\ 0 \\ 1 \end{pmatrix}$的解.

解　对于三阶实矩阵$A=(a_{ij})$，由题设可得

$$A=\begin{pmatrix} a_{11} & a_{12} & a_{13} \\ a_{21} & a_{22} & a_{23} \\ a_{31} & a_{32} & a_{33} \end{pmatrix}=\begin{pmatrix} A_{11} & A_{12} & A_{13} \\ A_{21} & A_{22} & A_{23} \\ A_{31} & A_{32} & A_{33} \end{pmatrix},$$

$$|A|^2=|A|\cdot|A|=|A|\cdot|A^{\mathrm T}|=|AA^{\mathrm T}|=\left|\begin{pmatrix}a_{11}&a_{12}&a_{13}\\a_{21}&a_{22}&a_{23}\\a_{31}&a_{32}&a_{33}\end{pmatrix}\begin{pmatrix}A_{11}&A_{21}&A_{31}\\A_{12}&A_{22}&A_{32}\\A_{13}&A_{23}&A_{33}\end{pmatrix}\right|$$

$$=\begin{vmatrix}|A|&0&0\\0&|A|&0\\0&0&|A|\end{vmatrix}=|A|^3.$$

可得$0=|A|^3-|A|^2=|A|^2(|A|-1)$，故$|A|=0$或者$|A|=1$.

又$AA^{\mathrm T}=AA^*=|A|E$(其中A^*为A的伴随矩阵)，所以

$$\begin{pmatrix}a_{11}^2+a_{12}^2+a_{13}^2&a_{11}a_{21}+a_{12}a_{22}+a_{13}a_{23}&a_{11}a_{31}+a_{12}a_{32}+a_{13}a_{33}\\a_{21}a_{11}+a_{22}a_{12}+a_{23}a_{13}&a_{21}^2+a_{22}^2+a_{23}^2&a_{21}a_{31}+a_{22}a_{32}+a_{23}a_{33}\\a_{31}a_{11}+a_{32}a_{12}+a_{33}a_{13}&a_{31}a_{21}+a_{32}a_{22}+a_{33}a_{23}&a_{31}^2+a_{32}^2+a_{33}^2\end{pmatrix}$$

$$=\begin{pmatrix}|A|&0&0\\0&|A|&0\\0&0&|A|\end{pmatrix},$$

可得$\begin{cases}a_{11}^2+a_{12}^2+a_{13}^2=|A|,\\a_{21}^2+a_{22}^2+a_{23}^2=|A|,\\a_{31}^2+a_{32}^2+a_{33}^2=|A|,\\a_{11}a_{21}+a_{12}a_{22}+a_{13}a_{23}=0,\\a_{11}a_{31}+a_{12}a_{32}+a_{13}a_{33}=0,\\a_{21}a_{31}+a_{22}a_{32}+a_{23}a_{33}=0.\end{cases}$ 已知A是实矩阵，且$a_{33}=-1$，从而$|A|=1$. 迫使

$a_{31}=a_{32}=0$，进而可得$a_{13}=a_{23}=0$. 于是$A=\begin{pmatrix}a_{11}&a_{12}&0\\a_{21}&a_{22}&0\\0&0&-1\end{pmatrix}$. 考察线性方程组

$A\begin{pmatrix}x_1\\x_2\\x_3\end{pmatrix}=\begin{pmatrix}0\\0\\1\end{pmatrix}$，再根据克拉默法则，可得

$$x_1=\frac{1}{|A|}\cdot\begin{vmatrix}0&a_{12}&0\\0&a_{22}&0\\1&0&-1\end{vmatrix}=0,\quad x_2=\frac{1}{|A|}\cdot\begin{vmatrix}a_{11}&0&0\\a_{21}&0&0\\0&1&-1\end{vmatrix}=0,$$

$$x_3=\frac{1}{|A|}\cdot\begin{vmatrix}a_{11}&a_{12}&0\\a_{21}&a_{22}&0\\0&0&1\end{vmatrix}=-\frac{|A|}{|A|}=-1.$$

例 5.36　对于非齐次线性方程组 $\begin{cases}\lambda x_1 - x_2 - x_3 = 1\\ -x_1 + \lambda x_2 - x_3 = -\lambda,\\ -x_1 - x_2 + \lambda x_3 = \lambda^2,\end{cases}$ 求其有唯一解、无穷多个解、无解时，λ 所取的值.

解　对增广矩阵 $\overline{A}$ 施行初等行变换：

$$\overline{A} = \begin{pmatrix} \lambda & -1 & -1 & 1 \\ -1 & \lambda & -1 & -\lambda \\ -1 & -1 & \lambda & \lambda^2 \end{pmatrix} \to \begin{pmatrix} 1 & 1 & -\lambda & -\lambda^2 \\ -1 & \lambda & -1 & -\lambda \\ \lambda & -1 & -1 & 1 \end{pmatrix}$$

$$\to \begin{pmatrix} 1 & 1 & -\lambda & -\lambda^2 \\ 0 & \lambda+1 & -(\lambda+1) & -\lambda(\lambda+1) \\ 0 & -(\lambda+1) & \lambda^2-1 & \lambda^3+1 \end{pmatrix}$$

$$\to \begin{pmatrix} 1 & 1 & -\lambda & -\lambda^2 \\ 0 & \lambda+1 & -(\lambda+1) & -\lambda(\lambda+1) \\ 0 & 0 & \lambda^2-\lambda-2 & \lambda^3-\lambda^2-\lambda+1 \end{pmatrix}$$

$$= \begin{pmatrix} 1 & 1 & -\lambda & -\lambda^2 \\ 0 & \lambda+1 & -(\lambda+1) & -\lambda(\lambda+1) \\ 0 & 0 & (\lambda+1)(\lambda-2) & (\lambda+1)(\lambda-1)^2 \end{pmatrix}.$$

(1) 当 $\lambda \neq -1$ 且 $\lambda \neq 2$ 时，增广矩阵 $\overline{A} \to \begin{pmatrix} 1 & 1 & -\lambda & -\lambda^2 \\ 0 & 1 & -1 & -\lambda \\ 0 & 0 & \lambda-2 & (\lambda-1)^2 \end{pmatrix}$，此时 $R(A) = R(\overline{A}) = 3$，方程组有唯一解；

(2) 当 $\lambda = -1$ 时，增广矩阵 $\overline{A} \to \begin{pmatrix} 1 & 1 & 1 & -1 \\ 0 & 0 & 0 & 0 \\ 0 & 0 & 0 & 0 \end{pmatrix}$，此时 $R(A) = R(\overline{A}) = 1 < 3$，所以方程组有无穷多个解；

(3) 当 $\lambda = 2$ 时，增广矩阵 $\overline{A} \to \begin{pmatrix} 1 & 1 & -2 & -4 \\ 0 & 3 & -3 & -6 \\ 0 & 0 & 0 & 3 \end{pmatrix}$，$R(A) = 2 \neq R(\overline{A}) = 3$，所以方程组无解.

例 5.37　设 A^* 是 n 阶方阵 A 的伴随矩阵，如果存在 n 维非零列向量 α，满足 $A\alpha = 0$. 证明：非齐次线性方程组 $A^*X = \alpha$ 有解 $\Leftrightarrow R(A) = n-1$.

证明 必要性 已知 $A\alpha=0$，其中 $\alpha\neq0$，所以齐次线性方程组 $AX=0$ 有非零解 α，从而 $R(A)<n$. 非齐次线性方程组 $A^*X=\alpha\neq0$ 有解，此时有 $A^*\neq O$，所以 n 阶方阵 A 中至少有一个 $n-1$ 阶子式不为零，可知 $R(A)=n-1$.

充分性 已知 n 元齐次线性方程组 $AX=0$ 有非零解 α，且 $R(A)=n-1$，那么非零解 α 可构成 $AX=0$ 的一个基础解系. 又 $AA^*=|A|E=O$，所以 A^* 的列向量均为齐次线性方程组 $AX=0$ 的解，于是 A^* 的列向量均可由基础解系 α 线性表出，进而可得 $R(A^*)=R(A^*,\alpha)=1$，可知非齐次线性方程组 $A^*X=\alpha$ 有解.

例 5.38 (第二届全国大学生数学竞赛预赛试题) 设 A 是 $n\times n$ 实矩阵(未必对称)，对任一 n 维实向量 $\alpha=(\alpha_1,\cdots,\alpha_n)$，$\alpha A\alpha^{\mathrm{T}}\geqslant0$ (其中 α^{T} 表示 α 的转置)，且存在 n 维实向量 β，使得 $\beta A\beta^{\mathrm{T}}=0$，同时对任意 n 维实向量 x 和 y，当 $xAy^{\mathrm{T}}\neq0$ 时，有 $xAy^{\mathrm{T}}+yAx^{\mathrm{T}}\neq0$. 证明：对任意 n 维实向量 ν，都有 $\nu A\beta^{\mathrm{T}}=0$.

证明 对于任意的实数 r，由题设可知有 $(\nu+r\beta)A(\nu+r\beta)^{\mathrm{T}}\geqslant0$，即

$$\nu A\nu^{\mathrm{T}}+r(\nu A\beta^{\mathrm{T}}+\beta A\nu^{\mathrm{T}})+r^2\beta A\beta^{\mathrm{T}}=\nu A\nu^{\mathrm{T}}+r\nu A\beta^{\mathrm{T}}+r\beta A\nu^{\mathrm{T}}+r^2\beta A\beta^{\mathrm{T}}\geqslant0.$$

若 $\nu A\beta^{\mathrm{T}}\neq0$，则有 $\nu A\beta^{\mathrm{T}}+\beta A\nu^{\mathrm{T}}\neq0$. 此时总可选取实数 r 的适当的值，使得 $\nu A\nu^{\mathrm{T}}+r(\nu A\beta^{\mathrm{T}}+\beta A\nu^{\mathrm{T}})+r^2\beta A\beta^{\mathrm{T}}<0$，矛盾. 所以有 $\nu A\beta^{\mathrm{T}}=0$.

例 5.39 已知 $\alpha_1,\alpha_2,\cdots,\alpha_n$ 是线性方程组 $AX=b$ (其中 $b\neq0$)的任意 n 个解.

证明：(1) 若 $k_1\alpha_1+k_2\alpha_2+\cdots+k_n\alpha_n=0$，则 $\sum\limits_{i=1}^{n}k_i=0$；

(2) 若 $k_1\alpha_1+k_2\alpha_2+\cdots+k_n\alpha_n$ 是线性方程组 $AX=b$ 的解，则 $\sum\limits_{i=1}^{n}k_i=1$.

证明 (1) 已知 $\alpha_1,\alpha_2,\cdots,\alpha_n$ 是线性方程组 $AX=b$ 的解，可得 $A\alpha_i=b\ (i=1,2,\cdots,n)$. 又有 $k_1\alpha_1+k_2\alpha_2+\cdots+k_n\alpha_n=0$，故 $A(k_1\alpha_1+k_2\alpha_2+\cdots+k_n\alpha_n)=A\cdot0=0$，从而 $\left(\sum\limits_{i=1}^{n}k_i\right)b=\sum\limits_{i=1}^{n}k_ib=\sum\limits_{i=1}^{n}k_iA\alpha_i=0$，其中 $b\neq0$，所以 $\sum\limits_{i=1}^{n}k_i=0$.

(2) 已知 $k_1\alpha_1+k_2\alpha_2+\cdots+k_n\alpha_n$ 是线性方程组 $AX=b$ 的解，即 $A(k_1\alpha_1+k_2\alpha_2+\cdots+k_n\alpha_n)=b$. 又有 $A\alpha_i=b\ (i=1,2,\cdots,n)$，从而 $\left(\sum\limits_{i=1}^{n}k_i\right)b=\sum\limits_{i=1}^{n}k_ib=\sum\limits_{i=1}^{n}k_iA\alpha_i=b$，即 $\left(\sum\limits_{i=1}^{n}k_i-1\right)b=0$，其中 $b\neq0$，所以 $\sum\limits_{i=1}^{n}k_i=1$.

例 5.40 已知线性方程组 $\begin{cases}2x_1+x_2-x_3=1,\\x_1-x_2+x_3=2,\\4x_1+5x_2-5x_3=-1\end{cases}$ 与 $\begin{cases}ax_1+bx_2-x_3=0,\\2x_1-x_2+ax_3=3\end{cases}$ 同解，求

线性方程组的通解及参数 a,b 的值.

解　对线性方程组 $\begin{cases}2x_1+x_2-x_3=1,\\ x_1-x_2+x_3=2,\\ 4x_1+5x_2-5x_3=-1\end{cases}$ 的增广矩阵 $\overline{A}$ 施行初等行变换：

$$\overline{A}=\begin{pmatrix}2&1&-1&1\\1&-1&1&2\\4&5&-5&-1\end{pmatrix}\to\begin{pmatrix}1&-1&1&2\\2&1&-1&1\\4&5&-5&-1\end{pmatrix}\to\begin{pmatrix}1&-1&1&2\\0&3&-3&-3\\0&9&-9&-9\end{pmatrix}$$

$$\to\begin{pmatrix}1&-1&1&2\\0&1&-1&-1\\0&0&0&0\end{pmatrix}\to\begin{pmatrix}1&0&0&1\\0&1&-1&-1\\0&0&0&0\end{pmatrix},$$

此时，同解方程组为 $\begin{cases}x_1=1,\\ x_2-x_3=-1\end{cases}$ 方程组的导出组 $\begin{cases}x_1=0,\\ x_2-x_3=0\end{cases}$ 的基础解系为 $\begin{pmatrix}0\\1\\1\end{pmatrix}$.

方程组 $\begin{cases}x_1=1,\\ x_2-x_3=-1\end{cases}$ 的特解可取为 $\begin{pmatrix}1\\-1\\0\end{pmatrix}$，从而线性方程组的通解为 $\begin{pmatrix}x_1\\x_2\\x_3\end{pmatrix}=\begin{pmatrix}1\\-1\\0\end{pmatrix}+$ $k\begin{pmatrix}0\\1\\1\end{pmatrix}=\begin{pmatrix}1\\k-1\\k\end{pmatrix}$. 当 $k=2$ 时，可得方程组的一个解 $x_1=1,x_2=1,x_3=2$，代入方程组 $\begin{cases}ax_1+bx_2-x_3=0,\\ 2x_1-x_2+ax_3=3\end{cases}$ 可得 $\begin{cases}a+b-2=0,\\ 2-1+2a=3,\end{cases}$ 解得 $a=b=1$.

例 5.41 (第六届全国大学生数学竞赛预赛试题)　设 n 为给定的正整数. 证明：对任何的正整数 s,t，存在 n 阶方阵 X 使得

$$X^s+X^t=E+\begin{pmatrix}1&0&0&\cdots&0&0\\2&1&0&\cdots&0&0\\3&2&1&\cdots&0&0\\\vdots&\vdots&\vdots&&\vdots&\vdots\\n-1&n-2&n-3&\cdots&1&0\\n&n-1&n-2&\cdots&2&1\end{pmatrix}_{n\times n}.$$

证明　令 $H=\begin{pmatrix}0&&&\\1&\ddots&&\\&\ddots&\ddots&\\&&1&0\end{pmatrix}_{n\times n}$，则所求的方程变为

$$X^s + X^t = E + (E + 2H + 3H^2 + \cdots + nH^{n-1}) = 2E + 2H + 3H^2 + \cdots + nH^{n-1}.$$

设矩阵 $X = \begin{pmatrix} 1 & 0 & 0 & \cdots & 0 & 0 \\ a_1 & 1 & 0 & \cdots & 0 & 0 \\ a_2 & a_1 & 1 & \cdots & 0 & 0 \\ \vdots & \vdots & \vdots & & \vdots & \vdots \\ a_{n-2} & a_{n-3} & a_{n-4} & \cdots & 1 & 0 \\ a_{n-1} & a_{n-2} & a_{n-3} & \cdots & a_1 & 1 \end{pmatrix}_{n\times n}$，则有

$$X = E + a_1H + a_2H^2 + \cdots + a_{n-1}H^{n-1},$$

从而

$$\begin{aligned} X^s &= (E + a_1H + a_2H^2 + \cdots + a_{n-1}H^{n-1})^s \\ &= E + (sa_1)H + (sa_2 + f_1(a_1))H^2 + \cdots + (sa_{n-1} + f_{n-2}(a_1,\cdots,a_{n-2}))H^{n-1}, \end{aligned}$$

其中 $f_1(a_1)$ 由 a_1 确定，…，$f_{n-2}(a_1,\cdots,a_{n-2})$ 由 $a_1,\cdots,a_{n-2}$ 确定.

同理 $X^t = E + (ta_1)H + (ta_2 + g_1(a_1))H^2 + \cdots + (ta_{n-1} + g_{n-2}(a_1,\cdots,a_{n-2}))H^{n-1}$.

令 $X^s + X^t = 2E + 2H + 3H^2 + \cdots + nH^{n-1}$，考察方程组

$$\begin{cases} (s+t)a_1 = 2, \\ (s+t)a_2 + (f_1(a_1) + g_1(a_1)) = 3, \\ \qquad\cdots\cdots \\ (s+t)a_{n-1} + (f_{n-2}(a_1,\cdots,a_{n-2}) + g_{n-2}(a_1,\cdots,a_{n-2})) = n. \end{cases}$$

给定正整数 s,t 后，可依次求得 $a_1,\cdots,a_{n-1}$ 的值，从而可得满足方程式的 n 阶方阵 X.

例 5.42　设矩阵 $A \in F^{n\times n}$，$A+E$ 可逆，且 $f(A) = (E-A)(E+A)^{-1}$. 证明：

(1) $[E + f(A)](E + A) = 2E$；

(2) $f[f(A)] = A$.

证明　(1) 由已知 $f(A) = (E-A)(E+A)^{-1}$ 可得 $f(A)(E+A) = E - A$，从而

$$[E + f(A)](E+A) = E + A + f(A)(E+A) = E + A + E - A = 2E.$$

(2) 由(1)可知 $[E + f(A)]^{-1} = \frac{1}{2}(E+A)$ 且有 $f(A)(E+A) = E - A$，所以

$$\begin{aligned} f[f(A)] &= [E - f(A)][E + f(A)]^{-1} \\ &= [E - f(A)]\cdot\frac{1}{2}(E+A) = \frac{1}{2}(E+A) - \frac{1}{2}f(A)(E+A) \\ &= \frac{1}{2}(E+A) - \frac{1}{2}(E-A) = A. \end{aligned}$$

例 5.43 (第十届全国大学生数学竞赛预赛试题)　元素皆为整数的矩阵称为整矩阵. 设 n 阶方阵 A,B 皆为整矩阵.

(1) 证明下述两条结论等价：(a) A 可逆且 A^{-1} 仍为整矩阵；(b) A 的行列式的绝对值为 1.

(2) 若 $A,A-2B,A-4B,\cdots,A-2nB,A-2(n+1)B,\cdots,A-2(n+n)B$ 皆可逆，且它们的逆矩阵仍皆为整矩阵. 证明：$A+B$ 可逆.

证明　(1) (a) $\Rightarrow$ (b)：由 $AA^{-1}=I$ 知 $|A|\cdot|A^{-1}|=1$. 又已知 A,A^{-1} 均为整矩阵，由行列式的定义可知，$|A|,|A^{-1}|$ 皆为整数. 从而 $|A|=\pm1$.

(b) $\Rightarrow$ (a)：由 $|A|=\pm1\Rightarrow A$ 可逆. 已知 A 为整矩阵，则由伴随矩阵的定义知，A^* 也为整矩阵，从而 $A^{-1}=\dfrac{1}{|A|}A^*=\pm A^*$ 亦为整矩阵.

(2) 令多项式 $p(x)=|A-xB|^2$. 已知 $A,A-2B,\cdots,A-4nB$ 均可逆且其逆仍为整矩阵，故由(1)知 $p(0)=p(2)=\cdots=p(4n)=1$. 记 $q(x)=p(x)-1$. 若 $q(x)\neq0$，则 $q(x)$ 为次数不超过 $2n$ 次的多项式且有 $q(0)=q(2)=\cdots=q(4n)=0$，此时 $q(x)$ 的零点个数为 $2n+1>q(x)$ 的次数，这不可能发生，故 $q(x)\equiv0$，即 $p(x)\equiv1$. 特别地，$p(-1)=|A+B|^2=1\neq0$，可知 $A+B$ 可逆.

例 5.44　设矩阵 $A,B\in F^{m\times n}$，证明：$R(A+B)\leqslant R(A)+R(B)$.

证明　设 $A=(A_1,A_2,\cdots,A_n)$，$B=(B_1,B_2,\cdots,B_n)$，则 $A+B=(A_1+B_1,A_2+B_2,\cdots,A_n+B_n)$. 若 $A_{i_1},A_{i_2},\cdots,A_{i_r}$ 与 $B_{j_1},B_{j_2},\cdots,B_{j_s}$ 分别是 A 与 B 的列向量组的极大线性无关组，则有 $A_t=k_{t_1}A_{i_1}+k_{t_2}A_{i_2}+\cdots+k_{t_r}A_{i_r}$，$B_t=l_{t_1}B_{j_1}+l_{t_2}B_{j_2}+\cdots+l_{t_s}B_{j_s}$，其中 $t=1,2,\cdots,n$. 于是 $A_t+B_t=k_{t_1}A_{i_1}+\cdots+k_{t_r}A_{i_r}+l_{t_1}B_{j_1}+\cdots+l_{t_s}B_{j_s}$ $(t=1,2,\cdots,n)$，即 $A+B$ 的列向量组可由向量组 $A_{i_1},\cdots,A_{i_r},B_{j_1},\cdots,B_{j_s}$ 线性表出，故 $R(A+B)\leqslant$ 向量组 $A_{i_1},\cdots,A_{i_r},B_{j_1},\cdots,B_{j_s}$ 的秩 $\leqslant$ 向量组 $A_{i_1},\cdots,A_{i_r},B_{j_1},\cdots,B_{j_s}$ 中向量个数 $=R(A)+R(B)$.

例 5.45 (第九届全国大学生数学竞赛预赛试题)　给定非零实数 a 及实 n 阶反对称矩阵 A(即 A 的转置 A^{T} 等于 $-A$)，记矩阵有序对集合 T 为：$T=\{(X,Y)\mid X\in\mathbf{R}^{n\times n},Y\in\mathbf{R}^{n\times n},XY=aE+A\}$，其中 E 为 n 阶单位矩阵，$\mathbf{R}^{n\times n}$ 为所有实 n 阶方阵构成的集合. 证明：任取 T 中两元 (X,Y) 和 (M,N)，必有 $XN+Y^{\mathrm{T}}M^{\mathrm{T}}\neq O$.

证明　反证法. 若 $XN+Y^{\mathrm{T}}M^{\mathrm{T}}=O$，则有 $N^{\mathrm{T}}X^{\mathrm{T}}+MY=O$. 另外，由 $(X,Y)\in T$ 可得 $XY-aE=A$，进而 $(XY)^{\mathrm{T}}-aE=A^{\mathrm{T}}=-A$，联立可得 $XY+(XY)^{\mathrm{T}}=2aE$，即有 $XY+Y^{\mathrm{T}}X^{\mathrm{T}}=2aE$. 同理可得，$MN+N^{\mathrm{T}}M^{\mathrm{T}}=2aE$. 将上述等式写成矩阵乘积为

$$\begin{pmatrix} X & Y^{\mathrm{T}} \\ M & N^{\mathrm{T}} \end{pmatrix}\begin{pmatrix} Y & N \\ X^{\mathrm{T}} & M^{\mathrm{T}} \end{pmatrix}=2a\begin{pmatrix} E & O \\ O & E \end{pmatrix}\Rightarrow\begin{pmatrix} X & Y^{\mathrm{T}} \\ M & N^{\mathrm{T}} \end{pmatrix}\left[\frac{1}{2a}\begin{pmatrix} Y & N \\ X^{\mathrm{T}} & M^{\mathrm{T}} \end{pmatrix}\right]=\begin{pmatrix} E & O \\ O & E \end{pmatrix}.$$

进而有 $\Rightarrow \dfrac{1}{2a}\begin{pmatrix} Y & N \\ X^{\mathrm{T}} & M^{\mathrm{T}} \end{pmatrix}\begin{pmatrix} X & Y^{\mathrm{T}} \\ M & N^{\mathrm{T}} \end{pmatrix}=\begin{pmatrix} E & O \\ O & E \end{pmatrix}$，可得 $YY^{\mathrm{T}}+NN^{\mathrm{T}}=O$．因为 Y,N 均为实方阵，所以有 $Y=O,N=O$，进一步，$XY=O$，这与 $XY=aE+A\neq O$ 矛盾，所以必有 $XN+Y^{\mathrm{T}}M^{\mathrm{T}}\neq O$．

例 5.46　设 A,B 为 $n\times n$ 矩阵．证明：如果 $AB=O$，那么 $R(A)+R(B)\leqslant n$．其中 O 为零矩阵，$R(A)$ 为矩阵 A 的秩，$R(B)$ 为矩阵 B 的秩．

证明　设矩阵 B 的列向量组为 $\beta_1,\beta_2,\cdots,\beta_n$，由 $AB=O$ 可得

$$AB=A(\beta_1,\beta_2,\cdots,\beta_n)=(A\beta_1,A\beta_2,\cdots,A\beta_n)=O,$$

故有 $A\beta_1=A\beta_2=\cdots=A\beta_n=0$，即 $\beta_1,\beta_2,\cdots,\beta_n$ 是线性方程组 $AX=0$ 的解向量．若 $R(A)=r$，则 $\beta_1,\beta_2,\cdots,\beta_n$ 可由线性方程组 $AX=0$ 的基础解系中 $n-r$ 个线性无关的解向量线性表出，于是向量组 $\beta_1,\beta_2,\cdots,\beta_n$ 的秩 $\leqslant n-r$，即 $R(B)\leqslant n-r$．因此

$$R(A)+R(B)\leqslant r+(n-r)=n.$$

例 5.47 (Frobenius秩不等式)　设 $A_{m\times n},B_{n\times p},C_{p\times q}$ 分别是数域 F 上的矩阵，证明：

$$R(AB)+R(BC)-R(B)\leqslant R(ABC).$$

证明　即要证明 $R(AB)+R(BC)\leqslant R(ABC)+R(B)=R\begin{pmatrix} ABC & O \\ O & B \end{pmatrix}$.

由分块矩阵的初等变换可得

$$\begin{pmatrix} E_m & A \\ O & E_n \end{pmatrix}\begin{pmatrix} ABC & O \\ O & B \end{pmatrix}\begin{pmatrix} E_q & O \\ -C & E_p \end{pmatrix}=\begin{pmatrix} O & AB \\ -BC & B \end{pmatrix},$$

$$\begin{pmatrix} O & -E_n \\ E_m & O \end{pmatrix}\begin{pmatrix} O & AB \\ -BC & B \end{pmatrix}=\begin{pmatrix} BC & -B \\ O & AB \end{pmatrix},$$

从而

$$R(ABC)+R(B)=R\begin{pmatrix} ABC & O \\ O & B \end{pmatrix}=R\begin{pmatrix} BC & -B \\ O & AB \end{pmatrix}\geqslant R(AB)+R(BC),$$

所以结论成立.

例 5.48 (第十届全国大学生数学竞赛决赛试题)　证明：任意 n 阶实方阵 A 可以分解成 $A=A_0+A_1+A_2$，其中 $A_0=aE_n$，a 是实数，A_1 与 A_2 都是幂零方阵.

证明　先证明结论：设 A 是 n 阶实方阵且满足 $\operatorname{tr}(A)=0$，则存在可逆实方阵 P，使得 $P^{-1}AP$ 的对角元素都是 0.

对 n 使用归纳法．当 $n=1$ 时，有 $A=(0)$，结论显然成立．假设结论对满足题

设条件的 $n-1$ 阶实方阵均成立，下面考虑两种情形.

情形一　$\mathbf{R}^n$ 中的所有非零向量都是 A 的特征向量. 由所有单位向量 $\varepsilon_i(i=1,2,\cdots,n)$ 都是特征向量可知，存在特征值 λ_i，使得 $A\varepsilon_i=\lambda_i\varepsilon_i(i=1,2,\cdots,n)$. 因此 $A=(\lambda_1,\lambda_2,\cdots,\lambda_n)$. 再由所有 $\varepsilon_i+\varepsilon_j$ 也是特征向量知，存在 μ_{ij} 使得

$$\lambda_i\varepsilon_i+\lambda_j\varepsilon_j=A(\varepsilon_i+\varepsilon_j)=\mu_{ij}(\varepsilon_i+\varepsilon_j),$$

于是 $\lambda_i=\mu_{ij}=\lambda_j$. 因此 A 为数量方阵. 由 $\operatorname{tr}(A)=0$ 知 $A=O$.

情形二　存在 $\mathbf{R}^n$ 中的非零向量 α 不是 A 的特征向量. 则有 $\alpha, A\alpha$ 线性无关. 从而存在可逆实方阵 $Q=(\alpha, A\alpha, *,\cdots,*)$ 满足 $AQ=Q\begin{pmatrix}0 & * \\ * & B\end{pmatrix}$，即 $Q^{-1}AQ=\begin{pmatrix}0 & * \\ * & B\end{pmatrix}$，其中 B 为 $n-1$ 阶实方阵. 由 $\operatorname{tr}(A)=0$ 可得 $\operatorname{tr}(B)=0$. 由归纳假设，存在可逆实方阵 R，使得 $R^{-1}BR$ 的对角元素都是 0. 令 $P=Q\begin{pmatrix}1 & \\ & R\end{pmatrix}$，则 $P^{-1}AP$ 的对角元素都是 0. 结论成立.

考察任意 n 阶实方阵 A，记 $A_0=\dfrac{\operatorname{tr}(A)}{n}E$，则 $\operatorname{tr}(A-A_0)=0$. 由上述结论可知，存在可逆实方阵 P，使得 $P^{-1}(A-A_0)P$ 的对角元素都是 0. 设 $P^{-1}(A-A_0)P=L+U$，其中 L,U 分别是严格下、上三角方阵，此时 L,U 均为幂零方阵. 于是

$$A=A_0+P(P^{-1}(A-A_0)P)P^{-1}=A_0+PLP^{-1}+PUP^{-1}\triangleq A_0+A_1+A_2,$$

其中 A_0 是数量方阵，$A_1=PLP^{-1}$ 与 $A_2=PUP^{-1}$ 都是幂零方阵.

例 5.49　设矩阵 $A\in F^{2\times 2}$，若存在矩阵 $B\in F^{2\times 2}$，使得 $A+AB=BA$，证明：

$$A^2=O.$$

证明　由 $A+AB=BA$ 可知 $A=BA-AB$，故 $\operatorname{tr}(A)=\operatorname{tr}(BA-AB)=0$.

可设 $A=\begin{pmatrix}a_{11} & a_{12} \\ a_{21} & -a_{11}\end{pmatrix}$，则有 $A^2=\begin{pmatrix}a_{11}^2+a_{12}a_{21} & 0 \\ 0 & a_{11}^2+a_{12}a_{21}\end{pmatrix}$ 为数量矩阵. 将 $A=BA-AB$ 两端同时左乘矩阵 A，可得

$$A^2=A(BA-AB)=ABA-A^2B;$$

两端同时右乘矩阵 A，可得

$$A^2=(BA-AB)A=BA^2-ABA.$$

再将两式相加，可得

$$2A^2=BA^2-A^2B.$$

注意到 $BA^2=A^2B$，所以 $2A^2=BA^2-A^2B=O$，即 $A^2=O$.

例 5.50 (第五届全国大学生数学竞赛预赛试题) 设 $\mathbf{R}^{n\times n}$ 为 n 阶实方阵全体，$E_{ij}(i,j=1,2,\cdots,n)$ 为 (i,j) 位置元素为 1、其余位置元素为 0 的 n 阶方阵. 记 Γ_r 为秩等于 $r(r=0,1,\cdots,n)$ 的 n 阶实方阵全体，并设 $\phi:\mathbf{R}^{n\times n}\to\mathbf{R}^{n\times n}$ 为可乘映射，即对任意的 $A,B\in\mathbf{R}^{n\times n}$ 满足 $\phi(AB)=\phi(A)\phi(B)$. 试证明：

(1) 对任意的 $A,B\in\Gamma_r$，秩 $\phi(A)=$ 秩 $\phi(B)$.

(2) 若 $\phi(O)=O$ 且存在某个秩为 1 的矩阵 W 使得 $\phi(W)\neq O$，则必存在可逆方阵 R 使得 $\phi(E_{ij})=RE_{ij}R^{-1}$ 对一切 $E_{ij}(i,j=1,2,\cdots,n)$ 皆成立.

证明 (1) $A,B\in\Gamma_r$ 意味着 n 阶实方阵 A,B 等价，即存在可逆矩阵 P,Q，使得 $A=PBQ$. 此时 $\phi(A)=\phi(P)\phi(B)\phi(Q)$, 从而秩 $\phi(A)\leqslant$ 秩 $\phi(B)$. 同理，由 $B=P^{-1}AQ^{-1}$ 可推知秩 $\phi(B)\leqslant$ 秩 $\phi(A)$. 综合可得，秩 $\phi(A)=$ 秩 $\phi(B)$.

(2) 对于矩阵集合 $\{\phi(E_{ij})\,|\,i,j=1,2,\cdots,n\}$. 先考察 $\phi(E_{11}),\cdots,\phi(E_{nn})$. 已知存在秩为 1 的矩阵 W 使得 $\phi(W)\neq O$，即秩 $\phi(W)\geqslant 1$. 由(1)知，秩 $\phi(E_{ij})=$ 秩 $\phi(W)\geqslant 1$，即 $\phi(E_{ij})\neq O$. 又由 $E_{ii}^2=E_{ii}$，可知 $\phi(E_{ii})=\phi(E_{ii}^2)=\phi^2(E_{ii})$，故 $\phi(E_{ii})$ 为非零幂等矩阵, 存在特征值 1, 进而存在单位特征向量 ω_i 使得 $\phi(E_{ii})\omega_i=1\cdot\omega_i=\omega_i(i=1,2,\cdots,n)$，这就得到单位向量组 $\omega_1,\omega_2,\cdots,\omega_n$. 该向量组有下述性质：

(a) $\phi(E_{ii})\omega_k=\begin{cases}\phi(E_{ii})\phi(E_{kk})\omega_k=\phi(E_{ii}E_{kk})\omega_k=O\cdot\omega_k=0, & k\neq i,\\ \omega_i, & k=i;\end{cases}$

(b) $\omega_1,\omega_2,\cdots,\omega_n$ 线性无关. 这是因为，若 $x_1\omega_1+x_2\omega_2+\cdots+x_n\omega_n=0$，则同时在两边用 $\phi(E_{ii})$ 作用可得 $x_i\omega_i=x_i\phi(E_{ii})\omega_i=\phi(E_{ii})\cdot 0=0$，可得 $x_i=0\ (i=1,2,\cdots,n)$.

此时 $\omega_1,\omega_2,\cdots,\omega_n$ 可构成 $\mathbf{R}^n$ 的一组基，从而矩阵 $W=(\omega_1,\omega_2,\cdots,\omega_n)$ 为可逆矩阵.

(c) 当 $k\neq j$ 时，$\phi(E_{ij})\omega_k=\phi(E_{ij})\phi(E_{kk})\omega_k=\phi(E_{ij}E_{kk})\omega_k=O\cdot\omega_k=0$；

当 $k=j$ 时，设 $\phi(E_{ij})\omega_j=b_{1j}\omega_1+\cdots+b_{ij}\omega_i+\cdots+b_{nj}\omega_n$，两边分别用 $\phi(E_{11}),\cdots,\phi(E_{i-1,i-1}),\phi(E_{i+1,i+1}),\cdots,\phi(E_{nn})$ 作用可得

$$O=\phi(E_{11}E_{ij})\omega_j=\phi(E_{11})\phi(E_{ij})\omega_j=\phi(E_{11})(b_{1j}\omega_1+\cdots+b_{ij}\omega_i+\cdots+b_{nj}\omega_n),\cdots,$$

$$O=\phi(E_{nn}E_{ij})\omega_j=b_{nj}\omega_n,$$

从而有 $b_{1j}=\cdots=b_{i-1,j}=b_{i+1,j}=\cdots=b_{nj}=0$，可得 $\phi(E_{ij})\omega_j=b_{ij}\omega_i$. 此时有 $b_{ij}\neq 0$，否则 $\phi(E_{ij})(\omega_1,\cdots,\omega_n)=O$，将导致 $\phi(E_{ij})=O$，矛盾于前述 $\phi(E_{ij})\neq O$.

记 $h_{ij}\triangleq b_{ij}\ (i,j=1,2,\cdots,n)$，这样通过计算 $\phi(E_{ij})\omega_j$，可得 n^2 个非零的实数：$h_{11},\cdots,h_{1n},\cdots,h_{n1},\cdots,h_{nn}$. 注意到 $E_{mr}E_{rs}=E_{ms}$，从而

$$h_{ms}\omega_m=\phi(E_{ms})\omega_s=\phi(E_{mr})\phi(E_{rs})\omega_s=\phi(E_{mr})h_{rs}\omega_r=h_{rs}h_{mr}\omega_m,$$

可得 $h_{ms}=h_{mr}h_{rs}$.

令 $\nu_i=h_{i1}\omega_i\ (i=1,2,\cdots,n)$，则有

$$\phi(E_{ij})\nu_k=\begin{cases}0, & k\neq j,\\ \phi(E_{ij})h_{j1}\omega_j=h_{j1}h_{ij}\omega_i=h_{i1}\omega_i=\nu_i, & k=j.\end{cases}$$

令矩阵 $R=(\nu_1,\cdots,\nu_n)$，则 $R=(\omega_1,\cdots,\omega_n)\begin{pmatrix}h_{11} & & \\ & \ddots & \\ & & h_{n1}\end{pmatrix}$ 为可逆矩阵，且

$$\phi(E_{ij})R=\phi(E_{ij})(\nu_1,\cdots,\nu_n)=(0,\cdots,0,\nu_i,0,\cdots,0)=(\nu_1,\cdots,\nu_n)E_{ij},$$

即 $\phi(E_{ij})=RE_{ij}R^{-1}$.

5.3 竞赛训练题

1. 设 $f(x)=3x^5+5x^4-16x^3-6x^2-5x-6$，$g(x)=3x^4-4x^3-x^2-x-2$.

(1) 求 $(f(x),g(x))$；

(2) 求多项式 $u(x),v(x)$，使得 $u(x)f(x)+v(x)g(x)=(f(x),g(x))$.

2. 求多项式 $f(x)=x^4+4px^3+4qx^2+2p(m+1)x+(m+1)^2$ 是某个二次多项式的平方的充要条件.

3. 设 m,n 为正整数，$d=(m,n)$，证明：$(x^n-1,x^m-1)=x^d-1$.

4. 分别将 $f(x)=x^n+x^{n-1}+\cdots+x^2+x+1$ 在复数域 **C** 和实数域 **R** 上进行因式分解，并写出标准分解式.

5. 证明：多项式 $f(x)=1+2x+3x^2+\cdots+(n+1)x^n$ 没有重根.

6. 设 n 阶行列式 $D_n=\begin{vmatrix}1 & -1 & -1 & \cdots & -1 & -1\\ 1 & 1 & -1 & \cdots & -1 & -1\\ \vdots & \vdots & \vdots & & \vdots & \vdots\\ 1 & 1 & 1 & \cdots & 1 & -1\\ 1 & 1 & 1 & \cdots & 1 & 1\end{vmatrix}$，求 D_n 的展开式的正项总数.

7. 计算 n 阶行列式 $D_n=\begin{vmatrix}1 & 2 & 3 & \cdots & n-1 & n\\ 2 & 3 & 4 & \cdots & n & 1\\ 3 & 4 & 5 & \cdots & 1 & 2\\ \vdots & \vdots & \vdots & & \vdots & \vdots\\ n-1 & n & 1 & \cdots & n-3 & n-2\\ n & 1 & 2 & \cdots & n-2 & n-1\end{vmatrix}$.

8. 计算 n 阶行列式 $D_n=\begin{vmatrix} x & 4 & 4 & 4 & \cdots & 4 \\ 1 & x & 2 & 2 & \cdots & 2 \\ 1 & 2 & x & 2 & \cdots & 2 \\ 1 & 2 & 2 & x & \cdots & 2 \\ \vdots & \vdots & \vdots & \vdots & & \vdots \\ 1 & 2 & 2 & 2 & \cdots & x \end{vmatrix}$.

9. 计算 n 阶行列式 $D_n=\begin{vmatrix} a_1-b_1 & a_1-b_2 & \cdots & a_1-b_n \\ a_2-b_1 & a_2-b_2 & \cdots & a_2-b_n \\ \vdots & \vdots & & \vdots \\ a_n-b_1 & a_n-b_2 & \cdots & a_n-b_n \end{vmatrix}$.

10. 证明：n 阶行列式 $D_n=\begin{vmatrix} x & -1 & \cdots & 0 & 0 \\ 0 & x & \cdots & 0 & 0 \\ \vdots & \vdots & & \vdots & \vdots \\ 0 & 0 & \cdots & x & -1 \\ a_n & a_{n-1} & \cdots & a_2 & a_1 \end{vmatrix}=\sum_{i=1}^{n}a_ix^{n-i}$.

11. 计算 n 阶行列式 $D_n=\begin{vmatrix} 1 & 2 & 3 & \cdots & n \\ 2 & 3 & 4 & \cdots & n+1 \\ 3 & 4 & 5 & \cdots & n+2 \\ \vdots & \vdots & \vdots & & \vdots \\ n & n+1 & n+2 & \cdots & 2n-1 \end{vmatrix}$.

12. 计算 $n-1$ 阶行列式 $D_{n-1}=\begin{vmatrix} 2^n-2 & 2^{n-1}-2 & \cdots & 2^3-2 & 2^2-2 \\ 3^n-3 & 3^{n-1}-3 & \cdots & 3^3-3 & 3^2-3 \\ \vdots & \vdots & & \vdots & \vdots \\ n^n-n & n^{n-1}-n & \cdots & n^3-n & n^2-n \end{vmatrix}$.

13. 问：λ 为何值时，线性方程组 $\begin{cases} 2x_1+\lambda x_2=4, \\ \lambda x_1-x_2+x_3=2, \\ 5x_1-2x_2-x_3=-1 \end{cases}$ 有唯一解，无解，有无穷多解？

14. 问：λ 取何值时，线性方程组 $\begin{cases} \lambda x_1+x_2+x_3=1, \\ x_1+\lambda x_2+x_3=\lambda, \\ x_1+x_2+\lambda x_3=\lambda^2 \end{cases}$ 有唯一解，有无穷多解，无解？并且在有解时，求出其解.

15. 已知向量组 $\alpha_1,\alpha_2,\cdots,\alpha_n$ 线性无关，向量 β_1 可由 $\alpha_1,\alpha_2,\cdots,\alpha_n$ 线性表出，而

向量 β_2 不能由 $\alpha_1,\alpha_2,\cdots,\alpha_n$ 线性表出，证明：向量组 $\alpha_1,\alpha_2,\cdots,\alpha_n,\beta_1+\beta_2$ 线性无关.

16. 已知向量组 $\alpha_1,\alpha_2,\cdots,\alpha_n$ $(n\geqslant 2)$ 线性无关，且 $\beta_1=\alpha_1+\alpha_2,\beta_2=\alpha_2+\alpha_3,\cdots,\beta_{n-1}=\alpha_{n-1}+\alpha_n,\beta_n=\alpha_n+\alpha_1$，试讨论向量组 $\beta_1,\beta_2,\cdots,\beta_n$ 的线性相关性.

17. 对于矩阵 $A\in F^{m\times n}$， $B\in F^{n\times m}$ $(m\leqslant n)$. 已知 $AB=E_m$ 是 m 阶单位矩阵，证明：矩阵 B 的列向量组线性无关.

18. 证明：齐次线性方程组 $\begin{cases} ax_1+bx_2+cx_3+dx_4=0, \\ bx_1-ax_2+dx_3-cx_4=0, \\ cx_1-dx_2-ax_3+bx_4=0, \\ dx_1+cx_2-bx_3-ax_4=0 \end{cases}$ 只有零解(其中 a,b,c,d 不全为零).

19. 设 A,B 均为 n 阶方阵，证明：$\begin{vmatrix} A & B \\ B & A \end{vmatrix}=|A+B|\cdot|A-B|$.

20. 设 A,B,C 均为 n 阶方阵，且 A 和 B 均可逆. 证明：$M=\begin{pmatrix} A & A \\ C-B & C \end{pmatrix}$ 可逆，并求解 M^{-1}.

21. 设矩阵 $M=\begin{pmatrix} A & O \\ C & D \end{pmatrix}$ 可逆，且 A，D 可逆，求解 M^{-1}.

22. 设 A,B 均为 n 阶方阵，已知 $R(A-E)=p$， $R(B-E)=q$，证明：

$$R(AB-E)\leqslant p+q.$$

23. 设 $A=(a_{ij})$ 是 n 阶非零实方阵， A^* 是 A 的伴随矩阵， A^{T} 是 A 的转置矩阵. 证明：当 $A^{\mathrm{T}}=A^*$ 时，方阵 A 可逆.

24. 设可逆矩阵 $A\in F^{n\times n}$，已知 A 中每一列元素之和都等于数域 F 中的常数 a. 证明：$a\neq 0$ 且 A^{-1} 中每一列元素之和均等于 a^{-1}.

25. 设矩阵 $A,B,C\in F^{n\times n}$，且 $R(A)=n-1$，$B\neq O$. 证明：如果 $AB=AC=O$，那么矩阵 C 的列向量是矩阵 B 的列向量的线性组合.

5.4　参考答案

1. **解**　(1) 由辗转相除法可得

$f(x)=q_1(x)g(x)+r_1(x)$，其中 $q_1(x)=x+3$，$r_1(x)=-3x^3-2x^2$；

$g(x)=q_2(x)r_1(x)+r_2(x)$，其中 $q_2(x)=-x+2$，$r_2(x)=3x^2-x-2$；

$r_1(x)=q_3(x)r_2(x)+r_3(x)$，其中 $q_3(x)=-x-1$，$r_3(x)=-3x-2$；

$$r_2(x)=q_4(x)r_3(x)+r_4(x)\text{，其中 } q_4(x)=-x+1\text{，}\ r_4(x)=0.$$

从而有 $(f(x),g(x))=x+\dfrac{2}{3}$.

(2) $$\begin{aligned} r_3(x)&=r_1(x)-q_3(x)r_2(x)=r_1(x)-q_3(x)[g(x)-q_2(x)r_1(x)]\\ &=[1+q_2(x)q_3(x)]r_1(x)-q_3(x)g(x)\\ &=[1+q_2(x)q_3(x)][f(x)-q_1(x)g(x)]-q_3(x)g(x)\\ &=[1+q_2(x)q_3(x)]f(x)+[-q_1(x)-q_3(x)-q_1(x)q_2(x)q_3(x)]g(x), \end{aligned}$$

从而有 $u(x)=-\dfrac{1}{3}(x^2-x-1)$， $v(x)=\dfrac{1}{3}(x^3+2x^2-5x-4)$.

2. **解**　设 $f(x)=g^2(x)$，其中 $g(x)=x^2+ax+b$，则

$$g^2(x)=(x^2+ax+b)^2=x^4+2ax^3+(a^2+2b)x^2+2abx+b^2,$$

比较对应项系数可得

$$\begin{cases} 4p=2a,\\ 4q=a^2+2b,\\ 2p(m+1)=2ab,\\ (m+1)^2=b^2, \end{cases}$$

求解该方程组.

(1) 当 $m=-1$ 时， $q=p^2$，此时有 $f(x)=x^4+4px^3+4p^2x^2=(x^2+2px)^2$.

(2) 当 $m\neq-1$ 时， $p=0,q=\pm\dfrac{1}{2}(m+1)$，此时有

$$f(x)=x^4\pm2(m+1)x^2+(m+1)^2=[x^2\pm(m+1)]^2.$$

3. **证明**　因为 $d=(m,n)$，所以可设 $m=m_1d,n=n_1d$，且存在整数 s,t，使得 $d=sm+tn$. 因 $1\leqslant d\leqslant m,1\leqslant d\leqslant n$，故 s,t 必正负相异，不妨设 $s>0,t<0$. 此时

$$x^m-1=x^{m_1d}-1=(x^d-1)(x^{d(m_1-1)}+x^{d(m_2-2)}+\cdots+1),$$

$$x^n-1=x^{n_1d}-1=(x^d-1)(x^{d(n_1-1)}+x^{d(n_2-2)}+\cdots+1),$$

故 x^d-1 是 x^m-1 与 x^n-1 的公因式.

任取 x^m-1 与 x^n-1 的公因式 $\varphi(x)$，则有 $\varphi(x)\mid(x^m-1),\varphi(x)\mid(x^n-1)$. 注意到

$$x^{n|t|}(x^d-1)=x^{d+n|t|}-x^{n|t|}=x^{ms}-x^{n|t|}=(x^{ms}-1)-(x^{n|t|}-1),$$

且 $\varphi(x)\mid(x^{ms}-1),\varphi(x)\mid(x^{n|t|}-1)$，故 $\varphi(x)\mid x^{n|t|}(x^d-1)$. 显然 $x\nmid x^m-1$，从而 $x\nmid\varphi(x)$，此时 $(x,\varphi(x))=1\Rightarrow(x^{n|t|},\varphi(x))=1$，所以 $\varphi(x)\mid(x^d-1)$. 再由最大公因式的定义可知

$$(x^n-1,x^m-1)=x^d-1.$$

4. **解**　令 $g(x)=(x-1)f(x)=x^{n+1}-1$. 记 $\varepsilon_1=\cos\dfrac{2\pi}{n+1}+\mathrm{i}\sin\dfrac{2\pi}{n+1}$，则有多项式 $g(x)$ 在复数域 $\mathbf{C}$ 上的因式分解为 $g(x)=(x-1)(x-\varepsilon_1)(x-\varepsilon_1^2)\cdots(x-\varepsilon_1^n)$，所以多项式 $f(x)$ 在复数域 $\mathbf{C}$ 上的标准因式分解式为 $f(x)=(x-\varepsilon_1)(x-\varepsilon_1^2)\cdots(x-\varepsilon_1^n)$.

进而，多项式 $f(x)$ 在实数域 $\mathbf{R}$ 上的标准因式分解式为：

当 n 为偶数时，$f(x)=\left(x^2-2x\cos\dfrac{2\pi}{n+1}+1\right)\cdots\left(x^2-2x\cos\dfrac{n\pi}{n+1}+1\right)$；

当 n 为奇数时，$f(x)=(x+1)\left(x^2-2x\cos\dfrac{2\pi}{n+1}+1\right)\cdots\left(x^2-2x\cos\dfrac{(n-1)\pi}{n+1}+1\right)$.

5. **证明**　因为

$$f(x)=(1+x+x^2+\cdots+x^{n+1})'=\left(\frac{x^{n+2}-1}{x-1}\right)'=\frac{(n+1)x^{n+2}-(n+2)x^{n+1}+1}{(x-1)^2},$$

记 $g(x)=(x-1)^2f(x)=(n+1)x^{n+2}-(n+2)x^{n+1}+1$. 计算可得

$$\begin{aligned}(g(x),g'(x))&=((n+1)x^{n+2}-(n+2)x^{n+1}+1,(n+2)(n+1)x^{n+1}-(n+1)(n+2)x^n)\\&=((n+1)x^{n+2}-(n+2)x^{n+1}+1,x^{n+1}-x^n)=(x^{n+1}-x^n,-x+1)=x-1.\end{aligned}$$

故 $g(x)$ 的重根只有 $x=1$，但 $x=1$ 却不是 $f(x)$ 的根，所以可知 $f(x)$ 无重根.

6. **解**　首先，将第 n 行分别加到其余各行，可得

$$D_n=\begin{vmatrix}2&0&0&\cdots&0&0\\2&2&0&\cdots&0&0\\\vdots&\vdots&\vdots&&\vdots&\vdots\\2&2&2&\cdots&2&0\\1&1&1&\cdots&1&1\end{vmatrix}=2^{n-1}.$$

其次，D_n 的展开式共有 $n!$ 项，其中每项为 1 或者−1. 设正项的个数为 x，负项的个数为 y，则有 $\begin{cases}x+y=n!,\\x-y=D_n=2^{n-1},\end{cases}$ 解得 $x=\dfrac{D_n+n!}{2}=\dfrac{2^{n-1}+n!}{2}$.

7. **解**　从第 n 行开始，后行减前行，得

$$D_n=\begin{vmatrix}1&2&3&\cdots&n-1&n\\1&1&1&\cdots&1&1-n\\1&1&1&\cdots&1-n&1\\\vdots&\vdots&\vdots&&\vdots&\vdots\\1&1&1-n&\cdots&1&1\\1&1-n&1&\cdots&1&1\end{vmatrix}=\begin{vmatrix}1&1&2&\cdots&n-2&n-1\\1&0&0&\cdots&0&-n\\1&0&0&\cdots&-n&0\\\vdots&\vdots&\vdots&&\vdots&\vdots\\1&0&-n&\cdots&0&0\\1&-n&0&\cdots&0&0\end{vmatrix}$$

$$=\begin{vmatrix}1+\frac{1}{n}+\frac{2}{n}+\cdots+\frac{n-1}{n} & 1 & 2 & \cdots & n-2 & n-1\\ 0 & 0 & 0 & \cdots & 0 & -n\\ 0 & 0 & 0 & \cdots & -n & 0\\ \vdots & \vdots & \vdots & & \vdots & \vdots\\ 0 & 0 & -n & \cdots & 0 & 0\\ 0 & -n & 0 & \cdots & 0 & 0\end{vmatrix}$$

$$=\frac{1+\cdots+(n-1)+n}{n}\cdot(-1)^{\frac{(n-1)(n-2)}{2}}(-n)^{n-1}=(-1)^{\frac{n(n-1)}{2}}\cdot n^{n-1}\cdot\frac{n+1}{2}.$$

8. **解**　将第 1 列的-2倍依次加到其余各列

$$D_n=\begin{vmatrix}x & 4-2x & 4-2x & 4-2x & \cdots & 4-2x\\ 1 & x-2 & 0 & 0 & \cdots & 0\\ 1 & 0 & x-2 & 0 & \cdots & 0\\ \vdots & \vdots & \vdots & \vdots & & \vdots\\ 1 & 0 & 0 & 0 & \cdots & x-2\end{vmatrix}\text{(再将各行的2倍加至第1行)}$$

$$=\begin{vmatrix}x+2(n-1) & 0 & 0 & 0 & \cdots & 0\\ 1 & x-2 & 0 & 0 & \cdots & 0\\ 1 & 0 & x-2 & 0 & \cdots & 0\\ \vdots & \vdots & \vdots & \vdots & & \vdots\\ 1 & 0 & 0 & 0 & \cdots & x-2\end{vmatrix}=[x+2(n-1)](x-2)^{n-1}.$$

9. **解**　从第 2 列开始，各列减去第 1 列

$$D=\begin{vmatrix}a_1-b_1 & b_1-b_2 & \cdots & b_1-b_n\\ a_2-b_1 & b_1-b_2 & \cdots & b_1-b_n\\ \vdots & \vdots & & \vdots\\ a_n-b_1 & b_1-b_2 & \cdots & b_1-b_n\end{vmatrix}.$$

从而当$n\geqslant 3$时，$D_n=0$；当$n=2$时，$D_n=(a_2-a_1)(b_2-b_1)$；当$n=1$时，$D_n=a_1-b_1$.

10. **证明**　当$n=2$时，$D_2=\begin{vmatrix}x & -1\\ a_2 & a_1\end{vmatrix}=a_1x+a_2$，结论成立.

假设$n=k$时，结论成立，即$D_k=\sum\limits_{i=1}^{k}a_ix^{k-i}$.

当$n=k+1$时，

$$D_{k+1}=\begin{vmatrix} x & -1 & \cdots & 0 & 0 \\ 0 & x & \cdots & 0 & 0 \\ \vdots & \vdots & & \vdots & \vdots \\ 0 & 0 & \cdots & x & -1 \\ a_{k+1} & a_k & \cdots & a_2 & a_1 \end{vmatrix}=x\begin{vmatrix} x & \cdots & 0 & 0 \\ \vdots & & \vdots & \vdots \\ 0 & \cdots & x & -1 \\ a_k & \cdots & a_2 & a_1 \end{vmatrix}+(-1)^{k+1+1}a_{k+1}\begin{vmatrix} -1 & \cdots & 0 & 0 \\ x & \cdots & 0 & 0 \\ \vdots & & \vdots & \vdots \\ 0 & \cdots & x & -1 \end{vmatrix}$$

$$=xD_k+a_{k+1}=x\left(\sum_{i=1}^{k}a_ix^{k-i}\right)+(-1)^{k+2}a_{k+1}(-1)^k=\sum_{i=1}^{k}a_ix^{k+1-i}+a_{k+1}=\sum_{i=1}^{k+1}a_ix^{k+1-i},$$

故 $n=k+1$ 时，结论亦成立，命题得证.

11. **解**　计算可得 $D_1=1$，$D_2=-1$．当 $n\geqslant 3$ 时，将第 2 行的−1 倍加到第 3 行，

$$D_n=\begin{vmatrix} 1 & 2 & 3 & \cdots & n \\ 2 & 3 & 4 & \cdots & n+1 \\ 1 & 1 & 1 & \cdots & 1 \\ \vdots & \vdots & \vdots & & \vdots \\ n & n+1 & n+2 & \cdots & 2n-1 \end{vmatrix}(\text{再将第1行的}-1\text{倍加到第2行})$$

$$=\begin{vmatrix} 1 & 2 & 3 & \cdots & n \\ 1 & 1 & 1 & \cdots & 1 \\ 1 & 1 & 1 & \cdots & 1 \\ \vdots & \vdots & \vdots & & \vdots \\ n & n+1 & n+2 & \cdots & 2n-1 \end{vmatrix}=0.$$

所以当 $n\geqslant 3$ 时，总有 $D_n=0$.

12. **解**　将 D_{n-1} 升阶，

$$D_{n-1}=(-1)^{n+1}\begin{vmatrix} 0 & 0 & \cdots & 0 & 0 & 1 \\ 2^n-2 & 2^{n-1}-2 & \cdots & 2^3-2 & 2^2-2 & 2 \\ 3^n-3 & 3^{n-1}-3 & \cdots & 3^3-3 & 3^2-3 & 3 \\ \vdots & \vdots & & \vdots & \vdots & \vdots \\ n^n-n & n^{n-1}-n & \cdots & n^3-n & n^2-n & n \end{vmatrix}(\text{将最后1列加到其余各列})$$

$$=(-1)^{n+1}\begin{vmatrix} 1 & 1 & \cdots & 1 & 1 & 1 \\ 2^n & 2^{n-1} & \cdots & 2^3 & 2^2 & 2 \\ 3^n & 3^{n-1} & \cdots & 3^3 & 3^2 & 3 \\ \vdots & \vdots & & \vdots & \vdots & \vdots \\ n^n & n^{n-1} & \cdots & n^3 & n^2 & n \end{vmatrix}=(-1)^{n+1}n!\begin{vmatrix} 1 & 1 & \cdots & 1 & 1 & 1 \\ 2^{n-1} & 2^{n-2} & \cdots & 2^2 & 2 & 1 \\ 3^{n-1} & 3^{n-2} & \cdots & 3^2 & 3 & 1 \\ \vdots & \vdots & & \vdots & \vdots & \vdots \\ n^{n-1} & n^{n-2} & \cdots & n^2 & n & 1 \end{vmatrix}.$$

(将行列式中后列与前列逐次交换，共交换 $(n-1)+(n-2)+\cdots+1$ 次)

$$D_{n-1}=(-1)^{n+1}n!(-1)^{\frac{n(n-1)}{2}}\begin{vmatrix}1&1&1&\cdots&1&1\\1&2&2^2&\cdots&2^{n-2}&2^{n-1}\\1&3&3^2&\cdots&3^{n-2}&3^{n-1}\\\vdots&\vdots&\vdots&&\vdots&\vdots\\1&n&n^2&\cdots&n^{n-2}&n^{n-1}\end{vmatrix}=(-1)^{\frac{n^2+n+2}{2}}n!\prod_{1\leqslant j<i\leqslant n}(i-j).$$

13. **解** 注意到，线性方程组所含方程的个数=未知量的个数=3. 记 A 为线性方程组的系数矩阵，计算系数行列式为

$$|A|=\begin{vmatrix}2&\lambda&0\\\lambda&-1&1\\5&-2&-1\end{vmatrix}=\lambda^2+5\lambda+6=(\lambda+2)(\lambda+3).$$

当 $|A|=0$ 时，有 $\lambda=-2$ 或 $\lambda=-3$.

(1) 当 $\lambda\neq-2$ 且 $\lambda\neq-3$ 时，方程组有唯一解；

(2) 当 $\lambda=-2$ 时，对增广矩阵 $\overline{A}$ 施行初等行变换：

$$\overline{A}=\begin{pmatrix}2&-2&0&4\\-2&-1&1&2\\5&-2&-1&-1\end{pmatrix}\to\begin{pmatrix}1&-1&0&2\\0&-3&1&6\\0&3&-1&-11\end{pmatrix}\to\begin{pmatrix}1&-1&0&2\\0&-3&1&6\\0&0&0&-5\end{pmatrix},$$

可得 $R(A)=2\neq R(\overline{A})=3$，所以当 $\lambda=-2$ 时，方程组无解.

(3) 当 $\lambda=-3$ 时，对增广矩阵 $\overline{A}$ 施行初等行变换：

$$\overline{A}=\begin{pmatrix}2&-3&0&4\\-3&-1&1&2\\5&-2&-1&-1\end{pmatrix}\to\begin{pmatrix}2&-3&0&4\\-3&-1&1&2\\0&0&0&-3\end{pmatrix},$$

可得 $R(A)=2\neq R(\overline{A})=3$，所以当 $\lambda=-3$ 时，方程组无解.

14. **解** 线性方程组的系数矩阵 A 的行列式为

$$|A|=\begin{vmatrix}\lambda&1&1\\1&\lambda&1\\1&1&\lambda\end{vmatrix}=(\lambda+2)\begin{vmatrix}1&1&1\\1&\lambda&1\\1&1&\lambda\end{vmatrix}=(\lambda+2)\begin{vmatrix}1&1&1\\0&\lambda-1&0\\0&0&\lambda-1\end{vmatrix}=(\lambda+2)(\lambda-1)^2.$$

(1) 当 $\lambda\neq1$ 且 $\lambda\neq-2$ 时，对增广矩阵 $\overline{A}$ 施行初等行变换：

$$\overline{A}=\begin{pmatrix}\lambda&1&1&1\\1&\lambda&1&\lambda\\1&1&\lambda&\lambda^2\end{pmatrix}\to\begin{pmatrix}\lambda+2&\lambda+2&\lambda+2&\lambda^2+\lambda+1\\1&\lambda&1&\lambda\\1&1&\lambda&\lambda^2\end{pmatrix}$$

$$\rightarrow\begin{pmatrix}1&1&1&\dfrac{\lambda^2+\lambda+1}{\lambda+2}\\1&\lambda&1&\lambda\\1&1&\lambda&\lambda^2\end{pmatrix}\rightarrow\begin{pmatrix}1&1&1&\dfrac{\lambda^2+\lambda+1}{\lambda+2}\\0&\lambda-1&0&\dfrac{\lambda-1}{\lambda+2}\\0&0&\lambda-1&\dfrac{\lambda^3+\lambda^2-\lambda-1}{\lambda+2}\end{pmatrix}$$

$$\rightarrow\begin{pmatrix}1&0&0&-\dfrac{\lambda+1}{\lambda+2}\\0&1&0&\dfrac{1}{\lambda+2}\\0&0&1&\dfrac{(\lambda+1)^2}{\lambda+2}\end{pmatrix},$$

可得 $R(A)=R(\overline{A})=3$，从而方程组有唯一解 $x_1=-\dfrac{\lambda+1}{\lambda+2}$，$x_2=\dfrac{1}{\lambda+2}$，$x_3=\dfrac{(\lambda+1)^2}{\lambda+2}$；

(2) 当 $\lambda=1$ 时，增广矩阵 $\overline{A}=\begin{pmatrix}1&1&1&1\\1&1&1&1\\1&1&1&1\end{pmatrix}\rightarrow\begin{pmatrix}1&1&1&1\\0&0&0&0\\0&0&0&0\end{pmatrix}$，此时 $R(A)=R(\overline{A})=1<3$，所以方程组有无穷多个解. 此时，同解方程组为 $x_1+x_2+x_3=1$. 方程组的导出组 $x_1+x_2+x_3=0$ 的基础解系为 $\begin{pmatrix}-1\\1\\0\end{pmatrix},\begin{pmatrix}-1\\0\\1\end{pmatrix}$. 方程组 $x_1+x_2+x_3=1$ 的特解可取为 $\begin{pmatrix}1\\0\\0\end{pmatrix}$，从而线性方程组的通解为 $\begin{pmatrix}x_1\\x_2\\x_3\end{pmatrix}=\begin{pmatrix}1\\0\\0\end{pmatrix}+k_1\begin{pmatrix}-1\\1\\0\end{pmatrix}+k_2\begin{pmatrix}-1\\0\\1\end{pmatrix}$；

(3) 当 $\lambda=-2$ 时，对增广矩阵 $\overline{A}$ 施行初等行变换：

$$\overline{A}=\begin{pmatrix}-2&1&1&1\\1&-2&1&-2\\1&1&-2&4\end{pmatrix}\rightarrow\begin{pmatrix}1&1&-2&4\\1&-2&1&-2\\-2&1&1&1\end{pmatrix}\rightarrow\begin{pmatrix}1&1&-2&4\\0&-3&3&-6\\0&0&0&3\end{pmatrix},$$

可得 $R(A)=2\neq R(\overline{A})=3$，所以方程组无解.

15. **证明**　反证法. 如果 $\alpha_1,\alpha_2,\cdots,\alpha_n,\beta_1+\beta_2$ 线性相关，已知 $\alpha_1,\alpha_2,\cdots,\alpha_n$ 线性无关，那么 $\beta_1+\beta_2$ 可由 $\alpha_1,\alpha_2,\cdots,\alpha_n$ 线性表出. 又已知 β_1 可由 $\alpha_1,\alpha_2,\cdots,\alpha_n$ 线性表出，于是 β_2 也可由 $\alpha_1,\alpha_2,\cdots,\alpha_n$ 线性表出，与已知矛盾，所以 $\alpha_1,\alpha_2,\cdots,\alpha_n,\beta_1+\beta_2$ 线性无关.

16. **解** 令 $x_1\beta_1+x_2\beta_2+\cdots+x_{n-1}\beta_{n-1}+x_n\beta_n=0$，即

$$x_1(\alpha_1+\alpha_2)+x_2(\alpha_2+\alpha_3)+\cdots+x_{n-1}(\alpha_{n-1}+\alpha_n)+x_n(\alpha_n+\alpha_1)=0,$$

整理可得 $(x_n+x_1)\alpha_1+(x_1+x_2)\alpha_2+\cdots+(x_{n-1}+x_n)\alpha_n=0$.

已知 $\alpha_1,\alpha_2,\cdots,\alpha_n$ 线性无关，故

$$\begin{cases}x_1+x_n=0,\\ x_1+x_2=0,\\ x_2+x_3=0,\\ \qquad\cdots\cdots\\ x_{n-1}+x_n=0,\end{cases}$$

该齐次方程组的系数行列式为

$$D=\begin{vmatrix}1&0&0&\cdots&0&1\\1&1&0&\cdots&0&0\\0&1&1&\cdots&0&0\\ \vdots&\vdots&\vdots&&\vdots&\vdots\\0&0&0&\cdots&1&0\\0&0&0&\cdots&1&1\end{vmatrix}=1+(-1)^{1+n}.$$

当 n 为奇数时，系数行列式 $D=2\neq0$，齐次线性方程组只有零解 $x_1=x_2=\cdots=x_n=0$，此时 $\beta_1,\beta_2,\cdots,\beta_n$ 线性无关.

当 n 为偶数时，系数行列式 $D=0$，齐次线性方程组有非零解，此时 $\beta_1,\beta_2,\cdots,\beta_n$ 线性相关.

17. **证明** 因为 $m=R(E_m)=R(AB)\leqslant R(B)$，而对于 $n\times m$ 矩阵 B，又有 $R(B)\leqslant m$，所以 $R(B)=m$，可知矩阵 B 列满秩，即 B 的列向量组线性无关.

18. **证明** 因系数行列式 $D=\begin{vmatrix}a&b&c&d\\b&-a&d&-c\\c&-d&-a&b\\d&c&-b&-a\end{vmatrix}$，利用行列式转置之后其值不变，可得

$$D^2=DD=DD^{\mathrm T}=\begin{vmatrix}a&b&c&d\\b&-a&d&-c\\c&-d&-a&b\\d&c&-b&-a\end{vmatrix}\cdot\begin{vmatrix}a&b&c&d\\b&-a&-d&c\\c&d&-a&-b\\d&-c&b&-a\end{vmatrix}$$

$$=\begin{vmatrix} a^2+b^2+c^2+d^2 & 0 & 0 & 0 \\ 0 & a^2+b^2+c^2+d^2 & 0 & 0 \\ 0 & 0 & a^2+b^2+c^2+d^2 & 0 \\ 0 & 0 & 0 & a^2+b^2+c^2+d^2 \end{vmatrix}$$

$$=(a^2+b^2+c^2+d^2)^4.$$

因为 a,b,c,d 不全为零，所以 $D=(a^2+b^2+c^2+d^2)^4\neq 0$，故方程组只有零解.

19. **证明**　因为 $\begin{pmatrix} E & E \\ O & E \end{pmatrix}\begin{pmatrix} A & B \\ B & A \end{pmatrix}\begin{pmatrix} E & -E \\ O & E \end{pmatrix}=\begin{pmatrix} A+B & O \\ B & A-B \end{pmatrix}$，所以

$$\begin{vmatrix} A & B \\ B & A \end{vmatrix}=\begin{vmatrix} E & E \\ O & E \end{vmatrix}\begin{vmatrix} A & B \\ B & A \end{vmatrix}\begin{vmatrix} E & -E \\ O & E \end{vmatrix}=\begin{vmatrix} A+B & O \\ B & A-B \end{vmatrix}=|A+B|\cdot|A-B|.$$

20. **证明**　若有矩阵 $X=\begin{pmatrix} X_1 & X_2 \\ X_3 & X_4 \end{pmatrix}$(其中 X_1,X_2,X_3,X_4 为待定 n 阶子块)，使得 $\begin{pmatrix} A & A \\ C-B & C \end{pmatrix}\begin{pmatrix} X_1 & X_2 \\ X_3 & X_4 \end{pmatrix}=\begin{pmatrix} E_n & O \\ O & E_n \end{pmatrix}$，则有

$$AX_1+AX_3=E_n,\quad AX_2+AX_4=O,$$
$$(C-B)X_1+CX_3=O,\quad (C-B)X_2+CX_4=E_n,$$

解得 $X_1=B^{-1}CA^{-1}$，$X_2=-B^{-1}$，$X_3=A^{-1}-B^{-1}CA^{-1}$，$X_4=B^{-1}$. 此时有

$$\begin{pmatrix} A & A \\ C-B & C \end{pmatrix}\begin{pmatrix} B^{-1}CA^{-1} & -B^{-1} \\ A^{-1}-B^{-1}CA^{-1} & B^{-1} \end{pmatrix}=\begin{pmatrix} B^{-1}CA^{-1} & -B^{-1} \\ A^{-1}-B^{-1}CA^{-1} & B^{-1} \end{pmatrix}\begin{pmatrix} A & A \\ C-B & C \end{pmatrix}=\begin{pmatrix} E_n & 0 \\ 0 & E_n \end{pmatrix},$$

所以 $M=\begin{pmatrix} A & A \\ C-B & C \end{pmatrix}$ 可逆，且 $M^{-1}=X=\begin{pmatrix} B^{-1}CA^{-1} & -B^{-1} \\ A^{-1}-B^{-1}CA^{-1} & B^{-1} \end{pmatrix}$.

21. **证明**　因为 $\begin{pmatrix} E_m & O \\ -CA^{-1} & E_n \end{pmatrix}\begin{pmatrix} A & O \\ C & D \end{pmatrix}=\begin{pmatrix} A & O \\ O & D \end{pmatrix}$，所以

$$M^{-1}=\begin{pmatrix} A & O \\ C & D \end{pmatrix}^{-1}=\begin{pmatrix} A & O \\ O & D \end{pmatrix}^{-1}\begin{pmatrix} E_m & O \\ -CA^{-1} & E_n \end{pmatrix}=\begin{pmatrix} A^{-1} & O \\ O & D^{-1} \end{pmatrix}\begin{pmatrix} E_m & O \\ -CA^{-1} & E_n \end{pmatrix}$$

$$=\begin{pmatrix} A^{-1} & O \\ -D^{-1}CA^{-1} & D^{-1} \end{pmatrix}.$$

22. **证明** 因为

$$\begin{pmatrix} A-E & O \\ O & B-E \end{pmatrix}\begin{pmatrix} E & B \\ O & E \end{pmatrix}=\begin{pmatrix} A-E & AB-B \\ O & B-E \end{pmatrix},$$

$$\begin{pmatrix} E & E \\ O & E \end{pmatrix}\begin{pmatrix} A-E & AB-B \\ O & B-E \end{pmatrix}=\begin{pmatrix} A-E & AB-E \\ O & B-E \end{pmatrix},$$

所以有

$$R(AB-E)\leqslant R\begin{pmatrix} A-E & AB-E \\ O & B-E \end{pmatrix}=R\begin{pmatrix} A-E & O \\ O & B-E \end{pmatrix}=R(A-E)+R(B-E)=p+q.$$

23. **证明** 因为 $AA^{\mathrm{T}}=AA^*=|A|E$，所以

$$AA^*=\begin{pmatrix} \sum\limits_{j=1}^n a_{1j}^2 & * & & * \\ * & \sum\limits_{j=1}^n a_{2j}^2 & & \\ & & \ddots & * \\ * & & * & \sum\limits_{j=1}^n a_{nj}^2 \end{pmatrix}=\begin{pmatrix} |A| & & & \\ & |A| & & \\ & & \ddots & \\ & & & |A| \end{pmatrix},$$

可得 $\sum\limits_{j=1}^n a_{ij}^2=|A|\ (i=1,2,\cdots,n)$．已知 A 是非零实方阵，则至少有一个元素 $a_{ij}\neq 0$，所以可知 $|A|\neq 0$，从而方阵 A 可逆.

24. **证明** 将 $|A|$ 从第 2 行开始，每行均加至第 1 行，已知 A 中每一列元素之和都等于常数 a，若 $a=0$，则可得 $|A|=0$，与 A 可逆矛盾，所以有 $a\neq 0$.

再由已知可得

$$(1\quad 1\quad \cdots\quad 1)A=(a\quad a\quad \cdots\quad a)=a(1\quad 1\quad \cdots\quad 1),$$

所以

$$(a^{-1}\quad a^{-1}\quad \cdots\quad a^{-1})=\frac{1}{a}(1\quad 1\quad \cdots\quad 1)=(1\quad 1\quad \cdots\quad 1)A^{-1},$$

即 A^{-1} 中每一列元素之和均等于 a^{-1}.

25. **证明** 将矩阵 B 按列分块 $B=(B_1,B_2,\cdots,B_n)$．已知 $B\neq O$，不妨设 $B_j\neq 0$．由 $AB=O$ 知，$B_i\ (i=1,2,\cdots,n)$ 是方程组 $AX=0$ 的解．又有 $R(A)=n-1$，所以 $AX=0$ 的基础解系由一个解向量组成，从而 $B_j\neq 0$ 可构成方程组 $AX=0$ 的一个基础解系．同样地，将矩阵 C 也按列分块 $C=(C_1,C_2,\cdots,C_n)$，由 $AC=O$ 知，$C_i\ (i=1,2,\cdots,n)$ 也是方程组 $AX=0$ 的解，于是 C 的列向量均可由 B_j 线性表出，即矩阵 C 的列向量可写成矩阵 B 的列向量的线性组合.

第 6 章　线性空间与线性变换

6.1　常 用 结 论

1. 线性空间与子空间

结论 6.1　若线性空间 V 中的向量组 $\varepsilon_1,\varepsilon_2,\cdots,\varepsilon_n$ 满足：

(1) $\varepsilon_1,\varepsilon_2,\cdots,\varepsilon_n$ 线性无关；

(2) V 中任意一个向量都可由 $\varepsilon_1,\varepsilon_2,\cdots,\varepsilon_n$ 线性表出，

则 V 为 n 维线性空间，$\varepsilon_1,\varepsilon_2,\cdots,\varepsilon_n$ 为 V 的一组基.

结论 6.2　设 V 为数域 P 上的线性空间，非空集合 $W\subseteq V$，若 W 对于 V 中两种运算加法与数乘封闭，则 W 是 V 的一个子空间.

结论 6.3.1　(1) $\alpha_1,\alpha_2,\cdots,\alpha_s$；$\beta_1,\beta_2,\cdots,\beta_t$ 为线性空间 V 中的两组向量，则生成子空间 $L(\alpha_1,\alpha_2,\cdots,\alpha_s)=L(\beta_1,\beta_2,\cdots,\beta_t)$ 的充分必要条件是 $\alpha_1,\alpha_2,\cdots,\alpha_s$ 与 $\beta_1,\beta_2,\cdots,\beta_t$ 等价；

(2) 生成子空间 $L(\alpha_1,\alpha_2,\cdots,\alpha_s)$ 的维数等于 $\alpha_1,\alpha_2,\cdots,\alpha_s$ 的秩.

结论 6.3.2　设 $\alpha_1,\alpha_2,\cdots,\alpha_n$ 为数域 P 上 n 维线性空间 V 的一组基，A 为 P 上一个 $n\times s$ 的矩阵，若 $\beta_1,\beta_2,\cdots,\beta_s=(\alpha_1,\alpha_2,\cdots,\alpha_n)A$，则 $L(\beta_1,\beta_2,\cdots,\beta_s)$ 的维数等于 A 的秩.

结论 6.4　设 W 为 n 维线性空间 V 的子空间，则 W 的任一组基必可扩充为 V 的一组基.

结论 6.5　$\alpha_1,\alpha_2,\cdots,\alpha_s$；$\beta_1,\beta_2,\cdots,\beta_t$ 为线性空间 V 中的两组向量，则生成子空间

$$L(\alpha_1,\alpha_2,\cdots,\alpha_s)+L(\beta_1,\beta_2,\cdots,\beta_t)=L(\alpha_1,\alpha_2,\cdots,\alpha_s,\beta_1,\beta_2,\cdots,\beta_t).$$

结论 6.6 (维数公式)　设 V_1,V_2 为线性空间 V 的两个子空间，则

$$\dim(V_1+V_2)=\dim V_1+\dim V_2-\dim(V_1\cap V_2).$$

结论 6.7　设 V_1,V_2 为线性空间 V 的两个子空间，则以下四个条件等价：

(1) V_1+V_2 是直和；

(2) 零向量分解式唯一；

(3) $V_1\cap V_2=\{0\}$；

(4) $\dim\left(V_1+V_2\right)=\dim V_1+\dim V_2$.

结论 6.8　数域 P 上有限维线性空间 V_1, V_2 同构的充分必要条件是

$$\dim V_1 = \dim V_2 .$$

2. 线性变换与特征值

结论 6.9　设 $\varepsilon_1, \varepsilon_2, \cdots, \varepsilon_n$ 为线性空间 V 的一组基，对 V 中任意 n 个向量 $\alpha_1, \alpha_2, \cdots, \alpha_n$，存在唯一的线性变换 σ，使 $\sigma(\varepsilon_i) = \alpha_i$，$i = 1,2,\cdots,n$.

结论 6.10　线性变换在不同基下的矩阵是相似的；反过来，如果两个矩阵相似，那么它们可以看作同一线性变换在两组基下所对应的矩阵.

结论 6.11　设 $A = (a_{ij}) \in P^{n\times n}$，$A$ 的全体特征值的和等于 A 的迹

$$\mathrm{tr} A = a_{11} + a_{22} + \cdots + a_{nn} ;$$

A 的全体特征值的积等于行列式 $|A|$.

结论 6.12 (Hamilton-Caylay 定理)　设 $A = (a_{ij}) \in P^{n\times n}$，$A$ 的特征多项式为

$$f(\lambda) = |\lambda I - A| = \lambda^n - (a_{11} + a_{22} + \cdots + a_{nn})\lambda^{n-1} + \cdots + (-1)^n |A| ,$$

则

$$f(A) = A^n - (a_{11} + a_{22} + \cdots + a_{nn})A^{n-1} + \cdots + (-1)^n |A| I = 0 .$$

(或者，设 σ 是有限维线性空间 V 的线性变换，$f(\lambda)$ 是 σ 的特征多项式，则 $f(\sigma) = 0$.)

结论 6.13　设 σ 为 n 维线性空间 V 的线性变换，则

$$\sigma \text{ 的秩} + \sigma \text{ 的零度} = n ,$$

即 $\dim(\sigma(V)) + \dim(\sigma^{-1}(0)) = n$ 或 $\dim(\mathrm{Im}\sigma) + \dim(\mathrm{Ker}\sigma) = n$.

结论 6.14　设 σ, τ 为线性空间 V 上的线性变换，如果 $\sigma\tau = \tau\sigma$，则 $\mathrm{Im}\tau$ 与 $\mathrm{Ker}\tau$ 都是 σ- 子空间.

结论 6.15　矩阵 A 的最小多项式是 A 的特征多项式的一个因式，且 A 的特征根必是其最小多项式的根.

3. 对角化与 Jordan 标准形

结论 6.16　设 σ 是线性空间 V 的一个线性变换，$\lambda_1, \lambda_2, \cdots, \lambda_k$ 是 σ 的不同特征值，而 $\xi_{i1}, \xi_{i2}, \cdots, \xi_{ir_i}$ 是属于特征值 λ_i 的线性无关的特征向量，$i = 1,2,\cdots,k$，则向量组 $\xi_{i1}, \cdots, \xi_{ir_i}, \cdots, \xi_{k1}, \cdots, \xi_{kr_k}$ 线性无关.

结论 6.17　若数域 P 上 n 级矩阵 A，B 相似，则 A，B 有相同的特征多项式、特征值、最小多项式，且 $\mathrm{tr}A = \mathrm{tr}B$，$\mathrm{rank}A = \mathrm{rank}B$，$\det A = \det B$.

结论 6.18　V 是数域 P 上 n 维线性空间，σ 是 V 上的线性变换，以下条件都是 σ 在某组基下的矩阵为对角形(即数域 P 上 n 级矩阵 A 相似于对角形)的充分

必要条件：

(1) σ (或 A)有 n 个线性无关的特征向量；

(2) σ (或 A)的所有不同特征子空间的维数之和等于 n ，即每个特征值的几何重数(其特征子空间的维数)等于其代数重数；

(3) σ (或 A)的最小多项式是 P 上互素的一次因式的乘积.

结论 6.19　设 σ 是复数域 $\mathbf{C}$ 上 n 维线性空间 V 的一个线性变换，在 V 中必存在一组基，使 σ 在这组基下的矩阵是其 Jordan 标准形，即有任一 n 级复矩阵 A 总与其 Jordan 标准形相似.

4. 二次型及欧氏空间

结论 6.20 (惯性定理)　任一实二次型可经过适当的非退化线性替换化成规范形，即任一实对称矩阵 A 合同于形如 $\begin{pmatrix} I_p & & \\ & -I_{r-p} & \\ & & 0 \end{pmatrix}$ 的对角阵，其中 r 为 A 的秩，p 为 A 的正惯性指数.

结论 6.21　两个实对称矩阵 A ，B 合同的充要条件是二者的秩相同且正惯性指数相同.

结论 6.22　对于 n 元实二次型 $f(x_1,x_2,\cdots,x_n)=X^{\mathrm{T}}AX$ ，以下条件等价：

(1) 实对称矩阵 A 正定；

(2) A 的正惯性指数等于 n ；

(3) A 合同于 I_n ；

(4) 存在可逆矩阵 $C\in\mathbf{R}^{n\times n}$ ，使 $A=C^{\mathrm{T}}C$ ；

(5) A 的所有顺序主子式皆大于零.

结论 6.23　n 维欧氏空间中任一个正交向量组都能扩充成一组正交基.

结论 6.24　对于 n 维欧氏空间中任一组基 $\varepsilon_1,\varepsilon_2,\cdots,\varepsilon_n$ 都可找到一组标准正交基 $\eta_1,\eta_2,\cdots,\eta_n$ ，使

$$L(\varepsilon_1,\varepsilon_2,\cdots,\varepsilon_i)=L(\eta_1,\eta_2,\cdots,\eta_i)\text{ , }\quad i=1,2,\cdots,n.$$

结论 6.25　设 σ 是 n 维欧氏空间 V 的一个线性变换，下述命题是等价的：

(1) σ 是正交变换；

(2) σ 保持向量长度不变，即 $|\sigma(\alpha)|=|\alpha|,\forall\alpha\in V$ ；

(3) σ 把 V 的标准正交基 $\varepsilon_1,\varepsilon_2,\cdots,\varepsilon_n$ 变成标准正交基 $\sigma(\varepsilon_1),\sigma(\varepsilon_2),\cdots,\sigma(\varepsilon_n)$ ；

(4) σ 在任一组标准正交基下的矩阵是正交矩阵.

结论 6.26　n 维欧氏空间 V 的每个子空间都有唯一的正交补.

结论 6.27　实对称矩阵的属于不同特征值的特征向量是正交的.

结论 6.28　对任一 n 级实对称矩阵 A，总有正交矩阵 Q，使得

$$Q^{\mathrm{T}}AQ = Q^{-1}AQ = \begin{pmatrix} \lambda_1 & & \\ & \ddots & \\ & & \lambda_n \end{pmatrix},$$

其中 $\lambda_1,\cdots,\lambda_n$ 是 A 的全部特征值.即对任一 n 元实二次型 $f(X)=X^{\mathrm{T}}AX$，都可以通过正交的线性替换 $X=CY$ 变成平方和 $\lambda_1 y_1{}^2+\cdots+\lambda_n y_n^2$，其中 $\lambda_1,\cdots,\lambda_n$ 是 A 的全部特征值.

结论 6.29　设 $\lambda_1,\cdots,\lambda_n$ 是 n 级实对称矩阵 A 的全部特征值，则 A 正定的充分必要条件是 $\lambda_1,\cdots,\lambda_n$ 全大于 0.

结论 6.30　数域 P 上有限维欧氏空间 V_1,V_2 同构的充分必要条件是

$$\dim V_1 = \dim V_2 .$$

6.2　典 型 例 题

例 6.1 (第一届全国大学生数学竞赛预赛试题)　设 $\mathbf{C}^{n\times n}$ 是 $n\times n$ 复矩阵全体在通常的运算下所构成的复数域 $\mathbf{C}$ 上的线性空间，$F=\begin{pmatrix} 0 & 0 & \cdots & 0 & -a_n \\ 1 & 0 & \cdots & 0 & -a_{n-1} \\ 0 & 1 & \cdots & 0 & -a_{n-2} \\ \vdots & \vdots & & \vdots & \vdots \\ 0 & 0 & \cdots & 1 & -a_1 \end{pmatrix}$.

(1) 假设 $A=\begin{pmatrix} a_{11} & a_{12} & \cdots & a_{1n} \\ a_{21} & a_{22} & \cdots & a_{2n} \\ \vdots & \vdots & & \vdots \\ a_{n1} & a_{n2} & \cdots & a_{nn} \end{pmatrix}$，若 $AF=FA$，证明：

$$A = a_{n1}F^{n-1} + a_{n-1,1}F^{n-2} + \cdots + a_{21}F + a_{11}E\ ;$$

(2) 求 $\mathbf{C}^{n\times n}$ 的子空间 $C(F)=\left\{X\in\mathbf{C}^{n\times n} \middle| FX=XF\right\}$ 的维数.

(1) **证明**　记 $A=(\alpha_1,\alpha_2,\cdots,\alpha_n)$，$M=a_{n1}F^{n-1}+a_{n-1,1}F^{n-2}+\cdots+a_{21}F+a_{11}E$. 要证明 $M=A$，只需证明 A 与 M 的各个列向量对应相等即可. 若以 e_i 记为第 i 个基本单位列向量，则只需证明对每个 i，$Me_i = Ae_i\ (=\alpha_i)$.

记 $\beta=(-a_n,-a_{n-1},\cdots,-a_1)^{\mathrm{T}}$，有 $F=(e_2,e_3,\cdots,e_n,\beta)$. 注意到

$$Fe_1 = e_2, F^2e_1 = Fe_2 = e_3, \cdots, F^{n-1}e_1 = Fe_{n-1} = e_n. \tag{*}$$

由

$$\begin{aligned} Me_1 &= (a_{n1}F^{n-1} + a_{n-1,1}F^{n-2} + \cdots + a_{21}F + a_{11}E)e_1 \\ &= a_{n1}e_n + a_{n-1,1}e_{n-1} + \cdots + a_{21}e_2 + a_{11}e_1 = \alpha_1 = Ae_1 \end{aligned}$$

知

$$Me_2 = MFe_1 = FMe_1 = FAe_1 = AFe_1 = Ae_2,$$
$$Me_3 = MF^2e_1 = F^2Me_1 = F^2Ae_1 = AF^2e_1 = Ae_3,$$
$$\cdots\cdots$$
$$Me_n = Ae_n.$$

所以 $M = A$.

(2) **解**　由(1)，$C(F) = L\left\{E, F, F^2, \cdots, F^{n-1}\right\}$.

设 $x_0E + x_1F + x_2F^2 + \cdots + x_{n-1}F^{n-1} = O$，则

$$0 = (x_0E + x_1F + x_2F^2 + \cdots + x_{n-1}F^{n-1})e_1 = x_0e_1 + x_1e_2 + x_2e_3 + \cdots + x_{n-1}e_n,$$

因 $e_1, e_2, \cdots, e_n$ 线性无关，故 $x_0 = x_1 = \cdots = x_{n-1} = 0$，从而 $E, F, F^2, \cdots, F^{n-1}$ 线性无关. 所以，$E, F, F^2, \cdots, F^{n-1}$ 是 $C(F)$ 的基，也即 $\dim C(F) = n$.

例 6.2 (第五届全国大学生数学竞赛决赛一二年级组试题)　设 n 阶实方阵

$$A = \begin{pmatrix} a_1 & b_1 & 0 & \cdots & 0 \\ * & \ddots & \ddots & \ddots & 0 \\ * & \ddots & \ddots & \ddots & 0 \\ * & \ddots & \ddots & \ddots & b_{n-1} \\ * & \cdots & \cdots & \cdots & a_n \end{pmatrix}$$

有 n 个线性无关的特征向量. $b_1, \cdots, b_{n-1}$ 均不为 0. 记 $W = \left\{X \in \mathbf{R}^{n\times n} | XA = AX\right\}$. 证明：$W$ 是实数域 $\mathbf{R}$ 上的向量空间，且 $I, A, \cdots, A^{n-1}$ 为其一组基，其中 I 为 n 阶单位阵.①

证明　A 有 n 个线性无关的特征向量，故 A 可对角化. 设 λ_0 是 A 的一个特征值，考察 $\lambda_0 I - A$，它有一个 $n-1$ 阶子式不为 0，即有 $\operatorname{rank}(\lambda_0 I - A) = n-1$，故 λ_0 的重数为 1，从而有 n 个各不相同的特征值：$\lambda_1, \lambda_2, \cdots, \lambda_n$.

易证 $\forall X_1, X_2 \in W, \forall \mu \in \mathbf{R}$，有 $X_1 + \mu X_2 \in W$，故 W 为 $\mathbf{R}$ 上的向量空间.

设 $A = P\begin{pmatrix} \lambda_1 & \cdots & 0 \\ \vdots & & \vdots \\ 0 & \cdots & \lambda_n \end{pmatrix}P^{-1}$，于是方程

① 此题来源于大学数学竞赛资源网：http://www.Cmathc.cn/article/list_2.html.

$$XA = AX \Leftrightarrow XP\begin{pmatrix} \lambda_1 & \cdots & 0 \\ \vdots & & \vdots \\ 0 & \cdots & \lambda_n \end{pmatrix}P^{-1} = P\begin{pmatrix} \lambda_1 & \cdots & 0 \\ \vdots & & \vdots \\ 0 & \cdots & \lambda_n \end{pmatrix}P^{-1}X$$

$$\Leftrightarrow P^{-1}XP\begin{pmatrix} \lambda_1 & \cdots & 0 \\ \vdots & & \vdots \\ 0 & \cdots & \lambda_n \end{pmatrix} = \begin{pmatrix} \lambda_1 & \cdots & 0 \\ \vdots & & \vdots \\ 0 & \cdots & \lambda_n \end{pmatrix}P^{-1}XP.$$

若记 $V = \left\{ Y \in \mathbf{R}^{n\times n} \middle| Y\begin{pmatrix} \lambda_1 & \cdots & 0 \\ \vdots & & \vdots \\ 0 & \cdots & \lambda_n \end{pmatrix} = \begin{pmatrix} \lambda_1 & \cdots & 0 \\ \vdots & & \vdots \\ 0 & \cdots & \lambda_n \end{pmatrix}Y \right\}$，则 W 与 V 有线性同构 $\sigma: X \to P^{-1}XP$，从而 $\dim V = \dim W$.

注意到 $V = \left\{ \begin{pmatrix} d_1 & \cdots & 0 \\ \vdots & & \vdots \\ 0 & \cdots & d_n \end{pmatrix} \middle| d_1, \cdots, d_n \in \mathbf{R} \right\}$，故 $\dim V = \dim W = n$.

显然，$I, A, \cdots, A^{n-1} \in W$，下证 $I, A, \cdots, A^{n-1}$ 线性无关. 事实上，若 $x_0 I + x_1 A + \cdots + x_{n-1}A^{n-1} = 0$，则得

$$\begin{cases} x_0 + x_1\lambda_1 + \cdots + x_{n-1}\lambda_1^{n-1} = 0, \\ \quad\cdots\cdots \\ x_0 + x_1\lambda_n + \cdots + x_{n-1}\lambda_n^{n-1} = 0, \end{cases}$$

其系数行列式为 Vandermonde 行列式，由于 $\lambda_1, \lambda_2, \cdots, \lambda_n$ 各不相同，故 $I, A, \cdots, A^{n-1}$ 线性无关，即 $I, A, \cdots, A^{n-1}$ 为其一组基，证毕.

例 6.3　设 A 是有限维线性空间 V 上的线性变换，$g(\lambda)$ 是线性变换 A 的一个零化多项式($g(A) = 0$). 假设 $g(\lambda)$ 可分解为两两互素多项式乘积，即 $g(\lambda) = g_1(\lambda)g_2(\lambda)\cdots g_s(\lambda)$，则 V 可以分解成不变子空间的直和 $V = V_1 \oplus V_2 \oplus \cdots \oplus V_s$，其中 $V_i = \{\xi \in V \mid g_i(A)\xi = 0\}$.

证明　令 $f_i(\lambda) = \dfrac{g(\lambda)}{g_i(\lambda)}$，$U_i = f_i(A)V$，由于

$$AU_i = Af_i(A)V = f_i(A)(AV) \subset f_i(A)V = U_i,$$

因此 U_i 是 A 的不变子空间，并注意到

$$g_i(A)U_i = g_i(A)f_i(A)V = g(A)V = 0.$$

下面证明 $V = U_1 \oplus U_2 \oplus \cdots \oplus U_s$.

首先，由于 $(f_1(\lambda), f_2(\lambda), \cdots, f_s(\lambda)) = 1$，则存在 $u_1(\lambda), u_2(\lambda), \cdots, u_s(\lambda)$，使得

$$u_1(\lambda)f_1(\lambda) + u_2(\lambda)f_2(\lambda) + \cdots + u_s(\lambda)f_s(\lambda) = 1,$$

因此对 $\forall\alpha\in V$，有

$$\alpha=u_1(A)f_1(A)\alpha+u_2(A)f_2(A)\alpha+\cdots+u_s(A)f_s(A)\alpha,$$

而 $f_i(A)u_i(A)\alpha\in f_i(A)V=U_i$．所以 $V=U_1+U_2+\cdots+U_s$．

另外，若 $\beta_1+\beta_2+\cdots+\beta_s=0$，$\beta_i\in U_i$，由 $g_j(A)U_j=0$，可得

$$f_i(A)\beta_j=0,\quad i\neq j,$$

从而知

$$0=f_i(A)(\beta_1+\beta_2+\cdots+\beta_s)=f_i(A)\beta_i.$$

同时，由于 $(f_i(\lambda),g_i(\lambda))=1$，即存在 $u(\lambda),v(\lambda)$，使得

$$u(\lambda)f_i(\lambda)+v(\lambda)g_i(\lambda)=1,$$

所以

$$\beta_i=u(A)f_i(A)\beta_i+v(A)g_i(A)\beta_i=0.$$

由上则已证 $V=U_1\oplus U_2\oplus\cdots\oplus U_s$，下证 $U_i=V_i$．

由前面已经得到的 $g_i(A)U_i=0$，可得 $U_i\subseteq V_i$．反之，对 $\forall\alpha\in V_i$，利用 $u(\lambda)f_i(\lambda)+v(\lambda)g_i(\lambda)=1$，有

$$\alpha=u(A)f_i(A)\alpha+v(A)g_i(A)\alpha=f_i(A)u(A)\alpha\in U_i.$$

因此，$U_i=V_i$．

例 6.4 (第一届全国大学生数学竞赛预赛试题)　假设 V 是复数域 $\mathbf{C}$ 上 n $(n>0)$ 维线性空间，f,g 是 V 上的线性变换．如果 $fg-gf=f$，证明：f 的特征值都是 0，且 f,g 有公共特征向量．

证明　假设 λ_0 是 f 的特征值，W 是相应的特征子空间，即 $W=\{\eta\in V\mid f(\eta)=\lambda_0\eta\}$．于是，$W$ 在 f 下是不变的．

下面先证明 $\lambda_0=0$．任取非零 $\eta\in W$，记 m 为使得 $\eta,g(\eta),g^2(\eta),\cdots,g^m(\eta)$ 线性相关的最小的非负整数．于是，当 $0\leqslant i\leqslant m-1$ 时，$\eta,g(\eta),g^2(\eta),\cdots,g^i(\eta)$ 线性无关．

当 $0\leqslant i\leqslant m-1$ 时，令 $W_i=L\left\{\eta,g(\eta),g^2(\eta),\cdots,g^{i-1}(\eta)\right\}$，其中 $W_0=\{0\}$．因此，$\dim W_i=i\ (1\leqslant i\leqslant m)$，并且 $W_m=W_{m+1}=W_{m+2}=\cdots$．

显然，$g(W_i)\subseteq W_{i+1}$，特别地，W_m 在 g 下是不变的．

我们可以证明，W_m 在 f 下也是不变的．

事实上，由 $f(\eta)=\lambda_0\eta$，知

$$fg(\eta)=gf(\eta)+f(\eta)=\lambda_0 g(\eta)+\lambda_0\eta,$$

$$\begin{aligned}fg^2(\eta)&=gfg(\eta)+fg(\eta)=g\left(\lambda_0 g(\eta)+\lambda_0\eta\right)+\left(\lambda_0 g(\eta)+\lambda_0\eta\right)\\&=\lambda_0 g^2(\eta)+2\lambda_0 g(\eta)+\lambda_0\eta.\end{aligned}$$

根据 $fg^k(\eta)=g\left(fg^{k-1}(\eta)\right)+fg^{k-1}(\eta)$，用归纳法易证，$fg^k(\eta)$ 一定可以表示成 $\eta,g(\eta),g^2(\eta),\cdots,g^k(\eta)$ 的线性组合，且表示式中 $g^k(\eta)$ 前的系数为 λ_0.

因此 W_m 在 f 下也是不变的，而且 f 在 W_m 上的限制在基 $\eta,g(\eta),g^2(\eta),\cdots,g^{m-1}(\eta)$ 下的矩阵是上三角矩阵，对角线元素都是 λ_0，因而这一限制的迹为 $m\lambda_0$.

由于 $fg-gf=f$ 在 W_m 上仍然成立，而 $fg-gf$ 的迹一定为零，故 $m\lambda_0=0$，即 $\lambda_0=0$.

任取 $\eta\in W$，由于

$$f(\eta)=0,\quad fg(\eta)=gf(\eta)+f(\eta)=g(0)+0=0,$$

所以 $g(\eta)\in W$.

因此，W 在 g 下是不变的. 从而，在 W 中存在 g 的特征向量，这也就是 f,g 的公共特征向量.

例 6.5 (第六届全国大学生数学竞赛决赛试题)　$A=(a_{ij})$ 为 $n(n>1)$ 阶实对称矩阵，$\operatorname{rank}(A)=n-1$，$A$ 的每行元素之和均为 0. 设 $2,3,\cdots,n$ 为 A 的全部非零特征值. 求 A 的元素 a_{11} 的代数余子式 A_{11}.

解　$\operatorname{rank}(A)=n-1$，则 $\operatorname{rank}(A^*)=1$ 且 $Ax=0$ 的解空间维数为 1. 由于 A 的每行元素之和均为 0，故 $A\begin{pmatrix}1\\ \vdots\\ 1\end{pmatrix}=0$，$Ax=0$ 的一组基础解系为 $\begin{pmatrix}1\\ \vdots\\ 1\end{pmatrix}$.

注意到 $AA^*=O$，从而 A^* 的每一列都形如 $a\begin{pmatrix}1\\ \vdots\\ 1\end{pmatrix}$. 又由于 A 为实对称矩阵，则 A^* 为实对称矩阵，故 $A^*=\begin{pmatrix}a & \cdots & a\\ \vdots & & \vdots\\ a & \cdots & a\end{pmatrix}$.

考虑特征多项式 $f(\lambda)=|\lambda I-A|=\lambda(\lambda-2)\cdots(\lambda-n)$ 的一次项系数为 $(-1)^{n-1}\ n!$，而由 $f(\lambda)=|\lambda I-A|$ 的展开式知其一次项系数为

$$(-1)^{n-1}(A_{11}+\cdots+A_{nn})=(-1)^{n-1}na,$$

所以 $a=(n-1)!$.

注　设 n 级复方阵 A 的特征多项式为 $f(\lambda)=\lambda^n+a_1\lambda^{n-1}+\cdots+a_{n-1}\lambda+a_n$，其全部特征值为 $\lambda_1,\lambda_2,\cdots,\lambda_n$. 证明：

$$a_k=(-1)^k\sum_{1\leqslant i_1<\cdots<i_k\leqslant n}\lambda_{i_1}\cdots\lambda_{i_k}=(-1)^k\sum(A\text{的}k\text{阶主子式}).$$

证明　由于 $f(\lambda)=\lambda^n+a_1\lambda^{n-1}+\cdots+a_{n-1}\lambda+a_n=(\lambda-\lambda_1)(\lambda-\lambda_2)\cdots(\lambda-\lambda_n)$，把该等式右边展开即得

$$a_k=(-1)^k\sum_{1\leqslant i_1<\cdots<i_k\leqslant n}\lambda_{i_1}\cdots\lambda_{i_k}.$$

考虑

$$|\lambda I-A|=\begin{vmatrix}\lambda-a_{11} & -a_{12} & \cdots & -a_{1n}\\ -a_{21} & \lambda-a_{22} & \cdots & -a_{2n}\\ \vdots & \vdots & & \vdots\\ -a_{n1} & -a_{n2} & \cdots & \lambda-a_{nn}\end{vmatrix}=\begin{vmatrix}\lambda-a_{11} & 0-a_{12} & \cdots & 0-a_{1n}\\ 0-a_{21} & \lambda-a_{22} & \cdots & 0-a_{2n}\\ \vdots & \vdots & & \vdots\\ 0-a_{n1} & 0-a_{n2} & \cdots & \lambda-a_{nn}\end{vmatrix},$$

利用分拆法，λ^{n-k} 必须取 $n-k$ 个第一子列，再取 k 个第二子列，展开后合并即得 $a_k=(-1)^k\sum(A\text{的}k\text{阶主子式})$.

例 6.6 (第三届全国大学生数学竞赛决赛试题)　设 A,B 分别是 3×2 和 2×3 实矩阵，若 $AB=\begin{pmatrix}8 & 0 & -4\\ -\dfrac{3}{2} & 9 & -6\\ -2 & 0 & 1\end{pmatrix}$，求 BA.

解　易知 AB 的特征多项式为 $\lambda(\lambda-9)^2$. 由于 AB 和 BA 有相同的非零特征值(并且重数也相同)，可知 BA 的特征值均为 9，则 BA 可逆，即存在二阶矩阵 C，使得 $CBA=BAC=I_2$. AB 的最小多项式为 $\lambda(\lambda-9)$，从而

$$A\left(BA-9I_2\right)B=ABAB-9AB=AB(AB-9I_3)=0.$$

于是有

$$BA-9I_2=CBA\left(BA-9I_2\right)BAC=0,$$

即

$$BA=9I_2=\begin{pmatrix}9 & 0\\ 0 & 9\end{pmatrix}.$$

注　设 A，B 分别是 $n\times m$ 和 $m\times n$ 矩阵，证明：AB 和 BA 有相同的非零特征值(并且重数也相同).

证明　由

$$\begin{pmatrix}I_n & 0\\ -B & \lambda I_m\end{pmatrix}\begin{pmatrix}\lambda I_n & A\\ B & I_m\end{pmatrix}=\begin{pmatrix}\lambda I_n & A\\ 0 & \lambda I_m-BA\end{pmatrix},$$

以及

$$\begin{pmatrix}I_n & -A\\ 0 & \lambda I_m\end{pmatrix}\begin{pmatrix}\lambda I_n & A\\ B & I_m\end{pmatrix}=\begin{pmatrix}\lambda I_n-AB & 0\\ \lambda B & \lambda I_m\end{pmatrix},$$

上两式两边都取行列式，注意到上两式左边的行列式相等，可得

$$\lambda^n\left|\lambda I_m - BA\right| = \lambda^m\left|\lambda I_n - AB\right|,$$

可见：AB 和 BA 的特征多项式除了λ的因式外，其他因式全相同，故二者有相同的非零特征值且重数相同.

例 6.7 (第三届全国大学生数学竞赛预赛试题) 设 A 是数域 F 上的 n 阶方阵，证明：A 相似于$\begin{pmatrix} B & O \\ O & C \end{pmatrix}$，其中 B 是可逆矩阵，C 是幂零阵，即存在 m，使得$C^m=0$.

证明 设V 是F 上 n 维线性空间，σ 是V 上线性变换，它在V 的一组基下的矩阵为 A. 下面证明存在σ-不变子空间V_1,V_2 满足$V_1\oplus V_2$，且$\sigma|_{V_1}$ 是可逆的，$\sigma|_{V_2}$ 是幂零变换.

先证明$V=\mathrm{Ker}\sigma^m\oplus\mathrm{Im}\sigma^m$.

由子空间升链：$\mathrm{Ker}\sigma\subseteq\mathrm{Ker}\sigma^2\subseteq\cdots\subseteq\mathrm{Ker}\sigma^k\subseteq\cdots$，从而存在正整数 m 使得$\mathrm{Ker}\sigma^m=\mathrm{Ker}\sigma^{m+i}\ (i=1,2,\cdots)$. 进而有$\mathrm{Ker}\sigma^m=\mathrm{Ker}\sigma^{2m}$.

$\forall\alpha\in\mathrm{Ker}\sigma^m\cap\mathrm{Im}\sigma^m$，由$\alpha\in\mathrm{Im}\sigma^m$，存在$\beta\in V$，使得$\alpha=\sigma^m(\beta)$. 因此$0=\sigma^m(\alpha)=\sigma^{2m}(\beta)$，所以$\beta\in\mathrm{Ker}\sigma^{2m}$，从而$\beta\in\mathrm{Ker}\sigma^m=\mathrm{Ker}\sigma^{2m}$. 故$\alpha=\sigma^m(\beta)=0$，那么$\mathrm{Ker}\sigma^m\cap\mathrm{Im}\sigma^m=\{0\}$，即$V=\mathrm{Ker}\sigma^m\oplus\mathrm{Im}\sigma^m$.

由

$$\sigma\left(\mathrm{Ker}\sigma^m\right)\subseteq\mathrm{Ker}\sigma^m,\quad \sigma(\mathrm{Im}\sigma^m)\subseteq\mathrm{Im}\sigma^m,$$

知$\mathrm{Ker}\sigma^m,\mathrm{Im}\sigma^m$是$\sigma$-不变子空间. 又由$\sigma^m\left(\mathrm{Ker}\sigma^m\right)=\{0\}$，知$\sigma|_{\mathrm{Ker}\sigma^m}$是幂零变换. 由$\sigma\left(\mathrm{Im}\sigma^m\right)=\mathrm{Im}\sigma^m$，知$\sigma|_{\mathrm{Im}\sigma^m}$是满秩线性变换，从而可逆.

从$V_1=\mathrm{Im}\sigma^m,V_2=\mathrm{Ker}\sigma^m$中各找一组基$\alpha_1,\cdots,\alpha_s$；$\beta_1,\cdots,\beta_t$，合并成$V$ 的一组基，σ 在此基下的矩阵为$\begin{pmatrix} B & O \\ O & C \end{pmatrix}$，其中 B 是$\sigma|_{V_1}$在基$\alpha_1,\cdots,\alpha_s$下的矩阵，从而可逆；C 是$\sigma|_{V_2}$在基$\beta_1,\cdots,\beta_t$下的矩阵，是幂零矩阵. 从而 A 相似于$\begin{pmatrix} B & O \\ O & C \end{pmatrix}$，其中 B 是可逆矩阵，C 是幂零阵.

例 6.8 设σ 是实数域 $\mathbf{R}$ 上线性空间 V 的线性变换，$f(x),g(x)\in\mathbf{R}[x]$，$h(x)=f(x)g(x)$，证明：

(1) $\mathrm{Ker}\ f(\sigma)+\mathrm{Ker}\ g(\sigma)\subseteq\mathrm{Ker}\ h(\sigma)$.

(2) 若$\left(f(x),g(x)\right)=1$，则$\mathrm{Ker}\ h(\sigma)=\mathrm{Ker}\ f(\sigma)\oplus\mathrm{Ker}\ g(\sigma)$.

证明 (1) 对$\forall\alpha=\alpha_1+\alpha_2\in\mathrm{Ker}\ f(\sigma)+\mathrm{Ker}\ g(\sigma)$，其中$\alpha_1\in\mathrm{Ker}\ f(\sigma)$，$\alpha_2\in$

$\operatorname{Ker} g(\sigma)$ ，有

$$h(\sigma)\alpha = f(\sigma)g(\sigma)\alpha = g(\sigma)f(\sigma)\alpha_1 + f(\sigma)g(\sigma)\alpha_2 = 0,$$

即 $\alpha \in \operatorname{Ker} h(\sigma)$ ，从而 $\operatorname{Ker} f(\sigma) + \operatorname{Ker} g(\sigma) \subseteq \operatorname{Ker} h(\sigma)$.

(2) 若 $(f(x), g(x)) = 1$ ，则存在 $u(x), v(x)$ ，使得 $u(x)f(x) + v(x)g(x) = 1$ ，即有 $u(\sigma)f(\sigma) + v(\sigma)g(\sigma) = \varepsilon$ (恒等变换)，则有 $u(\sigma)f(\sigma)\alpha + v(\sigma)g(\sigma)\alpha = \alpha$.

对 $\forall \alpha \in \operatorname{Ker} h(\sigma)$ ，记 $\alpha_1 = u(\sigma)f(\sigma)\alpha$ ， $\alpha_2 = v(\sigma)g(\sigma)\alpha$ ，则有

$$g(\sigma)\alpha_1 = u(\sigma)g(\sigma)f(\sigma)\alpha = u(\sigma)h(\sigma)\alpha = 0,$$

即 $\alpha_1 \in \operatorname{Ker} g(\sigma)$. 同理可证 $\alpha_2 \in \operatorname{Ker} f(\sigma)$. 故 $\operatorname{Ker} h(\sigma) = \operatorname{Ker} f(\sigma) + \operatorname{Ker} g(\sigma)$.

又对 $\forall \beta \in \operatorname{Ker} f(\sigma) \cap \operatorname{Ker} g(\sigma)$ ，由 $\beta = u(\sigma)f(\sigma)\beta + v(\sigma)g(\sigma)\beta = 0$ ，所以

$$\operatorname{Ker} h(\sigma) = \operatorname{Ker} f(\sigma) \oplus \operatorname{Ker} g(\sigma).$$

例 6.9 (第七届全国大学生数学竞赛预赛试题) A 为 4 阶复方阵，它满足关于迹的关系式： $\operatorname{tr} A^i = i, i = 1,2,3,4$. 求 A 的行列式.

解 设 A 的 4 个特征值为 $\lambda_1, \lambda_2, \lambda_3, \lambda_4$ ， A 的特征多项式为

$$f(\lambda) = \lambda^4 + a_3\lambda^3 + a_2\lambda^2 + a_1\lambda + a_0,$$

则由 $f(\lambda) = (\lambda - \lambda_1)(\lambda - \lambda_2)(\lambda - \lambda_3)(\lambda - \lambda_4)$ ，可知

$$\begin{cases} a_3 = -(\lambda_1 + \lambda_2 + \lambda_3 + \lambda_4), \\ a_2 = \lambda_1\lambda_2 + \lambda_1\lambda_3 + \lambda_1\lambda_4 + \lambda_2\lambda_3 + \lambda_2\lambda_4 + \lambda_3\lambda_4, \\ a_1 = -(\lambda_1\lambda_2\lambda_3 + \lambda_1\lambda_2\lambda_4 + \lambda_1\lambda_3\lambda_4 + \lambda_2\lambda_3\lambda_4), \\ a_0 = |A| = \lambda_1\lambda_2\lambda_3\lambda_4. \end{cases}$$

再由相似矩阵的迹相同，利用的 Jordan 标准形可知

$$\begin{cases} \lambda_1 + \lambda_2 + \lambda_3 + \lambda_4 = 1, & (1) \\ \lambda_1^2 + \lambda_2^2 + \lambda_3^2 + \lambda_4^2 = 2, & (2) \\ \lambda_1^3 + \lambda_2^3 + \lambda_3^3 + \lambda_4^3 = 3, & (3) \\ \lambda_1^4 + \lambda_2^4 + \lambda_3^4 + \lambda_4^4 = 4. & (4) \end{cases}$$

由(1)，(2)得

$$a_2 = \lambda_1\lambda_2 + \lambda_1\lambda_3 + \lambda_1\lambda_4 + \lambda_2\lambda_3 + \lambda_2\lambda_4 + \lambda_3\lambda_4 = -\frac{1}{2}.$$

由(1)式两边立方得

$$\begin{aligned} 1 = {} & \lambda_1^3 + \lambda_2^3 + \lambda_3^3 + \lambda_4^3 + 3\lambda_1^2(\lambda_2 + \lambda_3 + \lambda_4) + 3\lambda_2^2(\lambda_1 + \lambda_3 + \lambda_4) + 3\lambda_3^2(\lambda_1 + \lambda_2 + \lambda_4) \\ & + 3\lambda_4^2(\lambda_1 + \lambda_2 + \lambda_3) - 6a_1, \end{aligned}$$

又利用(1)—(3)得

$$1 = 3 + 3\lambda_1^2(1 - \lambda_1) + 3\lambda_2^2(1 - \lambda_2) + 3\lambda_3^2(1 - \lambda_3) + 3\lambda_4^2(1 - \lambda_4) - 6a_1,$$

即有

$$a_1 = -\frac{1}{6}.$$

所以 $f(\lambda)=\lambda^4-\lambda^3-\frac{1}{2}\lambda^2-\frac{1}{6}\lambda+a_0$，再由 $f(\lambda_i)=0$ 得

$$0=\sum_{i=1}^{4} f(\lambda_i)=4-3-\frac{1}{2}\times 2-\frac{1}{6}\times 1+4a_0,$$

即有 $a_0=|A|=\frac{1}{24}$.

例 6.10 (第六届全国大学生数学竞赛决赛试题) 设 $\Gamma=\left\{\left.\begin{pmatrix} z_1 & z_2 \\ -\overline{z_2} & \overline{z_1} \end{pmatrix}\right| z_1,z_2\in \mathbf{C}\right\}$，其中 $\mathbf{C}$ 表示复数域. 试证明：$\forall A\in\Gamma$，A 的 Jordan 标准形 J_A 仍然属于 Γ；进一步还存在可逆的矩阵 $P\in\Gamma$，使得 $P^{-1}AP=J_A$.

证明 对 $A=\begin{pmatrix} z_1 & z_2 \\ -\overline{z_2} & \overline{z_1} \end{pmatrix}$，其特征方程为

$$0=|\lambda I-A|=\lambda^2-2\mathrm{Re}z_1\lambda+|z_1|^2+|z_2|^2,$$

$$\varDelta=4(\mathrm{Re}z_1)^2-4\left(|z_1|^2+|z_2|^2\right)\leqslant 0.$$

情形一 $\varDelta=0$.

此时 $z_2=0, z_1=\mathrm{Re}z_1$，从而 $A=\begin{pmatrix} \mathrm{Re}z_1 & 0 \\ 0 & \mathrm{Re}z_1 \end{pmatrix}=J_A\in\Gamma$. 取 $P=I$，即有 $P^{-1}AP=J_A$.

情形二 $\varDelta<0$.

此时 A 的特征值为

$$\lambda_1=\mathrm{Re}z_1+\mathrm{i}\sqrt{|z_1|^2+|z_2|^2-(\mathrm{Re}z_1)^2},$$

$$\lambda_2=\mathrm{Re}z_1-\mathrm{i}\sqrt{|z_1|^2+|z_2|^2-(\mathrm{Re}z_1)^2},$$

即 $\lambda_2=\overline{\lambda_1}$，$\lambda_1\neq\lambda_2$，从而 $J_A=\begin{pmatrix} \lambda_1 & 0 \\ 0 & \lambda_2 \end{pmatrix}\in\Gamma$.

现取 A 关于 λ_1 的一个非零特征向量 $\begin{pmatrix} x \\ y \end{pmatrix}$，则有

$$\begin{pmatrix} z_1 & z_2 \\ -\overline{z_2} & \overline{z_1} \end{pmatrix}\begin{pmatrix} x \\ y \end{pmatrix}=\lambda_1\begin{pmatrix} x \\ y \end{pmatrix}\Leftrightarrow\begin{cases} \overline{z_1 x}+\overline{z_2 y}=\overline{\lambda_1 x}, \\ z_2\overline{x}-z_1\overline{y}=-\overline{\lambda_1 y}. \end{cases}$$

直接检验知 $A\begin{pmatrix}-\overline{y}\\ \overline{x}\end{pmatrix}=\overline{\lambda_1}\begin{pmatrix}-\overline{y}\\ \overline{x}\end{pmatrix}$，因此$\begin{pmatrix}-\overline{y}\\ \overline{x}\end{pmatrix}$为 A 关于$\overline{\lambda_1}$的一个非零特征向量.

令 $P=\begin{pmatrix}x & -\overline{y}\\ y & \overline{x}\end{pmatrix}$，则有 P 可逆，且 $P\in\Gamma$，使得 $P^{-1}AP=J_A$.

例 6.11　设 V 是复数域上的 n 维线性空间，而线性变换 A 在基 $\varepsilon_1,\varepsilon_2,\cdots,\varepsilon_n$ 下的矩阵是一 Jordan 块. 证明：

(1) V 中包含 ε_1 的 A-子空间只有 V 自身；

(2) V 中任一非零 A-子空间都包含 ε_n；

(3) V 不能分解成两个非平凡的 A-子空间的直和.

证明　(1) 由题设，知

$$A(\varepsilon_1,\varepsilon_2,\cdots,\varepsilon_n)=(\varepsilon_1,\varepsilon_2,\cdots,\varepsilon_n)\begin{pmatrix}\lambda & & & \\ 1 & \lambda & & \\ & \ddots & \ddots & \\ & & 1 & \lambda\end{pmatrix},$$

即

$$\begin{cases}A\varepsilon_1=\lambda\varepsilon_1+\varepsilon_2,\\ A\varepsilon_2=\lambda\varepsilon_2+\varepsilon_3,\\ \qquad\cdots\cdots\\ A\varepsilon_{n-1}=\lambda\varepsilon_{n-1}+\varepsilon_n,\\ A\varepsilon_n=\lambda\varepsilon_n.\end{cases}$$

设 W 为 A-子空间，且 $\varepsilon_1\in W$，则 $A\varepsilon_1\in W$，进而有

$$\varepsilon_2=A\varepsilon_1-\lambda\varepsilon_1\in W\Rightarrow A\varepsilon_2\in W,$$
$$\varepsilon_3=A\varepsilon_2-\lambda\varepsilon_2\in W\Rightarrow A\varepsilon_3\in W,$$
$$\cdots\cdots$$
$$\varepsilon_n=A\varepsilon_{n-1}-\lambda\varepsilon_{n-1}\in W,$$

故 $W=L\{\varepsilon_1,\varepsilon_2,\cdots,\varepsilon_n\}=V$.

(2) 设 W 为任一非零的 A-子空间，对任一非零向量 $\alpha\in W$，有

$$\alpha=\kappa_1\varepsilon_1+\kappa\ \varepsilon_2+\cdots+\kappa_n\varepsilon_n.$$

不妨设 $\kappa_1\neq 0$，则

$$\begin{aligned}A\alpha&=\kappa_1A\varepsilon_1+\kappa_2A\varepsilon_2+\cdots+\kappa_nA\varepsilon_n\\&=\kappa_1(\lambda\varepsilon_1+\varepsilon_2)+\kappa_2(\lambda\varepsilon_2+\varepsilon_3)+\cdots+\kappa_n\lambda\varepsilon_n\\&=\lambda\alpha+\kappa_1\varepsilon_2+\kappa_2\varepsilon_3+\cdots+\kappa_{n-1}\varepsilon_n\in W,\end{aligned}$$

于是

$$\kappa_1\varepsilon_2+\kappa_2\varepsilon_3+\cdots+\kappa_{n-1}\varepsilon_n\in W.$$

同理可得$\kappa_1\varepsilon_3+\kappa_2\varepsilon_4+\cdots+\kappa_{n-2}\varepsilon_n\in W$，…，$\kappa_1\varepsilon_n\in W$，从而$\varepsilon_n\in W$，即证$V$中任一非零的$A$-子空间$W$都包含$\varepsilon_n$.

(3) 设W_1，W_2是任意两个非平凡的A-子空间，则由(2)知$\varepsilon_n\in W_1$且$\varepsilon_n\in W_2$，于是$\varepsilon_n\in W_1\cap W_2$，故$V$不能分解成两个非平凡的$A$-子空间的直和.

例 6.12 设A为复数域$\mathbf{C}$的一个n阶方阵. 已知它的特征多项式为$f(x)=(x-a)^{n-1}(x-b)$，其中a与b不相等. 假设A的任意三个特征向量都是线性相关的，对于复数$\lambda\in\mathbf{C}$，以及正整数l，证明：$V_{\lambda,l}=\left\{\alpha\in\mathbf{C}^n\mid(A-\lambda I_n)^l\alpha=0\right\}$是复数域$\mathbf{C}$上线性空间$\mathbf{C}^n$的$A$的不变子空间(把$A$看成$\mathbf{C}^n$上的一个线性变换)，并求$\mathbf{C}$上线性空间$V_{\lambda,l}$的维数，其中$I_n$为$n$阶单位矩阵.

证明 对$\forall\alpha\in V_{\lambda,l}$，由$(A-\lambda I_n)^l(A\alpha)=A\left((A-\lambda I_n)^l\alpha\right)=0$，知$A\alpha\in V_{\lambda,l}$，即$V_{\lambda,l}$是$A$的不变子空间.

由于A的任意三个特征向量都是线性相关的及A的特征多项式为$f(x)=(x-a)^{n-1}(x-b)$，可知A的特征值a的特征子空间是1维的，即有$\operatorname{rank}(A-aI_n)=n-1$，故$A$的Jordan标准形为$J_A=\begin{pmatrix}a&1&&&\\&a&\ddots&&\\&&\ddots&1&\\&&&a&\\&&&&b\end{pmatrix}$，即存在可逆矩阵$P$，使得$A=PJ_AP^{-1}$.

注意到

$$(A-\lambda I_n)^l\alpha=0\Leftrightarrow P(J_A-\lambda I_n)^lP^{-1}\alpha=0\Leftrightarrow(J_A-\lambda I_n)^lP^{-1}\alpha=0,$$

令$\tilde{V}_{\lambda,l}=\left\{\beta\in\mathbf{C}^n\mid(J_A-\lambda I_n)^l\beta=0\right\}$，则$\alpha\in V_{\lambda,l}\Leftrightarrow P^{-1}\alpha\in\tilde{V}_{\lambda,l}$，从而$V_{\lambda,l}$与$\tilde{V}_{\lambda,l}$同构. 而$\tilde{V}_{\lambda,l}$是$(J_A-\lambda I_n)^l\beta=0$的解空间，而

$$(J_A-\lambda I_n)^l=\begin{pmatrix}a-\lambda&1&&&\\&a-\lambda&\ddots&&\\&&\ddots&1&\\&&&a-\lambda&\\&&&&b-\lambda\end{pmatrix}^l.$$

所以，当$\lambda\neq a$且$\lambda\neq b$时，$\operatorname{rank}(J_A-\lambda I_n)^l=n$，则$\dim(V_{\lambda,l})=\dim(\tilde{V}_{\lambda,l})=0$；

当 $\lambda=b$ 时，$\operatorname{rank}\left(J_A-\lambda I_n\right)^l=n-1$，则 $\dim\left(V_{\lambda,l}\right)=\dim\left(\tilde{V}_{\lambda,l}\right)=1$；

当 $\lambda=a, l\leqslant n-1$ 时，$\operatorname{rank}\left(J_A-\lambda I_n\right)^l=n-l$，则 $\dim\left(V_{\lambda,l}\right)=\dim\left(\tilde{V}_{\lambda,l}\right)=l$；

当 $\lambda=a, l\geqslant n$ 时，$\operatorname{rank}\left(J_A-\lambda I_n\right)^l=1$，则 $\dim\left(V_{\lambda,l}\right)=\dim\left(\tilde{V}_{\lambda,l}\right)=n-1$.

例 6.13　(1) 设 λ_1,λ_2 是线性变换 A 的两个不同特征值，$\varepsilon_1,\varepsilon_2$ 是分别属于 λ_1,λ_2 的特征向量，证明：$\varepsilon_1+\varepsilon_2$ 不是 A 的特征向量；

(2) 证明：如果线性空间 V 的线性变换 A 以 V 中每个非零向量作为它的特征向量，那么 A 是数乘变换.

证明　(1) 由题设知 $A(\varepsilon_1)=\lambda_1\varepsilon_1$，$A(\varepsilon_2)=\lambda_2\varepsilon_2$，且 $\lambda_1\neq\lambda_2$，若 $\varepsilon_1+\varepsilon_2$ 是 A 的特征向量，则存在数 λ，使得

$$A(\varepsilon_1+\varepsilon_2)=\lambda(\varepsilon_1+\varepsilon_2)=\lambda\varepsilon_1+\lambda\varepsilon_2,$$

又 $A(\varepsilon_1+\varepsilon_2)=\lambda_1\varepsilon_1+\lambda_2\varepsilon_2$，即 $(\lambda_1-\lambda)\varepsilon_1+(\lambda_2-\lambda)\varepsilon_2=0$.

再由 $\varepsilon_1,\varepsilon_2$ 的线性无关性，知 $\lambda_1-\lambda=\lambda_2-\lambda=0$，即 $\lambda_1=\lambda_2=\lambda$，矛盾. 故 $\varepsilon_1+\varepsilon_2$ 不是 A 的特征向量.

(2) 设 V 的一组基为 $\varepsilon_1,\varepsilon_2,\cdots,\varepsilon_n$，则它也是 A 的 n 个线性无关的特征向量，故存在特征值 $\lambda_1,\lambda_2,\cdots,\lambda_n$，使

$$A(\varepsilon_i)=\lambda_i\varepsilon_i,\quad i=1,2,\cdots,n.$$

由(1)即知 $\lambda_1=\lambda_2=\cdots=\lambda_n=k$. 由已知，又有 $A(\alpha)=k\alpha\ (\forall\alpha\in V)$，即证明 A 是数乘变换.

例 6.14 (第十届全国大学生数学竞赛决赛试题)　证明：任意 n 阶实方阵 A 可以分解成 $A=A_0+A_1+A_2$，其中 $A_0=aI_n$，a 是实数，A_1 与 A_2 都是幂零方阵.

证明　先证明下面的引理.

引理　设 A 是 n 阶实方阵且满足 $\operatorname{tr}(A)=0$，则存在可逆实方阵 P，使得 $P^{-1}AP$ 的对角元素都是 0.

对 n 用数学归纳法. 当 $n=1$ 时，$A=O$，结论自然成立. 假设结论对 $n-1$ 成立 $(n\geqslant 2)$. 若 $\mathbf{R}^n$ 每个非零向量都是 A 的特征向量，则 A 是数量矩阵，又 $\operatorname{tr}(A)=0$，从而 $A=O$. 下设非零向量 $\alpha\in\mathbf{R}^n$ 不是 A 的特征向量，那么 $\alpha,A\alpha$ 线性无关. 可取可逆实矩阵 $Q=(\alpha,A\alpha,*,\cdots,*)$，使得 $AQ=Q\begin{pmatrix}0&*\\ *&B\end{pmatrix}$，其中 B 是 $n-1$ 阶实方阵. 由 $\operatorname{tr}(A)=0$，可得 $\operatorname{tr}(B)=0$. 由归纳假设，存在可逆的实矩阵 P_1，使得 $P_1^{-1}AP_1$ 的对角元素都是 0. 取 $P=\begin{pmatrix}1&\\ &P_1\end{pmatrix}$，易得 $P^{-1}AP$ 的对角元素都是 0.

利用引理，对任意 n 阶实方阵 A，取 $A_0=\dfrac{\mathrm{tr}(A)}{n}I$，由于 $\mathrm{tr}(A-A_0)=0$，故存在可逆实方阵 P，使得 $B=P^{-1}(A-A_0)P$ 的对角元素都是 0. 分解 $B=L+U$，其中 L，U 分别是对角线元素全为 0 的上三角、下三角矩阵，显然 L，U 都是幂零方阵. 故 $A=A_0+PBP^{-1}=A_0+PLP^{-1}+PUP^{-1}$，$A_0$ 是数量矩阵，PLP^{-1},PUP^{-1} 都是幂零矩阵.

例 6.15 (第九届全国大学生数学竞赛决赛试题)　设 A,B,C 均为 n 阶复方阵，且满足 $AB-BA=C$，$AC=CA$，$BC=CB$.

(1) 证明：C 是幂零方阵；

(2) 证明：A,B,C 同时相似于上三角阵；

(3) 若 $C\neq 0$，求 n 的最小值.

解　(1) **证明**　设 C 的不同特征值为 $\lambda_1,\cdots,\lambda_k$，不妨设 C 是 Jordan 标准形 $C=\begin{pmatrix} J_1 & & \\ & \ddots & \\ & & J_k\end{pmatrix}$，其中 J_i 由特征值 λ_i 对应的 Jordan 块构成. 对矩阵 A 做与 C 相同的分块，$A=(A_{ij})_{k\times k}$. 由 $AC=CA$，得 $A_{ij}J_j=J_iA_{ij}$，$i,j=1,2,\cdots,k$. 故对任意的多项式 $p(\lambda)$，有 $A_{ij}p(J_j)=p(J_i)A_{ij}$. 取 $p(\lambda)$ 为 J_i 的最小多项式，则得 $A_{ij}p(J_j)=0$. 而当 $i\neq j$ 时，$p(J_j)$ 可逆，从而 $A_{ij}=0$. 因此，$A=\begin{pmatrix} A_{11} & & \\ & \ddots & \\ & & A_{kk}\end{pmatrix}$. 同理，$B=\begin{pmatrix} B_{11} & & \\ & \ddots & \\ & & B_{kk}\end{pmatrix}$. 由 $AB-BA=C$，得 $A_{ii}B_{ii}-B_{ii}A_{ii}=J_i$，$i=1,2,\cdots,k$. 所以 $\mathrm{tr}(J_i)=\mathrm{tr}(A_{ii}B_{ii}-B_{ii}A_{ii})=0$，$i=1,2,\cdots,k$. 从而 $\lambda_i=0$，即 C 是幂零方阵.

(2) **证明**　令 $V_0=\{v\in\mathbf{C}^n\mid Cv=0\}$. 对 $\forall v\in V_0$，由于 $C(Av)=A(Cv)=0$，所以 $AV_0\subseteq V_0$. 故存在非零向量 $v\in V_0$ 和数 $\lambda\in\mathbf{C}$，使得 $Av=\lambda v$. 记 $V_1=\{v\in V_0\mid Av=\lambda v\}$，由 $AB-BA=C$，对 $\forall u\in V_1$，$A(Bu)=B(Au)+Cu=\lambda Bu$，即有 $BV_1\subseteq V_1$. 从而存在非零向量 $v_1\in V_1$ 和数 $\mu\in\mathbf{C}$，使得 $Bv_1=\mu v_1$. 同时，$Av_1=\lambda v_1,Cv_1=0$. 将 v_1 扩充为 $\mathbf{C}^n$ 的一组基 $\{v_1,v_2,\cdots,v_n\}$，令 $P=(v_1,v_2,\cdots,v_n)$，则

$$AP=P\begin{pmatrix}\lambda & x\\ 0 & A_1\end{pmatrix},\quad BP=P\begin{pmatrix}\mu & y\\ 0 & B_1\end{pmatrix},\quad CP=P\begin{pmatrix}0 & z\\ 0 & C_1\end{pmatrix}.$$

并且 A_1,B_1,C_1 满足 $A_1B_1-B_1A_1=C_1$，$A_1C_1=C_1A_1$，$B_1C_1=C_1B_1$. 由数学归纳法可知结论成立，即 A,B,C 同时相似于上三角阵.

(3) 当 $n=2$ 时，不妨 $C=\begin{pmatrix}0 & 1\\0 & 0\end{pmatrix}$. 由 $AC=CA$，得 $A=\begin{pmatrix}a_1 & a_2\\0 & a_1\end{pmatrix}$. 同理，$B=\begin{pmatrix}b_1 & b_2\\0 & b_1\end{pmatrix}$. 此时，$AB-BA=0\neq C$.

当 $n=3$ 时，取 $A=E_{12},B=E_{23},C=E_{13}$，满足题意. 故所求最小值为 3.

例 6.16　设 f 和 g 都是含变量 $x_1,\cdots,x_n$ 的实二次型，且 g 是半正定的. 证明：二次型 $f+g$ 的正惯性指数大于或等于 f 的正惯性指数.

证明　设二次型 $f+g$ 和 f 的正惯性指数分别为 p 和 q，则二次型 $f+g$ 经过一个非退化的线性替换可化成如下标准形：

$$y_1^2+\cdots+y_p^2-c_{p+1}y_{p+1}^2-\cdots-c_ny_n^2,$$

其中 $c_{p+1},\cdots,c_n$ 等于 1 或 0.

而二次型 f 经过另一个非退化的线性替换可化成如下标准形：

$$z_1^2+\cdots+z_q^2-d_{q+1}z_{q+1}^2-\cdots-d_nz_n^2,$$

其中 $d_{q+1},\cdots,d_n$ 等于 1 或 0.

再设 g 经过第二个非退化的线性替换所化成的二次型为 $h(z_1,\cdots,z_n)$，则 $f+g$ 经过第二个非退化的线性替换所化成的二次型为

$$z_1^2+\cdots+z_q^2-d_{q+1}z_{q+1}^2-\cdots-d_nz_n^2+h(z_1,\cdots,z_n).$$

由于 g 是半正定的，从而 $h(z_1,\cdots,z_n)$ 也是半正定的. 此外，$y_1^2+\cdots+y_p^2-c_{p+1}y_{p+1}^2-\cdots-c_ny_n^2$ 相应地经过某个非退化的实系数线性替换：

$$\begin{cases}y_1=a_{11}z_1+a_{12}z_2+\cdots+a_{1n}z_n,\\y_2=a_{21}z_1+a_{22}z_2+\cdots+a_{2n}z_n,\\\qquad\cdots\cdots\\y_n=a_{n1}z_1+a_{n2}z_2+\cdots+a_{nn}z_n,\end{cases}$$

可化成 $z_1^2+\cdots+z_q^2-d_{q+1}z_{q+1}^2-\cdots-d_nz_n^2+h(z_1,\cdots,z_n)$.

反证法. 假若 $p<q$，则 $p+(n-q)<q+(n-q)=n$. 由线性方程组理论知，下面齐次线性方程组

$$\begin{cases}a_{11}z_1+a_{12}z_2+\cdots+a_{1n}z_n=0,\\\qquad\cdots\cdots\\a_{p1}z_1+a_{p2}z_2+\cdots+a_{pn}z_n=0,\\z_{q+1}=0,\\\qquad\cdots\cdots\\z_n=0\end{cases}$$

有非零解 $(z_1^0,\cdots,z_q^0,0,\cdots,0)$，其中 $z_1^0,\cdots,z_q^0$ 为不全为零的实数.

令 $y_i^0=a_{i1}z_1^0+\cdots+a_{iq}z_q^0+a_{i,q+1}0+\cdots a_{in}0$，$i=1,\cdots,n$，则 $y_1^0=\cdots=y_p^0=0$.

注意到，二次型 $y_1^2+\cdots+y_p^2-c_{p+1}y_{p+1}^2-\cdots-c_ny_n^2$ 经过线性替换

$$\begin{cases} y_1=a_{11}z_1+a_{12}z_2+\cdots+a_{1n}z_n, \\ y_2=a_{21}z_1+a_{22}z_2+\cdots+a_{2n}z_n, \\ \qquad\cdots\cdots \\ y_n=a_{n1}z_1+a_{n2}z_2+\cdots+a_{nn}z_n \end{cases}$$

化成 $z_1^2+\cdots+z_q^2-d_{q+1}z_{q+1}^2-\cdots-d_nz_n^2+h(z_1,\cdots,z_n)$. 从而下面等式成立：

$$\begin{aligned} -c_{p+1}y_{p+1}^{02}-\cdots-c_ny_n^{02}&=y_1^{02}+\cdots+y_p^{02}-c_{p+1}y_{p+1}^{02}-\cdots-c_ny_n^{02} \\ &=z_1^{02}+\cdots+z_q^{02}-d_{q+1}0^2-\cdots-d_n0^2+h(z_1^0,\cdots,z_q^0,0,\cdots,0) \\ &=z_1^{02}+\cdots+z_q^{02}+h(z_1^0,\cdots,z_q^0,0,\cdots,0). \end{aligned}$$

显然，该等式最左端 $-c_{p+1}y_{p+1}^{02}-\cdots-c_ny_n^{02}\leqslant 0$. 但由于 $z_1^0,\cdots,z_q^0$ 为不全为零的实数且二次型 $h(z_1,\cdots,z_n)$ 是半正定的，从而等式最右端 $z_1^{02}+\cdots+z_q^{02}+h(z_1^0,\cdots,z_q^0,0,\cdots,0)>0$. 所导致的矛盾表明：$p\geqslant q$.

例 6.17 (第一届全国大学生数学竞赛决赛试题)　设 A，B 均为 n 阶半正定实对称矩阵，且满足 $n-1\leqslant \operatorname{rank}A\leqslant n$. 证明：存在实可逆矩阵 C，使得 $C^{\mathrm{T}}AC, C^{\mathrm{T}}BC$ 均为对角阵.

证明　(1) A 的秩为 n 的情形：此时 A 为正定阵. 于是存在可逆矩阵 P，使得 $P^{\mathrm{T}}AP=I$. 因为 $P^{\mathrm{T}}BP$ 是实对称矩阵，所以存在正交矩阵 Q，使得 $Q^{\mathrm{T}}\left(P^{\mathrm{T}}BP\right)Q=\Lambda$ 是对角阵. 令 $C=PQ$，则有 $C^{\mathrm{T}}AC=I$，　$C^{\mathrm{T}}BC=\Lambda$ 都是对角阵.

(2) A 的秩为 $n-1$ 的情形：此时存在可逆矩阵 P 使得 $P^{\mathrm{T}}AP=\begin{pmatrix} I_{n-1} & 0 \\ 0 & 0 \end{pmatrix}$. 因为 $P^{\mathrm{T}}BP$ 是实对称矩阵，所以可设 $P^{\mathrm{T}}BP=\begin{pmatrix} B_{n-1} & \alpha \\ \alpha^{\mathrm{T}} & b \end{pmatrix}$，其中 B_{n-1} 是 $n-1$ 阶实对称矩阵.

因为 B_{n-1} 是 $n-1$ 阶实对称矩阵，所以存在 $n-1$ 阶正交矩阵 Q_{n-1}，使得

$$Q_{n-1}^{\mathrm{T}}B_{n-1}Q_{n-1}=\begin{pmatrix} \lambda_1 & & \\ & \ddots & \\ & & \lambda_n \end{pmatrix}=\Lambda_{n-1}$$

为对角阵.

令 $Q=\begin{pmatrix} Q_{n-1} & \\ & 1 \end{pmatrix}$，$C=PQ$，则 $C^{\mathrm{T}}AC, C^{\mathrm{T}}BC$ 可以表示为

$$C^{\mathrm{T}}AC=\begin{pmatrix} I_{n-1} & \\ & 0 \end{pmatrix}\triangleq \tilde{A},\quad C^{\mathrm{T}}BC=\begin{pmatrix} \Lambda_{n-1} & \eta \\ \eta^{\mathrm{T}} & d \end{pmatrix}\triangleq \tilde{B},$$

其中 $\eta=\left(d_1,\cdots,d_{n-1}\right)^{\mathrm{T}}$ 是 $n-1$ 维列向量.

若 $d=0$. 由于 $\tilde{B}$ 是半正定的，$\tilde{B}$ 的各个主子式均非负. 考察 $\tilde{B}$ 中含 d 的各个二阶主子式，容易知道 $\eta=0$，则 $\tilde{B}$ 是对角阵，结论成立.

下设 $d\neq 0$. 显然，对于任意实数 k，$\tilde{A}$，$\tilde{B}$ 可以通过合同变换同时化成对角阵当且仅当同一合同变换可以将 $\tilde{A}$，$k\tilde{A}+\tilde{B}$ 同时化成对角阵. 由于 $k\geqslant 0$ 时，$k\tilde{A}+\tilde{B}$ 仍然是半正定矩阵，由(1)，我们只需要证明：存在 $k\geqslant 0$，使得 $k\tilde{A}+\tilde{B}$ 是可逆矩阵.

注意到，当 $k+\lambda_i$ 都不是 0 时，行列式

$$\left|k\tilde{A}+\tilde{B}\right|=\begin{vmatrix} k+\lambda_1 & & & d_1 \\ & \ddots & & \vdots \\ & & k+\lambda_{n-1} & d_{n-1} \\ d_1 & \cdots & d_{n-1} & d \end{vmatrix}=\left(d-\sum_{i=1}^{n-1}\frac{d_i^2}{k+\lambda_i}\right)\prod_{j=1}^{n-1}(k+\lambda_j),$$

故只要 k 足够大就能保证 $k\tilde{A}+\tilde{B}$ 是可逆矩阵. 从而 $\tilde{A}$，$\tilde{B}$ 可以通过合同变换同时化成对角阵. 从而 A，B 可以通过合同变换同时化成对角阵，证毕.

例 6.18 (第五届全国大学生数学竞赛决赛试题)　设实二次型 $f\left(x_1,x_2,x_3,x_4\right)=x^{\mathrm{T}}Ax$，其中

$$x=\begin{pmatrix} x_1 \\ x_2 \\ x_3 \\ x_4 \end{pmatrix},\quad A=\begin{pmatrix} 2 & a_0 & 2 & -2 \\ a & 0 & b & c \\ d & e & 0 & f \\ g & h & k & 4 \end{pmatrix},$$

a_0,a,b,c,d,e,f,g,h,k 皆为实数. 已知 $\lambda_1=2$ 是 A 的一个几何重数为 3 的特征值. 试回答以下问题：

(1) A 能否相似于对角矩阵？若能，请给出证明；若不能，请给出例子.

(2) 当 $a_0=2$ 时，试求 $f\left(x_1,x_2,x_3,x_4\right)$ 在正交变换下的标准形.

证明　(1) 由已知 $\lambda_1=2$ 是 A 的一个几何重数为 3 的特征值，则 λ_1 的代数重数至少也是 3，注意到 $\operatorname{tr}(A)=6$ 是 A 的特征值之和，故可得 λ_1 的代数重数也是 3，且 A 的另一个特征值 $\lambda_2=0$，且 $\lambda_2=0$ 的代数重数为 1. 结果 A 有四个线性无关的特征向量，故 A 可对角化.

(2) 由于$\lambda_1=2$的重数为 3，故有

$$\operatorname{rank}(A-2I)=\operatorname{rank}\begin{pmatrix}0&2&2&-2\\a&-2&b&c\\d&e&-2&f\\g&h&k&2\end{pmatrix}=1.$$

所以，$a=0,b=-2,c=2,d=0,e=-2,f=2,g=0,h=-2,k=-2$．于是

$$A=\begin{pmatrix}2&2&2&-2\\0&0&-2&2\\0&-2&0&2\\0&-2&-2&4\end{pmatrix},$$

即有实二次型$f\left(x_1,x_2,x_3,x_4\right)=x^{\mathrm{T}}Ax$的矩阵为

$$B=\frac{A+A^{\mathrm{T}}}{2}=\begin{pmatrix}2&1&1&-1\\1&0&-2&0\\1&-2&0&0\\-1&0&0&4\end{pmatrix}.$$

计算可得特征值为$\lambda_1=2$(二重)，$\lambda_2=1+2\sqrt{3}$，$\lambda_3=1-2\sqrt{3}$．

故$f\left(x_1,x_2,x_3,x_4\right)$在正交变换下的标准形为

$$2y_1^2+2y_2^2+(1+2\sqrt{3})y_3^2+(1-2\sqrt{3})y_4^2.$$

注 设σ为n维线性空间V的一个线性变换，λ_0是σ的特征值，证明：特征子空间V_{λ_0}的维数不超过λ_0的重数，即几何重数不超过代数重数.

证明 设V_{λ_0}为m维子空间，且$\varepsilon_1,\cdots,\varepsilon_m$是它的一组基，现在把它扩充为$V$的一组基$\varepsilon_1,\cdots,\varepsilon_m,\varepsilon_{m+1},\cdots,\varepsilon_n$．注意到$\sigma(\varepsilon_i)=\lambda_0\varepsilon_i$，$i=1,\cdots,m$，于是，$\sigma$在基$\varepsilon_1,\cdots,\varepsilon_m$, $\varepsilon_{m+1},\cdots,\varepsilon_n$下矩阵为$A=\begin{pmatrix}\lambda_0I_m&*\\0&*\end{pmatrix}$．所以有$|\lambda I-A|=\left(\lambda-\lambda_0\right)^m g(\lambda)$，即$\lambda_0$至少是$m$重根，从而$V_{\lambda_0}$的维数小于等于$\lambda_0$的重数.

例 6.19 (第七届全国大学生数学竞赛决赛试题) 设A，B为n阶实对称矩阵.证明：$\operatorname{tr}\left((AB)^2\right)\leqslant\operatorname{tr}(A^2B^2)$.

证明 存在正交矩阵T, 使得$T^{-1}AT=\tilde{A}$为对角阵，令$T^{-1}BT=\tilde{B}$．则$\tilde{B}$为实对称矩阵，且

$$\operatorname{tr}\left((AB)^2\right)=\operatorname{tr}\left((\tilde{A}\tilde{B})^2\right),\quad \operatorname{tr}\left((AB)^2\right)=\operatorname{tr}\left((\tilde{A}\tilde{B})^2\right).$$

令$\tilde{A}=\operatorname{diag}(a_{11},\cdots,a_{nn})$，$\tilde{B}=(b_{ij})_{n\times n}$，则

$$\mathrm{tr}\left((\tilde{A}\tilde{B})^2\right)=\sum_{i,j=1}^{n}a_{ii}a_{jj}b_{ij}b_{ji}=\sum_{1\leqslant i<j\leqslant n}2a_{ii}a_{jj}b_{ij}^2+\sum_{i=1}^{n}a_{ii}^2b_{ii}^2,$$

$$\mathrm{tr}\left(\tilde{A}^2\tilde{B}^2\right)=\sum_{i,j=1}^{n}a_{ii}^2b_{ij}^2=\sum_{1\leqslant i<j\leqslant n}(a_{ii}^2+a_{jj}^2)b_{ij}^2+\sum_{i=1}^{n}a_{ii}^2b_{ii}^2.$$

于是

$$\mathrm{tr}\left((\tilde{A}\tilde{B})^2\right)-\mathrm{tr}\left(\tilde{A}^2\tilde{B}^2\right)=-\sum_{1\leqslant i<j\leqslant n}(a_{ii}-a_{jj})^2{b_{ij}}^2\leqslant 0.$$

例 6.20　设 A 是 3 阶正交矩阵并且 $|A|=1$，求证：

(1) 1 是 A 的一个特征值.

(2) A 的特征多项式 $f(\lambda)$ 可表示为 $f(\lambda)=\lambda^3-a\lambda^2+a\lambda-1$，其中 a 是某个实数.

(3) 若 A 的特征值全为实数并且 $|A+I|\neq 0$，则 A 的转置 $A^{\mathrm{T}}=A^2-3A+3I$，其中 I 是 3 阶单位矩阵.

证明　(1) $|I-A|=|A^{\mathrm{T}}A-A|=|A^{\mathrm{T}}-I||A|=(-1)^3|I-A^{\mathrm{T}}|=-|I-A|$，所以 $|I-A|=0$，即 1 是 A 的一个特征值.

(2) 设 $b,c\in\mathbf{C}$ 是 A 的另外两个特征值，故 A 的特征多项式为

$$f(\lambda)=(\lambda-1)(\lambda-b)(\lambda-c).$$

注意到 $bc=1$，可得 $f(\lambda)=\lambda^3-a\lambda^2+a\lambda-1$，其中 $a=1+b+c$．又 $a=\mathrm{tr}(A)$，故 a 是实数.

(3) 若实数 λ 是 A 的特征值，α 是对应的特征向量，则

$$(\alpha,\alpha)=(A\alpha,A\alpha)=(\lambda\alpha,\lambda\alpha)=\lambda^2(\alpha,\alpha),$$

故 A 的特征值只能是 ±1．由已知 A 的特征值全为实数并且 $|A+I|\neq 0$，故 A 的特征值为 1(3 重)，则 $f(\lambda)=(\lambda-1)^3=\lambda^3-3\lambda^2+3\lambda-1$.

由

$$f(A)=A^3-3A^2+3A-I=O,$$

即

$$A^{-1}=A^{\mathrm{T}}=A^2-3A+3I.$$

例 6.21　$\alpha_1,\alpha_2,\cdots,\alpha_m$ 和 $\beta_1,\beta_2,\cdots,\beta_m$ 是 n 维欧氏空间中的两个向量组，证明：存在一个正交变换 A，使 $A\alpha_i=\beta_i\ (i=1,2,\cdots,m)$ 的充分必要条件为

$$(\alpha_i,\alpha_j)=(\beta_i,\beta_j),\quad i,j=1,2,\cdots,m.$$

证明　必要性显然，下证充分性.

设 $\alpha_1,\alpha_2,\cdots,\alpha_m$ 的一个极大线性无关组为 $\alpha_1,\alpha_2,\cdots,\alpha_r$，若记

$$\Delta=\begin{pmatrix}(\alpha_1,\alpha_1) & \cdots & (\alpha_1,\alpha_r)\\ \vdots & & \vdots\\ (\alpha_r,\alpha_1) & \cdots & (\alpha_r,\alpha_r)\end{pmatrix},$$

则有 $|\Delta|\neq 0$，再由充分性假设 $(\alpha_i,\alpha_j)=(\beta_i,\beta_j)$ 知

$$|\Delta|=\begin{vmatrix}(\beta_1,\beta_1) & \cdots & (\beta_1,\beta_r)\\ \vdots & & \vdots\\ (\beta_r,\beta_1) & \cdots & (\beta_r,\beta_r)\end{vmatrix}\neq 0,$$

于是 $\beta_1,\beta_2,\cdots,\beta_r$ 线性无关.

又因 $\alpha_1,\alpha_2,\cdots,\alpha_m$ 中的任一向量都可以由它的极大无关组 $\alpha_1,\alpha_2,\cdots,\alpha_r$ 线性表出，即 $\alpha_i=k_1\alpha_1+k_2\alpha_2+\cdots+k_r\alpha_r(i=1,2,\cdots,m)$. 于是，在 $\beta_1,\beta_2,\cdots,\beta_m$ 中任取 $\beta_i(i=1,2,\cdots,m)$，由 $(\alpha_i,\alpha_j)=(\beta_i,\beta_j)$，即知

$$(\beta_i-k_1\beta_1-k_2\beta_2-\cdots-k_r\beta_r,\beta_i-k_1\beta_1-k_2\beta_2-\cdots-k_r\beta_r)=0,$$

从而 $\beta_i=\sum_{t=1}^{r}k_t\beta_t$，即证 $\beta_1,\beta_2,\cdots,\beta_r$ 是 $\beta_1,\beta_2,\cdots,\beta_m$ 的一个极大无关组.

再将 $\alpha_1,\alpha_2,\cdots,\alpha_r$ 正交单位化，可得单位正交向量组 $\varepsilon_1,\varepsilon_2,\cdots,\varepsilon_r$，且 $(\varepsilon_1,\varepsilon_2,\cdots,\varepsilon_r)=(\alpha_1,\alpha_2,\cdots,\alpha_r)T$，其中 T 为上三角矩阵，且对角线元素都是正实数. 于是只要令 $(\eta_1,\eta_2,\cdots,\eta_r)=(\beta_1,\beta_2,\cdots,\beta_r)T$，则由充分性假设 $(\alpha_i,\alpha_j)=(\beta_i,\beta_j)$ 知，$\eta_1,\eta_2,\cdots,\eta_r$ 也是一个单位正交的向量组.

分别将单位正交的向量组 $\varepsilon_1,\varepsilon_2,\cdots,\varepsilon_r$ 和 $\eta_1,\eta_2,\cdots,\eta_r$ 扩充为 n 维欧氏空间 V 的两组标准正交基 $\varepsilon_1,\varepsilon_2,\cdots,\varepsilon_n$ 和 $\eta_1,\eta_2,\cdots,\eta_n$，则存在可逆线性变换 A，使 $A\varepsilon_i=\eta_i$ $(i=1,\cdots,n)$，且

$$\begin{aligned}(\beta_1,\beta_2,\cdots,\beta_r)T&=(\eta_1,\eta_2,\cdots,\eta_n)\\&=A(\varepsilon_1,\varepsilon_2,\cdots,\varepsilon_r)=(A(\alpha_1,\alpha_2,\cdots,\alpha_r))T\\&=(A\alpha_1,A\alpha_2,\cdots,A\alpha_r)T,\end{aligned}$$

即 $A\alpha_i=\beta_i(i=1,\cdots,r)$.

于是 $\forall\beta_i(i=1,\cdots,m)$，由 $\alpha_i=\sum_{t=1}^{r}k_t\alpha_t$，有 $\beta_i=\sum_{t=1}^{r}k_t\beta_t$，故

$$A\alpha_i=k_1A\alpha_1+k_2A\alpha_2+\cdots+k_rA\alpha_r=k_1\beta_1+k_2\beta_2+\cdots+k_r\beta_r=\beta_i\quad(i=1,\cdots,m),$$

即证.

注 设 $\alpha_1,\alpha_2,\cdots,\alpha_m$ 是 n 维欧氏空间 V 中的一组向量，而

$$\Delta=\begin{pmatrix}(\alpha_1,\alpha_1) & \cdots & (\alpha_1,\alpha_m)\\ \vdots & & \vdots\\ (\alpha_m,\alpha_1) & \cdots & (\alpha_m,\alpha_m)\end{pmatrix}.$$

证明：当且仅当$|\Delta|\neq 0$时，$\alpha_1,\alpha_2,\cdots,\alpha_m$线性无关.

证明　设有线性关系$k_1\alpha_1+k_2\alpha_2+\cdots+k_m\alpha_m=0$，将其分别与$\alpha_i$取内积，可得方程组

$$k_1(\alpha_i,\alpha_1)+k_2(\alpha_i,\alpha_2)+\cdots+k_m(\alpha_i,\alpha_m)=0\text{，}\quad i=1,\cdots,m\text{，}$$

由于上述方程组仅有零解的充要条件是系数行列式不等于 0，即证.

例 6.22　设A是n级实矩阵，证明：存在正交矩阵T，使得$T^{\mathrm{T}}AT$为三角矩阵的充分必要条件是A的特征多项式的根是实的.

证明　这里的三角矩阵不妨设为上三角矩阵.

先证必要性. 设$T^{\mathrm{T}}AT=\begin{pmatrix} c_{11} & c_{12} & \cdots & c_{1n} \\ & c_{22} & \cdots & c_{2n} \\ & & \ddots & \vdots \\ & & & c_{nn} \end{pmatrix}$，其中$T$，$A$均为实矩阵，从而$c_{ij}$都是实数. 又因为相似矩阵有相同的特征多项式，所以

$$|\lambda E-A|=|\lambda E-T^{-1}AT|=\begin{vmatrix} \lambda-c_{11} & -c_{12} & \cdots & -c_{1n} \\ & \lambda-c_{22} & \cdots & -c_{2n} \\ & & \ddots & \vdots \\ & & & \lambda-c_{nn} \end{vmatrix}$$
$$=(\lambda-c_{11})(\lambda-c_{22})\cdots(\lambda-c_{nn}),$$

从而A的n个特征根$c_{11},c_{22},\cdots,c_{nn}$均为实数.

再证充分性. 设$\lambda_1,\lambda_2,\cdots,\lambda_s$为$A$的所有不同的实特征根，则$A$与某一 Jordan 形矩阵$J$相似，即存在可逆实矩阵$P_0$，使得$P_0^{-1}AP_0=J$，其中

$$J=\begin{pmatrix} J_1 & & \\ & \ddots & \\ & & J_s \end{pmatrix},$$

而

$$J_i=\begin{pmatrix} \lambda_i & 1 & & & \\ & \lambda_i & 1 & & \\ & & \ddots & \ddots & \\ & & & \lambda_i & 1 \\ & & & & \lambda_i \end{pmatrix},\quad i=1,\cdots,s\text{，}$$

由于λ_i都是实数，所以J为上三角实矩阵.

另一方面，由矩阵 QR 分解定理知，矩阵P_0可以分解为$P_0=T_0S_0$，其中T_0是

正交矩阵，S_0是上三角矩阵，于是

$$P_0^{-1}AP_0 = S_0^{-1}T_0^{-1}AT_0S_0 = J,$$

即

$$T_0^{-1}AT_0 = S_0JS_0^{-1}.$$

由于S_0, J, S_0^{-1}都是上三角矩阵，因而它们的乘积也为上三角矩阵，即证.

注 (矩阵 QR 分解定理) 设A为一个n阶矩阵，且$|A| \neq 0$，证明：A可以分解成$A = QR$，其中Q是正交矩阵，R是一个上三角矩阵

$$R = \begin{pmatrix} r_{11} & r_{12} & \cdots & r_{1n} \\ & r_{22} & \cdots & r_{2n} \\ & & \ddots & \vdots \\ & & & r_{nn} \end{pmatrix},$$

满足$r_{ii} > 0 (i = 1, 2, \cdots, n)$，且这个分解是唯一的.

证明 设A的n个列向量是$\alpha_1, \alpha_2, \cdots, \alpha_n$，由于$|A| \neq 0$，因此$\alpha_1, \alpha_2, \cdots, \alpha_n$是线性无关的. 从而它们也是$V$的一组基，将其正交单位化，可得一组标准正交基为

$$\begin{cases} \eta_1 = \dfrac{1}{|\alpha_1|}\alpha_1, \\ \eta_2 = -\dfrac{1}{|\beta_2|}(\alpha_2, \eta_1) + \dfrac{1}{|\beta_2|}\alpha_2, \\ \cdots\cdots \\ \eta \ = -\dfrac{(\alpha_n, \eta_1)}{|\beta_n|}\eta_1 - \cdots - \dfrac{(\alpha_n, \eta_{n-1})}{|\beta_n|}\eta_{n-1} + \dfrac{1}{\beta_n}\alpha_n, \end{cases}$$

其中

$$\begin{cases} \beta_1 = \alpha_1, \\ \beta_2 = \alpha_2 - (\alpha_2, \eta_1)\eta_1, \\ \cdots\cdots \\ \beta_n = \alpha_n - (\alpha_n, \eta_1) - \cdots - (\alpha_n, \eta_{n-1})\eta_{n-1}, \end{cases}$$

$$\begin{cases} \alpha_1 = r_{11}\eta_1, \\ \alpha_2 = r_{12}\eta_1 + r_{22}\eta_2, \\ \cdots\cdots \\ \alpha_n = r_{1n}\eta_1 + r_{2n}\eta_2 + \cdots + r_{nn}\eta_n, \end{cases}$$

其中$r_{ii} = |\beta_i| > 0 \ (i = 1, 2, \cdots, n)$，即

$$A=(\alpha_1,\alpha_2,\cdots\alpha_n)=(\eta_1,\eta_2,\cdots,\eta_n)\begin{pmatrix} r_{11} & r_{12} & \cdots & r_{1n} \\ & r_{22} & \cdots & r_{2n} \\ & & \ddots & \vdots \\ & & & r_{nn} \end{pmatrix},$$

令 $R=\begin{pmatrix} r_{11} & r_{12} & \cdots & r_{1n} \\ & r_{22} & \cdots & r_{2n} \\ & & \ddots & \vdots \\ & & & r_{nn} \end{pmatrix}$，则 R 是上三角矩阵，且主对角线元素 $r_{ii}>0$.

又由于 η_i 是 n 维列向量，不妨记

$$\eta_i=\begin{pmatrix} b_{1i} \\ b_{2i} \\ \vdots \\ b_{ni} \end{pmatrix}\quad (i=1,2,\cdots,n),$$

且令

$$Q=\begin{pmatrix} b_{11} & \cdots & b_{1n} \\ \vdots & & \vdots \\ b_{n1} & \cdots & b_{nn} \end{pmatrix}=(\eta_1,\eta_2,\cdots,\eta_n),$$

则有 $A=QT$ ，由于 $\eta_1,\eta_2,\cdots,\eta_n$ 是一组标准正交基，故 Q 是正交矩阵.

再证唯一性. 设 $A=Q_1R_1=QR$ 是两种分解，其中 Q,Q_1 是正交矩阵， R,R_1 是主对角线元素大于零的上三角矩阵，则 $Q_1^{-1}Q=R_1R^{-1}$ ，由于 $Q_1^{-1}Q$ 是正交矩阵，从而 R_1R^{-1} 也是正交矩阵，且 R_1R^{-1} 为上三角矩阵，因此， R_1R^{-1} 是主对角线元素为 1 或−1 的对角阵，但是 R 与 R_1 的主对角线元素大于零，所以 R_1R^{-1} 的主对角线元素只能是 1，故 $R_1R^{-1}=E$ ，即证 $R_1=R$. 进而有 $Q=Q_1$ ，从而分解是唯一的.

例 6.23　设 A 是正定实矩阵. 证明：对任一正整数 m ，存在唯一的正定实矩阵 B ，使得 $B^m=A$.

证明　实对称矩阵 A 是正定矩阵的充分必要条件是 A 的特征值全大于 0. 所以，有正交矩阵 Q ，使 $Q^{\mathrm{T}}AQ=Q^{-1}AQ=\begin{pmatrix} \lambda_1 & & \\ & \ddots & \\ & & \lambda_n \end{pmatrix}$，其中 $\lambda_1>0,\cdots,\lambda_n>0$ 是 A 的全部特征值. 取 $B=Q\begin{pmatrix} \sqrt[m]{\lambda_1} & \cdots & 0 \\ \vdots & & \vdots \\ 0 & \cdots & \sqrt[m]{\lambda_n} \end{pmatrix}Q^{\mathrm{T}}$，易知 $B^m=A$ 是正定矩阵.

下证 B 是唯一的.

若 $A=B^m=C^m$, 矩阵 B , C 都是正定的. 由于 A , B 都相似于对角形, 则二者都有 n 个线性无关的特征向量. 取 B 的特征向量 α 和与之对应的特征值 μ , 即 $B\alpha=\mu\alpha$, 则 $A\alpha=B^m\alpha=\mu^m\alpha$. 故 α 也是 A 的特征向量, 相应的特征值是 μ^m , 则 A 与 B 的特征向量完全一致. 同理 A 与 C 的特征向量也完全一致. 并且, 对同一特征向量 α , 设 $C\alpha=\nu\alpha$, 则有 $\nu^m\alpha=C^m\alpha=A\alpha=B^m\alpha=\mu^m\alpha$. 由于 $\alpha\neq 0$, 且 μ,ν 都是正实数, 所以 $\mu=\nu$. 因此, C 与 B 的特征向量完全一致, 且对应的特征值也相同. 这样就存在同一个可逆矩阵 P, 使得 $P^{-1}BP$ 与 $P^{-1}CP$ 为同一个对角形, 则有 $P^{-1}BP=P^{-1}CP$, 从而 $B=C$, 唯一性得证.

注 设 A 是 n 级实对称矩阵, 证明: A 正定的充分必要条件是 A 的特征多项式的根全大于零.

证明 二次型 $X^{\mathrm{T}}AX$ 经过正交变换 $X=TY$, 可使

$$X^{\mathrm{T}}AX=\lambda_1y_1^2+\lambda_2y_2^2+\cdots+\lambda_ny_n^2,$$

其中 $\lambda_1,\lambda_2,\cdots,\lambda_n$ 为 A 的特征根. 由于 A 为正定的充分必要条件是上式右端的二次型为正定, 而后者为正定的充分必要条件是 $\lambda_1,\lambda_2,\cdots,\lambda_n$ 全大于 0, 即证.

6.3 竞赛训练题

1. (第一届全国大学生数学竞赛决赛试题) 设 V 是复数域 $\mathbf{C}$ 上的 n 维线性空间, $f_j:V\to C$ 是非零的线性函数, $j=1,2$. 若不存在 $c(\in\mathbf{C})\neq 0$, 使得 $f_1=cf_2$, 证明: 任意的 $\alpha\in V$ 都可表为 $\alpha=\alpha_1+\alpha_2$, 使得 $f_1(\alpha)=f_1(\alpha_2)$, $f_2(\alpha)=f_2(\alpha_1)$.

2. (第七届全国大学生数学竞赛预赛试题) 设 A 为 n 阶实方阵, 其 n 个特征值皆为偶数. 试证明: 关于 X 的矩阵方程 $X+AX-XA^2=O$ 只有零解.

3. (第三届全国大学生数学竞赛预赛试题) 设 F^n 是数域 F 上的 n 维列空间, $\sigma:F^n\to F^n$ 是一个线性变换. 若 $\forall A\in M_n(F)$, $\sigma(A\alpha)=A\sigma(\alpha)$ $(\forall\alpha\in F^n)$, 证明: $\sigma=\lambda\cdot\mathrm{id}_{F^n}$, 其中 λ 是 F 中某个数, id_{F^n} 表示恒同变换.

4. (第二届全国大学生数学竞赛预赛试题) 设 $B=\begin{pmatrix}0&10&30\\0&0&2010\\0&0&0\end{pmatrix}$, 证明: $X^2=B$ 无解, 这里 X 为三阶未知复方阵.

5. (第四届全国大学生数学竞赛预赛试题) 已知实矩阵 $A=\begin{pmatrix}2&2\\2&a\end{pmatrix}$, $B=\begin{pmatrix}4&b\\3&1\end{pmatrix}$.

证明：

(1) 矩阵方程 $AX = B$ 有解但 $BY = A$ 无解的充要条件是 $a \neq 2, b = \dfrac{4}{3}$；

(2) A 相似于 B 的充要条件是 $a = 3, b = \dfrac{2}{3}$；

(3) A 合同于 B 的充要条件是 $a < 2, b = 3$.

6. 设 $f(x_1,\cdots,x_n)$ 是 n 元实满秩二次型，证明：在 $\mathbf{R}^n$ 中存在子空间 V_1，V_2，满足 V_1 中任意非零向量 $(c_1,c_2,\cdots,c_n)$ 都有 $f(c_1,c_2,\cdots,c_n) > 0$，而 V_2 中任意非零向量 $(c_1,c_2,\cdots,c_n)$ 都有 $f(c_1,c_2,\cdots,c_n) < 0$，且有 $\mathbf{R}^n = V_1 \oplus V_2$.

7. (第四届全国大学生数学竞赛决赛试题)　设 $A = \begin{pmatrix} a_{11} & a_{12} & a_{13} \\ a_{12} & a_{22} & a_{23} \\ a_{13} & a_{23} & a_{33} \end{pmatrix}$ 为实对称矩阵，A^* 为 A 的伴随矩阵. 记

$$f(x_1,x_2,x_3,x_4) = \begin{vmatrix} x_1^2 & x_2 & x_3 & x_4 \\ -x_2 & a_{11} & a_{12} & a_{13} \\ -x_3 & a_{12} & a_{22} & a_{23} \\ -x_4 & a_{13} & a_{23} & a_{33} \end{vmatrix}.$$

若 $|A| = -12$，A 的特征值之和为 1，且 $(1,0,-2)^{\mathrm{T}}$ 为 $(A^* - 4I)x = 0$ 的一个解. 试给出一正交变换 $\begin{pmatrix} x_1 \\ x_2 \\ x_3 \\ x_4 \end{pmatrix} = Q\begin{pmatrix} y_1 \\ y_2 \\ y_3 \\ y_4 \end{pmatrix}$，使得 $f(x_1,x_2,x_3,x_4)$ 化为标准形.

8. (第八届全国大学生数学竞赛预赛试题)　设 n 为奇数，A，B 为两个实 n 阶方阵，且 $BA = O$. 记 $A + J_A$ 的特征值集合为 S_1，$B + J_B$ 的特征值集合为 S_2，其中 J_A, J_B 分别表示 A，B 的 Jordan 标准形. 求证：$0 \in S_1 \cup S_2$.

9. (第十届全国大学生数学竞赛预赛试题)　$A = (a_{ij})_{n\times n}$ 为 n 阶实方阵，满足

(1) $a_{11} = a_{22} = \cdots = a_{nn} = a > 0$；

(2) 对每个 $i(i = 1,\cdots,n)$，有 $\sum\limits_{j=1}^{n}|a_{ij}| + \sum\limits_{j=1}^{n}|a_{ij}| < 4a$.

求 $f(x_1,\cdots,x_n) = (x_1,\cdots,x_n)A\begin{pmatrix} x_1 \\ \vdots \\ x_n \end{pmatrix}$ 的规范形.

10. (第八届全国大学生数学竞赛决赛试题)　记两个特征值为 1，2 的二阶实

对称矩阵全体为 Γ . a_{21} 表示 A 的 $(2,1)$ 位置元素. 则集合 $\bigcup_{A\in\Gamma}\{a_{21}\}$ 的最小元是多少?

11. (第九届全国大学生数学竞赛决赛试题) 设二次型

$$f(x_1,\cdots,x_n)=(x_1,\cdots,x_n)A\begin{pmatrix}x_1\\ \vdots\\ x_n\end{pmatrix}$$

的矩阵 A 为 $\begin{pmatrix}1 & a & a & \cdots & a\\ a & 1 & a & \cdots & a\\ a & a & 1 & \cdots & a\\ \vdots & \vdots & \vdots & & \vdots\\ a & a & a & \cdots & 1\end{pmatrix}$, 其中 $n>1, a\in\mathbf{R}$. 求 f 在正交变换下的标准形.

12. (第四届全国大学生数学竞赛预赛试题) 设 A,B,C 均为实 n 阶正定矩阵, $P(t)=At^2+Bt+C$, $f(t)=\det P(t)$, 其中 t 为未定元, $\det P(t)$ 表示 $P(t)$ 的行列式. 若 λ 为 $f(t)$ 的根, 试证明: $\mathrm{Re}(\lambda)<0$, 这里 $\mathrm{Re}(\lambda)$ 表示 λ 的实部.

6.4 参考答案

1. **证明** 记 $E_j=\mathrm{Ker}\, f_j$, $j=1,2$. 由 $f_j\neq 0$ 知 $\dim E_j=n-1$, $j=1,2$. 不失一般性, 可令

$$V=\mathbf{C}^n=\left\{\alpha=\left(x_1,\cdots,x_n\right)\mid x_1,\cdots,x_n\in\mathbf{C}\right\},$$

$$f_j(\alpha)=a_{j1}x_1+a_{j2}x_2+\cdots+a_{jn}x_n,\quad j=1,2.$$

由 $f_1\neq 0$, $f_2\neq 0$, $f_1\neq cf_2$, $\forall c\in\mathbf{C}$, 知

$$\begin{cases}a_{11}x_1+a_{12}x_2+\cdots+a_{1n}x_n=0,\\ a_{21}x_1+a_{22}x_2+\cdots+a_{2n}x_n=0\end{cases}$$

的系数矩阵的秩为 2. 因此其解空间的维数为 $n-2$, 即 $\dim\left(E_1\cap E_2\right)=n-2$. 由维数公式可得 $\dim\left(E_1+E_2\right)=n$, 即 $E_1+E_2=V$.

现在, 任意的 $\alpha\in V$ 都可表示为 $\alpha=\alpha_1+\alpha_2$, 其中 $\alpha_1\in E_1$, $\alpha_2\in E_2$. 注意到 $f_1(\alpha_1)=0=f_2(\alpha_2)$, 因此 $f_1(\alpha)=f_1(\alpha_2)$, $f_2(\alpha)=f_2(\alpha_1)$.

2. **证明** 设 $C=I+A$, $B=A^2$, A 的 n 个特征值为 $\lambda_1,\lambda_2,\cdots,\lambda_n$, 则 B 的 n 个特征值为 $\lambda_1^2,\lambda_2^2,\cdots,\lambda_n^2$, C 的 n 个特征值为 $\mu_1=\lambda_1+1,\mu_2=\lambda_2+1,\cdots,\mu_n=\lambda_n+1$, C 的特征多项式为 $f_C\left(\lambda\right)=(\lambda-\mu_1)(\lambda-\mu_2)\cdots(\lambda-\mu_n)$.

若 X 为 $X+AX-XA^2=O$ 的解, 则有 $CX=XB$, 进而

$$C^2X = XB^2,\cdots,C^kX = XB^k,\cdots,$$

即有

$$0 = f_C(C)X = Xf_C(B) = X(B-\mu_1 I)(B-\mu_2 I)\cdots(B-\mu_n I).$$

注意到 B 的特征值全都为偶数，而 C 的特征值全都为奇数，所以 $B-\mu_1 I$, $B-\mu_2 I,\cdots,B-\mu_n I$ 皆为可逆矩阵，结果由

$$O = X(B-\mu_1 I)(B-\mu_2 I)\cdots(B-\mu_n I)$$

立得 $X = O$.

3. **证明**　设 σ 在 F 的标准基 $\varepsilon_1,\varepsilon_2,\cdots,\varepsilon_n$ 下的矩阵为 B，则 $\sigma(\alpha)=B\alpha$ $(\forall\alpha\in F^n)$. 由条件 $\forall A\in M_n(F),\sigma(A\alpha)=A\sigma(\alpha)(\forall\alpha\in F^n)$, 有 $BA\alpha = AB\alpha(\forall\alpha\in F^n)$，故 $AB=BA,\forall A\in M_n(F)$，即 B 能与任一方阵交换，那么 B 是数量矩阵，可设 $B=\lambda I_n$，从而 $\sigma=\lambda\cdot\mathrm{id}_{F^n}$.

4. **证明**　反证法. 设方程有解，即存在复矩阵 A，使得 $A^2=B$.

注意到 B 的特征值为 0，且其代数重数为 3.

设 λ 为 A 的一个特征值，则 λ^2 为 B 的特征值. 所以 $\lambda=0$. 从而 A 的特征值全为 0. 于是 A 的 Jordan 标准形只可能为 $J_1=\begin{pmatrix}0&0&0\\0&0&0\\0&0&0\end{pmatrix}$，$J_2=\begin{pmatrix}0&1&0\\0&0&0\\0&0&0\end{pmatrix}$ 或 $J_3=\begin{pmatrix}0&1&0\\0&0&1\\0&0&0\end{pmatrix}$. 从而 A^2 的 Jordan 标准形只可能为 $J_1=J_1^2=J_2^2$ 或 $J_2^2=J_3^2$.

因此，A^2 的秩不大于 1，与 $B=A^2$ 的秩为 2 矛盾，所以 $X^2=B$ 无解.

5. **解**　(1) 矩阵方程 $AX=B$ 有解等价于 B 的列向量可由 A 的列向量线性表示，$BY=A$ 无解等价于 A 的某个列向量不能由 B 的列向量线性表示. 对 (A,B) 作初等变换：

$$\begin{pmatrix}2&2&4&b\\2&a&3&1\end{pmatrix}\to\begin{pmatrix}2&2&4&b\\0&a-2&-1&1-b\end{pmatrix}$$

知，B 的列向量可由 A 的列向量线性表示当且仅当 $a\neq 2$. 对 (B,A) 作初等变换：

$$\begin{pmatrix}4&b&2&2\\3&1&2&a\end{pmatrix}\to\begin{pmatrix}4&b&2&2\\0&1-\dfrac{3b}{4}&\dfrac{1}{2}&a-\dfrac{3}{2}\end{pmatrix}.$$

由此知 A 的列向量组不能由 B 的列向量线性表示的充要条件是 $b=\dfrac{4}{3}$. 所以矩阵

方程 $AX=B$ 有解但 $BY=A$ 无解的充要条件是 $a\neq 2, b=\dfrac{4}{3}$.

(2) 若 A,B 相似，则有 $\operatorname{tr}A=\operatorname{tr}B$，且 $|A|=|B|$，故有 $a=3, b=\dfrac{3}{2}$. 反之，若 $a=3, b=\dfrac{3}{2}$，则有

$$A=\begin{pmatrix}2&2\\2&3\end{pmatrix},\quad B=\begin{pmatrix}4&\dfrac{2}{3}\\3&1\end{pmatrix}.$$

A 和 B 的特征多项式均为 $\lambda^2-5\lambda+2$. 由于 $\lambda^2-5\lambda+2=0$ 有两个不同的根，从而 A,B 都可以相似于同一对角阵，故 A 与 B 相似.

(3) 由于 A 为对称阵，若 A,B 合同，则 B 也是对称阵，故 $b=3$. 矩阵 B 对应的二次型

$$g(x_1,x_2)=4x_1^2+6x_1x_2+x_2^2=(3x_1+x_2)^2-5x_1^2$$

在可逆线性变换 $y_1=3x_1+x_2, y_2=x_1$ 下，$g(x_1,x_2)$ 变成标准形：$y_1^2-5y_2^2$. 由此，B 的正、负惯性指数为 1. 类似地，矩阵 A 对应的二次型

$$f(x_1,x_2)=2x_1^2+4x_1x_2+ax_2^2=2(x_1+x_2)^2+(a-2)x_2^2$$

在可逆线性变换 $y_1=x_1+x_2, y_2=x_2$ 下，$f(x_1,x_2)$ 变成标准形：$2y_1^2+(a-2)y_2^2$. A，B 合同的充要条件是它们有相同的正、负惯性指数，故 A,B 合同的充要条件是 $a<2, b=3$.

6. **证明** 不妨设 $f(x_1,\cdots,x_n)$ 的正惯性指数为 p，则经过某个非退化线性替换 $X=CY$，二次型 $X^{\mathrm T}AX$ 有规范形为

$$X^{\mathrm T}AX=f(x_1,\cdots,x_n)=y_1^2+\cdots+y_p^2-y_{p+1}^2-\cdots-y_n^2=Y^{\mathrm T}BY,$$

其中 $B=C^{\mathrm T}AC=\begin{pmatrix}I_p&\\&-I_{n-p}\end{pmatrix}$.

取 p 个向量 $Y_1,\cdots,Y_p$，其中向量 Y_j 的第 j 个分量为 1，其余为 0，$j=1,\cdots,p$. 令 $X_j=CY_j$，$j=1,\cdots,p$，易见，$X_i^{\mathrm T}AX_j=Y_i^{\mathrm T}BY_j=\begin{cases}1, & i=j,\\0, & i\neq j.\end{cases}$

令 $V_1=L(X_1,\cdots,X_p)$，由于 $Y_1,\cdots,Y_p$ 线性无关，且 C 可逆，故 $X_1,\cdots,X_p$ 也线性无关，从而 V_1 是 $\mathbf{R}^n$ 中 p 维子空间. 且对 V_1 中任一向量 $X=k_1X_1+\cdots+k_pX_p$，有

$$X^{\mathrm T}AX=\sum_{i=1}^{p}\sum_{j=1}^{p}k_ik_j\left(X_i^{\mathrm T}AX_j\right)=k_1^2+\cdots+k_p^2,$$

即V_1中任意非零向量$(c_1,\cdots,c_n)$都有$f(c_1,\cdots,c_n)>0$.

类似可证，$\mathbf{R}^n$中存在$q(=n-p)$维子空间V_2，对其中任意非零向量$(c_1,\cdots,c_n)$都有$f(c_1,\cdots,c_n)<0$. 由于$V_1\cap V_2=\{0\}$，所以V_1+V_2是直和，故$\dim(V_1)+\dim(V_2)=p+q=n=\dim(\mathbf{R}^n)$，即

$$\mathbf{R}^n=V_1\oplus V_2.$$

7. **解**　首先，

$$f(x_1,x_2,x_3,x_4)=x_1^2|A|-x_2\begin{vmatrix}-x_2 & a_{12} & a_{13}\\ -x_3 & a_{22} & a_{23}\\ -x_4 & a_{23} & a_{33}\end{vmatrix}+x_3\begin{vmatrix}-x_2 & a_{11} & a_{13}\\ -x_3 & a_{12} & a_{23}\\ -x_4 & a_{13} & a_{33}\end{vmatrix}-x_4\begin{vmatrix}-x_2 & a_{11} & a_{12}\\ -x_3 & a_{12} & a_{22}\\ -x_4 & a_{13} & a_{23}\end{vmatrix}$$

$$=-12x_1^2+(x_2,x_3,x_4)A^*\begin{pmatrix}x_2\\ x_3\\ x_4\end{pmatrix}.$$

因此$f(x_1,x_2,x_3,x_4)$为关于x_1,x_2,x_3,x_4的二次型.

其次，由$\left(A^*-4I\right)x=0$，得$(|A|I-4A)x=0$，即$(A+3I)x=0$. 故由$(1,0,-2)^{\mathrm{T}}$为$\left(A^*-4I\right)x=0$的一个解知，A有特征值-3. 现可设A的特征值为$\lambda_1,\lambda_2,-3$. 于是由$|A|=-12$，A的特征值之和为 1，得方程组

$$\lambda_1+\lambda_2-3=1,$$
$$-3\lambda_1\lambda_2=-12,$$

解方程组得$\lambda_1=\lambda_2=2$. 所以A的特征值为$\lambda_1,\lambda_2,-3$. 对应特征值-3的特征子空间V_{-3}的维数为 1，对应特征值 2 的特征子空间V_2的维数为 2.

注意到$(1,0,-2)^{\mathrm{T}}$是A对应特征值-3的特征向量，所以它是V_{-3}的基. 由于A是实对称矩阵，特征子空间V_2与V_{-3}正交，又二者维数和为 3，所以特征子空间$V_2=V_{-3}{}^{\perp}$. 求解线性方程组$x_1-2x_3=0$，得其正交基础解系为$\alpha=(0,1,0)^{\mathrm{T}}$，$\beta=\left(\frac{2}{\sqrt{5}},0,\frac{1}{\sqrt{5}}\right)^{\mathrm{T}}$，即$V_2$的标准正交基. 单位化$(1,0,-2)^{\mathrm{T}}$得$\gamma=\left(\frac{1}{\sqrt{5}},0,\frac{-2}{\sqrt{5}}\right)^{\mathrm{T}}$，则$\alpha,\beta,\gamma$为$\mathbf{R}^3$的标准正交基. 故可取正交矩阵$P=\begin{pmatrix}0 & \frac{2}{\sqrt{5}} & \frac{1}{\sqrt{5}}\\ 1 & 0 & 0\\ 0 & \frac{1}{\sqrt{5}} & \frac{-2}{\sqrt{5}}\end{pmatrix}$，就有

$$A=P\begin{pmatrix}2&0&0\\0&2&0\\0&0&-3\end{pmatrix}P^{\mathrm{T}}=\begin{pmatrix}1&0&2\\0&2&0\\2&0&-2\end{pmatrix},$$

$$A^*=|A|A^{-1}=-12P\begin{pmatrix}\frac{1}{2}&0&0\\0&\frac{1}{2}&0\\0&0&-\frac{1}{3}\end{pmatrix}P^{\mathrm{T}}=P\begin{pmatrix}-6&0&0\\0&-6&0\\0&0&4\end{pmatrix}P^{\mathrm{T}}.$$

令 $Q=\begin{pmatrix}1&0\\0&P\end{pmatrix}$，$\begin{pmatrix}x_1\\x_2\\x_3\\x_4\end{pmatrix}=Q\begin{pmatrix}y_1\\y_2\\y_3\\y_4\end{pmatrix}$，则由 P 为正交矩阵知 $\begin{pmatrix}x_1\\x_2\\x_3\\x_4\end{pmatrix}=Q\begin{pmatrix}y_1\\y_2\\y_3\\y_4\end{pmatrix}$ 是正交变换，使得

$$\begin{aligned}f(x_1,x_2,x_3,x_4)&=-12x_1^2+(x_2,x_3,x_4)P\begin{pmatrix}-6&0&0\\0&-6&0\\0&0&4\end{pmatrix}P^{\mathrm{T}}\begin{pmatrix}x_2\\x_3\\x_4\end{pmatrix}\\&=-12y_1^2-6y_2^2-6y_3^2+4y_4^2,\end{aligned}$$

即其标准形.

8. **证明** 由 $BA=O$，可知 $\operatorname{rank}A+\operatorname{rank}B\leqslant n$. 注意到 n 为奇数，即有 $\operatorname{rank}A<\frac{n}{2}$ 或 $\operatorname{rank}B<\frac{n}{2}$.

如果 $\operatorname{rank}A<\frac{n}{2}$，则 $\operatorname{rank}(A+J_A)\leqslant\operatorname{rank}A+\operatorname{rank}J_A<n$，即有 $0\in S_1$.

如果 $\operatorname{rank}B<\frac{n}{2}$，则 $\operatorname{rank}(B+J_B)\leqslant\operatorname{rank}B+\operatorname{rank}J_B<n$，即有 $0\in S_2$.

总之，$0\in S_1\cup S_2$.

9. **解** $f(x_1,\cdots,x_n)=(x_1,\cdots,x_n)\dfrac{A+A^{\mathrm{T}}}{2}\begin{pmatrix}x_1\\\vdots\\x_n\end{pmatrix}$，令 $B=(b_{ij})=\dfrac{A+A^{\mathrm{T}}}{2}$，则 B 为实对称阵，且

$$b_{11}=b_{22}=\cdots=b_{nn}=a>0;$$

$$\sum_{j=1}^{n}|b_{ij}|=\sum_{j=1}^{n}\left|\frac{a_{ij}+a_{ji}}{2}\right|<2a,$$

即有 $b_{ii} > \sum\limits_{j \neq i} |b_{ij}|$.

可见，B 的各阶主子式为严格主对角占优矩阵的行列式，从而 B 的各阶主子式全大于 0，即 B 是正定的，f 的规范形为 $y_1^2 + \cdots + y_n^2$.

或者，设 λ 为 B 的特征值，$\alpha = \begin{pmatrix} x_1 \\ \vdots \\ x_n \end{pmatrix}$ 为其属于 λ 的特征向量，不妨设

$$|x_i| = \max\{|x_1|, \cdots, |x_n|\} > 0.$$

由 $B\alpha = \lambda\alpha$，得

$$\lambda = \frac{\sum\limits_{j=1}^{n} b_{ij} x_j}{x_i} \geqslant a - \sum_{j \neq i} |b_{ij}| > 0.$$

故 B 是正定的，f 的规范形为 $y_1^2 + \cdots + y_n^2$.

10. **解**　由已知条件可得 $\mathrm{tr}(A) = 3, \det(A) = 2$，故 2 阶实对称矩阵 A 可设为 $A = \begin{pmatrix} a & b \\ b & 3-a \end{pmatrix}$，其中 $a, b \in \mathbf{R}$，且 $a(3-a) - b^2 = 2$，即 $b^2 = \frac{1}{4} - \left(a - \frac{3}{2}\right)^2 \leqslant \frac{1}{4}$，所以，集合 $\bigcup_{A \in \Gamma} \{a_{21}\}$ 的最小元是 $-\frac{1}{2}$.

11. **解**　只需求出 A 的全部特征值即可. 由 $\mathrm{rank}(A + (a-1)I) \leqslant 1$，知齐次线性方程组 $(A + (a-1)I)X = 0$ 的解空间的维数至少是 $n-1$. 故 A 有特征值 $1-a$，且至少是 $n-1$ 重的. 又注意到 $\mathrm{tr}(A) = n$，所以 A 的特征值为 $\lambda_1 = (n-1)a + 1, \lambda_2 = \cdots = \lambda_n = 1-a$，即有 f 在正交变换下的标准形为

$$[(n-1)a + 1] y_1^2 - (a-1) y_2^2 - \cdots - (a-1) y_n^2.$$

或者，由

$$|\lambda I - A| = \begin{vmatrix} \lambda - 1 & -a & -a & \cdots & -a \\ -a & \lambda - 1 & -a & \cdots & -a \\ -a & -a & \lambda - 1 & \cdots & -a \\ \vdots & \vdots & \vdots & & \vdots \\ -a & -a & -a & \cdots & \lambda - 1 \end{vmatrix} = [\lambda - 1 - (n-1)a](\lambda - 1 + a)^{n-1}$$

可得.

12. **解**　设 λ 为 $f(t)$ 的根，即 $\det P(\lambda) = 0$，则 $P(\lambda)$ 是退化的. 于是存在 $\alpha \neq 0$，使得 $P(\lambda)\alpha = 0$，进而 $\alpha^* P(\lambda) \alpha = 0$（$\alpha^*$ 表示 α 的共轭转置），即

$$\alpha^* A\alpha\lambda^2 + \alpha^* B\alpha\lambda + \alpha^* C\alpha = 0 .$$

分别令 $a = \alpha^* A\alpha, b = \alpha^* B\alpha\lambda, c = \alpha^* C\alpha$，则由 A，B，C 均为正定矩阵知 $a > 0, b > 0, c > 0$，且

$$\lambda = \frac{-b \pm \sqrt{b^2 - 4ac}}{2a} .$$

注意到，当 $b^2 - 4ac \geqslant 0$ 时，$\sqrt{b^2 - 4ac} < b$，从而

$$\mathrm{Re}\lambda = \frac{-b \pm \sqrt{b^2 - 4ac}}{2a} < 0 .$$

当 $b^2 - 4ac < 0$ 时，$\sqrt{b^2 - 4ac} = \mathrm{i}\sqrt{4ac - b^2}$，从而 $\mathrm{Re}\lambda = -\dfrac{b}{2a} < 0$.

第 7 章 解 析 几 何

7.1 常 用 结 论

结论 7.1 (二重外积) 对任意向量$\vec{a},\vec{b},\vec{c}$，有

$$(\vec{a}\times\vec{b})\times\vec{c}=(\vec{a}\cdot\vec{c})\vec{b}-(\vec{b}\cdot\vec{c})\vec{a}, \quad \vec{a}\times(\vec{b}\times\vec{c})=(\vec{a}\cdot\vec{c})\vec{b}-(\vec{a}\cdot\vec{b})\vec{c}.$$

结论 7.2 (Lagrange 恒等式) 对任意 4 个向量$\vec{a},\vec{b},\vec{c},\vec{d}$，有

$$(\vec{a}\times\vec{b})\cdot(\vec{c}\times\vec{d})=\begin{vmatrix}\vec{a}\cdot\vec{c} & \vec{a}\cdot\vec{d}\\ \vec{b}\cdot\vec{c} & \vec{b}\cdot\vec{d}\end{vmatrix}.$$

结论 7.3 (空间两条直线的相互位置关系) 设在仿射坐标系$[O;\vec{e}_1,\vec{e}_2,\vec{e}_3]$中两条直线的方程分别是

$$L_1:\frac{x-x_1}{X_1}=\frac{y-y_1}{Y_1}=\frac{z-z_1}{Z_1}, \quad L_2:\frac{x-x_2}{X_2}=\frac{y-y_2}{Y_2}=\frac{z-z_2}{Z_2},$$

其中$M_i(x_i,y_i,z_i)\in L_i\ (i=1,2)$，$\vec{v}_1=\{X_1,Y_1,Z_1\}$和$\vec{v}_2=\{X_2,Y_2,Z_2\}$分别是$L_1,L_2$的方向向量. 则

(1) L_1与L_2异面$\Leftrightarrow \overrightarrow{M_1M_2},\vec{v}_1,\vec{v}_2$异面$\Leftrightarrow \varDelta\neq 0$，其中

$$\varDelta:=\begin{vmatrix}x_2-x_1 & X_1 & X_2\\ y_2-y_1 & Y_1 & Y_2\\ z_2-z_1 & Z_1 & Z_2\end{vmatrix}.$$

(2) L_1 与 L_2 相交 $\Leftrightarrow \overrightarrow{M_1M_2},\vec{v}_1,\vec{v}_2$ 共面且 $\vec{v}_1 \nparallel \vec{v}_2 \Leftrightarrow \varDelta=0$ 且 $X_1:Y_1:Z_1\neq X_2:Y_2:Z_2$.

(3) L_1与L_2平行$\Leftrightarrow \vec{v}_1/\!/\vec{v}_2 \nparallel \overrightarrow{M_1M_2}$

$$\Leftrightarrow X_1:Y_1:Z_1=X_2:Y_2:Z_2\neq(x_2-x_1):(y_2-y_1):(z_2-z_1).$$

(4) L_1与L_2重合$\Leftrightarrow \vec{v}_1/\!/\vec{v}_2/\!/\overrightarrow{M_1M_2}$

$$\Leftrightarrow X_1:Y_1:Z_1=X_2:Y_2:Z_2=(x_2-x_1):(y_2-y_1):(z_2-z_1).$$

结论 7.4 (异面直线) 两条异面直线L_1,L_2的公垂线存在且唯一. 异面直线L_1,L_2分别过点M_1,M_2, 方向向量分别是$\vec{v}_1,\vec{v}_2$，则

$$d(L_1,L_2)=\frac{\left|(\overrightarrow{M_1M_2},\vec{v}_1,\vec{v}_2)\right|}{\left|\vec{v}_1\times\vec{v}_2\right|}.$$

结论 7.5 (平面束方程)　设 L 是空间中两相交平面

$$\pi_1: A_1x+B_1y+C_1z+D_1=0,$$
$$\pi_2: A_2x+B_2y+C_2z+D_2=0$$

的交线. 则有轴平面束 $\{\pi|\pi\supset L\}$ 中的平面具有如下形式的方程

$$\pi_{(\lambda:\mu)}: \lambda\left(A_1x+B_1y+C_1z+D_1\right)+\mu\left(A_2x+B_2y+C_2z+D_2\right)=0,$$

其中 $\lambda,\mu\in\mathbf{R}$ 不全为零.

结论 7.6 (旋转面方程)　设母线 $\varGamma$ 的方程为

$$\begin{cases}F(x,y,z)=0,\\ G(x,y,z)=0.\end{cases}$$

旋转轴 L 的方程为

$$\frac{x-x_0}{X}=\frac{y-y_0}{Y}=\frac{z-z_0}{Z},$$

其中 $M_0(x_0,y_0,z_0)\in L$ ，L 的方向向量 $\vec{v}=\{X,Y,Z\}$.

设 $P(x,y,z)$ 是旋转面 $\varSigma$ 上的任意点. 过 P 的纬圆与母线 $\varGamma$ 交于 $M(x',y',z')$ 点. 这个纬圆可以看成过 M 点且垂直于 L 的平面

$$\pi: X(x-x')+Y(y-y')+Z(z-z')=0$$

与以 M_0 为球心，半径为 $|\overrightarrow{M_0M}|$ 的球面

$$S^2: (x-x_0)^2+(y-y_0)^2+(z-z_0)^2=(x'-x_0)^2+(y'-y_0)^2+(z'-z_0)^2$$

的交线. 再加上条件 $M(x',y',z')\in\varGamma$ ，就能导出以下的方程组:

$$\begin{cases}X(x-x')+Y(y-y')+Z(z-z')=0,\\ (x-x_0)^2+(y-y_0)^2+(z-z_0)^2=(x'-x_0)^2+(y'-y_0)^2+(z'-z_0)^2,\\ F(x',y',z')=0,\\ G(x',y',z')=0.\end{cases}$$

从这个方程组中消去参数 x',y',z' ，得到 x,y,z 的一个方程，它就是所求旋转面 $\varSigma$ 的一般方程.

结论 7.7 (柱面方程)　设柱面 $\varSigma$ 的方向为 $\vec{v}=\{X,Y,Z\}$ ，准线为

$$C:\begin{cases}F(x,y,z)=0,\\ G(x,y,z)=0.\end{cases}$$

我们来求柱面的方程. 点 $P(x,y,z)\in\varSigma$ 的充要条件是存在 $M(x_1,y_1,z_1)\in C$ ，使得 $\overrightarrow{MP}/\!/\vec{v}$ ，即 $\overrightarrow{MP}=u\vec{v}$ ，亦即有 $x_1=x-uX$ ，$y_1=y-uY$ ，$z_1=z-uZ$. 代入准线 C 的方程可得

$$\begin{cases}F(x-uX,y-uY,z-uZ)=0,\\G(x-uX,y-uY,z-uZ)=0.\end{cases}$$

从上述方程组消去参数 u 就得到柱面的方程.

结论 7.8 (锥面方程)　设锥面 Σ 的顶点为 $A(x_0,y_0,z_0)$，准线 C 的方程为

$$\begin{cases}F(x,y,z)=0,\\G(x,y,z)=0.\end{cases}$$

对于空间一个点 $P(x,y,z)$，$P\in\Sigma$ 的充要条件是 P 在 Σ 的某条母线上，即存在 $M(x_1,y_1,z_1)\in C$ 使得 A,M,P 三点共线. 这等价于 $\exists t\in\mathbf{R}$，使得 $\overrightarrow{AP}=t\overrightarrow{AM}$ (因为 $A\notin C$). 用坐标写出来就是

$$x-x_0=t(x_1-x_0),\quad y-y_0=t(y_1-y_0),\quad z-z_0=t(z_1-z_0).$$

当 $t=0$ 时，P 就是顶点 A. 设 $t\neq 0$，并且令 $u=\dfrac{1}{t}$. 则由上式得

$$x_1=x_0+u(x-x_0),\quad y_1=y_0+u(y-y_0),\quad z_1=z_0+u(z-z_0).$$

由于 $M(x_1,y_1,z_1)\in C$, 满足准线 C 的方程，有

$$\begin{cases}F(x_0+u(x-x_0),y_0+u(y-y_0),z_0+u(z-z_0))=0,\\G(x_0+u(x-x_0),y_0+u(y-y_0),z_0+u(z-z_0))=0.\end{cases}$$

消去 u 后可得锥面的方程，可能不包括锥面的顶点.

7.2　典 型 例 题

例 7.1　设 $A_1A_2\cdots A_n$ 是一正 n 边形，P 是它的外接圆上的任意一点，试证明：当 P 任意变动时，$\overrightarrow{PA_1}^2+\overrightarrow{PA_2}^2+\cdots+\overrightarrow{PA_n}^2$=常数.

证明　首先证明：如果 O 是正 n 边形 $A_1A_2\cdots A_n$ 的中心，则有

$$\overrightarrow{OA_1}+\overrightarrow{OA_2}+\cdots+\overrightarrow{OA_n}=0.$$

(a) 当 $n=2k$ 时，$\overrightarrow{OA_i}=-\overrightarrow{OA_{k+i}}$，$1\leqslant i\leqslant k$，有

$$\overrightarrow{OA_1}+\overrightarrow{OA_2}+\cdots+\overrightarrow{OA_n}=\overrightarrow{OA_1}+\overrightarrow{OA_2}+\cdots+\overrightarrow{OA_k}-\overrightarrow{OA_1}-\overrightarrow{OA_2}-\cdots-\overrightarrow{OA_k}=0.$$

(b) 当 $n=2k+1$ 时，将 $\angle A_iOA_{i+1}$ 三等分($1\leqslant i\leqslant n$, 并假设 $A_{n+1}=A_1$)，在靠近 OA_i，OA_{i+1} 的两条平分线上分别取点 B_{2i} 和 B_{2i+1} (规定 B_{2n+1} 即 B_1)，使得 $\overrightarrow{OB_{2i-1}}+\overrightarrow{OB_{2i}}=\overrightarrow{OA_i}$ 而 $B_1B_2\cdots B_{2n}$ 是以 O 为中心的正 $2n$ 边形. 于是根据(a)，得

$$\overrightarrow{OB_1}+\overrightarrow{OB_2}+\cdots+\overrightarrow{OB_{2n}}=0.$$

故 $\overrightarrow{OA_1}+\overrightarrow{OA_2}+\cdots+\overrightarrow{OA_n}=\overrightarrow{OB_1}+\overrightarrow{OB_2}+\cdots+\overrightarrow{OB_{2n}}=0.$

现在，设正n边形的外接圆半径为r，圆心为点O，利用前面结论，有

$$\begin{aligned}\overrightarrow{PA_1}^2+\overrightarrow{PA_2}^2+\cdots+\overrightarrow{PA_n}^2&=\left(\overrightarrow{PO}+\overrightarrow{OA_1}\right)^2+\left(\overrightarrow{PO}+\overrightarrow{OA_2}\right)^2+\cdots+\left(\overrightarrow{PO}+\overrightarrow{OA_n}\right)^2\\&=2nr^2+2\overrightarrow{PO}\left(\overrightarrow{OA_1}+\overrightarrow{OA_2}+\cdots+\overrightarrow{OA_n}\right)=2nr^2.\end{aligned}$$

例 7.2　设向量$\vec{a},\vec{b},\vec{c}$不共面，实数u,v,w不全为0，试求解下列方程组

$$\begin{cases}\vec{a}\cdot\vec{r}=u,\\ \vec{b}\cdot\vec{r}=v,\\ \vec{c}\cdot\vec{r}=w.\end{cases}$$

解　用v和u分别乘以第一和第二式，并将所得方程相减，得

$$v(\vec{a}\cdot\vec{r})-u(\vec{b}\cdot\vec{r})=(v\vec{a}-u\vec{b})\cdot\vec{r}=0.$$

同理，有$w(\vec{b}\cdot\vec{r})-v(\vec{c}\cdot\vec{r})=(w\vec{b}-v\vec{c})\cdot\vec{r}=0$和$w(\vec{a}\cdot\vec{r})-u(\vec{c}\cdot\vec{r})=(w\vec{a}-u\vec{c})\cdot\vec{r}=0$. 所以$\vec{r}$与向量$v\vec{a}-u\vec{b}$, $w\vec{b}-v\vec{c}$和$w\vec{a}-u\vec{c}$都垂直. 由于u,v,w不全为零，设$v\neq 0$，则

$$(v\vec{a}-u\vec{b})\times(w\vec{b}-v\vec{c})=vw\vec{a}\times\vec{b}+uv\vec{b}\times\vec{c}+v^2\vec{c}\times\vec{a}\neq 0.$$

于是$\vec{r}$与$(v\vec{a}-u\vec{b})\times(w\vec{b}-v\vec{c})$平行. 那么令$\vec{r}=\lambda(vw\vec{a}\times\vec{b}+uv\vec{b}\times\vec{c}+v^2\vec{c}\times\vec{a})$, 则

$$\vec{b}\cdot\vec{r}=v=\lambda(vw\vec{b}\cdot\vec{a}\times\vec{b}+uv\vec{b}\cdot\vec{b}\times\vec{c}+v^2\vec{b}\cdot\vec{c}\times\vec{a}).$$

于是有$\lambda=\dfrac{1}{v(\vec{a},\vec{b},\vec{c})}$. 因此

$$\vec{r}=\frac{1}{(\vec{a},\vec{b},\vec{c})}(w\vec{a}\times\vec{b}+u\vec{b}\times\vec{c}+v\vec{c}\times\vec{a}).$$

例 7.3　证明：曲线$\begin{cases}x=\dfrac{t}{1+t^2+t^4},\\ y=\dfrac{t^2}{1+t^2+t^4},\\ z=\dfrac{t^3}{1+t^2+t^4},\end{cases}$ $-\infty<t<+\infty$表示一条球面曲线，并且求它所在的球面.

证明　只要证明存在常数a,b,c,R使得

$$[x(t)-a]^2+[y(t)-b]^2+[z(t)-c]^2=R^2,\quad \forall t\in\mathbf{R},$$

即

$$[x(t)]^2+[y(t)]^2+[z(t)]^2-2[a\,x(t)+b\,y(t)+c\,z(t)]=R^2-(a^2+b^2+c^2),\quad \forall t\in\mathbf{R}.$$

将$x(t),y(t),z(t)$代入上式，可得

$$t^2-2(at+bt^2+ct^3)=[R^2-(a^2+b^2+c^2)](1+t^2+t^4).$$

因为上式对任意实数 t 都要成立，比较两边 t 的同次项的系数，得

$$a=c=R^2-b^2=0,\quad 1-2b=R^2-b^2.$$

所以 $b=\dfrac{1}{2}=R$，曲线在球面 $x^2+\left(y-\dfrac{1}{2}\right)^2+z^2=\dfrac{1}{4}$ 上.

例 7.4 (第二届全国大学生数学竞赛决赛试题)　求出过原点且和椭球面 $4x^2+5y^2+6z^2=1$ 的交线为一个圆周的所有平面.

解　由题意可知，所述圆周是由以原点为球心的球面

$$x^2+y^2+z^2=R^2$$

和椭球面

$$4x^2+5y^2+6z^2=1$$

的交线. 由上面两个方程确定的平面，即所求的平面，也必包含上述圆周. 联立此二式，得

$$\left(4-\frac{1}{R^2}\right)x^2+\left(5-\frac{1}{R^2}\right)y^2+\left(6-\frac{1}{R^2}\right)z^2=0.$$

易见，当 $R^2=5$ 时，有 $x^2-z^2=0$，这是两相交平面 $x=z, x+z=0$，即为所求平面.

例 7.5 (第三届全国大学生数学竞赛预赛试题)　已知四点 $A(1,2,7), B(4,3,3), C(5,-1,6), D(\sqrt{7},\sqrt{7},0)$. 试求过这四点的球面方程.

解　设球心为 $O(a,b,c)$，则球心到已知四点距离都为球面半径 R. 所以

$$\begin{aligned}&(a-1)^2+(b-2)^2+(c-7)^2=(a-4)^2+(b-3)^2+(c-3)^2\\&=(a-5)^2+(b+1)^2+(c-6)^2=\left(a-\sqrt{7}\right)^2+\left(b-\sqrt{7}\right)^2+c^2=R^2.\end{aligned}$$

由前 3 个方程得

$$\begin{cases}3a+b-4c=-10,\\4a-3b-c=4,\\(\sqrt{7}-1)a+\left(\sqrt{7}-2\right)b-7c=-20,\end{cases}$$

因此 $a=1, b=-1, c=3$，从而 $R^2=25$，所求方程为

$$(x-1)^2+(y+1)^2+(z-3)^2=25.$$

整理得

$$x^2+y^2+z^2-2x+2y-6z-14=0.$$

例 7.6　在球内有一定点 P，在球面上有三个动点 A,B,C 且 PA,PB,PC 互相

垂直，以之为棱作一长方体，设Q是与P相对的一个顶点，试求当A,B,C在球面上变动时Q上的轨迹.

证明 设球面为$x^2+y^2+z^2=R^2$，$P(\zeta,\eta,\xi)$，且三个互相垂直的单位向量为$(\ell_i,m_i,n_i)(i=1,2,3)$. 于是有

$$A(\zeta+t_1\ell_1,\eta+t_1m_1,\xi+t_1n_1),$$
$$B(\zeta+t_2\ell_2,\eta+t_2m_2,\xi+t_2n_2),$$
$$C(\zeta+t_3\ell_3,\eta+t_3m_3,\xi+t_3n_3).$$

那么t_i满足

$$t_i^2+2(\zeta\ell_i+\eta m_i+\xi n_i)t_i=R^2-(\zeta^2+\eta^2+\xi^2),\quad i=1,2,3.$$

于是Q的坐标为

$$\left(\zeta+\sum_{i=1}^{3}t_i\ell_i,\eta+\sum_{i=1}^{3}t_im_i,\xi+\sum_{i=1}^{3}t_in_i\right).$$

所以

$$\begin{aligned}|OQ|^2&=\zeta^2+\eta^2+\eta^2+t_1^2+t_2^2+t_3^2+2\sum_{i=1}^{3}(\zeta\ell_i+\eta m_i+\xi n_i)t_i\\&=3R^2-2(\zeta^2+\eta^2+\eta^2)=3R^2-2|OP|^2.\end{aligned}$$

由此可见Q的轨迹是以球面的中心为中心，$\sqrt{3R^2-2|OP|^2}$为半径的球面.

例 7.7 求与球面$x^2+y^2+z^2=R^2$相切，并且母线与向量$\vec{v}=(l,m,n)$平行的圆柱面的方程.

解 方法一 设$p(\xi,\eta,\zeta)$是所求圆柱面上的任意一点，柱面上过此点的直母线有参数方程

$$x=\xi+lt,\quad y=\eta+mt,\quad z=\zeta+nt.$$

这母线与球面相切，即t的二次方程

$$(\xi+lt)^2+(\eta+mt)^2+(\zeta+nt)^2=R^2$$

或

$$\left(l^2+m^2+n^2\right)t^2+2\left(l\xi+m\eta+n\zeta\right)t+\left(\xi^2+\eta^2+\zeta^2-R^2\right)=0$$

有重根，所以(ξ,η,ζ)必须且只需满足方程

$$(l\xi+m\eta+n\zeta)^2-\left(l^2+m^2+n^2\right)\left(\xi^2+\eta^2+\zeta^2-R^2\right)=0.$$

把动点p的坐标换成通常的x,y,z，即所求圆柱面的方程

$$(lx+my+nz)^2-\left(l^2+m^2+n^2\right)\left(x^2+y^2+z^2-R^2\right)=0.$$

方法二 这个圆柱面显然就是经过原点并以方向向量$\vec{v}$的直线为轴，以球面的半径R为半径的圆柱面. 轴的方程用向量表示是$\vec{r}=t\vec{v}$，对于柱面上任意一点P，如$\vec{r}=\overrightarrow{OP}$，则它到轴的距离应等于$R$，所以有

$$\frac{|\vec{r}\times\vec{v}|}{|v|}=R,\quad 即\quad (\vec{r}\times\vec{v})^2=R^2\vec{v}^2.$$

利用 Lagrange 公式，上式可写成

$$\vec{v}^2\vec{r}^2-(\vec{v}\cdot\vec{r})^2=R^2\vec{v}^2\quad 或\quad (\vec{v}\cdot\vec{r})^2=\vec{v}^2\left(\vec{r}^2-R^2\right),$$

其坐标形式与上面的结果一致.

例 7.8 (第二届全国大学生数学竞赛预赛试题) 已知非退化二次曲面通过以下九点：$A(1,0,0)$, $B(1,1,2)$, $C(1,-1,-2)$, $D(3,0,0)$, $E(3,1,2)$, $F(3,-2,-4)$, $G(0,1,4)$, $H(3,-1,-2)$, $I\left(5,2\sqrt{2},8\right)$. 问这个二次曲面是哪一类曲面?

解 由于二次曲面是非退化,所求二次曲面不是锥面和柱面. 易见，A,B,C共线和D,E,F共线. 而只有两种非退化二次曲面上可能存在共线的三个点：单叶双曲面和双曲抛物面. 又直线ABC和直线DEF平行且不重合，故只可能是单叶双曲面.

例 7.9 (第六届全国大学生数学竞赛决赛试题) 设空间中定点P到一定直线l的距离为p，一族球面中的每个球面都过点P，且截直线l得到的弦长都是定值a. 求该球面族的球心的轨迹.

解 现在来建立直角坐标系:以直线l为z轴且以过点P而且垂直于z轴的直线为x轴. 则可设P的坐标为$(p,0,0)$和直线l的参数方程为$x=0,y=0,z=t$.

设该球面族S的球心为(x_0,y_0,z_0). 由于该球面族S过点P，则球面族S的方程

$$\left(x-x_0\right)^2+\left(y-y_0\right)^2+\left(z-z_0\right)^2=\left(p-x_0\right)^2+y_0^2+z_0^2.$$

求直线l与球面族S的交点：将直线l的参数方程代入上式得

$$t^2-2z_0t+2px_0-p^2=0. \tag{1}$$

于是直线l与球面族S的两交点$\left(0,0,z_0-\sqrt{z_0^2-\left(2px_0-p^2\right)}\right)$和$\left(0,0,z_0+\sqrt{z_0^2-\left(2px_0-p^2\right)}\right)$. 故弦长$a=2\sqrt{z_0^2-\left(2px_0-p^2\right)}$，从而该球面族$S$的球心的轨迹满足下面方程

$$z_0^2-2px_0+p^2-\frac{a^2}{4}=0. \tag{2}$$

反之，假设球面族S的球心$\left(x_0,y_0,z_0\right)$满足方程(2). 再假设球面族S过点P，

从而球面族 S 的球心 $\left(x_0, y_0, z_0\right)$ 满足方程(1). 方程(1)有解充要条件

$$\Delta = 4z_0^2 - 4\left(2px_0 - p^2\right) = a^2 \geqslant 0.$$

于是直线 l 与球面族 S 的两交点 $\left(0,0,z_0 - \dfrac{a}{2}\right)$ 和 $\left(0,0,z_0 + \dfrac{a}{2}\right)$，从而弦长为 a.

因此该球面族 S 的球心 $\left(x,y,z\right)$ 的轨迹为

$$z^2 - 2px + p^2 - \frac{a^2}{4} = 0.$$

例 7.10 设 l_1 和 l_2 是两条不垂直的异面直线，求分别经过 l_1 和 l_2 且互相垂直的平面的交线的轨迹.

解 适当选取直角坐标系 $Oxyz$,使得 z 轴是 l_1 和 l_2 的公垂线,原点与 l_1 和 l_2 等距，且 xz 平面与 l_1 和 l_2 交成等角. 于是 l_1 和 l_2 的方程分别为

$$l_1:\begin{cases} y = \kappa x, \\ z = c; \end{cases} \quad l_2:\begin{cases} y = -\kappa x, \\ z = -c \end{cases} \quad \left(|\kappa| \neq 1, c \neq 0\right).$$

经过 l_1 或 l_2 的平面方程分别为

$$(y - \kappa x) + \lambda(z - c) = 0 \text{ 和 } (y + \kappa x) + u(z + c) = 0,$$

那么这两个平面互相垂直的充要条件是

$$1 - \kappa^2 + \lambda\mu = 0.$$

联立上面三个方程得到

$$\begin{cases} (y - \kappa x) + \lambda(z - c) = 0, \\ (y + \kappa x) + u(z + c) = 0, \\ 1 - \kappa^2 + \lambda\mu = 0, \end{cases}$$

从而有

$$\begin{cases} y^2 - \kappa^2 x^2 = \lambda\mu\left(z^2 - c^2\right), \\ 1 - \kappa^2 + \lambda\mu = 0. \end{cases}$$

由此消去 λ, μ ，得到

$$y^2 - \kappa^2 x^2 = \left(\kappa^2 - 1\right)\left(z^2 - c^2\right).$$

写成标准方程的形式，即

$$\frac{x^2}{\dfrac{\kappa^2 - 1}{\kappa^2} c^2} - \frac{y^2}{\left(\kappa^2 - 1\right)c^2} + \frac{z^2}{c^2} = 1. \tag{3}$$

这就是轨线上点的坐标所应满足的必要条件.

现在方程(3)是轨迹上的点的坐标所应满足的充要条件. 如点 P_0 的坐标

(x_0,y_0,z_0)适合方程，且$z_0^2\neq c^2$，则可取

$$\lambda_0=\frac{y_0-\kappa x_0}{z_0-c},\quad \mu_0=-\frac{y_0+\kappa x_0}{z_0+c},$$

且由于$y_0{}^2-\kappa^2x_0{}^2=\left(\kappa^2-1\right)\left(z_0{}^2-c^2\right)$，有

$$1-\kappa^2+\lambda_0\mu_0=1-\kappa^2+\frac{y_0^2-\kappa^2x_0^2}{z_0^2-c^2}=1-\kappa^2+\kappa^2+1=0,$$

所以P_0在分别经过l_1,l_2且互相垂直的两个平面

$$y-\kappa x+\lambda_0(z-c)=0\quad 和\quad (y-\kappa x)+\mu_0(z+c)=0$$

上，从而在它们的交线，即在轨迹上.

如果$z_0^2=c^2$，则P_0在四条直线$\begin{cases}y=\pm\kappa x\\ z=\pm c\end{cases}$上. 不难看到，直线$l_1$和$l_2$都在轨迹上.

直线

$$l_3:\begin{cases}y=-\kappa x,\\ z=c\end{cases}\qquad 和\qquad l_4:\begin{cases}y=\kappa x,\\ z=-c.\end{cases}$$

显然也在轨迹上. 例如，平面$y=-\kappa x$和$z=c$分别经过l_2和l_1且互相垂直，所以l_3在轨迹上，l_1和l_2上的点也在轨迹上. 例如，点$(x_0,\kappa x_0,c)(x_0\neq 0)$在平面

$$\kappa cx+cy-\kappa x_0(z+c)=0\quad 和\quad y-\kappa x+\frac{c\left(1+\kappa^2\right)}{\kappa x_0}(z-c)=0$$

上，这两个平面分别经过l_1和l_2，且互相垂直.

总之，方程(3)就是轨迹的方程，其图形是一个单叶双曲面.

例 7.11 (第一届全国大学生数学竞赛预赛试题) 求经过三平行直线$L_1:x=y=z$，$L_2:x+1=y=z-1$，$L_3:x-1=y+1=z$的圆柱面的方程.

解 先找出圆柱面的轴L. 再由圆柱面的性质得出它的方程.

方法一 点$M(x,y,z)\in L$的充要条件是$d(M,L_1)=d(M,L_2)=d(M,L_3)$. 三条直线的方向向量都是$\vec{v}=\{1,1,1\}$. 在三条直线上各取一点$M_1(0,0,0)$，$M_2(-1,0,1)$，$M_3(1,-1,0)$. 由点到直线的距离公式可得$\left|\overrightarrow{M_1M}\times\vec{v}\right|^2=\left|\overrightarrow{M_2M}\times\vec{v}\right|^2=\left|\overrightarrow{M_3M}\times\vec{v}\right|^2$，即有

$$\begin{cases}(y-z)^2+(z-x)^2+(x-y)^2=(y-z+1)^2+(z-x-2)^2+(x-y+1)^2,\\ (y-z)^2+(z-x)^2+(x-y)^2=(y-z+1)^2+(z-x+1)^2+(x-y-2)^2.\end{cases}$$

化简得圆柱面轴L的方程

$$L:\begin{cases}x-z+1=0,\\ x-y-1=0,\end{cases}$$

即

$$L: x = y + 1 = z - 1.$$

在轴 L 上取一点 $M_0(0,-1,1)$，于是点 $P(x,y,z)$ 在圆柱面上的充要条件是 $\left|\overrightarrow{M_0P}\times\vec{v}\right|^2=\left|\overrightarrow{M_0M_1}\times\vec{v}\right|^2$，也就是

$$(y-z+2)^2+(z-x-1)^2+(x-y-1)^2=1^2+1^2+2^2,$$

即

$$(y-z)^2+4(y-z)+(z-x)^2-2(z-x)+(x-y)^2-2(x-y)=0.$$

化简得

$$x^2+y^2+z^2-xy-xz-yz+3y-3z=0.$$

方法二　轴的方向向量 $\vec{v}=\{1,1,1\}$．还要找出轴上的一个点 M_0．平面 $\pi: x+y+z=0$ 与圆柱面的母线垂直，与三条母线 L_1,L_2,L_3 的交点分别是 $M_1(0,0,0)$，$M_2(-1,0,1)$ 和 $M_3(1,-1,0)$．设 $M_0(x_0,y_0,z_0)$ 是平面 π 与圆柱面交线的圆心．则有

$$\begin{cases}x_0+y_0+z_0=0,\\ x_0^2+y_0^2+z_0^2=(x_0+1)^2+y_0^2+(z_0-1)^2,\\ x_0^2+y_0^2+z_0^2=(x_0-1)^2+(y_0+1)^2+z_0^2,\end{cases}$$

即

$$\begin{cases}x_0+y_0+z_0=0,\\ x_0-z_0+1=0,\\ x_0-y_0-1=0.\end{cases}$$

解此方程组得 $x_0=0$，$y_0=-1$，$z_0=1$．所以圆柱面轴 L 的方程是

$$x=y+1=z-1.$$

余下同方法一证明.

例 7.12 (第一届全国大学生数学竞赛决赛试题)　已知两直线方程：$L: x=y=z$, $L': \dfrac{x}{1}=\dfrac{y}{a}=\dfrac{z-b}{1}$.

(1) 问：参数 a,b 满足什么条件时，L 与 L' 是异面直线?

(2) 当 L 与 L' 不重合时，求 L' 绕 L 旋转所生成的旋转面 π 的方程，并指出曲面 π 的类型.

解　(1) 由直线方程 L 和 L' 可知，L 和 L' 的方向向量分别为 $\vec{n}=(1,1,1)$ 和 $\vec{n}'=(1,a,1)$ 且 L 和 L' 分别过点 $A=(0,0,0)$ 和 $B=(0,0,b)$．则 L 和 L' 是异面直线当且仅当 $\left(\vec{n},\vec{n}',\overrightarrow{AB}\right)\neq 0$．故 L 与 L' 是异面直线当且仅当 $a\neq 1$ 且 $b\neq 0$.

(2) 令 $M(x,y,z)$ 是旋转面 π 上任一点，则点 M 可由 L' 上一点 $M'(x',y',z')$ 绕 L 旋转所得. 于是有

$$\frac{x'}{1}=\frac{y'}{a}=\frac{z'-b}{1}. \tag{4}$$

从而 M 和 M' 到 L 的距离相等且 L 经过原点，即

$$x^2+y^2+z^2=x'^2+y'^2+z'^2, \tag{5}$$

且 $\overrightarrow{M'M}$ 与 L 垂直，即

$$(x-x')+(y-y')+(z-z')=0. \tag{6}$$

将式(4)～(6)联立，消去其中的 x'，y'，z'：令 $\dfrac{x'}{1}=\dfrac{y'}{a}=\dfrac{z'-b}{1}=t$，则

$$x'=t,y'=at,z'=t+b. \tag{7}$$

将(7)代入(6)，得

$$(a+2)t=x+y+z-b. \tag{8}$$

当 $a\neq-2$ 时，即 L 与 L' 不垂直时，解得 $t=\dfrac{x+y+z-b}{a+2}$.

再将(7)代入(5)，得到 π 的方程：

$$x^2+y^2+z^2-\frac{a^2+2}{(a+2)^2}(x+y+z-b)^2-\frac{2b}{a+2}(x+y+z-b)-b^2=0.$$

当 $a=-2$ 时，由(8)得 $x+y+z=b$. 故 π 在这个平面上. 再将(7)代入(5)，得到 π 的方程：$\begin{cases}x+y+z=b,\\ x^2+y^2+z^2\geqslant\dfrac{5}{6}b^2.\end{cases}$

π 的类型：$a=1$ 且 $b\neq0$ 时，L 与 L' 平行，π 是一柱面；$a\neq1$ 且 $b=0$ 时，L 与 L' 相交，π 是一锥面($a=-2$ 时 π 是平面)；当 $a\neq1$ 且 $b\neq0$ 时，π 是单叶双曲面($a=-2$ 时，π 是去掉一个圆盘后的平面).

例 7.13 (第三届全国大学生数学竞赛决赛试题) 设有空间中五点：$A(1,0,1)$, $B(1,1,2), C(1,-1,-2), D(3,1,0), E(3,1,2)$. 求出过点 E 且与 A,B,C 所在平面 Σ 平行而与直线 AD 垂直的直线方程.

解 易见平面 Σ 的方位向量为 $\overrightarrow{v_1}=\overrightarrow{AB}=(0,1,1)$，$\overrightarrow{v_2}=\overrightarrow{AC}=(0,-1,-3)$. 故平面 Σ 的法向量

$$\vec{n}=\overrightarrow{v_1}\times\overrightarrow{v_2}=(0,1,1)\times(0,-1,-3)=(-2,0,0).$$

设所求直线的方向向量为 $\vec{v}=(a,b,c)$，则由条件得

$$\vec{v}\cdot\vec{n}=0,\quad \vec{v}\cdot\overrightarrow{AD}=0.$$

由上面两式得 $\vec{v}=(0,c,c)$ ($c\neq 0$). 于是所求直线方程为

$$\frac{x-3}{0}=\frac{y-1}{1}=\frac{z-2}{1}.$$

例 7.14 (第四届全国大学生数学竞赛预赛试题)　设 Γ 为椭圆抛物面 $z=3x^2+4y^2+1$. 从原点作 Γ 的切锥面. 求切锥面方程.

解　设 $(x,y,z)\neq 0$ 为所求的切锥面上的点. 则存在唯一 t 使得 $t(x,y,z)$ 落在椭圆抛物面 Γ 上. 于是二次方程

$$\left(3x^2+4y^2\right)t^2-tz+1=0$$

关于 t 有唯一的根. 故上式的判别式等于零，即

$$\Delta=z^2-4(3x^2+4y^2)=0.$$

这就是所求的切锥面方程.

例 7.15 (第四届全国大学生数学竞赛决赛试题)　设 A 为正常数，直线 l 与双曲线 $x^2-y^2=2(x>0)$ 所围的有限部分的面积为 A. 证明:

(1) 所有上述 l 与双曲线 $x^2-y^2=2(x>0)$ 的截线段的中点的轨迹为双曲线.

(2) l 总是(1)中轨迹曲线的切线.

解　我们可以将双曲线图形旋转 45°. 于是不妨假设双曲线方程为 $y=\dfrac{1}{x}(x>0)$. 设直线 l 交双曲线于 $\left(a,\dfrac{1}{a}\right)$ 和 $\left(ta,\dfrac{1}{ta}\right)(t>1)$. 于是由直线 l 与双曲线所围的面积为 A 所得

$$A=\frac{1}{2}\left(1+\frac{1}{t}\right)(t-1)-\int_a^{ta}\frac{1}{x}\mathrm{d}x=\frac{1}{2}\left(t-\frac{1}{t}\right)-\ln t.$$

令 $f(t)=\dfrac{1}{2}\left(t-\dfrac{1}{t}\right)-\ln t$. 则有 $f'(t)=\dfrac{1}{2}\left(1-\dfrac{1}{t}\right)^2>0, f(1)=0$ 和 $f(+\infty)=+\infty$. 所以存在唯一常数 t，使得 $f(t)=A$.

易见直线 l 与双曲线的截线段的中点的坐标为 $\left(\dfrac{1}{2}(1+t)a,\dfrac{1}{2}\left(1+\dfrac{1}{t}\right)\dfrac{1}{a}\right)$. 于是中点的轨迹曲线方程为

$$xy=\frac{1}{4}(1+t)\left(1+\frac{1}{t}\right).$$

故中点轨迹为双曲线. 那么该曲线在上述中点处的切线斜率

$$k=y'=-\frac{1}{4}(1+t)\left(1+\frac{1}{t}\right)\frac{1}{x^2}=-\frac{1}{ta^2}.$$

它恰等于直线 l 的斜率为 $\dfrac{\dfrac{1}{ta}-\dfrac{1}{a}}{ta-a}=-\dfrac{1}{ta^2}$. 故直线 l 为轨迹曲线的切线.

例 7.16 (第五届全国大学生数学竞赛预赛试题)　平面 $\mathbf{R}^2$ 上两个半径为 r 的圆 C_1 和 C_2 外切于 P 点. 将圆 C_2 沿 C_1 的圆周(无滑动)滚动一周，这时，C_2 上的 P 点也随 C_2 的运动而运动. 记 $\varGamma$ 为 P 点的运动轨迹曲线，称为心脏线. 现设 C 为以 P 的初始位置(切点)为圆心的圆，其半径为 R. 记 $\gamma:\mathbf{R}^2\cup\{\infty\}\to\mathbf{R}^2\cup\{\infty\}$ 为圆 C 的反演变换，它将 $Q\in\mathbf{R}^2\setminus\{P\}$ 映成射线 PQ 上的点 Q'，满足 $\overrightarrow{PQ}\cdot\overrightarrow{PQ'}=R^2$ 求证：$\gamma(\varGamma)$ 为抛物线.

证明　以圆 C_1 的圆心为原点建立直角坐标系，使得初始切点 $P(r,0)$. 将圆 C_2 沿 C_1 的圆周(无滑动)滚动到 Q 点，记角 $\angle POQ=\theta$，则 Q 点的坐标为 $(r\cos\theta,r\sin\theta)$. 令 l_Q 为 C_1 在 Q 点的切线，它的单位法向量为 $\vec{n}=(\cos\theta,\sin\theta)$. 这时 P 点运动到 P' 点. 则 P 点与 P' 点是关于切线 l_Q 对称. 于是有

$$\overrightarrow{OP'}=\overrightarrow{OP}+\overrightarrow{PP'}=\overrightarrow{OP}-2(\overrightarrow{QP}\cdot\vec{n})\vec{n}.$$

故 P 点的运动轨迹曲线为

$$P'=\left(r+2r(1-\cos\theta)\cos\theta,2r(1-\cos\theta)\sin\theta\right),\quad 0\leqslant\theta<2\pi.$$

令 (x,y) 是 $\mathbf{R}^2\setminus\{P\}$ 中的任一点. 那么 (x,y) 关于圆 C 的反演变换的坐标为

$$(x',y')=(0,r)+\frac{R^2}{(x-r)^2+y^2}(x-r,y).$$

将 P' 点代入上式得

$$(x',y')=\left(\frac{R^2\cos\theta}{2r(1-\cos\theta)}+r,\frac{R^2\sin\theta}{2r(1-\cos\theta)}\right).$$

直接计算得

$$x'=\frac{r}{R^2}(y')^2+\left(r-\frac{R^2}{4r}\right).$$

因此 $\gamma(\varGamma)$ 为抛物线.

例 7.17 (第五届全国大学生数学竞赛决赛试题)　设 S 为 $\mathbf{R}^3$ 中的抛物面 $z=\dfrac{1}{2}(x^2+y^2)$，$P=(a,b,c)$ 为 S 外一固定点，满足 $a^2+b^2>2c$. 过 P 作 S 的所有切线. 证明：这些切线的切点落在同一张平面上.

证明　设过点 P 的 S 切线 l 的方向向量 $\vec{v}=(u,v,w)$ 和切点 $Q=P+t\vec{v}=(a+tu,b+tv,c+tw)$.

于是二次方程

$$\left(u^2+v^2\right)t^2+2(au+bv-w)t+\left(a^2+b^2-2c\right)=0,$$

关于 t 有唯一的根. 故上式的判别式等于零，即

$$\Delta=4(au+bv-w)^2-4(a^2+b^2-2c)(u^2+v^2)=0\,.$$

那么 $t=\dfrac{w-au-bv}{\left(u^2+v^2\right)}=\dfrac{a^2+b^2-2c}{w-au-bv}$. 故切点 $Q=(x,y,z)$ 满足

$$ax+by-z=\left(a^2+b^2-c\right)+t(au+bv-w)=c\,.$$

于是所有切点 Q 落在平面 $ax+by-z=c$ 上.

例 7.18 (第六届全国大学生数学竞赛预赛试题)　已知空间的两条直线

$$l_1:\frac{x-4}{1}=\frac{y-3}{-2}=\frac{z-8}{1},$$

$$l_2:\frac{x+1}{7}=\frac{y+1}{-6}=\frac{z+1}{1}.$$

(1) 证明：l_1 和 l_2 异面；

(2) 求 l_1 和 l_2 公垂线的标准方程；

(3) 求连接 l_1 上的任一点和 l_2 上的任一点线段中点的轨迹的一般方程.

解　(1) 由直线方程 l_1 和 l_2 可知，l_1 和 l_2 的方向向量分别为 $\overrightarrow{v_1}=(1,-2,1)$ 和 $\overrightarrow{v_2}=(7,-6,1)$ 且 l_1 和 l_2 分别过点 $A=(4,3,8)$ 和 $B=(-1,-1,-1)$. 则 l_1 和 l_2 是异面直线当且仅当 $\left(\overrightarrow{v_1},\overrightarrow{v_2},\overrightarrow{AB}\right)\neq 0$. 故 l_1 和 l_2 是异面直线.

(2) l_1 和 l_2 公垂线 L 的方向向量为

$$\vec{v}=\overrightarrow{v_1}\times\overrightarrow{v_2}=(1,-2,1)\times(7,-6,1)=(4,6,8).$$

于是 L 和 l_1 确定的平面为

$$\pi_1:\begin{vmatrix}x-4 & 1 & 4\\ y-3 & -2 & 6\\ z-8 & 1 & 8\end{vmatrix}=0,\quad 即\quad \pi_1:11(x-4)+2(y-3)-7(z-8)=0.$$

它与 l_2 的交点为 $(-1,-1,-1)$. 因此公垂线 L 的方程为

$$L:\frac{x+1}{4}=\frac{y+1}{6}=\frac{z+1}{8}.$$

(3) l_1 上的任一点 $P_1=(4,3,8)+t_1(1,-2,1)=\left(4+t_1,3-2t_1,8+t_1\right)$ 和 l_2 上的任一点 $P_2=(-1,-1,-1)+t_2(7,-6,1)=\left(-1+7t_2,-1-6t_2,-1+t_2\right)$ 的连线的中点为

$$\frac{1}{2}\left(3+t_1+7t_2,2-2t_1-6t_2,7+t_1+t_2\right).$$

于是中点 (x,y,z) 轨迹满足如下方程

$$4x+6y+8z-40=\left(x-\frac{3}{2},y-1,z-\frac{7}{2}\right)\cdot(4,6,8)=0.$$

因此中点轨迹为一个平面.

例 7.19 (第七届全国大学生数学竞赛预赛试题) 设 L_1 和 L_2 是空间中两异面直线. 设在标准直角坐标系下直线 L_1 过坐标为 a_1 的点，以单位向量 $\overrightarrow{v_1}$ 为直线方向；直线 L_2 过坐标为 a_2 的点，以单位向量 $\overrightarrow{v_2}$ 为直线方向.

(1) 证明：存在唯一点 $P_0\in L_1$ 和 $Q_0\in L_2$ 使得两点连线 P_0Q_0 同时垂直于 L_1 和 L_2.

(2) 求 P_0 点和 Q_0 点坐标(用 $a_1;a_2;\overrightarrow{v_1};\overrightarrow{v_2}$ 表示).

解 (1) 我们证明存在唯一的 $P_0\in L_1$，唯一的 $Q_0\in L_2$，使得直线 P_0Q_0 是 L_1,L_2 的公垂线. 从而公垂线的存在性得到证明. 由公垂线在两直线上垂足的唯一性可知公垂线唯一.

为此，设 L_1,L_2 的参数方程分别是

$$L_1:\vec{r}=\vec{r}_1+t\vec{v}_1,\quad L_2:\vec{s}=\vec{r}_2+u\vec{v}_2,$$

其中 $\vec{r}_k$ 是 L_k 上一个定点 a_k 的位置向量，$\vec{v}_k$ 是 L_k 的方向向量 $(k=1,2)$，t,u 分别是 L_1,L_2 的参数. 考虑线性方程组

$$\begin{cases}(\vec{r}_2+u\vec{v}_2-\vec{r}_1-t\vec{v}_1)\vec{v}_1=0,\\(\vec{r}_2+u\vec{v}_2-\vec{r}_1-t\vec{v}_1)\vec{v}_2=0,\end{cases}\tag{9}$$

即

$$\begin{cases}(\vec{v}_1\vec{v}_1)t-(\vec{v}_1\vec{v}_2)u=(\vec{r}_2-\vec{r}_1)\vec{v}_1,\\-(\vec{v}_1\vec{v}_2)t+(\vec{v}_2\vec{v}_2)u=-(\vec{r}_2-\vec{r}_1)\vec{v}_2.\end{cases}\tag{10}$$

根据 Lagrange 恒等式，它的系数行列式

$$(\vec{v}_1\vec{v}_1)(\vec{v}_2\vec{v}_2)-(\vec{v}_1\vec{v}_2)^2=(\vec{v}_1\times\vec{v}_2)^2>0\quad(\text{因为 }L_1,L_2\text{ 异面，}\ \vec{v}_1\times\vec{v}_2\neq\vec{0}).$$

于是方程组(9)有唯一解 $t=t_0,u=u_0$. 对应地有唯一的 $P_0\in L_1$，唯一的 $Q_0\in L_2$，使得

$$\overrightarrow{OP_0}=\vec{r}_1+t_0\vec{v}_1,\quad \overrightarrow{OQ_0}=\vec{r}_2+u_0\vec{v}_2.\quad \text{从而 }\overrightarrow{P_0Q_0}=\overrightarrow{OQ_0}-\overrightarrow{OP_0}=\vec{r}_2+u_0\vec{v}_2-\vec{r}_1-t_0\vec{v}_1.$$

由方程组(9)可见 $\overrightarrow{P_0Q_0}\perp\vec{v}_1$，$\overrightarrow{P_0Q_0}\perp\vec{v}_2$. 所以直线 P_0Q_0 就是 L_1,L_2 的公垂线.

(2) 存在数 λ，使 $\overrightarrow{P_0Q_0}=\lambda\overrightarrow{v_1}\times\overrightarrow{v_2}$，即

$$\overrightarrow{r_2}-\overrightarrow{r_1}+u_0\overrightarrow{v_2}-t_0\overrightarrow{v_1}=\lambda\overrightarrow{v_1}\times\overrightarrow{v_2}.$$

于是有

$$\overrightarrow{(r_2}-\overrightarrow{r_1})\cdot\overrightarrow{v_1}+u_0\overrightarrow{v_2}\cdot\overrightarrow{v_1}-t_0=0,\quad \overrightarrow{(r_2}-\overrightarrow{r_1})\cdot\overrightarrow{v_2}+u_0-t_0\overrightarrow{v_2}\cdot\overrightarrow{v_1}=0.$$

从上面两式得

$$t_0=\frac{(\overrightarrow{r_2}-\overrightarrow{r_1})\cdot[\overrightarrow{v_1}-(\overrightarrow{v_2}\cdot\overrightarrow{v_1})\overrightarrow{v_2}]}{1-(\overrightarrow{v_2}\cdot\overrightarrow{v_1})^2},\quad u_0=\frac{(\overrightarrow{r_1}-\overrightarrow{r_2})\cdot[\overrightarrow{v_2}-(\overrightarrow{v_2}\cdot\overrightarrow{v_1})\overrightarrow{v_1}]}{1-(\overrightarrow{v_2}\cdot\overrightarrow{v_1})^2}.$$

故有

$$P_0=a_1+\frac{(a_2-a_1)\cdot[\overrightarrow{v_1}-(\overrightarrow{v_2}\cdot\overrightarrow{v_1})\overrightarrow{v_2}]}{1-(\overrightarrow{v_2}\cdot\overrightarrow{v_1})^2}\overrightarrow{v_1},\quad Q_0=a_2+\frac{(a_1-a_2)\cdot[\overrightarrow{v_2}-(\overrightarrow{v_2}\cdot\overrightarrow{v_1})\overrightarrow{v_1}]}{1-(\overrightarrow{v_2}\cdot\overrightarrow{v_1})^2}\overrightarrow{v_2}.$$

例 7.20 (第七届全国大学生数学竞赛决赛试题) 在空间直角坐标系中，设S为椭圆柱面$x^2+2y^2=1$，σ是空间中的平面，它与S的交集是一个圆. 求所有这样平面σ的法向量.

解 设所求平面σ的方程为

$$z=\alpha x+\beta y+\gamma .$$

它与椭圆柱面S的交集是一个圆Γ，那么这个圆Γ投影在xy平面上为椭圆曲线

$$x^2+2y^2=1 .$$

于是这个圆Γ的参数方程为

$$\Gamma(\theta)=\left(\cos\theta,\frac{\sqrt{2}}{2}\sin\theta,\alpha\cos\theta+\frac{\sqrt{2}}{2}\beta\sin\theta+\gamma\right),\quad \theta\in[0,2\pi).$$

令这个圆Γ的圆心为点$O(a,b,c)$且其半径为R. 则有

$$(\cos\theta-a)^2+\left(\frac{\sqrt{2}}{2}\sin\theta-b\right)^2+\left(\alpha\cos\theta+\frac{\sqrt{2}}{2}\beta\sin\theta+\gamma-c\right)^2=R^2.$$

利用倍角公式得

$$A\cos 2\theta+B\sin 2\theta+C\cos\theta+D\sin\theta+E=0,$$

其中$A=\frac{\alpha^2}{2}-\frac{\beta^2}{4}+\frac{1}{4},B=\frac{1}{\sqrt{2}}\alpha\beta$，$C,D,E$为常数. 由于上式对所有$\theta\in[0,2\pi]$恒成立，得$A=B=C=D=E=0$. 从而有$\alpha=0,\beta=\pm1$. 故平面$\sigma$的法向量为

$$(\alpha,\beta,-1)=(0,1,-1)\text{ 或 }(0,-1,-1).$$

例 7.21 已知锥面S的顶点为$(2,5,4)$，S与yOz平面的交线为一圆，这个圆的圆心为$(0,1,1)$，半径为2. 求这个锥面方程.

解 由题意，锥面的准线为

$$\begin{cases}(y-1)^2+(z-1)^2=4,\\ x=0.\end{cases}$$

将它改写成

$$\begin{cases}(y-5+4)^2+(z-4+3)^2=4,\\ x-2=-2,\end{cases}$$

即

$$\begin{cases}(y-5)^2+8(y-5)+(z-4)^2+6(z-4)+21=0,\\ x-2=-2.\end{cases}$$

然后从

$$\begin{cases}t^2[(y-5)^2+(z-4)^2]+2t[4(y-5)+3(z-4)]+21=0,\\ t(x-2)=-2\end{cases}$$

中消去$t\left(=-\dfrac{2}{x-2}\right)$得到锥面方程

$$\frac{4(y-5)^2+4(z-4)^2}{(x-2)^2}-\frac{16(y-5)+12(z-4)}{x-2}+21=0,$$

即

$$21(x-2)^2+4(y-5)^2+4(z-4)^2-16(x-2)(y-5)-12(x-2)(z-4)=0.$$

或写成

$$21x^2+4y^2+4z^2-16xy-12xz+44x-8y-8z-8=0.$$

例 7.22　已知球面 $x^2+y^2+z^2=1$ 的外切柱面的母线垂直于平面 $x+y-2z-5=0$，求这个柱面方程.

解　球面的外切柱面是由球面的切线构成的柱面. 由题意，柱面的方向为 $\vec{v}=\{1,1,-2\}$. 设外切柱面与球面的交线为 C，$M(x',y',z')$ 为 C 上任意一点. 则 M 在球面的某条切线 L 上，同时又在球面上. 因此 M 是切线 L 的切点. 由此可知 $\overrightarrow{OM}\perp L$，$C$ 的方程为

$$C:\begin{cases}x'^2+y'^2+z'^2=1,\\ x'+y'-2z'=0.\end{cases}$$

所求的柱面就是以 C 为准线，$\vec{v}$ 为方向的柱面.

从方程组

$$\begin{cases}(x-u)^2+(y-u)^2+(z+2u)^2=1,\\ (x-u)+(y-u)-2(z+2u)=0\end{cases}$$

中消去$u\left(=\dfrac{1}{6}(x+y-2z)\right)$得所求柱面方程

$$(5x-y+2z)^2+(5y-x+2z)^2+(2x+2y+2z)^2=36,$$

即

$$5x^2+5y^2+2z^2-2xy+4xz+4yz-6=0.$$

例 7.23　过 x 轴和 y 轴分别作动平面，交角 α 是常数. 求交线的轨迹方程，并证明它是一个锥面.

解　由于牵涉角度，取右手直角标架 $[O;\vec{i},\vec{j},\vec{k}]$. 设这 2 个动平面分别是

$$\pi_1: y\sin\theta+z\cos\theta=0, \quad \pi_2: x\sin\varphi+z\cos\varphi=0,$$

其中 θ,φ 分别是 π_1,π_2 的单位法向量 $\vec{n}_1=\{0,\sin\theta,\cos\theta\}$ 和 $\vec{n}_2=\{\sin\varphi,0,\cos\varphi\}$ 与 $\vec{k}$ 的夹角. (注意平面的方程可以相差一个符号.) 由条件

$$\cos\theta\cos\varphi=\vec{n}_1\cdot\vec{n}_2=\cos\alpha$$

是常数. 显然 $|\cos\alpha|<1$，否则两平面重合，没有交线.

如果 $\alpha=\dfrac{\pi}{2}$，则 $\cos\theta\cos\varphi=0$. 当 $\cos\theta=0$ 时，π_1 是 xOz 平面 $y=0$，交线是 xOz 平面上的直线 $\begin{cases}x\sin\varphi+z\cos\varphi=0,\\ y=0.\end{cases}$ 轨迹方程为 $y=0$. 同理当 $\cos\theta=0$ 时，轨迹方程为 $x=0$.

设 $\cos\alpha\neq0$. 由方程组

$$\begin{cases}y\sin\theta+z\cos\theta=0,\\ x\sin\varphi+z\cos\varphi=0,\\ \cos\theta\cos\varphi=\cos\alpha.\end{cases}$$

消去参数 θ,φ，可得所求的轨迹方程.

事实上，从第三式得

$$\cos\varphi=\sec\theta\cos\alpha\Rightarrow\tan^2\varphi=\sec^2\varphi-1=\sec^2\alpha\cos^2\theta-1.$$

由第二式得 $z=-x\tan\varphi$，因此

$$z^2=x^2(\sec^2\alpha\cos^2\theta-1)\Rightarrow z^2+x^2=x^2\sec^2\alpha\cos^2\theta. \tag{11}$$

由第一式得 $z=-y\tan\theta$，因此

$$z^2=y^2\tan^2\theta=y^2(\sec^2\theta-1)\Rightarrow z^2+y^2=y^2\sec^2\theta. \tag{12}$$

从(11)和(12)消去 θ，得所求的轨迹方程

$$(x^2+z^2)(y^2+z^2)=x^2y^2\sec^2\alpha.$$

由于这个方程是四次齐次代数方程，它表示一个顶点在原点的锥面.

例 7.24　证明：用通过坐标轴的平面与椭球面

$$\frac{x^2}{a^2}+\frac{y^2}{b^2}+\frac{z^2}{c^2}=1 \quad (a>b>c>0)$$

相截，有且仅有两条截口曲线是圆，并说明这两张截面的位置.

证明　由于主截线都是椭圆不是圆，在所有过长轴 x 轴的平面中，只需考虑形如 $y=kz$ 的平面. 如果交线

$$C_1:\begin{cases}\dfrac{x^2}{a^2}+\dfrac{y^2}{b^2}+\dfrac{z^2}{c^2}=1,\\ y=kz,\end{cases}\quad\Rightarrow\quad C_1:\begin{cases}\dfrac{x^2}{a^2}+\dfrac{(c^2k^2+b^2)z^2}{b^2c^2}=1,\\ y=kz\end{cases}$$

是一个圆，则由椭球面的对称性可知圆心必为原点. 在 C_1 上取点 $A(a,0,0)$ 和 $B(0,kz_0,z_0)$，其中 $z_0=bc(c^2k^2+b^2)^{-1/2}$. 点 A,B 到圆心的距离应该相等，即有

$$a^2=(1+k^2)z_0^2=\frac{b^2c^2(1+k^2)}{b^2+c^2k^2}=\frac{b^2(1+k^2)}{b^2c^{-2}+k^2}<b^2,$$

矛盾. 这说明过长轴 x 轴的平面与椭球面的交线不是圆.

同理，在过短轴 z 轴的平面 $y=kx$ 与椭球面的交线

$$C_2:\begin{cases}\dfrac{(b^2+a^2k^2)x^2}{a^2b^2}+\dfrac{z^2}{c^2}=1,\\ y=kx\end{cases}$$

上取两点 $(0,0,c)$ 和 $(x_0,kx_0,0)$，其中 $x_0=ab(b^2+a^2k^2)^{-1/2}$. 如果 C_2 是圆，则有

$$c^2=(1+k^2)x_0^2=\frac{a^2b^2(1+k^2)}{b^2+a^2k^2}=\frac{b^2(1+k^2)}{b^2a^{-2}+k^2}>b^2,$$

矛盾. 这说明过短轴 z 轴的平面与椭球面的交线也不是圆.

最后，考虑过中轴 y 轴的平面 $z=kx$ 与椭球面的交线

$$C_3:\begin{cases}\dfrac{(c^2+a^2k^2)x^2}{a^2c^2}+\dfrac{y^2}{b^2}=1,\\ z=kx.\end{cases}\tag{13}$$

在 C_3 上取两点 $(0,b,0)$ 和 $(x_0,0,kx_0)$，其中 $x_0=ac(c^2+a^2k^2)^{-1/2}$. 如果 C_3 是圆，必须有

$$b^2=(1+k^2)x_0^2=\frac{a^2c^2(1+k^2)}{c^2+a^2k^2},$$

即

$$b^2(c^2+a^2k^2)=a^2c^2(1+k^2),\tag{14}$$

也就是

$$a^2(b^2-c^2)k^2=c^2(a^2-b^2).$$

由于 $a>b>c>0$，上式对 k 有两个解

$$k=\pm\frac{c\sqrt{a^2-b^2}}{a\sqrt{b^2-c^2}}.\tag{15}$$

现在来证明对于如上所取的 k，截线 C_3 确实是一个圆. 由于(15)和(14)是等价的，C_3 的方程可以改写成

$$C_3:\begin{cases}(1+k^2)x^2+y^2=b^2,\\ z=kx.\end{cases}$$

再写成

$$C_3:\begin{cases}x^2+y^2+z^2=b^2,\\ z=kx.\end{cases}$$

因此，C_3 是平面 $z=kx$ 与球面 $x^2+y^2+z^2=b^2$ 的交线，也就是一个圆.

综上所述，在所有通过坐标轴的平面与椭球面 $\dfrac{x^2}{a^2}+\dfrac{y^2}{b^2}+\dfrac{z^2}{c^2}=1\ (a>b>c>0)$ 的交线中，有且仅有两条截口曲线是圆. 这两个截口所在的平面是过 y 轴的平面

$$c\sqrt{a^2-b^2}\,x+a\sqrt{b^2-c^2}\,z=0 \quad \text{和} \quad c\sqrt{a^2-b^2}\,x-a\sqrt{b^2-c^2}\,z=0 .$$

例 7.25 设 $M_0(x_0,y_0,z_0)$ 是单叶双曲面 $S:\dfrac{x^2}{a^2}+\dfrac{y^2}{b^2}-\dfrac{z^2}{c^2}=1\,(a,b,c>0)$ 上一点. 若过点 M_0，以 $\vec{v}=\{X,Y,Z\}$ 为方向的直线 L 是 S 的直母线，求方向数 $X:Y:Z$ 所要满足的条件. 由此证明：经过 S 上每一点恰有两条直母线.

解 将过点 M_0，以 $\vec{v}=\{X,Y,Z\}$ 为方向的直线 L 写成参数方程：

$$\begin{cases}x=x_0+Xt,\\ y=y_0+Yt,\\ z=z_0+Zt.\end{cases}$$

则直线 L 是 S 的直母线的充要条件是对任意的 t，点 $(x_0+Xt,y_0+Yt,z_0+Zt)\in S$，即关于 t 的二次方程

$$\frac{(x_0+Xt)^2}{a^2}+\frac{(y_0+Yt)^2}{b^2}-\frac{(z_0+Zt)^2}{c^2}=1 \tag{16}$$

有无数多个解. 因此上述方程中 t^2 的系数和 t 的系数都必须是 0. 故 $X:Y:Z$ 要满足

$$\begin{cases}\dfrac{X^2}{a^2}+\dfrac{Y^2}{b^2}-\dfrac{Z^2}{c^2}=0,\\ \dfrac{x_0X}{a^2}+\dfrac{y_0Y}{b^2}-\dfrac{z_0Z}{c^2}=0.\end{cases} \tag{17}$$

因为 X,Y,Z 不全为零，由上第一式可见 $Z\neq 0$. 故可取 $Z=c$，再解方程组

$$\begin{cases}\dfrac{X^2}{a^2}+\dfrac{Y^2}{b^2}=1,\\ \dfrac{x_0X}{a^2}+\dfrac{y_0Y}{b^2}=\dfrac{z_0}{c},\end{cases} \tag{18}$$

得到 $X:Y:Z$.

要证明经过 S 上每一点 $M_0(x_0,y_0,z_0)$ 恰有两条直母线，只要证明(18)有两组不同的实数解 (X_1,Y_1) 和 (X_2,Y_2)，从而 $X_1:Y_1:c\neq X_2:Y_2:c$.

令 $X=au,\ Y=bv$. 则(18)化为

$$\begin{cases}u^2+v^2=1,\\ \dfrac{x_0}{a}u+\dfrac{y_0}{b}v=\dfrac{z_0}{c}.\end{cases}\tag{19}$$

在 (u,v) 平面上，因为单位圆 $u^2+v^2=1$ 的圆心 $(0,0)$ 到直线 $\dfrac{x_0}{a}u+\dfrac{y_0}{b}v=\dfrac{z_0}{c}$ 的距离

$$d=\frac{|z_0|}{c}\Big/\sqrt{\frac{{x_0}^2}{a^2}+\frac{{y_0}^2}{b^2}}=\frac{|z_0|}{c}\Big/\sqrt{1+\frac{{z_0}^2}{c^2}}<1,$$

所以(19)有两组不同的实数解 (u_1,v_1) 和 (u_2,v_2)，从而(18)有两组不同的实数解为

$$(X_1,Y_1)=(au_1,bv_1)\quad 和\quad (X_2,Y_2)=(au_2,bv_2).$$

注 特别当 $z_0=0$ 时，过腰椭圆上一点 $M(a\cos t,b\sin t,0)$，式(19)成为

$$\begin{cases}u^2+v^2=1,\\ u\cos t+v\sin t=0.\end{cases}$$

它的两组解分别是 $(u_1,v_1)=(-\sin t,\cos t)$ 和 $(u_2,v_2)=(\sin t,-\cos t)$，从而过 $M(a\cos t,$ $b\sin t,0)$ 的两条直母线方向分别是

$$X_1:Y_1:Z_1=-a\sin t:b\cos t:c\quad 和\quad X_2:Y_2:Z_2=a\sin t:(-b\cos t):c.$$

因此单叶双曲面的一种参数方程为

$$\begin{cases}x=a(\cos t-u\sin t),\\ y=b(\sin t+u\cos t),\quad (t,u)\in[0,2\pi)\times\mathbf{R}\\ z=cu,\end{cases}$$

例 7.26 求单叶双曲面 $\dfrac{x^2}{4}+\dfrac{y^2}{9}-\dfrac{z^2}{16}=1$ 的过点 $(2,3,-4)$ 的直母线.

解 它的一族直母线是

$$L_{(\lambda:\mu)}:\begin{cases}\lambda\left(\dfrac{x}{2}+\dfrac{z}{4}\right)+\mu\left(1+\dfrac{y}{3}\right)=0,\\ \lambda\left(1-\dfrac{y}{3}\right)+\mu\left(\dfrac{x}{2}-\dfrac{z}{4}\right)=0.\end{cases}\tag{20}$$

另一族是

$$\overline{L}_{(\lambda:\mu)}:\begin{cases}\lambda\left(\dfrac{x}{2}+\dfrac{z}{4}\right)+\mu\left(1-\dfrac{y}{3}\right)=0,\\ \lambda\left(1+\dfrac{y}{3}\right)+\mu\left(\dfrac{x}{2}-\dfrac{z}{4}\right)=0.\end{cases}\tag{21}$$

将点 $(2,3,-4)$ 代入(20)得 $\lambda:\mu=1:0$，代入(21)得 $\lambda':\mu'=1:(-1)$. 因此所求的两条直母线是

$$\begin{cases}2x+z=0,\\ y=3\end{cases}$$

和

$$\begin{cases}6x+4y+3z-12=0,\\ 6x-4y-3z-12=0,\end{cases}\quad 即\quad \begin{cases}x=2,\\ 4y+3z=0.\end{cases}$$

例 7.27 求与三条定直线

$$l_1:\begin{cases}y=\kappa x,\\ z=c,\end{cases}\quad l_2:\begin{cases}y=-\kappa x,\\ z=-c,\end{cases}\quad l_3:\begin{cases}y=z,\\ \kappa x=-c\end{cases}\quad (\kappa c\neq 0)$$

都共面的直线所产生的曲面的方程.

解 **方法一** 分别以 l_1 和 l_2 为轴的平面束有下面方程

$$y-\kappa x+\lambda_1(z-c)=0 \quad 和 \quad y+\kappa x+\lambda_2(z+c)=0,$$

其中 λ_1 和 λ_2 是参数. 从而它们的交线与 l_1 和 l_2 都共面. 若此交线还与 l_3 共面，则与 l_3 或相交或平行. 当此交线与 l_3 相交时，有下面方程组

$$\begin{cases}y=z,\\ \kappa x=-c,\\ y-\kappa x+\lambda_1(z-c)=0,\\ y+\kappa x+\lambda_2(z+c)=0.\end{cases}$$

那么有

$$z+c+\lambda_1(z-c)=0 \quad 和 \quad z-c+\lambda_2(z+c)=0,$$

消去 z 得

$$\lambda_1\lambda_2-1=0.$$

当此交线与 l_3 平行时，$\lambda_1=\lambda_2=-1$, λ_1 和 λ_2 也适合上述条件，所以，与 l_1，l_2，l_3 都共面的直线有下面方程

$$\begin{cases}y-\kappa x+\lambda_1(z-c)=0,\\ y+\kappa x+\lambda_2(z+c)=0,\end{cases}\quad \lambda_1\lambda_2-1=0.$$

于是消去 λ_1 和 λ_2，可得由这些直线组成的曲面的方程

$$(y-\kappa x)(y+\kappa x)=(z-c)(z+c),$$

即

$$\kappa^2x^2-y^2+z^2=c^2,$$

因此，轨迹是一个单叶双曲面.

方法二　l_1，l_2，l_3 的标准方程分别为

$$x=\frac{y}{\kappa}=\frac{z-c}{0},\quad x=\frac{y}{-\kappa}=\frac{z+c}{0},\quad \frac{x+\dfrac{c}{\kappa}}{0}=y=z.$$

经过 l_3 上的点 $B\left(-\dfrac{c}{\kappa},t,t\right)$ 的直线 l 有方程

$$\frac{x+\dfrac{c}{\kappa}}{\alpha}=\frac{y-t}{\beta}=\frac{z-t}{\gamma},$$

如果 l 与 l_1 和 l_2 都共面，则 α,β,γ 必须同时满足条件

$$\begin{vmatrix}\dfrac{c}{\kappa} & -t & c-t\\ 1 & \kappa & 0\\ \alpha & \beta & \gamma\end{vmatrix}=\kappa(t-c)\alpha+(c-t)\beta+(t+c)\gamma=0,$$

$$\begin{vmatrix}\dfrac{c}{\kappa} & -t & -c-t\\ 1 & -\kappa & 0\\ \alpha & \beta & \gamma\end{vmatrix}=-\kappa(t+c)\alpha-(c+t)\beta+(t-c)\gamma=0.$$

把这两个条件与 l 的方程联立起来，消去 α,β,γ 即同时与 l_1，l_2，l_3 共面的直线 l 上的点 (x,y,z) 所应满足条件

$$\begin{cases}\kappa(t-c)\left(x+\dfrac{c}{\kappa}\right)+(c-t)(y-t)+(t+c)(z-t)=0,\\ -\kappa(t+c)\left(x+\dfrac{c}{\kappa}\right)-(c+t)(y-t)+(t-c)(z-t)=0,\end{cases}$$

即

$$\begin{cases}(\kappa x+c+z-y-2c)t+c(y+z-\kappa x-c)=0,\\ (-\kappa x-c+z-y+2c)t-c(y+z-\kappa x-c)=0.\end{cases}$$

消去参数，得到

$$\begin{vmatrix}\kappa x+c+z-y & y+z-(\kappa x-c)\\ -(\kappa x-c)+z-y & -(y+z)+(\kappa x+c)\end{vmatrix}=0,$$

化简，可得

$$\kappa^2x^2-y^2+z^2=c^2,$$

与上面的结果一致.

例 7.28　已知马鞍面的鞍点为原点，对称平面为 xOz 平面和 yOz 平面，且过点 $A(1,2,0)$ 和 $B\left(\frac{1}{3},-1,-1\right)$，求马鞍面方程.

解　因为 xOz 平面 $y=0$ 是对称平面，所以将 y 换成 $-y$ 时它的方程保持不变. 因此方程中不含 xy 和 yz 项，也不含 y 的一次项. 同理，由 yOz 平面 $x=0$ 是对称平面可知方程中也不含 xz 项和 x 的一次项. 又由于鞍点为原点，所以常数项为 0. 故可设马鞍面的方程为

$$Ax^2+By^2+Cz^2+2Dz=0. \tag{22}$$

如果 $AB=0$，上述方程表示一个柱面，不是马鞍面. 因此 $AB\neq 0$. 如果 $C\neq 0$，上述方程可以通过配方化成

$$Ax^2+By^2+C(z-z_0)^2=Cz_0^2,$$

其中 $z_0=-\dfrac{D}{C}$, $ABC\neq 0$. 它表示一个中心在 $(0,0,z_0)$ 的椭球面(包括点球面和虚椭球面)或双曲面，不是马鞍面. 因此 $C=0$. 此时，由于方程(22)是马鞍面，$D\neq 0$.

综上所述，可设马鞍面的方程为

$$Ax^2+By^2=2z\ ,\quad AB<0.$$

将 $A(1,2,0)$，$B\left(\frac{1}{3},-1,-1\right)$ 两点坐标代入，得

$$A+4B=0\ ,\quad \frac{1}{9}A+B=-2.$$

因此，$A=\dfrac{72}{5}, B=-\dfrac{18}{5}$，所求方程为

$$\frac{72x^2}{5}-\frac{18y^2}{5}=2z.$$

例 7.29 (第八届全国大学生数学竞赛预赛试题)　设 S 是空间中的一个椭球面. 设方向为常向量 V 的一束平行光照射 S，其中部分光线与 S 相切，它们的切点在上形成一条曲线 Γ. 证明：Γ 落在一张过椭球中心的平面上.

证明　在空间中选取空间直角坐标系使椭球面 S 的方程为

$$\frac{x^2}{a^2}+\frac{y^2}{b^2}+\frac{z^2}{c^2}=1,$$

常向量为 $\vec{V}=(\alpha,\beta,\gamma)$. 设 (x_0,y_0,z_0) 是 Γ 中任意一点，则光束中的一条光线

$$l(t)=(x_0,y_0,z_0)+(\alpha,\beta,\gamma)t$$

与椭球面 S 相切. 于是 $l(t)$ 与椭球面 S 有且有一个交点 $l(0)=(x_0,y_0,z_0)$.

下面求 $l(t)$ 与椭球面 S 的交点：

$$\frac{(x_0+t\alpha)^2}{a^2}+\frac{(y_0+t\beta)^2}{b^2}+\frac{(z_0+t\gamma)^2}{c^2}=1.$$

由于 $(x_0,y_0,z_0)\in\Gamma$ ，我们有

$$\left(\frac{\alpha^2}{a^2}+\frac{\beta^2}{b^2}+\frac{\gamma^2}{c^2}\right)t^2+2\left(\frac{\alpha}{a^2}x_0+\frac{\beta}{b^2}y_0+\frac{\gamma}{c^2}z_0\right)t=0.$$

解得

$$t=-2\frac{\dfrac{\alpha}{a^2}x_0+\dfrac{\beta}{b^2}y_0+\dfrac{\gamma}{c^2}z_0}{\dfrac{\alpha^2}{a^2}+\dfrac{\beta^2}{b^2}+\dfrac{\gamma^2}{c^2}}\quad 或\quad t=0.$$

因为 $l(t)$ 与椭球面 S 有且只有一个交点 $l(0)=(x_0,y_0,z_0)$，所以

$$\frac{\alpha}{a^2}x_0+\frac{\beta}{b^2}y_0+\frac{\gamma}{c^2}z_0=0.$$

由于 $\dfrac{\alpha}{a^2}x+\dfrac{\beta}{b^2}y+\dfrac{\gamma}{c^2}z=0$ 表示过原点的平面，Γ 落在一张过椭球中心的平面上.

例 7.30　求所有与直线

$$L_1:\frac{x-6}{3}=\frac{y}{2}=\frac{z-1}{2},\quad L_2:\frac{x}{3}=\frac{y-8}{2}=\frac{z+4}{-2}$$

都共面且与平面 $\pi:2x+3y-5=0$ 平行的直线构成的直纹面 S 的方程.

解　设 $M(x,y,z)$ 是所求直纹面 S 上的任意一点. 则 M 在某一条直母线 L 上. 设 L 的方向向量为 $\vec{v}=\{X,Y,Z\}$. 由直线共面的条件以及直线平行于平面的条件得

$$\begin{cases}\begin{vmatrix}x-6 & 3 & X\\ y & 2 & Y\\ z-1 & 2 & Z\end{vmatrix}=0,\\ \begin{vmatrix}x & 3 & X\\ y-8 & 2 & Y\\ z+4 & -2 & Z\end{vmatrix}=0,\\ 2X+3Y=0,\end{cases}\tag{23}$$

即 X,Y,Z 满足齐次线性方程组

$$\begin{cases}(2y-2z+2)X+(-2x+3z+9)Y+(2x-3y-12)Z=0,\\ (-2y-2z+8)X+(2x+3z+12)Y+(2x-3y+24)Z=0,\\ 2X+3Y=0.\end{cases}\tag{24}$$

由于 X,Y,Z 不全为零，所以点 M 的坐标要满足

$$\begin{vmatrix} 2y-2z+2 & -2x+3z+9 & 2x-3y-12 \\ -2y-2z+8 & 2x+3z+12 & 2x-3y+24 \\ 2 & 3 & 0 \end{vmatrix}=0. \tag{25}$$

根据行列式的性质，上式

$$\begin{aligned}
左边&=\begin{vmatrix} 2y-2z+2 & -2x+3z+9 & 2x-3y-12 \\ -4y+6 & 4x+3 & 36 \\ 2 & 3 & 0 \end{vmatrix} \\
&=2\begin{vmatrix} y-z+1 & -2x+3z+9 & 2x-3y-12 \\ -2y+3 & 4x+3 & 36 \\ 1 & 3 & 0 \end{vmatrix} \\
&=2\begin{vmatrix} y-z & -2x+3z+6 & 2x-3y-12 \\ -2y+2 & 4x & 36 \\ 1 & 3 & 0 \end{vmatrix}=4\begin{vmatrix} y-z & -2x+3z+6 & 2x-3y-12 \\ -y+1 & 2x & 18 \\ 1 & 3 & 0 \end{vmatrix} \\
&=4\begin{vmatrix} -z+1 & 3z+6 & 2x-3y+6 \\ -y+1 & 2x & 18 \\ 1 & 3 & 0 \end{vmatrix}=4\begin{vmatrix} -z+1 & 6z+3 & 2x-3y+6 \\ -y+1 & 2x+3y-3 & 18 \\ 1 & 0 & 0 \end{vmatrix}.
\end{aligned}$$

因此(25)等价于

$$(2x+3y-3)(2x-3y+6)-54(2z+1)=0,$$

即

$$4x^2-9y^2+6x+27y-108z-72=0. \tag{26}$$

反过来如果 $M(x,y,z)$ 满足(26)，即满足(25)，则齐次线性方程组(24)也就是(23)有非零解 X,Y,Z．从(24)可知

$$X=-\frac{3}{2}Y,\quad Z=-\frac{1}{36}(4x+6y-3z-6)Y.$$

因此方向 $X:Y:Z=54:(-36):(4x+6y-3z-6)$ 是唯一的，从而过点 M，以 $\vec{v}=\{X,Y,Z\}$ 为方向的直线 L 与 L_1,L_2 都共面且平行于平面 π，即 L 是该直线族中的一条直线，M 在直纹面 S 上.

注　式(26)通过配方可化成

$$4\left(x+\frac{3}{4}\right)^2-9\left(y-\frac{3}{2}\right)^2=108\left(z+\frac{1}{2}\right),$$

进而通过移轴坐标变换化成

$$\frac{x'^2}{27}-\frac{y'^2}{12}=z'.$$

这是马鞍面.

7.3　竞赛训练题

1. (第十届全国大学生数学竞赛初赛试题)　在空间直角坐标系中，设马鞍面S的方程为$x^2-y^2=2z$. 设σ为平面$z=\alpha x+\beta y+\gamma$，其中$\alpha$，$\beta$，$\gamma$为给定常数. 求马鞍面$S$上点$P$的坐标，使得过$P$且落在马鞍面$S$上的直线均平行于平面$\sigma$.

2. (第九届全国大学生数学竞赛决赛试题)　在空间直角坐标系下，设有椭球面

$$S:\frac{x^2}{a^2}+\frac{y^2}{b^2}+\frac{z^2}{c^2}=1,\quad a,b,c>0$$

及S外部一点$A(x_0,y_0,z_0)$，过A点且与S相切的所有直线构成锥面Σ. 证明：存在平面Π，使得交线$S\cap\Sigma=S\cap\Pi$；同时求出平面Π的方程.

3. (第九届全国大学生数学竞赛初赛试题)　在空间直角坐标系中，设单叶双曲面Γ的方程为$x^2+y^2-z^2=1$. 设P为空间中的平面，它交Γ于一抛物线C. 求该平面P的法线与z轴的夹角.

4. (第八届全国大学生数学竞赛决赛试题)　在空间直角坐标系中设旋转抛物面Γ的方程为$z=\dfrac{1}{2}(x^2+y^2)$. 设P为空间中的平面，它交抛物面Γ于曲线C. 问：C是何种类型的曲线？证明你的结论.

5. (第十届全国大学生数学竞赛决赛试题)　给定空间直角坐标系中的两条直线：l_1为z轴，l_2过$(-1,0,0)$及$(0,1,1)$两点. 动直线l分别与l_1，l_2共面，且与平面$z=0$平行.

(1) 求动直线l构成的曲面S的方程；

(2) 确定S是什么曲面.

7.4　参 考 答 案

1. **解**　设所求P点坐标为$P=(a,b,c)$，满足$a^2-b^2=2c$. 则过P的直线可以表示为

$$\ell=\ell(t)=(a,b,c)+t(u,v,w),\quad u^2+v^2+w^2\neq 0,\quad t\in\mathbf{R}.$$

直线$\ell(t)$落在马鞍面S上，得到

$$(u^2-v^2)t^2+2(au-bv-w)t=0,\quad t\in\mathbf{R}.$$

$$au-bv=w,\quad u^2-v^2=0.$$

于是有

$$v=\varepsilon u,\quad w=(a-\varepsilon b)u,\quad \varepsilon=\pm 1.$$

于是，过 P 点恰有两条直线落在马鞍面 S 上，为

$$\ell_1 = \ell_1(t) = (a,b,c) + tu(1,1,a-b),$$
$$\ell_2 = \ell_2(t) = (a,b,c) + tu(1,-1,a+b).$$

这两条直线的方向向量 $(1,1,a-b)$ 和 $(1,-1,a+b)$ 均平行于平面 σ，而平面 σ 的法向量为 $(\alpha,\beta,-1)$．我们得到

$$\alpha+\beta = a-b,\quad \alpha-\beta = a+b.$$

于是

$$a=\alpha,\quad b=-\beta,\quad c=\frac{1}{2}(\alpha^2-\beta^2).$$

故所求点 P 的坐标为

$$P=\left(\alpha,-\beta,\frac{1}{2}(\alpha^2-\beta^2)\right).$$

2. **解　方法一**　因为 A 在 S 的外部，故有

$$S:\frac{x_0^2}{a^2}+\frac{y_0^2}{b^2}+\frac{z_0^2}{c^2}-1>0. \tag{27}$$

对于任意的 $M(x,y,z)\in S\cap\Sigma$，连接 A,M 的直线记为 l_M，其参数方程可设为

$$\overline{x}=x+t(x-x_0),\quad \overline{y}=y+t(y-y_0),\quad \overline{z}=z+t(z-z_0),\quad -\infty<t<+\infty. \tag{28}$$

代入椭圆面的方程得

$$\frac{(x+t(x-x_0))^2}{a^2}+\frac{(y+t(y-y_0))^2}{b^2}+\frac{(z+t(z-z_0))^2}{c^2}=1.$$

整理得

$$\frac{x^2}{a^2}+\frac{y^2}{b^2}+\frac{z^2}{c^2}+t^2\left(\frac{x^2}{a^2}+\frac{y^2}{b^2}+\frac{z^2}{c^2}+\frac{x_0^2}{a^2}+\frac{y_0^2}{b^2}+\frac{z_0^2}{c^2}-2\left(\frac{x_0}{a^2}x+\frac{y_0}{b^2}y+\frac{z_0}{c^2}z\right)\right)$$
$$+2t\left(\frac{x^2}{a^2}+\frac{y^2}{b^2}+\frac{z^2}{c^2}-\left(\frac{x_0}{a^2}x+\frac{y_0}{b^2}y+\frac{z_0}{c^2}z\right)\right)=1.$$

因为点 M 在椭球面 S 上，$\frac{x^2}{a^2}+\frac{y^2}{b^2}+\frac{z^2}{c^2}=1$．所以上式化为

$$t^2\left(1+\frac{x_0^2}{a^2}+\frac{y_0^2}{b^2}+\frac{z_0^2}{c^2}-2\left(\frac{x_0}{a^2}x+\frac{y_0}{b^2}y+\frac{z_0}{c^2}z\right)\right)+2t\left(1-\left(\frac{x_0}{a^2}x+\frac{y_0}{b^2}y+\frac{z_0}{c^2}z\right)\right)=0. \tag{29}$$

由于 l_M 与 S 在 M 点相切，方程(29)有一个二重根 $t=0$．故有

$$\frac{x_0}{a^2}x+\frac{y_0}{b^2}y+\frac{z_0}{c^2}z-1=0. \tag{30}$$

此时由(27)知，方程(29)的首项系数化为

$$\frac{x_0^2}{a^2}+\frac{y_0^2}{b^2}+\frac{z_0^2}{c^2}-1>0.$$

特别地，方程(30)的系数均不为零，因而是一个平面方程，确定的平面记为 Π. 上述的推导证明了 $S\cap\Sigma=\Pi$，从而证明了 $S\cap\Sigma\subset S\cap\Pi$.

反之，对于截线 $S\cap\Pi$ 上的任一点 $M(x,y,z)$，由(29)，(30)两式即知，由 A，M 两点确定的直线 l_M 一定在点 M 与 S 相切. 故由定义，l_M 在锥面 Σ 上. 特别地，$M\in\Sigma$. 由 M 的任意性，$S\cap\Pi\subset S\cap\Sigma$.

方法二 因为 A 在 S 的外部，故有

$$\frac{x_0{}^2}{a^2}+\frac{y_0{}^2}{b^2}+\frac{z_0{}^2}{c^2}>1>0. \tag{31}$$

对于任意的 $M(x_1,y_1,z_1)\in S\cap\Sigma$，椭球面 S 在 M 点的切平面方程可以写为

$$\frac{x_1}{a^2}x+\frac{y_1}{b^2}y+\frac{z_1}{c^2}z-1=0. \tag{32}$$

因为连接 M 和 A 两点的直线是 S 在点 M 的切线，所以 A 点在上述切平面上. 故

$$\frac{x_1}{a^2}x_0+\frac{y_1}{b^2}y_0+\frac{z_1}{c^2}z_0-1=0.$$

于是，点 $M(x_1,y_1,z_1)$ 在平面(注意，由(32)式，x_0,y_0,z_0 不全为 0)

$$\Pi:\frac{x_0}{a^2}x+\frac{y_0}{b^2}y+\frac{z_0}{c^2}z-1=0,$$

即有 $M\in S\cap\Pi$.

反之，对于任意的 $M(x_1,y_1,z_1)\in S\cap\Pi$，有

$$\frac{x_0}{a^2}x_1+\frac{y_0}{b^2}y_1+\frac{z_0}{c^2}z_1-1=0.$$

则 S 在 M 点的切平面

$$\frac{x_1}{a^2}x+\frac{y_1}{b^2}y+\frac{z_1}{c^2}z-1=0,$$

通过 $A(x_0,y_0,z_0)$ 点，因而 M,A 的连线在点 M 和椭圆 S 相切，它在锥面 Σ 上. 故 $M\in S\cap\Sigma$.

3. **解** 设平面 P 上的抛物线 C 的顶点为 $X_0=(x_0,y_0,z_0)$. 取平面 P 上 X_0 处相互正交的两单位向量 $\vec{\alpha}=(\alpha_1,\alpha_2,\alpha_3)$ 和 $\vec{\beta}=(\beta_1,\beta_2,\beta_3)$，使得 $\vec{\beta}$ 是抛物线 C 在平面 P 上的对称轴方向. 则抛物线的参数方程为

$$X(t)=X_0+t\alpha+\lambda t^2\beta,\quad t\in\mathbf{R},$$

其中 λ 为不等于 0 的常数.

记 $X(t)=\big(x(t),y(t),z(t)\big)$，则

$$x(t)=x_0+\alpha_1 t+\lambda\beta_1 t^2,\quad y(t)=y_0+\alpha_2 t+\lambda\beta_2 t^2,\quad z(t)=z_0+\alpha_3 t+\lambda\beta_3 t^2.$$

因为 $X(t)$ 落在单叶双曲面 Γ 上，代入方程 $x^2+y^2-z^2=1$，我们得到对任意 t 要满足的方程

$$\lambda^2(\beta_1^2+\beta_2^2-\beta_3^2)t^4+2\lambda(\alpha_1\beta_1+\alpha_2\beta_2-\alpha_3\beta_3)t^3+A_1t^2+A_2t+A_3=0,$$

其中 A_1,A_2,A_3 是与 X_0,α,β 相关的常数. 于是得到

$$\beta_1^2+\beta_2^2-\beta_3^2=0,\quad \alpha_1\beta_1+\alpha_2\beta_2-\alpha_3\beta_3=0.$$

因为 $\{\vec{\alpha},\vec{\beta}\}$ 是平面 P 上正交的两单位向量，所以有

$$\alpha_1^2+\alpha_2^2+\alpha_3^2=1,\quad \beta_1^2+\beta_2^2+\beta_3^2=1,\quad \alpha_1\beta_1+\alpha_2\beta_2+\alpha_3\beta_3=0.$$

于是得到

$$\beta_1^2+\beta_2^2=\beta_3^2=\frac{1}{2},\quad \alpha_1\beta_1+\alpha_2\beta_2=0,\quad \alpha_3=0,\quad \alpha_1^2+\alpha_2^2=1;$$

$$\vec{\alpha}=(\alpha_1,\alpha_2,0),\quad \vec{\beta}=\left(-\frac{\varepsilon}{\sqrt{2}}\alpha_2,\frac{\varepsilon}{\sqrt{2}}\alpha_1,\beta_3\right),\quad \varepsilon=\pm1.$$

于是得到平面的法向量

$$\vec{n}=\vec{\alpha}\times\vec{\beta}=\left(A,B,\frac{\varepsilon}{\sqrt{2}}\right),$$

它与 z 轴方向 $\vec{e}=(0,0,1)$ 的夹角 θ 满足 $\cos\theta=\vec{n}\cdot\vec{e}=\pm\dfrac{1}{\sqrt{2}}$，为 $\dfrac{\pi}{4}$ 或 $\dfrac{3\pi}{4}$.

4. **解** 交线为抛物线或为椭圆.

(1) 如果平面 P 平行于 z 轴，则相交曲线 $C=\Gamma\cap P$ 可以经过以 z 轴为旋转轴的旋转，使得 P 平行于 yz 平面，C 的形状不变. 所以不妨设 P 的方程为 $x=c$，交线 C 的方程为 $z=\dfrac{1}{2}(c^2+y^2)$. 将 C 投影到 yz 平面上，得到抛物线 $z-\dfrac{c^2}{2}=\dfrac{1}{2}y^2$. 由于平面 P 平行于 yz 轴，故交线为抛物线.

(2) 如果平面 P 不平行于 z 轴，我们设 P 的方程为 $z=ax+by+c$. 代入旋转抛物面 Γ 的方程为 $z=\dfrac{1}{2}(x^2+y^2)$，得到

$$(x-a)^2+(y-b)^2=a^2+b^2+2c=R^2.$$

将 $C=\Gamma\cap P$ 垂直投影到 xy 平面，得到圆周 $(x-a)^2+(y-b)^2=R^2$. 令 Q 是以这个

圆为底的圆柱，则C也是圆柱Q与平面P的交线. 在圆柱Q中从上或从下放置半径为R的球体，它与平面P相切于F_1和F_2. 与圆柱Q相交于圆D_1和D_2. 对$C=Q\cap P$上的任意一点A，过A点的圆柱母线交圆D_1于B_1，交圆D_2为B_2. 则线段B_1B_2为定长. 这时，由于球的切线长相等，得到

$$|AF_1|+|AF_2|=|AB_1|+|AB_2|=|B_1B_2|$$

为常数，故曲线C椭圆.

5. **解** (1) **方法一** 直接设l_1的参数方程为$x=0,y=0,z=s$；l_2的参数方程为$x=-1+t,y=t,z=t$.

设动直线l与l_1,l_2分别交于点$(0,0,s)$与$(-1+t,t,t)$，则l的方向为$(-1+t,t,t-s)$. 由于l与平面$z=0$平行，故$t=s$，从而动直线l方程为

$$x=(t-1)u,\quad y=tu,\quad z=t.$$

消去t,u得动直线构成的曲面S的方程为

$$xz-yz+y=0.$$

方法二 过直接l_1的平面簇为$\pi_1:(1-\lambda)x+\lambda y=0$，这里$\lambda$为参数；同理过直接$l_2$的平面簇为$\pi_2:(1-u)(x-y+1)+u(y-z)=0$，$u$为参数.

动直线l是平面簇π_1与π_2的交线，故直线l的方向为

$$\vec{n}=(1-\lambda,\lambda,0)\times(1-u,2u-1,-u)=(-\lambda u,u(1-\lambda),-1+2u-\lambda u).$$

由直线l与平面$z=0$平行，故$-1+2u-\lambda u=0$. 由π_1与π_2的方程知

$$\lambda=\frac{x}{x-y},\quad u=\frac{x-y-1}{x-2y+z+1}.$$

将上式代入$-1+2u-\lambda u=0$，即动直线l生成的曲面的方程为

$$xz-yz+y=0.$$

(2) 作可逆线性变换

$$\begin{cases}x=x'-y'-z',\\ y=-z',\\ z=x'+y'.\end{cases}$$

曲面S的原方程化为$z'=x'^2-y'^2$. 因此，S为马鞍面.